钢结构断裂与疲劳

芦　燕　韩庆华　尹　越　著

科　学　出　版　社

北　京

内 容 简 介

本书在总结钢结构断裂与疲劳现有研究理论的基础上，针对极端服役环境和复杂受力状态下钢结构的断裂与疲劳性能开展了试验研究和理论分析，重点论述钢材及其焊接节点在常温及低温环境下单轴、多轴、腐蚀断裂预测模型、疲劳失效机理和寿命评估方法。本书围绕钢结构断裂预测分析、低温断裂模型参数校准、单轴疲劳及腐蚀疲劳破坏机理、多轴疲劳力学特性及损伤参量进行了系统性阐述，并提出钢结构断裂预测模型与疲劳寿命评估方法。

本书为钢结构断裂与疲劳的理论研究和推广应用奠定了基础，为我国相关标准的修订提供重要理论支撑，可为从事钢结构领域的广大科技工作者和工程技术人员提供参考，也可作为研究生和高年级本科生的学习用书。

图书在版编目（CIP）数据

钢结构断裂与疲劳 / 芦燕，韩庆华，尹越著. —北京：科学出版社，2023.11
ISBN 978-7-03-077218-3

Ⅰ. ①钢… Ⅱ. ①芦… ②韩… ③尹… Ⅲ. ①钢结构-断裂 ②钢结构-金属疲劳 Ⅳ. ①TU391

中国国家版本馆 CIP 数据核字（2023）第 243088 号

责任编辑：任加林 / 责任校对：赵丽杰
责任印制：吕春珉 / 封面设计：耕者设计工作室

科学出版社 出版
北京东黄城根北街 16 号
邮政编码：100717
http://www.sciencep.com
北京九州迅驰传媒文化有限公司印刷
科学出版社发行 各地新华书店经销
*
2023 年 11 月第 一 版 开本：787×1092 1/16
2023 年 11 月第一次印刷 印张：19 1/2
字数：446 000

定价：180.00 元

（如有印装质量问题，我社负责调换）

销售部电话 010-62136230 编辑部电话 010-62135763-1028

前　言

随着当前“一带一路”倡议和“双碳”目标的大力推进，京津冀协同发展、粤港澳大湾区建设、海洋强国建设等国家重大区域发展战略全面实施，我国相继提出一系列重大城市和交通、能源和资源基础设施的建设规划。未来 20～30 年仍是我国大规模基础设施建设的高峰期，为钢结构在建筑、桥梁和海洋工程等领域的大范围推广和应用提供了千载难逢的发展契机。

钢结构常暴露于恶劣环境中，在地震、风、波浪、海流等往复荷载作用下易造成累积损伤，极易产生断裂与疲劳等问题，进而引发重大工程事故。近年来，我国基础设施建设逐步从陆地拓展至深远海域，钢结构必将面临海洋腐蚀、极端低温和复杂受力等诸多严峻挑战。如何确保大型复杂钢结构建造与服役安全已成为工程中亟待解决的关键问题。本书针对极端服役环境和复杂受力状态下钢结构的断裂与疲劳性能开展了试验研究和理论分析，重点论述了钢材及其焊接节点在常温及低温环境下单轴、多轴、腐蚀断裂预测模型、疲劳失效机理和寿命评估方法，为科研和工程技术人员进行断裂预测和疲劳分析提供参考。

全书共分七章。第 1 章介绍了钢结构的发展、断裂和疲劳破坏实例以及研究趋势；第 2 章讲述了钢结构断裂与疲劳分析方法；第 3 章揭示了钢材延性断裂机理，提出单调与循环荷载下钢材断裂预测模型；第 4 章研究了钢结构低温断裂性能，建立了低温下钢结构延性断裂预测模型；第 5 章阐述了钢材疲劳失效机理和焊接节点的疲劳性能影响规律；第 6 章提出了钢材及其焊接节点腐蚀疲劳寿命评估方法；第 7 章探讨了焊接节点多轴疲劳问题，阐述了复杂加载路径下多轴疲劳寿命评估方法。

本书第 1、2、6 章由芦燕教授编写，第 5、7 章由韩庆华教授编写，第 3、4 章由尹越副教授编写。全书由芦燕教授统稿。研究生余振超、王海洋等参与了文字和图表的整理、绘制工作。郭琪副教授、王鑫助理研究员、王培鹏讲师等协助完成了部分试验、计算和分析工作。本书的编写得到了国家自然科学基金优秀青年科学基金项目“钢结构与空间结构”（项目编号：52022067）的资助。

由于作者水平有限，书中难免存在不足之处，敬请读者批评指正，以便在今后的研究工作中加以改进。

著　者

2023 年 11 月

目 录

第 1 章　绪　　论

1.1　钢结构的发展

钢结构具有轻质高强、抗震性能好、施工周期短、绿色环保、便于工业化生产、可循环利用等优点，属于典型的绿色环保节能型结构，符合我国循环经济和可持续发展的要求，在土木工程领域得到持续关注，并迅速发展。

据统计，2021 年我国钢结构加工制造总产量为 8900 万吨，2022 年为 9200 万吨[1]，年增长率为 3.4%。“十三五”期间，我国钢结构产量从 5100 万吨增加到 8900 万吨；钢结构产值从 5000 多亿元增加到 8100 亿元以上；钢结构产量占全国粗钢产量的比例从 6.34%增加到 8.35%左右[2]。当前我国已经建设了一批领先世界的标志性钢结构，包括大跨度钢结构建筑［如国家体育场（鸟巢）、国家游泳中心（水立方）和北京大兴国际机场（图 1-1～图 1-3）等］、超高层钢结构建筑［如中国尊、上海中心大厦和广州塔（图 1-4～图 1-6）］，以及大跨度桥梁杭州湾跨海大桥（图 1-7）、苏通长江大桥（图 1-8）等。从我国《钢结构行业“十四五”规划及 2035 年远景目标》来看，预计到 2025 年底，全国钢结构用量达到 1.4 亿吨，占全国粗钢产量比例 15%以上，钢结构建筑占新建建筑面积比例达到 15%以上。“十四五”期间，我国钢结构的推广和应用有着广阔的市场前景，对钢材和钢结构的深入研究有着重要和深远的意义。

图 1-1　国家体育场（鸟巢）

图 1-2　国家游泳中心（水立方）

图 1-3　北京大兴国际机场

图 1-4　中国尊

图 1-5　上海中心大厦

图 1-6　广州塔

图 1-7　杭州湾跨海大桥

图 1-8　苏通长江大桥

1.2 钢结构断裂与疲劳破坏实例

钢结构断裂是指钢结构在受力作用下发生断裂或失效的现象，断裂破坏是钢材失效模式中最重要的一种。基于断裂前宏观上的塑性应变历史，断裂可分为两种类型：延性断裂和脆性断裂。延性断裂包括材料损伤或塑性失稳造成的破坏，在断裂前具有明显塑性变形。脆性断裂在断裂前几乎没有明显塑性变形。有时实际情况难以界定，也可分出介于两者之间的准脆性断裂。根据荷载类型不同，钢结构断裂可分为单调荷载下的断裂和循环荷载下的断裂。

钢结构疲劳是微观裂纹在连续重复荷载作用下不断扩展直至断裂的脆性破坏。根据循环次数的不同，分为超低周、低周和高周疲劳。超低周疲劳断裂是指在高应变幅值低循环次数下发生的断裂，循环次数一般小于 10^2 次，属于延性断裂的一种。低周疲劳断裂是在循环次数较多且应力幅较大的情况下发生的断裂，循环次数一般在 10^2 到 10^4 次之间。高周疲劳断裂指在循环次数较多且应力幅较小的情况下发生的断裂，循环次数一般大于 10^4 次。高周疲劳的特点是材料处于弹性范围，应力-应变呈线性相关。吊车梁、桥梁和传动轴等结构或构件的疲劳均属于高周疲劳。此外，根据应力状态的不同，疲劳还可分为单轴疲劳和多轴疲劳。单轴疲劳是指结构或者构件承受单向循环荷载时发生的疲劳。多轴疲劳是指结构或构件承受两个或两个以上方向上的循环荷载时发生的疲劳。实际工程中出现的疲劳问题多为多轴疲劳，如交通信号灯和指示牌等基础设施受到风荷载作用，导致支承结构产生风致疲劳损伤，并引发倒塌破坏。

1.3 钢结构断裂与疲劳研究趋势

断裂和疲劳引发的钢结构失效是工程学科中的重要问题。经典断裂力学最初从机械、航空航天和核工程学科中发展而来，经过长时间的发展取得了丰硕的成果，被广泛应用于实际工程，为钢结构设计提供了具有指导性的理论基础。经典断裂力学假定材料存在初始缺陷，以能量理论为基础，描述了材料裂纹的起裂条件、扩展条件和裂纹达到一定长度后发生断裂的条件。1920 年，格里菲斯（Griffith）提出能量释放率理论用来解释材料实际强度远远小于材料理论极限强度的问题。Griffith 认为在理想弹性条件下，材料裂纹扩展所释放的应变能超过材料断裂所需要的能量是材料发生断裂的原因。在外力作用下，材料初始裂纹尖端会产生应力集中现象，可以达到其理论极限强度进而发生断裂。Griffith 理论成了近代线弹性断裂力学和弹塑性断裂力学的理论基础。疲劳的概念在 1854 年布雷思韦特（Braithwaite）在伦敦土木工程师学会上发表的论文中第一次被提到，用于描述材料在循环荷载作用下，承载能力逐渐耗尽直至最终断裂的破坏过程。在此之前，如车轴断裂问题和默东（Meudon）铁路事故等，使得德国工程师韦勒（Wöhler）

在各种破坏事故的分析中对疲劳损伤进行了系统的研究，并于1858年出版了第一部关于疲劳问题的专著，首次提出应力幅值-寿命（*S-N*）曲线和疲劳极限的概念，并把应力幅值和疲劳极限联系起来，为疲劳问题的研究奠定了基础。进入20世纪，随着学者们的不断研究，以及电子光学理论基础的发展，疲劳问题和疲劳断口的研究有了迅速发展。

随着陆地资源短缺、人口膨胀以及环境恶化等问题的日益严峻，更多国家把目光投向海洋与极地。同时，钢结构也逐渐被用在海洋平台、极地工程等工程当中，这使得钢结构在服役过程中要遭受海洋腐蚀、极端低温等恶劣服役环境的影响。

低温对钢材断裂有很大的影响。20世纪70年代初，我国对钢结构低温断裂做了初步研究，但由于种种原因，这一领域的研究工作并没有继续进行。在这一段时间里，我国钢结构低温断裂事故频发，如1970年的上松花江大桥；1973年的沈大铁路线上的太子河桥；1979年的吉林液化气球罐爆炸事故；1989年的内蒙古某糖厂废蜜储罐爆炸，等等。2008年南方特大冰雪灾害中，更是出现了多起输电塔、钢架厂房和网架结构的倒塌破坏（图1-9）。

海洋工程结构物或构件连接处往往存在应力集中问题，且同时受到海浪、强对流天气下的海风等循环荷载作用，极易发生腐蚀疲劳破坏，其破坏具有突发性，难以预防，往往造成重大的财产损失与人员伤亡。自1949年钻井平台问世以来，有关海洋工程平台的事故不断。1980年，挪威的一座生活供应平台亚历山大·基兰号的失事是一个典型的因腐蚀疲劳破坏导致平台倾覆的案例（图1-10）。在该平台服役时，平台的D-6撑杆处受海水腐蚀和往复荷载的作用下发生疲劳断裂，而支撑D立柱的其他5根撑杆也因过载导致断裂，D立柱彻底破坏掉入大海，平台倾斜至30°～35°。在事故发生20min内，平台继续倾侧和下沉直至完全倾覆。此次事故致使120余人丧生，造成巨大经济损失，堪称海洋工程界的“泰坦尼克”灾难。事故发生时海上气候恶劣，能见度差，风速16～20m/s，波高6～10m。

图1-9 2008年雪灾厂房低温破坏

图1-10 亚历山大·基兰号海洋平台疲劳破坏

断裂与疲劳是钢结构领域研究的重点和难点。随着钢结构的使用范围不断扩大，结构面临低温、腐蚀等极端恶劣威胁，造成钢材性能退化与损伤、构件和节点的失稳与断裂，甚至结构倒塌，严重威胁钢结构安全，科研工作者亟须开展在极端恶劣条件下钢结构断裂与疲劳性能的研究，为钢结构安全服役提供理论支撑和技术支持。

参考文献

[1] 中国建筑金属结构协会钢结构行业可持续发展研究课题组. 中国建筑钢结构行业发展报告(2021—2022 年度)[J]. 建筑, 2023(7): 34-41.

[2] 岳清瑞. 钢结构与可持续发展[J]. 建筑, 2021(13): 20-21.

第2章　钢结构断裂与疲劳分析方法

2.1　传统断裂力学方法

断裂力学作为研究材料断裂的经典理论，经过长期发展已广泛应用于实际工程，为钢结构设计提供了重要理论基础。断裂力学以宏观裂纹为研究对象，假定材料存在初始缺陷或初始裂纹，基于能量理论描述材料裂纹的起裂、扩展以及裂纹达到一定长度后发生断裂的条件。

2.1.1　线弹性断裂分析方法

线弹性断裂力学（linear elastic fracture mechanics，LEFM）偏重解决脆性材料断裂问题。1955年，Barsoum等[1]通过分析弹性物体裂纹尖端附近应力场，建立了以应力强度因子K_{I}（下标I表示断裂类型为张开型）为材料断裂参量的裂纹扩展准则。该理论认为当裂纹尖端应力强度因子达到临界值K_{Ic}（即材料抗脆性断裂能力）时，材料发生脆性断裂并导致裂纹进一步扩展，即

$$K_{\mathrm{I}} \geqslant K_{\mathrm{Ic}} \tag{2-1}$$

式中，K_{I}为I型张开型裂纹的裂纹尖端应力强度因子，可根据裂纹尖端应力场或位移场计算得到；K_{Ic}为材料临界应力强度因子，表征线弹性材料的断裂韧性。

当裂纹尖端区域处于线弹性状态时，能量释放率G_{p}和应力强度因子存在以下关系：

$$G_{\mathrm{p}} = \frac{\left(1-\nu^2\right)K_{\mathrm{I}}^2}{E} \tag{2-2}$$

$$G_{\mathrm{p}} = \frac{K_{\mathrm{I}}^2}{E} \tag{2-3}$$

式中，ν为泊松比；E为弹性模量。式（2-2）表示平面应变问题，式（2-3）表示平面应力问题。

2.1.2　弹塑性断裂分析方法

由于钢材在受力过程中其裂纹尖端存在显著的塑性应变区域，目前线弹性断裂力学理论尚不能考虑裂纹尖端应力三轴度和塑性变形的发展，需采用弹-塑性断裂力学（elastic-plastic fracture mechanics，EPFM）来评价这一问题。J积分和裂纹尖端张开位

移（crack tip opening displacement，CTOD）理论可在考虑塑性变形情况下进行断裂预测。

J 积分理论最初由 Rice[2]提出，是一种基于塑性变形假设的描述裂纹尖端场强度的轮廓积分，其计算方式与路径无关。由于考虑了裂纹尖端区域局部应力-应变场，J 积分不需要描述裂纹尖端附近的材料行为。

$$J = \int_{\Gamma} \left(W \mathrm{d}y - T_{\mathrm{p}} \frac{\partial u}{\partial x} \mathrm{d}s \right) \tag{2-4}$$

式中，Γ 为裂纹尖端逆时针方向的积分路径；T_{p} 为作用在微元 ds 上的应力矢量；W 为平面内的应变能密度。

对于 I 型张开型裂纹，当 J 积分达到临界值 J_{Ic} 时可认为发生断裂。其中，J_{Ic} 是预先存在裂纹从开始扩展至失稳时所需的临界 J 积分值，表征断裂前具有明显塑性变形材料的断裂韧性。

与之相似，裂纹尖端张开位移 CTOD 理论同样基于塑性变形进行断裂预测，该理论通过裂纹尖端两个裂纹面的相对位移表征材料断裂韧性发展，认为当 CTOD 达到临界值 $\mathrm{CTOD_c}$ 时发生断裂。

2.2　微观断裂力学方法

传统断裂力学方法假定材料存在初始裂纹，且在裂纹尖端具有高应变约束。因此，该方法仅适用于脆性断裂或局部塑性损伤程度有限的伪脆性断裂问题。在单调加载或往复循环加载等条件下，对于构造无明显缺陷部位发生较大尺度屈服（裂纹尖端钝化）的延性断裂问题，上述方法不再适用。此外，由于传统断裂力学未考虑应力三轴度［静水应力与冯・米塞斯（von Mises）应力之比］的影响，因此也不适用于存在显著三向应力状态的断裂预测。与传统断裂力学方法相比，基于塑性损伤机制的微观断裂力学模型能够有效反映应力-应变场对材料内部微观结构特性的作用，通过引入微孔洞形核、扩张和聚合过程的断裂参数，可避免加载方式和试件几何尺寸对断裂预测结果的影响。微观损伤模型可以在无初始裂纹的情况下模拟韧性撕裂过程，采用损伤本构关系反映材料在应力-应变作用下的损伤或软化行为，实现材料延性断裂预测。

2.2.1　金属材料微观断裂机理

断裂被认为是由孔洞合并或金属材料本身的不稳定性造成[3]。塑性破坏常见模式如图 2-1 所示。图 2-2 是空穴扩张模型的断裂机理，展示了典型的金属材料断裂面，韧窝的存在证明孔洞增长和聚合导致材料断裂的合理性。在微观层面下，随着塑性的发展，孔洞在夹杂物处形核。随着孔洞体积增长，相邻孔洞间聚合，形成宏观裂纹，引起材料断裂。

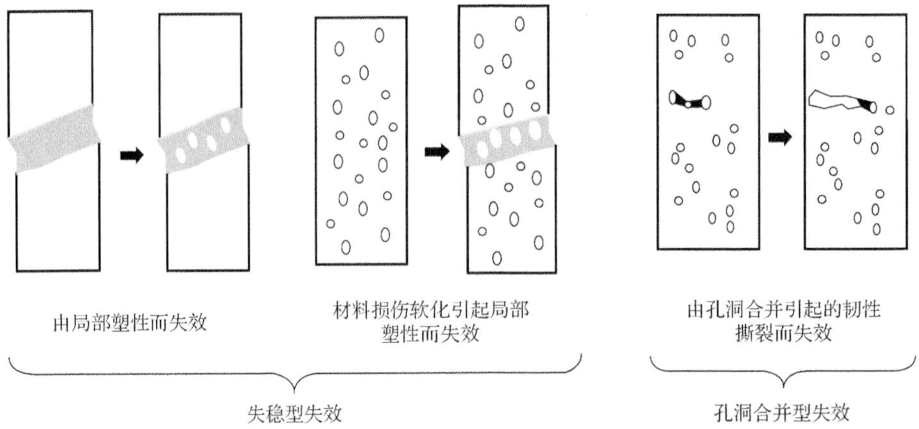

（a）失稳型失效　　（b）孔洞合并型失效

图 2-1　塑性破坏常见模式

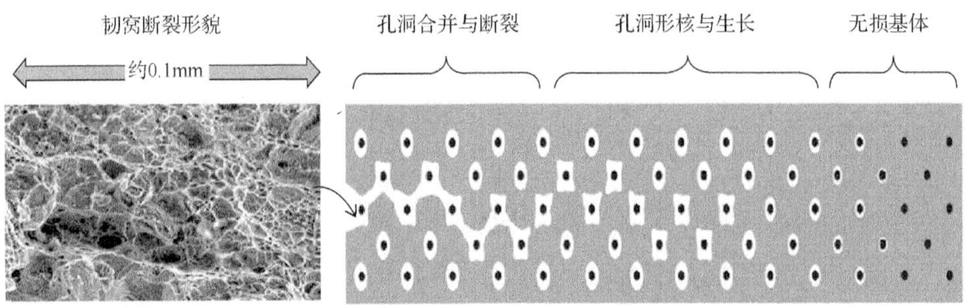

（a）韧窝扫描电镜　　（b）空穴行为

图 2-2　空穴扩张模型的断裂机理

由于金属材料微观层面的非均质性及焊接引起微观结构的不均匀性，第二相粒子、夹杂物和气孔会成为孔洞形核中的“核”或者孔洞本身。Tipper[4]首次证实由于第二相粒子处形成孔洞，材料会过早发生断裂。Goods 等[5]通过高分辨率 X 射线断层扫描对夹杂物的孔洞形核进行观察，认为软基体材料中夹杂物脱粘形成孔洞，硬基体材料中夹杂物开裂形成孔洞，如图 2-3 所示。

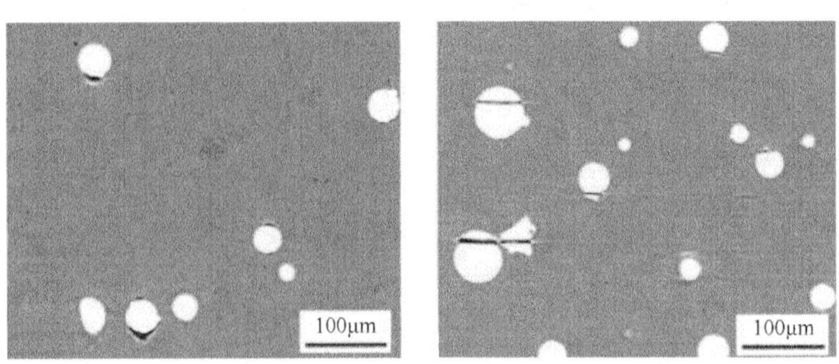

（a）软基体　　（b）硬基体

图 2-3　拉伸试验中铝材的孔洞形核机制[6]

在孔洞形核后，随着塑性应变的增加，孔洞会明显增大。Weck 等[7]通过断层扫描技术对人工插入孔洞的生长进行了原位研究。图 2-4 显示在有效应变约为颈缩应变的两倍后，单调拉伸下钢材的孔洞增大。由于孔洞导致了应力集中，孔洞增长速率先快后慢，空隙沿拉伸方向明显增大，孔洞的增长受应力三轴度影响。

图 2-4　拉伸试验中钢材的孔洞增长机制

孔洞合并的物理理论目前尚不清晰，但该现象已被多次记录和证实。孔洞合并以多种方式发生，每种方式具有多种变体，取决于微观结构、加载条件和塑性流动特性等原因。对于含有细长夹杂物的钢材及合金材料，Benzerga 等[8]利用原位试验记录了孔洞合并现象，如图 2-5 所示。

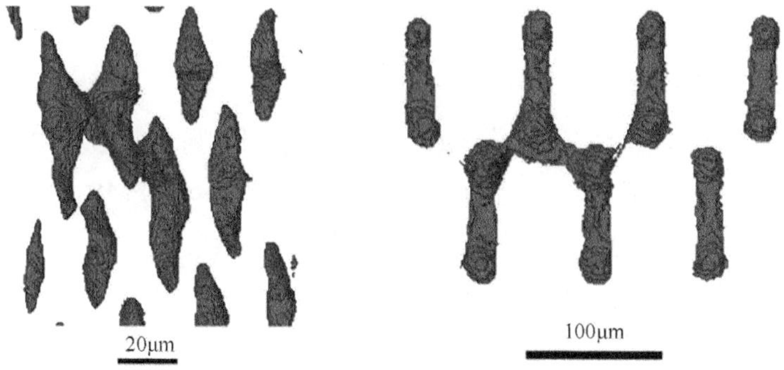

图 2-5　拉伸状态下钢材的孔洞合并

在孔洞形核、生长、变形和聚集的机制作用下，钢材处于受损状态。随着钢材损伤累积，裂纹逐步开始萌生、扩展直至发生塑性失稳。典型光滑缺口圆棒拉伸试验位移荷载曲线，及孔洞形核、生长、变形和聚集如图 2-6 所示[9]。曲线中（a）阶段的拐点对应于最大孔洞合并产生的宏观裂纹；曲线的下降阶段对应裂纹的扩展。随着剪切唇的形成，荷载迅速下降直至断裂［图 2-6 中（b）阶段］。

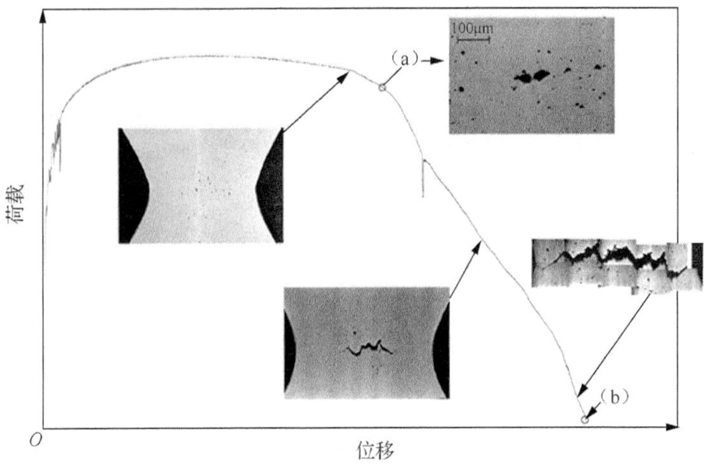

图 2-6 缺口圆棒拉伸状态下钢材损伤发展过程

2.2.2 单调荷载下非耦合模型

空穴扩张模型（void growth model，VGM）采用空穴生长指数描述材料微孔洞演化过程，该模型描述的损伤与材料本构模型不耦合，因此将其称为非耦合断裂模型。在单调荷载下，Rice 等[10]使用 Rayleigh-Ritz 方法获得了受理想弹塑性基体包围的单个球型孔洞或圆柱形孔洞体积扩张方程［式（2-5)］，指出孔洞增长与应力三轴度和等效塑性应变历史有关。

$$\frac{\mathrm{d}R}{R}=c\cdot\exp(1.5T)\cdot\mathrm{d}\varepsilon_{\mathrm{p}} \tag{2-5}$$

式中，R 为孔洞扩张时实时孔洞半径；Rice 等[10]通过对大量试验数据进行拟合发现 c 为常数 0.283；T 为应力三轴度，$T=\sigma_{\mathrm{m}}/\sigma_{\mathrm{e}}$，$\sigma_{\mathrm{m}}$ 为静水压力，σ_{e} 为 Mises 应力；ε_{p} 为等效塑性应变；$\mathrm{d}\varepsilon_{\mathrm{p}}=\sqrt{(2/3)\mathrm{d}\varepsilon_{\mathrm{p}}^{ij}:\mathrm{d}\varepsilon_{\mathrm{p}}^{ij}}$ 为等效塑性应变增量。

Kanvinde 等[11]通过对式（2-5）两边进行积分并简化，得到了塑性加载过程中临界孔洞体积与应力-应变状态关系式，即

$$\eta=\frac{\ln\left(R/R_0\right)_{\text{critical}}}{c}=\int_0^{\varepsilon_{\mathrm{p}}^{\text{critical}}}\exp(1.5T)\cdot\mathrm{d}\varepsilon_{\mathrm{p}} \tag{2-6}$$

式中，η 为基于孔洞扩张层面定义的材料断裂韧性参数；R_0 是初始孔洞半径；$\varepsilon_{\mathrm{p}}^{\text{critical}}$ 是临界等效塑性应变。η 可以通过圆周平滑槽口试件的单调拉伸试验结合有限元分析确定。因此，VGM 的韧性断裂判据可以用空穴扩张指数（void growth index，VGI）表示为

$$\mathrm{VGI}=\int_0^{\varepsilon_{\mathrm{p}}}\exp(1.5T)\cdot\mathrm{d}\varepsilon_{\mathrm{p}}>\eta \tag{2-7}$$

当满足式（2-7）时，我们认为延性断裂发生。

在实际应用中，单调加载过程中应力三轴度变化不显著，而等效塑性应变迅速增大。应力修正临界应变（stress modified critical strain，SMCS）模型忽略了应力三轴度的变化。定义 SMCS 指数（SMCS Index，SMI）和材料参数 α 来表示 SMCS 的断裂准则，如式（2-8）和式（2-9）所示。

$$\alpha = \varepsilon_{\mathrm{p}}^{\mathrm{critical}} \cdot \exp\left(1.5T\right) \tag{2-8}$$

$$\mathrm{SMI}=\varepsilon_{\mathrm{p}} \cdot \exp\left(1.5T\right) > \alpha \tag{2-9}$$

2.2.3　单调荷载下耦合模型

居尔松-特韦尔高-内德勒曼（Gurson-Tvergaard-Needleman，GTN）模型是由 Gurson 在总结前人经验基础上推导出微孔洞体胞模型的塑性屈服面，即屈服函数。Chu 等[12]完善了孔洞形核规律，Tvergaard 等[13]考虑了孔洞合并的影响，提出孔洞体积分数的三阶段演化规律。在上述研究基础上，逐渐发展出基于微观力学的耦合断裂模型，即 GTN 模型。与非耦合模型相比，GTN 模型能更准确地计算材料实际塑性变形行为。GTN 模型可反映微孔洞变形对材料屈服面的影响，属于耦合断裂模型。

GTN 模型的基本特征可归结为：采用单参数（孔洞体积分数 f）考虑材料损伤；利用基体材料的不可压缩性得到孔洞增长演化方程；基于多孔金属材料和塑性材料塑性势的等效性受到等效塑性应变计算公式以及对基体材料的强化的影响。由 GTN 模型描述的基体材料损伤过程如图 2-7 所示。

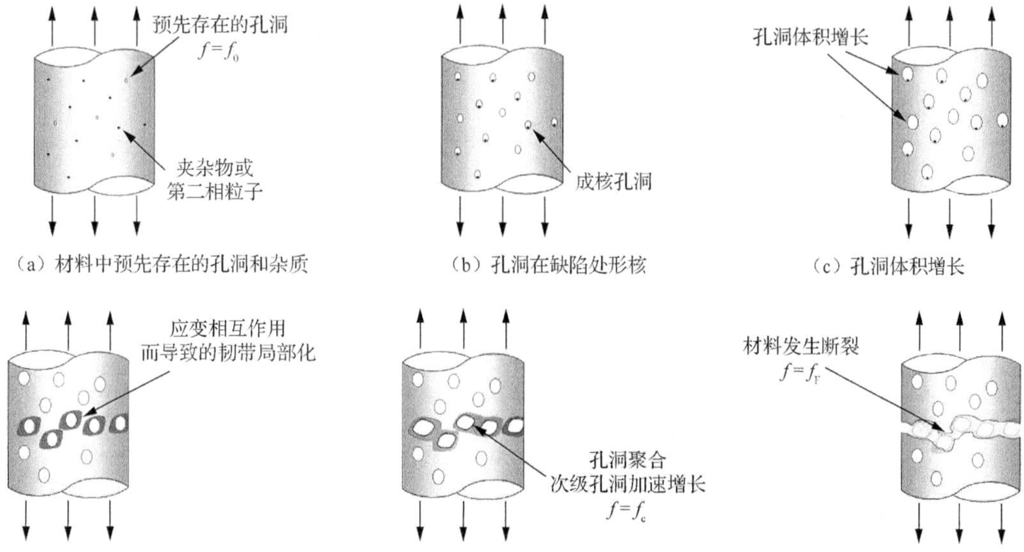

（a）材料中预先存在的孔洞和杂质　（b）孔洞在缺陷处形核　（c）孔洞体积增长

（d）应变局部化　（e）孔洞聚合　（f）韧性断裂萌生

图 2-7　由 GTN 模型描述的基体材料损伤过程

GTN 模型描述了塑性加载过程中孔洞体积分数的变化，并定义了多孔金属材料的屈服势函数，以此考虑孔洞演化对加载过程中材料塑性行为的影响。孔洞体积分数（void volume fraction，VVF）定义为孔洞体积与材料总体积的比值。GTN 模型的屈服势函数为

$$\Phi=\left(\frac{q}{\sigma_{\mathrm{y}}}\right)^2+2q_1f\cdot\cosh\left(-\frac{3q_2p}{2\sigma_{\mathrm{y}}}\right)-\left(1+q_3f^2\right) \tag{2-10}$$

$$q=\sigma_{\mathrm{eq}}=\sqrt{\frac{3}{2}\left(s_{ij}:s_{ij}\right)} \tag{2-11}$$

$$p=-\sigma_{\mathrm{m}}=-\sigma_{ij}/3 \tag{2-12}$$

式中，q 表示 Mises 等效应力，如式（2-11）所示，s_{ij} 表示柯西（Cauchy）应力张量的偏张量分量；p 为式（2-12）定义的宏观静水压力；σ_{ij} 是基体材料的流动应力；σ_{y} 是基体材料在当前应力-应变状态下的屈服应力；f 表示当前孔洞体积分数。参数 q_1、q_2 和 q_3 是表示孔洞和相邻孔洞周围非均匀应力场相互作用关系的系数，与材料硬化有关。

Faleskog 等[14]通过数值模拟发现，参数 q_1、q_2 和 q_3 的值与材料的硬化指数以及屈服应力与弹性模量的比值有关，并将其关系绘制成表格，见表 2-1。

表 2-1 q_1 和 q_2 的建议值

硬化指数 $1/n$	$\sigma_0/E=0.001$		$\sigma_0/E=0.002$		$\sigma_0/E=0.004$	
	q_1	q_2	q_1	q_2	q_1	q_2
0.025	1.88	0.956	1.84	0.977	1.74	1.013
0.05	1.63	0.950	1.57	0.974	1.48	1.013
0.075	1.52	0.937	1.45	0.960	1.33	1.004
0.100	1.58	0.902	1.46	0.931	1.29	0.982
0.150	1.78	0.833	1.68	0.856	1.49	0.901
0.200	1.96	0.781	1.87	0.800	1.71	0.836

GTN 模型的屈服面与宏观静水压力密切相关，可有效建立传统塑性力学中基体材料的屈服与宏观静水压力和材料损伤联系。屈服面随着孔洞体积分数的增大而逐渐缩小，如图 2-8 所示。当孔洞体积分数 f 为 0 时，式（2-10）所表示的屈服面退化为经典塑性理论的 Mises 屈服方程；当孔洞体积分数 f 为 $1/q_1$ 时，GTN 模型屈服面缩小为一个点。

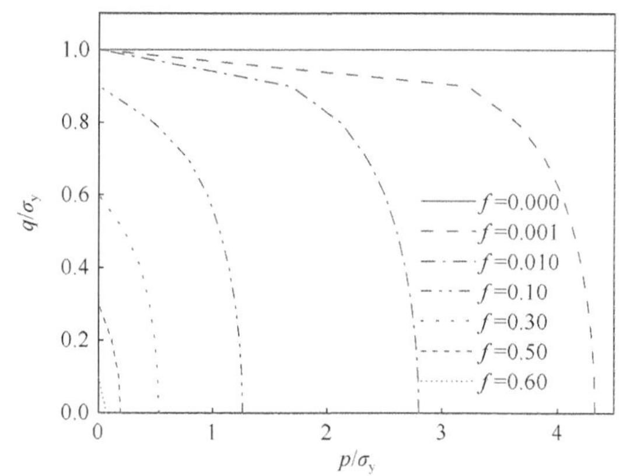

图 2-8　GTN 模型屈服面示意图

在孔洞体积分数增长过程中，孔洞体积分数 f 增加，一部分由于现有孔洞的增长，另一部分则由于新孔洞的成核，孔洞增长的微分关系由式（2-13）定义。假设基体材料满足 $J2$ 塑性流动理论和塑性不可压缩性，现有孔洞的增长 df_G 可由式（2-14）计算得到；假设新孔洞的成核由塑性应变控制，根据正态分布规律，df_N 可由式（2-15）计算。

$$df = df_G + df_N \tag{2-13}$$

$$df_G = (1-f)\mathrm{d}\varepsilon_p^{ij} : I_{ij} \tag{2-14}$$

$$df_N = \frac{f_N}{s_n\sqrt{2\pi}}\exp\left[-\frac{1}{2}\left(\frac{\varepsilon_p-\varepsilon_n}{s_n}\right)^2\right]\mathrm{d}\varepsilon_p \tag{2-15}$$

式中，$\mathrm{d}\varepsilon_p^{ij}$ 是等效塑性应变张量分量；I_{ij} 是二阶单位张量分量；f_N 是新孔洞形核时夹杂物的最大可能体积分数；ε_n 是新孔洞形核时的平均等效塑性应变；s_n 是成核应变的标准偏差。

在材料塑性发展过程中，多孔金属材料的应力-应变表达的塑性势应该与塑性连续材料的塑性势保持一致，并且可以通过该式推导多孔金属材料的等效塑性应变 $\mathrm{d}\varepsilon_p$，即

$$\sigma_{ij}:\mathrm{d}\varepsilon_p^{ij} = (1-f)\sigma_y\mathrm{d}\varepsilon_p \tag{2-16}$$

从式（2-10）及图 2-8 可以看出，当孔洞体积分数 f 为 $1/q_1$ 时，所有应力分量均退化为 0 以满足 GTN 模型屈服方程，此时材料完全丧失承载能力且屈服面缩小为一个点。然而，按照 Tvergaard 等[13]的建议仍无法真实模拟韧性断裂。Tvergaard 等[13]认为在 GTN 模型屈服方程中通过引入等效孔洞体积分数 f^* 代替 f 以考虑韧性断裂发生前孔洞的快速聚合，完整 GTN 模型屈服方程如式（2-17）所示。等效孔洞体积分数 f^* 可以表示为

$$f^* = \begin{cases} f & f_0 \leqslant f < f_c \\ f_c + k(f-f_c) & f_c \leqslant f < f_F \\ f_u^* & f \geqslant f_F \end{cases} \tag{2-17}$$

$$\Phi = \left(\frac{q}{\sigma_y}\right)^2 + 2q_1 f^* \cosh\left(-\frac{3q_2 p}{2\sigma_y}\right) - \left(1 + q_3 f^{*2}\right) \tag{2-18}$$

$$k = \left(f_u^* - f_c\right) / \left(f_F - f_c\right) \tag{2-19}$$

式中，f_0 是预先存在孔洞的体积分数；f_c 为孔洞开始发生聚合时的临界孔洞体积分数；f_F 为基体材料最终断裂时的孔洞体积分数，当孔洞体积分数超过其临界值 f_c 时，对超出部分进行线性放大以考虑孔洞聚合的影响；k 为孔洞增长的加速因子；$f_u^*=1/q_1$ 无明确物理含义，仅用于模拟材料完全丧失承载力的情形。

2.2.4 循环荷载下非耦合模型

断裂力学中，对于循环荷载下的延性断裂研究主要集中在超低周循环（ultra low cycle，ULC）断裂，控制 ULC 的机制类似于单调断裂机制，如孔洞形核、扩张和聚合，而高周疲劳断裂机制更关注滑移和脱粘。钢结构的抗震设计是通过承受一定循环圈数的非弹性变形来吸收地震能量。因此，循环损伤断裂模型在地震工程研究和实践中具有重要的应用价值。

Kanvinde[15]认为在超低周循环荷载作用下，微观空穴的体积在受拉时增长，受压时减小。考虑到整个循环历史中材料的断裂韧性会不断降低。因此，在 VGM 基础上，考虑循环荷载造成的材料损伤，提出适用于钢结构超低周断裂预测的循环空穴扩张模型（cyclic void growth model，CVGM），其表达式如下：

$$\eta_{\text{cyclic}} = \sum_{t} \int_{\varepsilon_1}^{\varepsilon_2} \exp\left(\left|1.5T\right|\right) \mathrm{d}\varepsilon_t - \sum_{c} \int_{\varepsilon_1}^{\varepsilon_2} \exp\left(\left|1.5T\right|\right) \mathrm{d}\varepsilon_c \tag{2-20}$$

式中，ε_t 为受拉循环中的等效塑性应变；ε_c 为受压循环的等效塑性应变。

在循环荷载作用下孔洞扩张指数阈值为

$$\eta_{\text{cyclic}}^{c} = f(D) \cdot \eta \tag{2-21}$$

由于循环荷载作用，η_{cyclic}^{c} 比 VGM 断裂韧性参数 η 小，用函数 $f(D)$ 描述材料由循环荷载造成的累积损伤，采用 $f(D)$ 指数表达形式，即

$$f(D) = \exp(-\lambda D) \tag{2-22}$$

$$D = \varepsilon_p \tag{2-23}$$

式中，λ 为材料循环损伤退化参数，可由圆周平滑槽口试件往复加载试验结合有限元分析标定；ε_p 为每一受拉循环开始时累积的等效塑性应变，表示损伤变量。

因此，CVGM 认为式（2-24）成立时材料发生断裂，即

$$\eta_{\text{cyclic}} \geqslant \eta_{\text{cyclic}}^{c} \tag{2-24}$$

在 CVGM 基础上，考虑整个加载历史中应力三轴度变化不显著，提出退化有效塑性应变（degraded significant plastic strain，DSPS）模型，通过将应力三轴度从式（2-20）的显示积分提取出来作为常数项，并引入退化有效塑性应变，则 DSPS 判据可表示为

$$\varepsilon_{\mathrm{c}}^{*}=\exp(-\alpha D)\cdot\varepsilon_{\mathrm{p}}^{\mathrm{critical}} \tag{2-25}$$

$$\varepsilon^{*}\geqslant\varepsilon_{\mathrm{c}}^{*} \tag{2-26}$$

2.2.5　循环荷载下耦合模型

在单调加载下，孔洞会形核、扩张和聚合导致延性裂纹萌生。孔洞体积分数的增大加剧了相邻孔洞之间应力-应变关系，可通过定义临界孔洞体积分数描述该现象。非耦合模型假定导致孔洞聚合的应变局部化与孔洞形状或单个孔洞的位置无关。

循环荷载作用下孔洞演化规律与单调加载存在两点不同。首先，孔洞会受到正、负静水压力的交替影响，导致已形核的孔洞交替膨胀、收缩或挤压，促使临界孔洞体积分数降低。其次，由于荷载的周期性，造成基体材料中损伤的累积方式不同。GTN 模型假设循环荷载所导致的材料中出现正、负静水压力和孔洞体积扩张保持正相关。图 2-9 显示了循环荷载下韧性断裂机理。

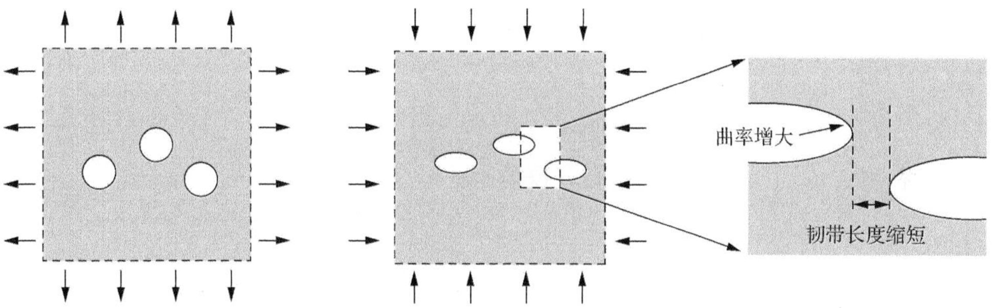

图 2-9　循环荷载下韧性断裂机理

1）基体材料在三向拉应力作用下孔洞会呈球形均匀扩张，表现出各向同性；作用在孔洞上的平均压应力会导致孔洞形状变扁，在某个方向被挤压而呈椭球状，如图 2-9 所示。对于相同孔洞体积分数，循环载荷会导致更扁平的孔洞（曲率增大）并减小相邻孔洞间韧带材料长度，从而引起应力集中。应力可能超过局部材料的解理强度，相邻孔洞间韧带材料的解理断裂导致孔洞进一步聚合。

2）图 2-10 比较了单调加载失效和超低周循环加载失效在 4 个循环后材料的断口扫描电镜。值得注意的是，单调加载作用下韧性断裂具有更深的韧窝形貌，而循环加载的断口形貌显示出较浅韧窝和部分解理型断裂，表明单调加载作用下基体材料的断裂孔洞体积分数比循环加载时更大。在循环荷载下，较小的孔洞体积分数会导致循环累积损伤达到断裂阈值，从而引起材料失效。

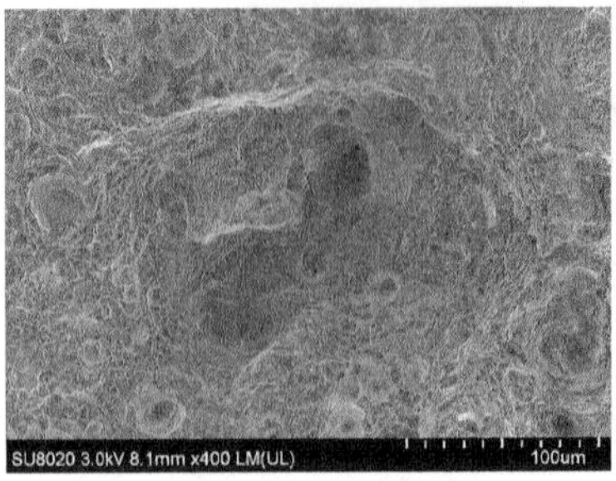

（a）单调荷载

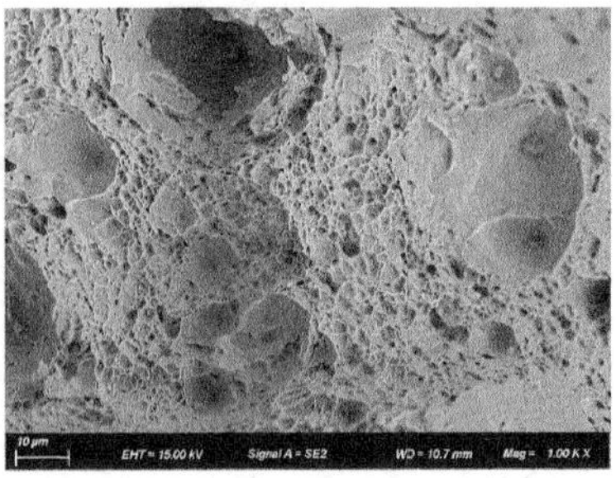

（b）超低周荷载

图 2-10　圆周平滑槽口试件断裂失效断口扫描电镜

如图 2-11 所示，在超低周循环加载过程中，材料的正负应力三轴度交替出现，因此可假设三轴应力为正时孔洞体积扩张，而负三轴度时孔洞体积减小。由于材料出现明显的受拉屈服和受压屈曲，累积塑性应变不断增长，因此需要对 GTN 模型中的应变形核规律进行一定的修正。图 2-12 显示了在应变增长过程中孔洞形核的演化规律，其中横轴表示等效塑性应变，纵轴表示孔洞形核速率，由式（2-27）给出。图 2-12 中正态分布曲线与横轴所围成的面积表示孔洞形核量 A，假设形核粒子只有在正应力三轴性下才能成核，当应力三轴性为负时表明形核粒子受均匀压力，不会因塑性应变的累积而进一步形核成为新的孔洞，即孔洞形核速率为 0。循环加载过程中孔洞体积演化规律假设如下：

$$\begin{cases} f = f^*, \text{孔洞形核速率} = 2A / f_{\mathrm{N}} & T \geqslant 0 \\ f = f, \text{孔洞形核速率} = 0 & T < 0 \end{cases} \tag{2-27}$$

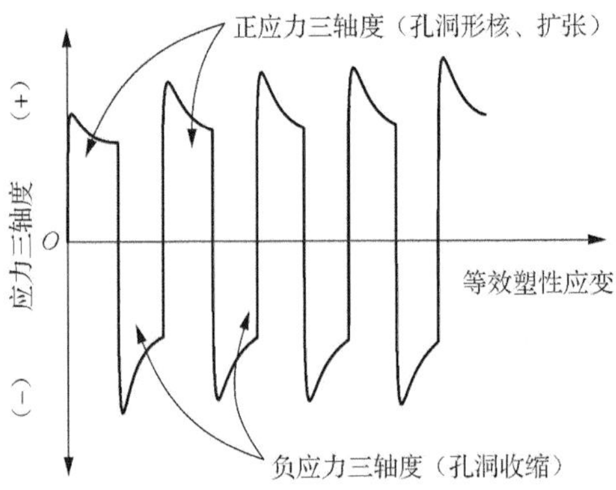

图 2-11　循环荷载作用下应力三轴度与等效塑性应变关系

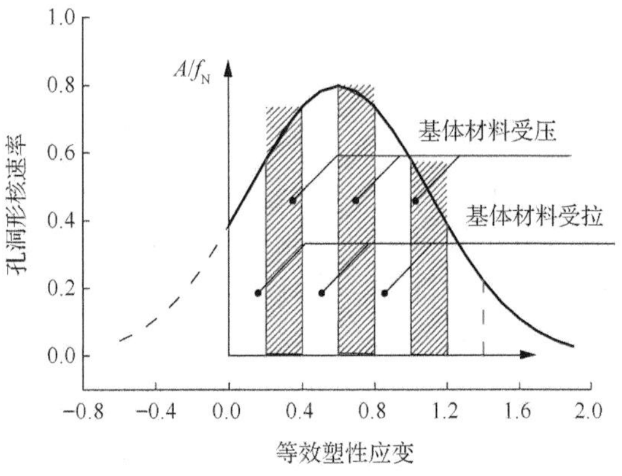

图 2-12　循环荷载作用下孔洞形核演化规律

超低周循环荷载下的模型需要捕捉的两个重要过程：在循环荷载作用下孔洞的扩张/收缩以及由此引起的损伤累积，以及由循环加载过程中塑性应变累积造成的断裂阈值降低。考虑上述因素，本书提出循环孔洞演化（C-GTN）模型。该模型可通过模拟在循环荷载作用下孔洞形核、扩张和聚合对材料造成的渐进损伤捕捉超低周循环断裂过程。在单调加载条件下，C-GTN 模型退化为 GTN 模型，可将其称为循环 GTN 本构模型。

2.3　钢结构疲劳分析方法

2.3.1　单轴疲劳分析方法

目前开展钢结构疲劳寿命分析的方法主要有名义应力分析法、热点应力分析法、断裂力学分析法和损伤力学分析法等。

1. 名义应力分析法

名义应力分析法根据结构构造细节的 *S-N* 曲线进行疲劳强度设计，包括无限寿命设计法和有限寿命设计法。无限寿命设计法使用 *S-N* 曲线的水平部分，即疲劳极限。疲劳设计时构件的计算应力应低于疲劳极限，认为该应力状态对构件疲劳强度没有影响；而有限寿命设计法采用 *S-N* 曲线的斜线部分，即有限寿命部分。设计时构件应力高于疲劳极限，首先应确定恒幅荷载作用下包含结构细节的 *S-N* 曲线，并按照累积损伤理论计算结构构件的疲劳损伤总量。

2. 热点应力分析法

热点应力分析法最初是由克洛特（Kloth）针对焊接结构提出，海巴赫（Haibach）则从方法上奠定了热点应力定量分析的可靠性基础。热点应力分析法将结构应力从缺口应力中分离出来，采用线性或二次曲线的外推方式得到焊趾处热点应力。热点应力排除了由焊接细节造成局部应力升高的部分，反映了构件整体几何尺寸对焊趾处应力分布的影响。然而该方法不能反映构件沿截面厚度方向应力梯度对疲劳性能的影响，且参考点应力的计算结果与网格尺寸和类型有关，参考点位置的选取原则尚缺乏明确物理意义。

3. 断裂力学分析法

断裂力学分析法主要是针对具有裂纹或缺陷的构件，对其在外界条件作用下的强度、裂纹扩展趋势和疲劳寿命等方面进行研究。根据试验结果显示，该情况下构件剩余寿命就仅占总寿命较少部分。对于实际工程的寿命评估问题，可忽略此部分寿命而得到偏安全的结果。

4. 损伤力学分析法

损伤力学分析法认为结构或构件的损伤是持续演变发展的，且该过程具有不可逆性，一旦损伤达到某一临界点就会导致结构的整体失效。卡恰诺夫（Kachanov）在对金属材料的蠕变问题进行研究时，第一次提出了损伤的概念，认为导致金属蠕变损伤根本原因是微观缺陷的演化和发展。拉博特诺夫（Rabotnov）在此基础上引进了可表征材料或结构退化程度的损伤变量 D，即

$$D = 1 - \varphi = \frac{S_D}{S} \tag{2-28}$$

式中，φ为连续损伤变量；S_D为损伤面积；S为总截面积。

显然，D 的取值范围在 0～1 之间，当 $D=0$ 时，$S_D=0$，材料未产生损伤；当 $D=1$ 时，$S_D=S$，材料完全损坏；当 $0<D<1$ 时，材料部分产生损伤，此时仅有未产生损伤的部分有承载能力。

对于焊接结构，其疲劳强度取决于材料、整体结构构造尺寸和焊接接头细节等因素。整体结构构造尺寸控制疲劳荷载传递与分配，焊接接头细节主导局部应力-应变。因此，焊接结构的疲劳强度应从整体层次到局部层次进行验算分析。

在保证材料性质和焊接质量情况下，焊接结构的疲劳强度主要取决于应力范围和结构构造细节，而荷载循环特性对其影响较小。因此，以名义应力分析法为基础的焊接结构疲劳评估方法通常采用应力范围和构造细节类别进行疲劳设计，按其几何形状、焊接种类、加载形式及制造等级归类后形成一族容许应力或持久应力值不同的标准 S-N 曲线和工作寿命曲线，要求焊接结构因疲劳荷载引起的应力范围$\Delta\sigma$不超过疲劳容许应力范围$[\Delta\sigma]$。

针对焊接结构还可采用缺口应力分析法进行疲劳分析，缺口应力分析法又称局部法。该类方法是名义应力评定方法和结构应力法的发展和延伸，名义应力分析法是整体法，热点应力法是整体法和局部法的过渡。缺口应力分析法需考虑缺口效应，并根据该材料本身特性计算疲劳强度，可分为有效缺口应力法、局部应力或应变法和应力场强法。

应力场强法把缺口附近一定范围内应力场强度作为评价疲劳性能的判别标准。但由于本书所涉及的焊接接头在缺口附近存在壁厚变化和垫板等因素，导致计算的疲劳缺口系数过小，不符合实际情况。

2.3.2　多轴疲劳分析方法

结构工程在服役期间通常处于多向复合循环受力状态，为建立结构构件多轴疲劳性能评估方法，目前国内外学者在大量试验研究基础上提出多种多轴疲劳寿命预测模型，并以此建立损伤参量与疲劳寿命的函数关系。按照疲劳损伤参量的不同，可将多轴疲劳破坏准则分为四类，即等效应力准则、等效应变准则、能量准则和临界平面准则。

1. 等效应力准则

等效应力准则以特殊应力项或其组合应力作为多轴疲劳损伤参量，如最大剪应力、最大主应力、八面体应力、Mises 应力等。Gough[16]最早提出了多轴等效应力准则，基于

试验研究分别针对脆性和韧性材料建立了最大拉应力理论和椭圆方程准则。Sines 等[17]考虑了分解后剪应力引起晶体沿不同平面上滑移的平均效应，将八面体剪应力作为损伤参量，研究了平均正应力与剪应力对疲劳强度的影响。Lee[18]在考虑荷载间相位差影响的基础上对椭圆方程进行修正。Crossland[19]考虑了静水压力的因素，提出适用于非比例荷载下的应力准则。基于等效应力准则的多轴疲劳寿命预测方法仅适用于无明显宏观塑性应变的循环加载情况，因此该准则多适用于多轴高周疲劳预测领域。

2. 等效应变准则

等效应变准则是将多轴应变分量通过特定方法转化为单轴等效应变的方法。Yokobori 等[20]提出了等效应变理论，后有学者应用等效应变如最大剪应变、最大法向应变、八面体应变、Mises 应变等作为损伤参量，并利用单轴疲劳曼森-科芬（Manson-Coffin）公式实现多轴疲劳寿命预测。陈旭等[21]基于损伤力学方法推导了考虑非比例附加强化效应的寿命预测模型，以最大剪应变变程和与之垂直的法向应变幅为线性组合的损伤参量作为寿命评估的等效应变；Itoh 等[22]考虑材料附加硬化效应和非比例路径的影响，基于最大主应变幅拟合了变幅非比例路径的低周疲劳试验数据。等效应变准则未能考虑多轴疲劳破坏机理，且无法反映诸如堆垛层错能低、位错间距大金属材料的附加强化效应，故仅适用于比例加载或不存在附加强化效应的材料，在应用上存在一定的局限。

3. 能量准则

能量准则认为疲劳循环荷载造成的损伤程度与材料吸收和释放的能量成正比，每一次循环加载均对材料造成不可逆转的损伤。随着微损伤逐步累积达到临界值，材料随即发生疲劳破坏。因此该方法以应变能（密度）作为损伤参量，并将应变能与多轴疲劳寿命建立函数关系。Ellyin 等[23]最早研究了弹性与塑性应变能之和与多轴疲劳寿命的相关关系。Garud[24]将 Morrow[25]提出的单轴疲劳滞回曲线中塑性应变能的概念引入到了多轴疲劳领域，考虑了剪应变能占总应变能的权重系数，提出了等效应变能的积分表达式。经试验验证表明，基于能量准则的寿命预测方法在预测精度上有所改善，但由于能量是标量，所以能量准则无法有效预测疲劳裂纹的开裂方向，且在估算疲劳寿命时依赖于材料精确本构关系，在应用时仍存在一定的限制。

4. 临界平面准则

临界平面准则基于多轴循环加载下裂纹萌生及扩展的物理机制，根据材料疲劳裂纹模式，将最大主应力、应变平面或最大剪应力、应变所在特定平面定义为临界面。也有学者将损伤参量的最大值所处平面作为临界面，通过宏观力学参量构建了反映多轴疲劳破坏特征的物理模型。临界面法将最大损伤平面上的切向与法向的应力、应变分量进行多种形式的组合，把不同多轴加载路径的应力、应变历程等效为疲劳累积损伤参量，并与疲劳寿命建立函数关系以实现多轴疲劳评估。临界平面准则考虑了材料多轴疲劳破坏

[19] Crossland B. Effect of large hydrostatic pressures on the torsional fatigue strength of an alloy steel[C]//Institution of Mechanical Engineers(Great Britain), American Society of Mechanical Engineers. Proceedings of the international conference on fatigue of metals, London, 1956: 128-149.

[20] Yokobori T, Yamanouchi H, Yamamoto S. Low cycle fatigue of thin-walled hollow cylindrical specimens of mild steel in uni-axial and torsional tests at constant strain amplitude[J]. International Journal of Fracture Mechanics, 1965, 1(1): 3-13.

[21] 陈旭, 许爽燕. 多轴低周疲劳研究现状[J]. 压力容器, 1997, 14(3): 58-61.

[22] Itoh T, Nakata T, Sakane M, et al. Nonproportional low cycle fatigue of 6061 Aluminium alloy under 14 strain paths[J]. European Structural Integrity Society, 1999, 25: 41-54.

[23] Ellyin F, Golos K. Multiaxial fatigue damage criterion[J]. Journal of Engineering Materials and Technology, 1988, 110(1): 63-68.

[24] Garud Y S. A new approach to the evaluation of fatigue under multiaxial loadings[J]. Journal of Engineering Materials and Technology, 1981, 103(2): 118-125.

[25] Morrow J D. Cyclic plastic strain energy and fatigue of metals[M]. West Conshohocken: ASTM International, 1965.

第 3 章　钢材断裂模型及连接节点断裂预测

3.1　单调荷载下钢材断裂模型及连接节点断裂预测

以 VGM 和 GTN 模型为代表的微观机制模型能很好地应用于单调荷载下钢结构的断裂预测和分析。已有学者对 Q235 和 Q355 钢的微观模型断裂参数进行了校准并用于钢结构断裂预测中。本书以 G20Mn5QT 铸钢材料为例，开展了常温下圆周平滑槽口试件的单调拉伸试验，获得了 G20Mn5QT 铸钢材料微观机制模型的断裂参数。

基于微观断裂原理并结合有限元的断裂预测方法可分为两种：一种为通过有限元模拟提取试件 Mises 等效应力、静水压力以及等向塑性应变数据，经过计算判断是否满足断裂判据；另一种为通过编译子程序的方法将断裂判据耦合到有限元模型中，程序内部使用应力、应变数据计算单元是否满足断裂判据，并可实现将满足断裂判据的单元删除，因此能直观观察裂纹起始时刻和位置，并实现裂纹扩张的全过程模拟。本书采用适合显式动力分析的 VUSDFLD 子程序来模拟循环荷载作用下缺口试件裂纹扩张过程。

3.1.1　非耦合模型参数校准

本书采用单调荷载非耦合模型 VGM 和应力修正应变（stress modified critical strain，SMCS）模型。为校准微观机制模型断裂参数，采用光滑圆棒试件和圆周平滑槽口试件开展单调拉伸试验，试件尺寸如图 3-1 和图 3-2 所示。所有试件均由单调荷载加至断裂，通过光滑圆棒试件获得材料力学性能，利用圆周平滑槽口试件标定微观机制模型参数。

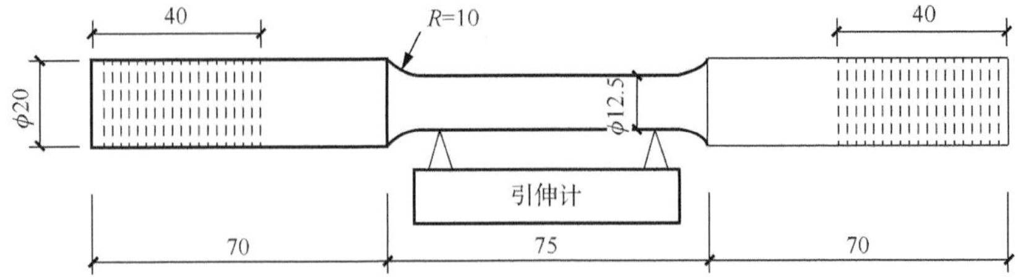

图 3-1　光滑圆棒试件（尺寸单位：mm）

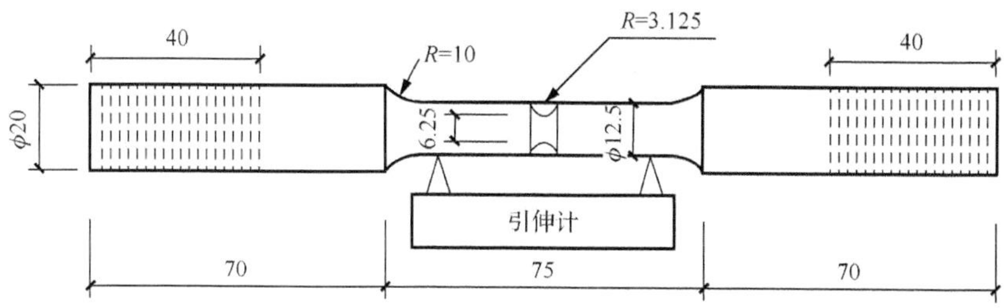

图 3-2　圆周平滑槽口试件（尺寸单位：mm）

圆周平滑槽口试件的缺口包括三种尺寸，R 分别为 1.500mm、3.125mm 和 6.250mm。圆周平滑槽口试件采用 SNT-DX-Y 编号，其中 SNT 代表 smooth-notch tensile specimen，DX（D1、D2 和 D3）分别代表单调荷载下 R 为 1.500mm、3.125mm 和 6.250mm 三种缺口尺寸，Y 代表平行试件编号。根据不同开口半径试件槽口部位的应力集中情况，阐述微观机制模型参数校准试验的适用性和一般性。

表 3-1 为光滑圆棒拉伸试验得到的 G20Mn5QT 铸钢材料力学性能指标，真实应力-塑性应变曲线如图 3-3 所示。基于式（3-1）兰贝格-奥斯古德（Ramberg-Osgood）硬化模型描述 G20Mn5QT 铸钢的应力-应变关系，得到硬化参数α_c和 n_c，见表 3-1。

$$\varepsilon = \frac{\sigma}{E} + \alpha_c \left(\frac{\sigma}{E}\right)^{n_c} \tag{3-1}$$

表 3-1　G20Mn5QT 铸钢材料力学性能指标

力学性能	弹性模量 E/MPa	屈服强度σ_y/MPa	抗拉强度σ_u/MPa	伸长率δ/%	α_c	n_c
试验数据	208200	330.5	585.8	26.8	0.33	8.0

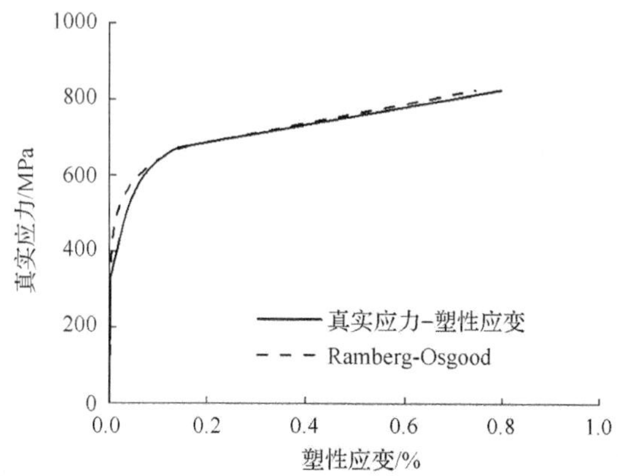

图 3-3　G20Mn5QT 铸钢材料真实应力-塑性应变曲线

单调荷载作用下三种缺口尺寸圆周平滑槽口试件的断口形貌如图 3-4 所示。观察发现，试件中间缺口处被拉断，断口表面粗糙且存在明显凸起和凹陷，表现出典型的延性断裂特征。

（a）SNT-D1-1　　（b）SNT-D2-1　　（c）SNT-D3-1

图 3-4　圆周平滑槽口试件断口形貌

图 3-5 为圆周平滑槽口试件典型荷载-变形曲线，曲线斜率突变点可视作裂纹起始点，该点对应试件的拉伸变形值为 Δf。将每条荷载-变形曲线的 Δf 作为有限元分析加载变形的依据，进而通过试件缺口处断裂点的应力-应变关系校准微观机制模型断裂参数。各拉伸试件断裂荷载 P_f 和断裂变形 Δf 见表 3-2。

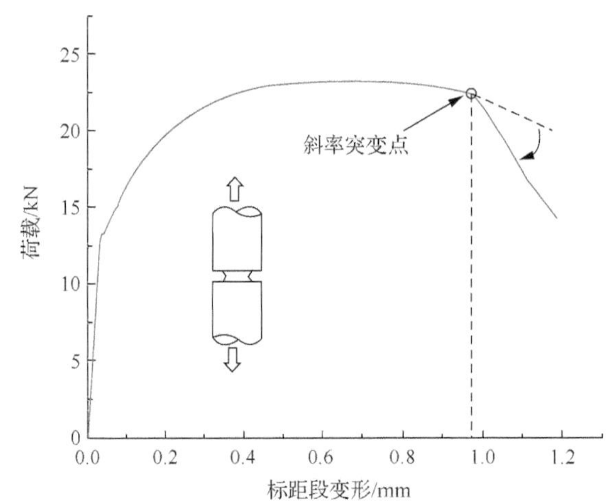

图 3-5　圆周平滑槽口试件典型荷载-变形曲线

表 3-2　拉伸试件断裂荷载和断裂变形

试件编号	缺口半径/mm	断裂荷载 P_f/kN	标距段断裂变形Δf/mm
SNT-D1-1	1.500	24.20	0.77
SNT-D1-2		22.11	0.80
SNT-D2-1	3.125	22.42	0.96
SNT-D2-2		21.78	1.00
SNT-D3-1	6.250	18.20	1.32
SNT-D3-2		19.17	1.35

在微观断裂模型中，若单一材料点满足断裂判据尚不能证明材料是否出现断裂，仅当一定范围内所有材料点均满足断裂判据时才可认为断裂发生。因此，需要借助定量参数表征多个材料点破坏，特征长度的概念应运而生。通常认为材料的微观结构决定特征

长度 l^*，同时受力状态也会对其产生影响。目前确定材料特征长度的方法主要借助试件断口的扫描电镜观测。Kanvinde 等[1]推荐将两倍平均波纹直径作为材料特征长度 l^*的下限值，将电子照片中最大凸起或凹陷部分的长度作为上限值；l^*的最可能值则取 10 个凸起或凹陷长度的平均值。根据上述方法采用电镜扫描确定 G20Mn5QT 铸钢材料的特征长度，并将其最可能值作为后续分析的基础数据。各拉伸试件的典型断面的扫描电镜图如图 3-6 所示，G20Mn5QT 铸钢材料的特征长度见表 3-3。

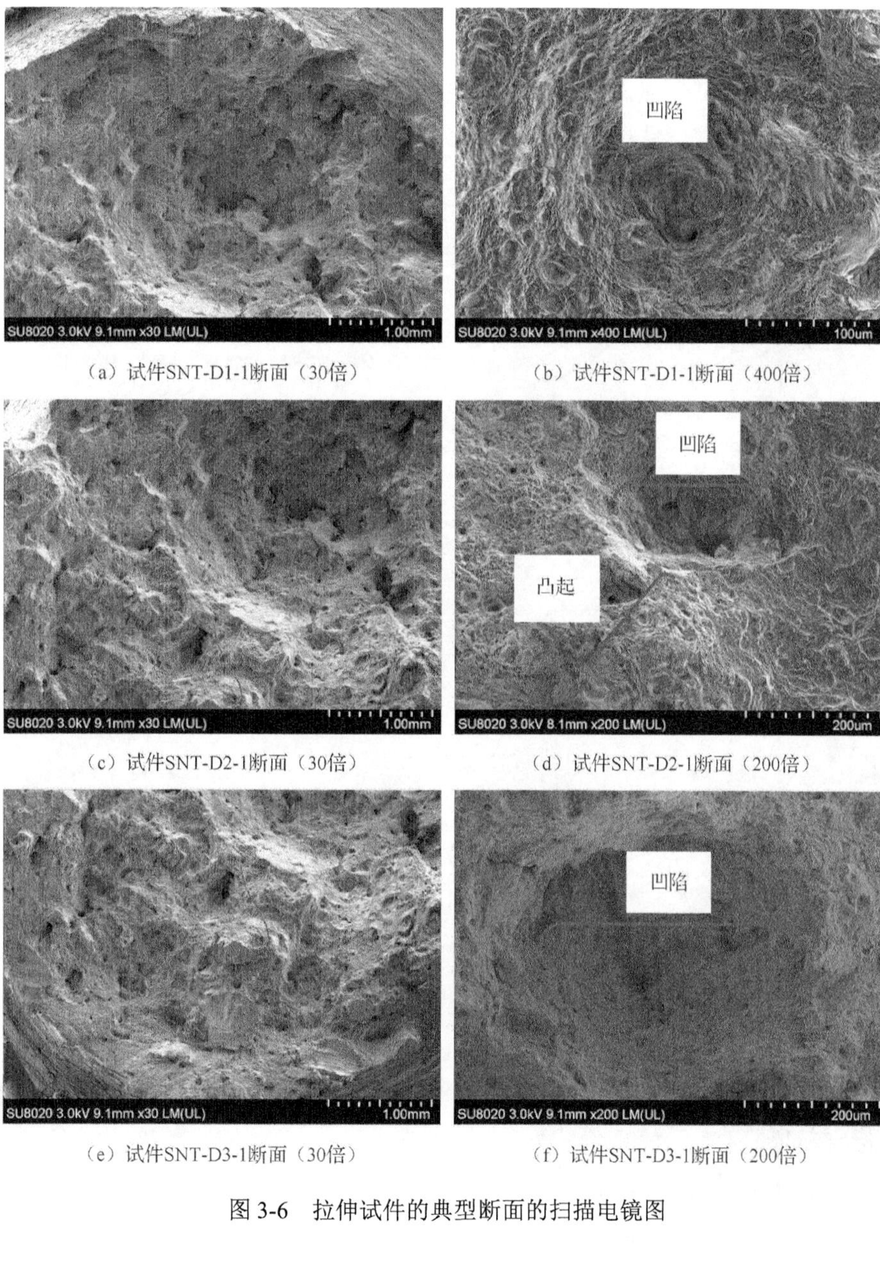

（a）试件SNT-D1-1断面（30倍）　（b）试件SNT-D1-1断面（400倍）

（c）试件SNT-D2-1断面（30倍）　（d）试件SNT-D2-1断面（200倍）

（e）试件SNT-D3-1断面（30倍）　（f）试件SNT-D3-1断面（200倍）

图 3-6　拉伸试件的典型断面的扫描电镜图

表 3-3 G20Mn5QT 铸钢试件的特征长度

试件编号	特征长度/mm		
	下限	最可能值	上限
SNT-D1-1	0.071	0.207	0.385
SNT-D2-1	0.082	0.215	0.407
SNT-D3-1	0.089	0.221	0.432
平均值	0.081	0.214	0.408

对圆周平滑槽口试件建立有限元模型模拟单调加载过程。考虑到试件的轴对称性和边界条件对称性，建立试件标距段的轴对称模型进行数值模拟，如图 3-7 所示。模型一端施加固定约束，另一端施加轴向位移荷载。模型采用四节点双线性减缩积分单元 CAX4R，缺口处的网格尺寸为特征长度为 0.2mm，以满足微观机制模型的分析要求。大小网格之间采用四边形网格进行过渡。

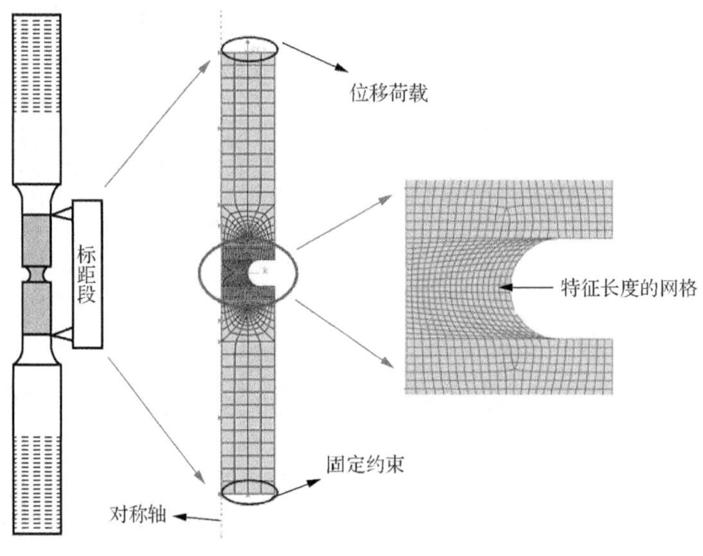

图 3-7 圆周平滑槽口试件数值模型

根据 G20Mn5QT 铸钢材料性能试验定义有限元模型的本构模型。各圆周平滑槽口试件模型的加载位移值与表 3-2 中试件标距段断裂变形 Δf 相同，即有限元模型单调加载至此开始出现延性裂纹。通过将槽口试件缺口处危险单元的应力-应变代入微观机制模型即可标定断裂参数。

圆周平滑槽口试件的荷载-变形曲线如图 3-8 所示，图中包括有限元分析（finite element analysis，FEA）结果，曲线的斜率突变点为试件延性断裂起始点。

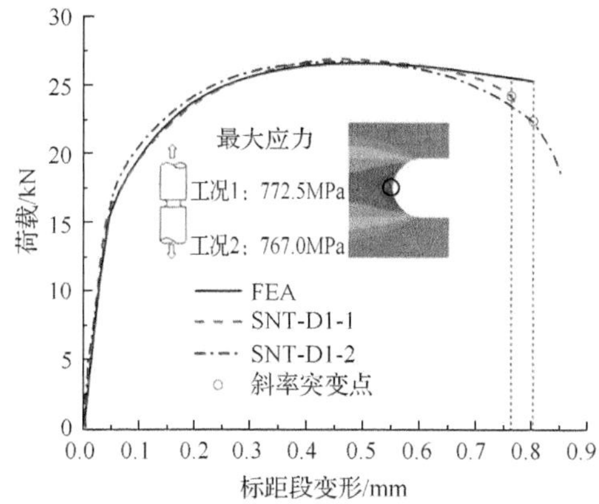

（a）R=1.5mm

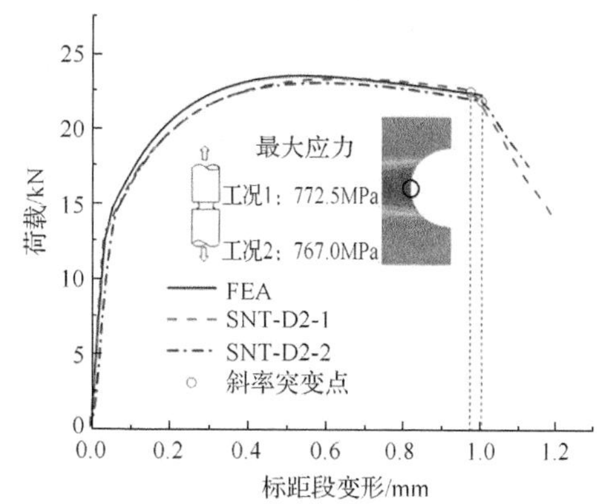

（b）R=3.125mm

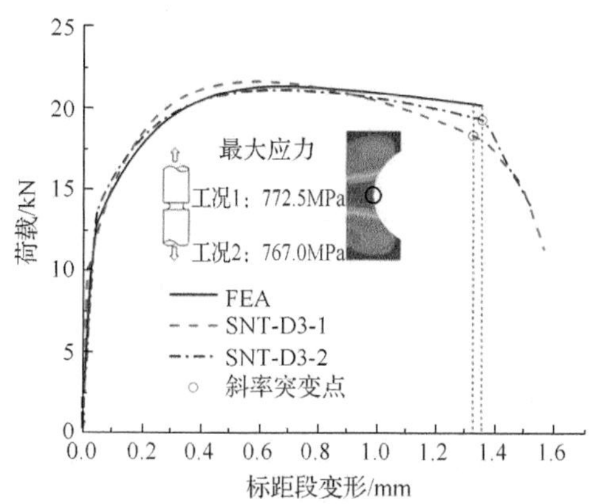

（c）R=6.25mm

图 3-8　圆周平滑槽口试件荷载–变形曲线

图 3-9 为 20℃下不同缺口半径的圆周平滑槽口试件中心截面处的 VGI 和 SMI 数值分布。由图 3-9 可见，随着单元在截面中心点向外远离，三种缺口半径试件的 VGI 和 SMI 数值均减小，表明试件截面中心点为延性断裂危险点，此点最先满足微观机制模型的断裂判据，表明延性断裂最先发生。

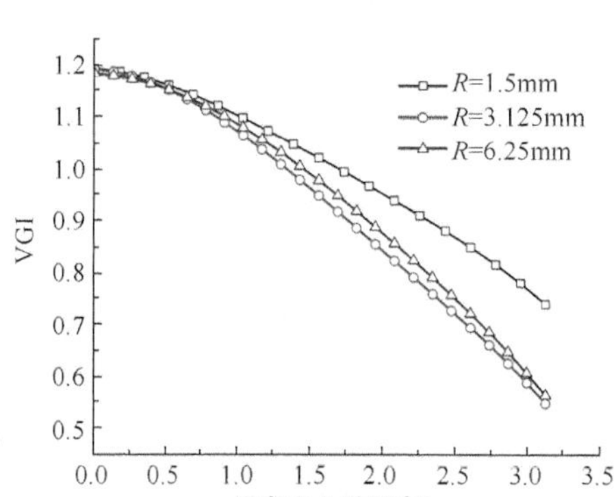

（a）VGM

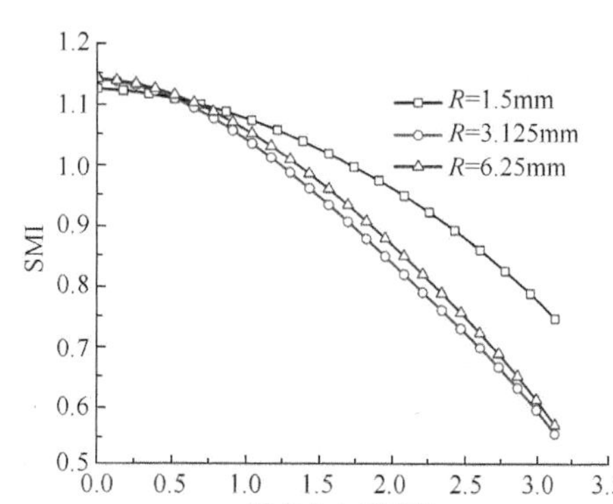

（b）SMCS

图 3-9　20℃下不同缺口半径的圆周平滑槽口试件中心截面处的 VGI 和 SMI 数值分布

通过单调拉伸试验获得圆周平滑试件下断裂荷载 P_f 和断裂变形 Δf（表 3-2），将断裂变形施加于有限元模型得到断裂时刻的应力三轴度和等效塑性应变，可确定空穴扩张模型（VGM）和应力修正临界应变（SMCS）模型的断裂参数 η 和 α。

G20Mn5QT 铸钢材料 VGM 和 SMCS 模型断裂参数 η 和 α 校准见表 3-4。结果显示，6 个试件校准的断裂参数吻合性较好，且数值与应力集中情况无明显相关性，表明微观机制模型的断裂参数只与材料类型有关。

表 3-4 G20Mn5QT 铸钢材料 VGM 和 SMCS 模型断裂参数 η 和 α 校准

编号	$\varepsilon_p^{critical}$	σ_y /MPa	σ_u /MPa	η	$\bar{\eta}$	σ	$\bar{\alpha}$
SNT-D1-1	0.2018	703.04	949.03	1.35	1.32	1.27	1.26
SNT-D1-2	0.2176	710.71	955.97	1.47		1.38	
SNT-D2-1	0.3075	754.22	755.14	1.28		1.23	
SNT-D2-2	0.3275	763.93	759.93	1.37		1.32	
SNT-D3-1	0.3927	795.48	623.94	1.19		1.15	
SNT-D3-2	0.4042	801.05	627.03	1.23		1.19	

3.1.2 基于非耦合模型的钢材及连接节点断裂预测

1. 双孔平板试件断裂预测

实际工程中板件开孔会导致显著的应力集中，同时往往是裂纹萌生的关键部位。为此设计了双孔平板试件以模拟板件开螺栓孔的情况，试件几何尺寸如图 3-10 所示。试件长度为 200mm，标距段为 50mm，宽度和厚度分别为 20mm 和 5mm，开孔的直径为 5mm。在轴向拉力荷载作用下，试件起始断裂的危险位置为开孔中间截面处，如图 3-11 所示。为便于对开裂位置进行描述，将该截面上的断裂危险位置进行了编号。

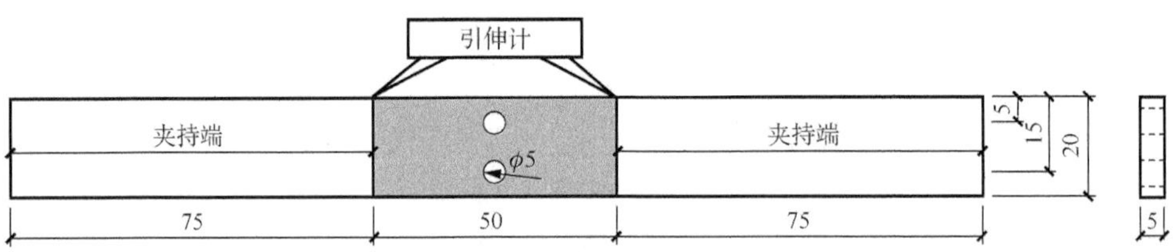

图 3-10 双孔平板试件几何尺寸（尺寸单位：mm）

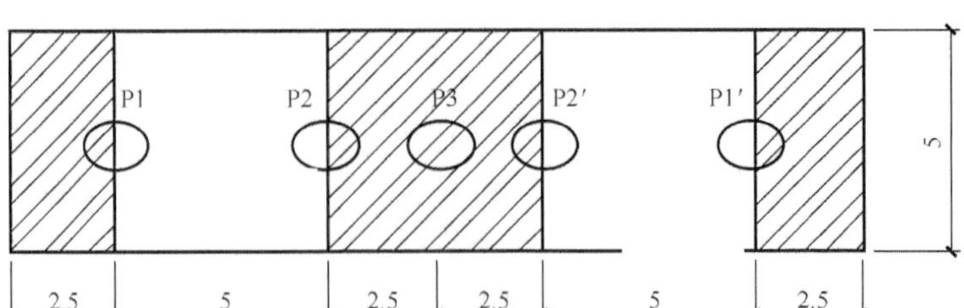

图 3-11 双孔平板试件开孔中间截面及断裂危险位置（尺寸单位：mm）

试验中得到的荷载-标距段变形曲线如图 3-12 所示。试验过程中观测开孔附近裂纹情况并记录裂纹出现的时刻及对应的试件变形。观测发现试件开孔位置出现较大塑性变形，中间开孔截面出现明显颈缩，孔洞形状由圆形逐渐变为椭圆形。

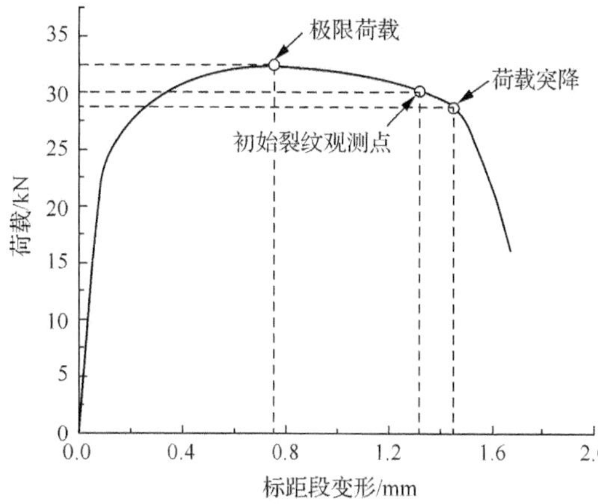

图 3-12　双孔平板试件荷载-标距段变形曲线

加载过程中试件从裂纹出现至完全断裂情况如图 3-13 所示。达到极限荷载 32.5kN 前，尚未观察到裂纹。当加载至极限荷载后标距段变形为 1.32mm 时，在开孔靠中间一侧的中心处（图 3-13 中 P1 和 P1′位置）首先观察到裂纹。随着位移加载的继续裂纹开始扩展，并且在开孔另一侧（图 3-13 中 P2 和 P2′位置）也出现裂纹。当标距段变形值达到 1.50mm 时，开孔两侧裂纹快速扩展并导致承载力迅速降低，最终试件完全断开，如图 3-13（c）所示。

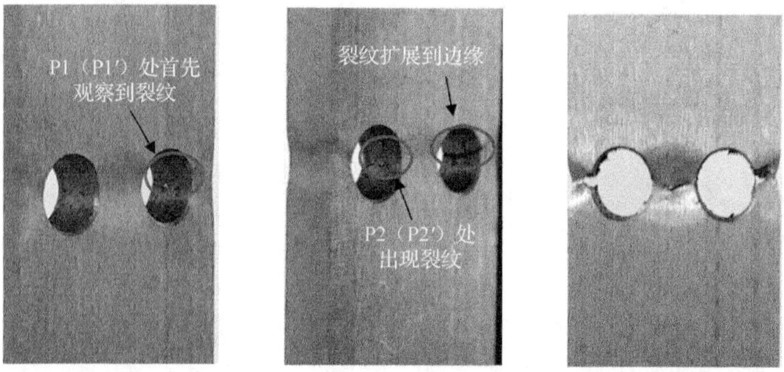

（a）起始裂纹　（b）裂纹扩展　（c）完全断裂

图 3-13　双孔平板试件断裂失效过程

利用校准的 VGM 和 SMCS 模型对单调拉伸荷载下双孔平板试件的延性断裂进行预测，并将预测数值与试验结果进行对比以验证校准模型准确性。利用 ABAQUS 软件建立双孔平板试件标距段有限元模型，考虑到试件几何尺寸及其边界条件和荷载状况的对称性，采用 1/2 对称模型进行分析，如图 3-14 所示。为保证断裂位置应力-应变结果的准确性，在开孔周边部分采用 0.2mm 的 8 节点线性减缩积分实体单元 C3D8R 进行离散化处理，远离开孔位置则采用较大尺寸网格（1mm）以减小计算量。采用四面体单元 C3D4 对大小网格进行过渡。对模型施加对称边界条件，同时一端固接、另一端施加轴向位移荷载。

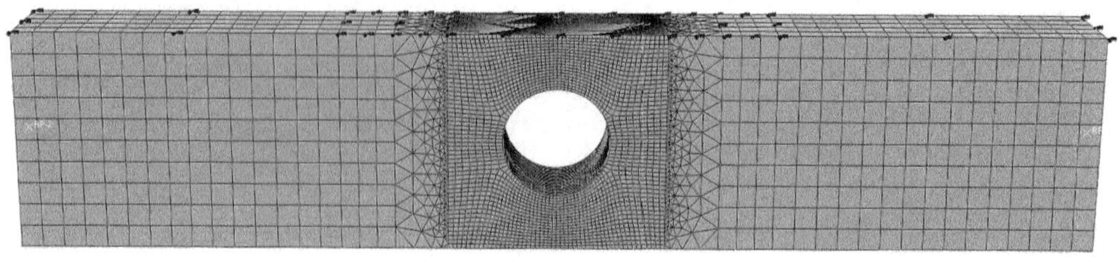

图 3-14 双孔平板试件有限元模型

有限元模拟得到的应力三轴分布和等效塑性应变分布如图 3-15 和图 3-16 所示。发现延性裂纹的起始位置为 P1、P2 和 P3 处。利用微观机制模型参数 VGI 和 SMI 计算上述位置的数值，并绘制模型参数随标距段变形的关系曲线，如图 3-17 所示。由图 3-17 可见，微观机制模型 VGM 和 SMCS 均预测试件首先在 P1 处断裂，表明双孔平板试件在开孔 P1 位置首先发生延性断裂，预测结论与试验现象一致。

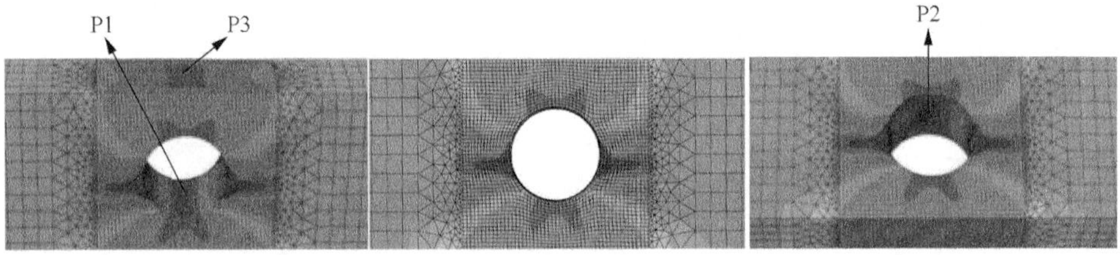

（a）视角1 （b）视角2 （c）视角3

图 3-15 双孔平板试件开孔处应力三轴分布

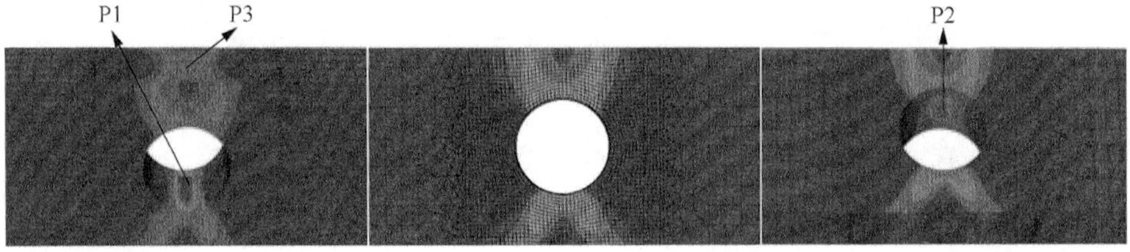

（a）视角1 （b）视角2 （c）视角3

图 3-16 双孔平板试件开孔处等效塑性应变分布

有限元模拟得到的平板试件荷载-标距段变形曲线如图 3-18 所示。VGM 预测的断裂荷载和标距段断裂变形分别为 31.0kN 和 1.31mm，而 SMCS 模型预测的断裂荷载和标距段断裂变形分别为 31.3kN 和 1.26mm，预测数值与试验结果相吻合，进一步验证了校准后微观机制模型 VGM 和 SMCS 的准确性。

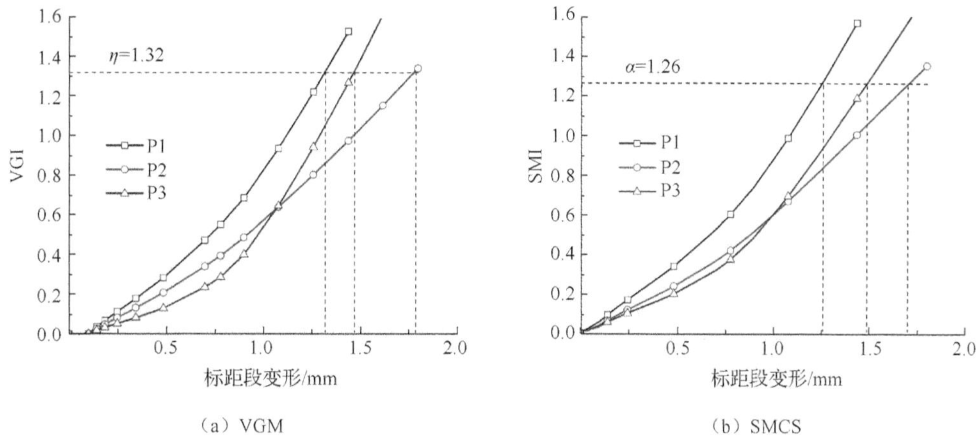

图 3-17　基于 VGM 和 SMCS 模型的双孔平板试件断裂预测

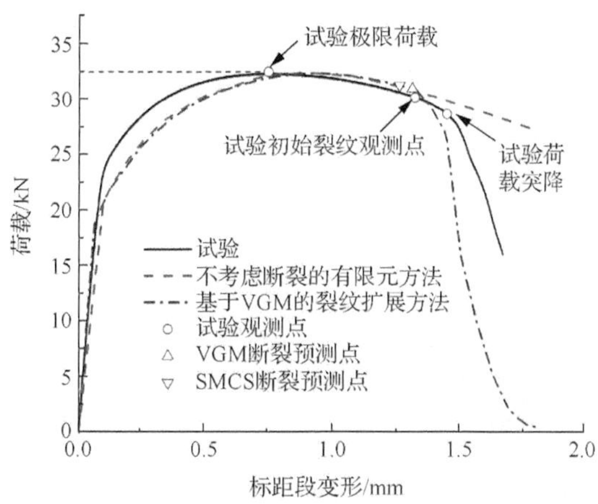

图 3-18　双孔平板试件荷载-变形曲线试验值与预测结果对比

2. 单边缺口板试件断裂预测

为研究钢材在单向拉伸荷载下的断裂过程，采用 8 个单边缺口钢板试件进行单向拉伸试验。试件取 U 形和 V 形两种不同缺口形状，每种缺口设计 4 种尺寸以构造不同应力三轴度状态。试件尺寸为 200mm×60mm，试件厚度为 18mm。U 形缺口试件设计 4 种缺口半径值，分别为 3mm、4mm、5mm 和 6mm，并命名为 U3、U4、U5 和 U6。V 形缺口试件设计 4 种缺口角度值，分别为 30°、60°、90°和 120°，并命名为 V30、V60、V90 和 V120，如图 3-19 和图 3-20 所示。单边缺口拉伸试件成品如图 3-21 所示。单向拉伸试验采用位移控制加载，加载速率为 1mm/min。单调荷载施加于试件端部且垂直于试件缺口。

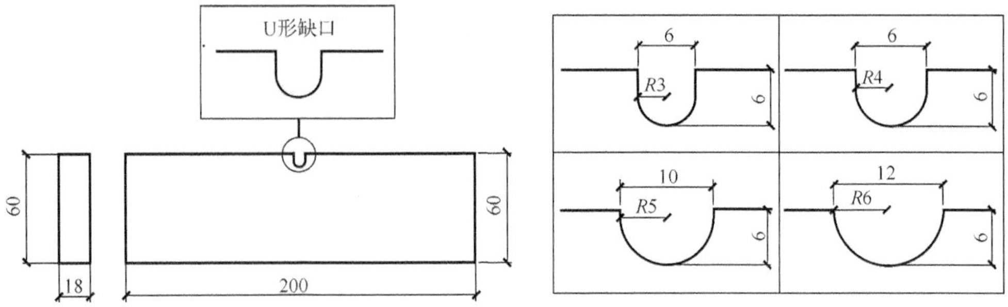

图 3-19　U 形缺口试件几何尺寸（尺寸单位：mm）

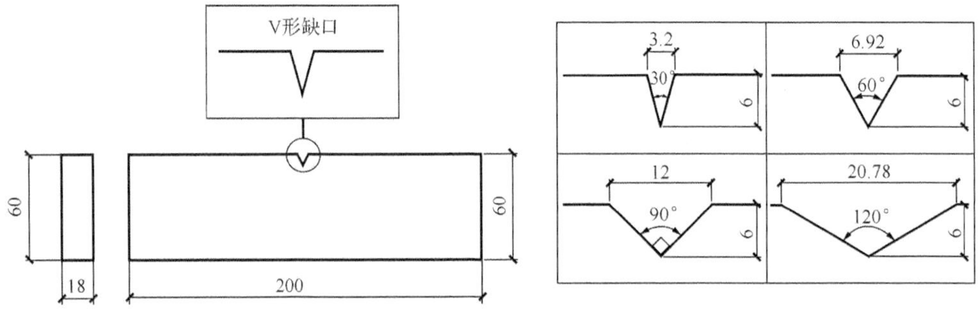

图 3-20　V 形缺口试件几何尺寸（尺寸单位：mm）

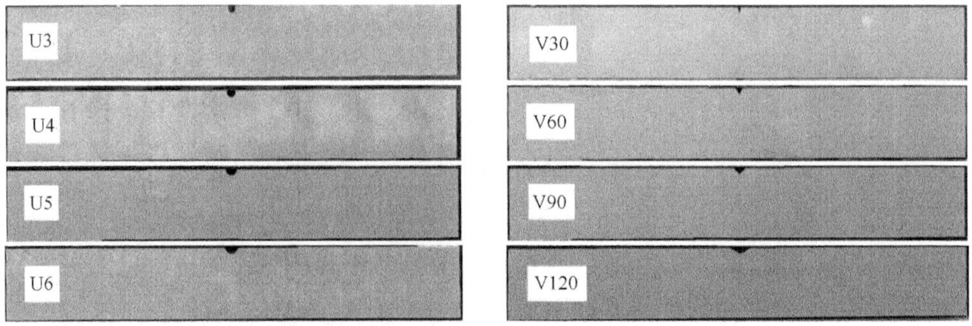

（a）U形　　（b）V形

图 3-21　单边缺口拉伸试件

试验结果显示，所有试件的延性断裂均始于缺口尖端，并沿宽度方向扩展直至完全断裂，如图 3-22 和图 3-23 所示。在延性裂纹萌生前，U 形缺口试件比 V 形试件承受更大的塑性变形。裂纹萌生后，随加载过程裂纹不断扩展直至整个试件完全断裂。试件断裂路径基本对称，呈锯齿状或直线状。

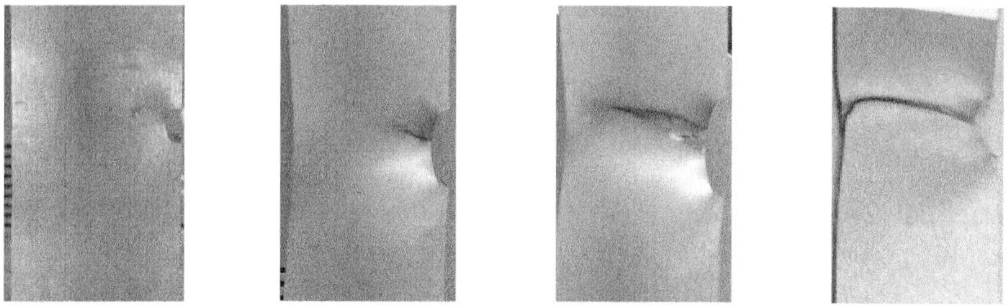

（a）未断裂　（b）裂纹萌生　（c）裂纹扩展　（d）完全断裂

图 3-22　U5 试件延性断裂过程

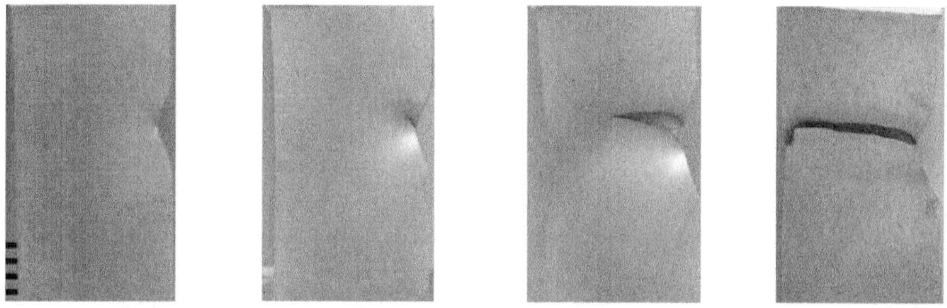

（a）未断裂　（b）裂纹萌生　（c）裂纹扩展　（d）完全断裂

图 3-23　V120 试件延性断裂过程

所有试件延性断裂萌生于缺口尖端厚度中点位置，如图 3-24 所示。在裂纹萌生和扩展过程中，试件出现明显塑性变形。由于试件内部受力的复杂性，延性裂纹并未完全沿试件长度方向中间对称面和厚度方向中间对称面扩展。

（a）U形缺口试件　（b）V形缺口试件

图 3-24　单边缺口试件延性裂纹萌生

基于 VGM，采用有限元方法模拟了单边缺口试件的延性断裂过程。在预测延性断裂萌生后，通过将满足 VGM 微观断裂准则的单元进行删除，以模拟试件延性断裂扩展。将基于 VGM 计算的荷载-位移曲线（FMV-0.3）与试验曲线进行对比，结果如图 3-25 和图 3-26 所示。

结果表明，由 VGM 预测的延性断裂萌生点与试验结果吻合较好。在试件断裂前，各荷载-位移曲线与试验曲线几乎完全吻合，表明本书所编写的 VUSDFLD 子程序可较好地将 VGM 嵌入有限元模型。裂纹萌生后，试件的承载力迅速下降。随着荷载增加，试件性能不断劣化直至完全断裂。由荷载-位移曲线的比较结果，验证了 VGM 用于模拟钢材延性断裂全过程的适用性。

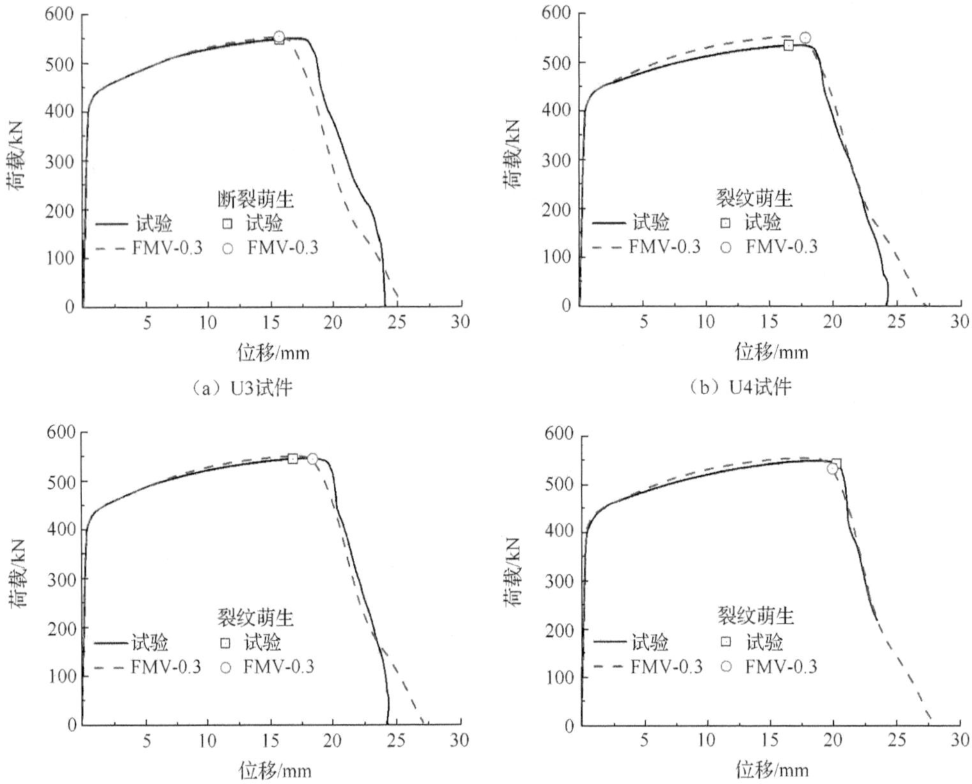

（a）U3试件 （b）U4试件

（c）U5试件 （d）U6试件

图 3-25 U 形缺口试件荷载-位移曲线

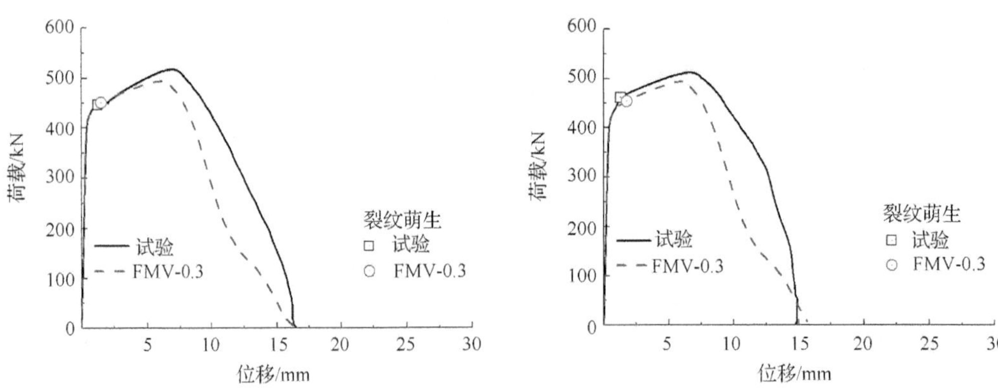

（a）V30试件 （b）V60试件

图 3-26 V 形缺口试件荷载-位移曲线

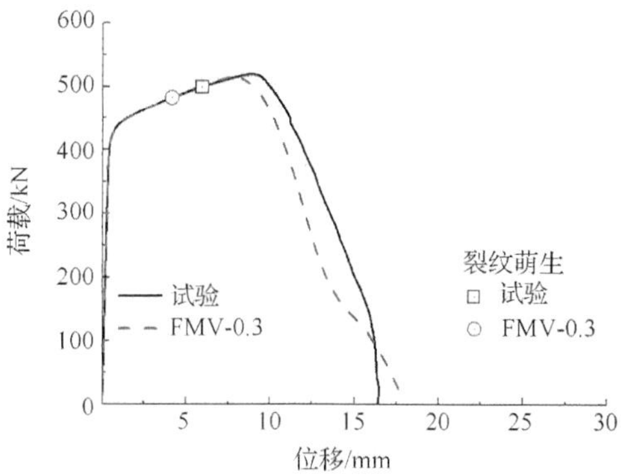

（c）V90试件

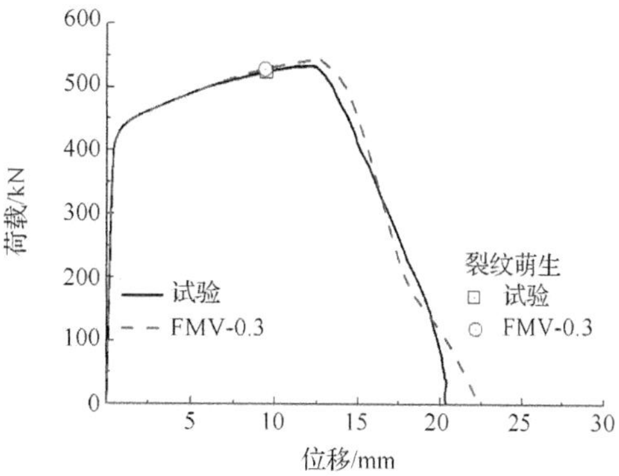

（d）V120试件

图 3-26（续）

以 U6 和 V60 模型为例，通过删除失效单元，基于 VGM 实现了对延性断裂萌生和扩展的可视化模拟，如图 3-27 和图 3-28 所示。所有试件的延性断裂均萌生于缺口尖端厚度方向中点附近，并迅速扩张，直至沿厚度方向完全开裂，随后沿宽度方向扩展直至最终断裂。由 VGM 模拟的延性断裂过程与试验观测过程一致。值得注意的是，材料的延性断裂也受 Lode 参数的影响，因此忽略该参数可能为延性断裂模拟结果与试验存在偏差的原因之一。

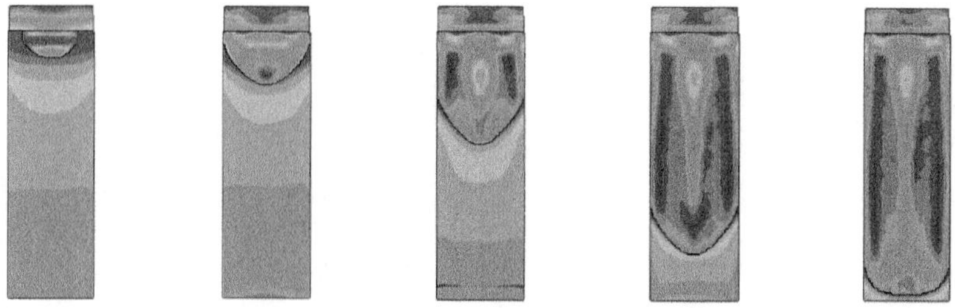

（a）20mm　（b）21mm　（c）22mm　（d）25mm　（e）27mm

图 3-27　U6 试件延性断裂过程

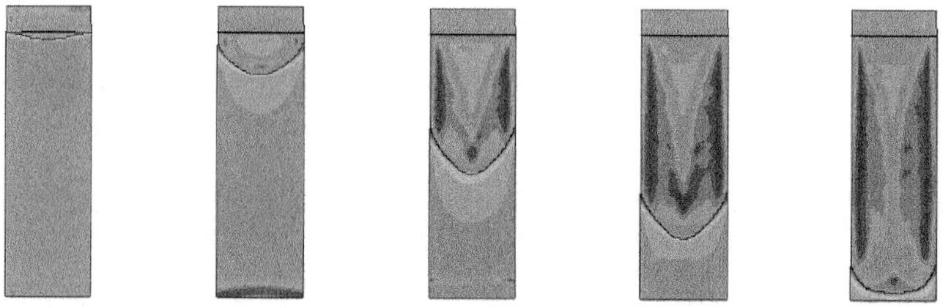

（a）4mm　（b）7mm　（c）10mm　（d）12mm　（e）14mm

图 3-28　V60 试件延性断裂过程

3. K型相贯节点断裂预测

（1）试验试件

节点采用 Q235 钢材，主管和支管截面尺寸为ϕ140×3 和ϕ60×3，支管间隙分别取40mm、20mm 和 10mm（简称 G-1、G-2 和 G-3），圆钢管主要力学性能见表 3-5。试验采用支管被动加载方式，即将一支管作为加载端，对其施加轴向荷载，另一支管和弦管做成铰接形式，加载方式为单调加载，加载装置简图如图 3-29 所示。

表 3-5 圆钢管主要力学性能

规格	屈服强度 σ_y /MPa	极限强度 σ_u /MPa	弹性模量 E/MPa	泊松比 ν	伸长率 δ/%
ϕ140×3	343	463	201151	0.33	35
ϕ60×3	327	370	197790	0.32	19

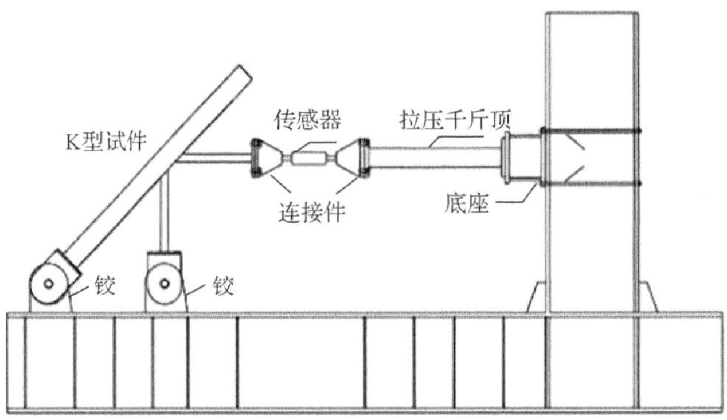

图 3-29 K 型节点加载装置简图

采用通用有限元分析软件 ABAQUS 建立 K 形圆钢管相贯节点的有限元模型，考虑到结构和荷载的对称性，建立 1/2 对称模型。圆钢管杆件长度确定原则为随着计算模型的杆件长度增加，荷载-位移曲线不再变化为止。经过试算，当主管长度为其外径的 8 倍时荷载-位移曲线趋于稳定，因此主管长度取 1.2m，支管长度对曲线趋势影响较小，取为 0.45m。钢材本构方程采用双线性强化弹塑性模型。整体模型采用八节点线性减缩积分单元 C3D8R，单元网格选取原则为随着单元减小，整体模型的荷载-位移曲线不再发生明显变化，计算结果达到收敛为止，经试算节点域单元尺寸不大于 2mm 即满足要求，远离节点域的单元尺寸取 20mm，整体模型在对称面上施加对称约束条件，其余边界条件与图 3-29 的加载方式完全一致，加载方式采用位移加载。以 G-1 节点为例，节点整体有限元模型如图 3-30（a）所示。节点计算模型考虑材料非线性和几何非线性，采用基于 Mises 屈服准则的等向强化模型模拟材料的塑性流动。

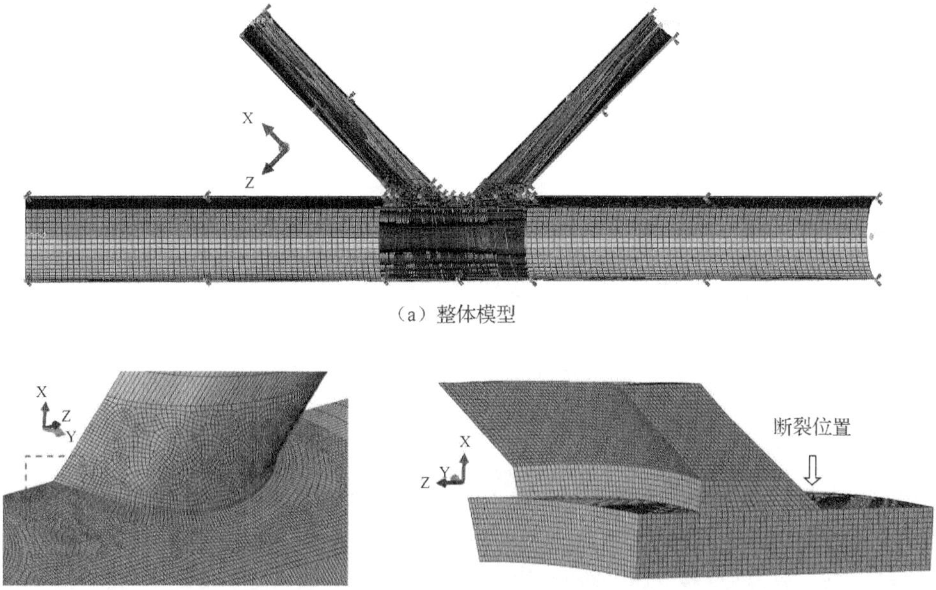

（a）整体模型

（b）加密区域

（c）子模型

图 3-30　G-1K 型节点有限元模型

通过整体模型初步分析，得到节点的静水应力（Pressure）和等效塑性应变（PEEQ）云图（图 3-31）。由微观断裂判据，静水压力为正值且等效塑性应变数值较大区域为延性断裂最可能发生的区域。由此推断，节点发生延性断裂的位置应为受拉支管与主管相交冠点的焊趾处。考虑到钢材特征长度对节点延性断裂的影响，同时减少运算时间，采用子模型技术进行精细化分析，对断裂区域进行切割，如图 3-30（b）和（c）所示，子模型与整体模型公共边界区域的边界条件保持不变，接触面采用子模型的边界条件，单元尺寸取 0.25mm，以达到 Q235 钢材热影响区特征长度（0.255mm）要求，单元类型采用八节点线性减缩积分单元 C3D8R。

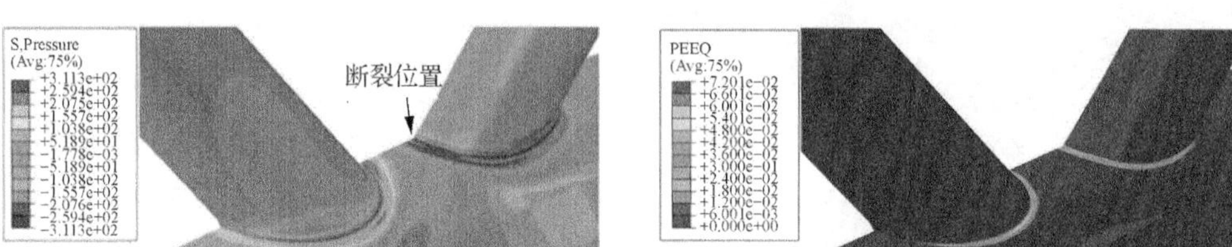

（a）静水应力云图

（b）等效塑性应变云图

图 3-31　节点 G-1 的静水应力和等效塑性应变云图

（2）节点断裂预测及裂纹扩展分析

对节点进行有限元分析，得到荷载-位移曲线如图 3-32 所示，其中横坐标为受拉支管管壁轴向相对位移，即加载端位移减去支管弹性变形，纵坐标为支管轴向荷载。由图 3-30 可见，K 形节点荷载-位移曲线达到第一个承载力峰值点后承载力略有下降，随后承载力继续提高，节点达到第二个承载力峰值后，承载力开始下降，这是由支管之间主管管壁的塑性变形过大而引起。

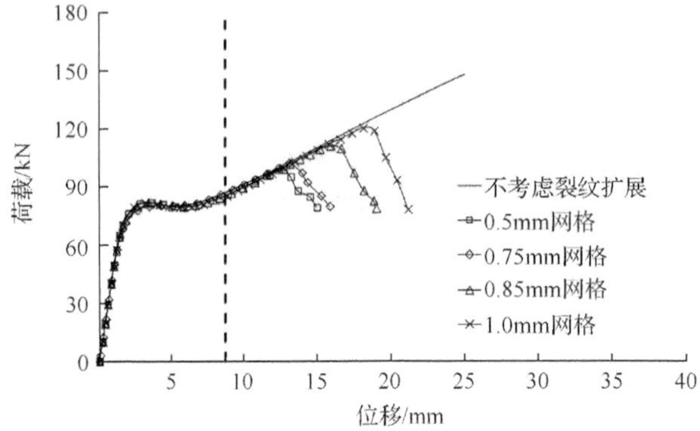

图 3-32　G-1 K 型节点荷载-位移曲线

采用 VGM 对节点进行断裂预测，根据相关文献对 Q235 钢材热影响区的标定结果，模型中材料韧性参数η和α的取值为η=1.85，α=1.92[3]。通过对子模型计算发现，模型预测的开裂点位于支管与主管相交冠点焊趾处，如图 3-33 所示。将模拟得到的延性断裂区处 Mises 应力、静水压力和等效塑性应变代入式（2-7）中进行判别，当 VGI 达到临界空穴扩张指数可认为该点已发生断裂。采用 VGM 判据得到的开裂荷载为 85.76kN，图 3-32 中虚线对应节点的开裂时刻。

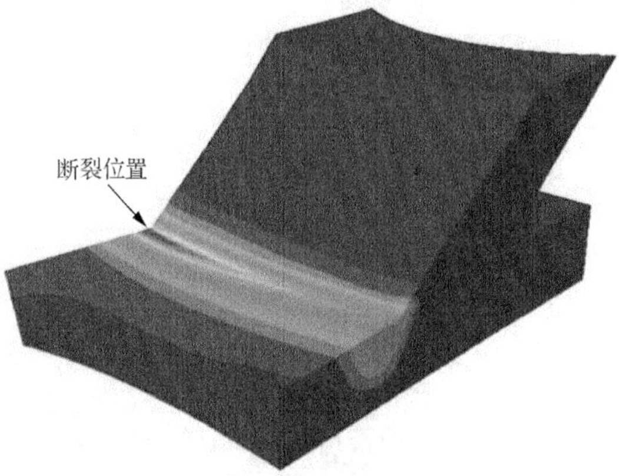

图 3-33　G-1 节点延性断裂预测开裂点位置

对于单调荷载作用下的圆管相贯节点而言，早期裂纹的产生不代表节点达到极限状态，节点在开裂后承载力可能会继续增大。为合理预测节点承载力极限状态，需要考虑开裂后的断裂扩展过程。本书采用自编 VUSDFLD 子程序对 VGM 判据进行编译，以确定节点在单调荷载条件下的断裂扩展过程。当满足 VGM 断裂判据时，即认为单元内部已经形成贯通裂纹，则程序将自动删除该单元以模拟真实的裂纹扩展过程，最终以节点荷载-位移曲线中的突变点确定断裂承载力。

从理论上讲，单元尺寸越接近钢材特征长度，所得到的分析结果越精确，但实际中却会提高计算成本，尤其当单元尺寸小于 1mm 后，单元数量随着尺寸减小而呈指数规律增长。为确定合适单元尺寸，同时考虑计算成本，本书对有限元模型加密区采用 4 种单元尺寸进行模拟，分别为 1mm、0.85mm、0.75mm 和 0.5mm。通过有限元分析得到如图 3-32 所示的荷载-位移曲线，可以看出考虑断裂扩展过程得到的荷载-位移曲线存在明显的突变点，这是由于裂纹扩展到一定程度后引起节点承载力降低，因而可将突变点处荷载作为节点的断裂承载力。通过比较发现，单元尺寸越小，荷载-位移曲线上突变点的位移越小。当单元尺寸为 0.5mm 和 0.75mm 时，两者的断裂位移分别为 12.90mm 和 13.22mm，断裂荷载分别为 98.32kN 和 102.20kN，两者结果相差较小，因此可近似认为当单元尺寸取 0.5mm 时曲线的突变点对应节点的断裂承载力。

为研究节点在断裂过程中裂纹的扩展过程，建立以主管表面冠点为原点 O 的参考坐标系 OXY。OX 轴表示节点域裂纹沿着相贯线的扩展方向；OY 轴表示裂纹沿主管厚度的扩展方向。随着施加的位移荷载逐渐增大，节点域相贯线附近的单元将开始逐渐删除，裂纹贯通主管产生断裂面，从而得到相贯节点裂纹萌生及扩展全过程。图 3-34 给出单元尺寸为 0.5mm、位移加载至 13mm 时节点模型的等效塑性应变云图以及断裂位置处详图。图 3-35 为节点开裂全过程的断裂面正视图，可以看出当位移加载至 13mm 后，裂纹扩展速率迅速增大。

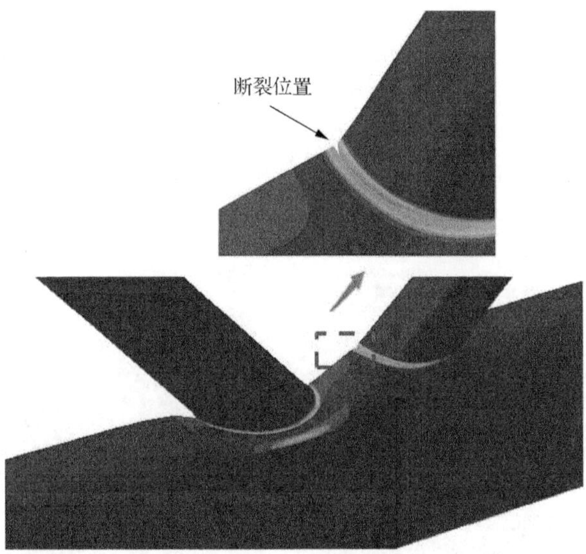

图 3-34　G-1 位移加载至 13mm 时节点等效塑性应变云图

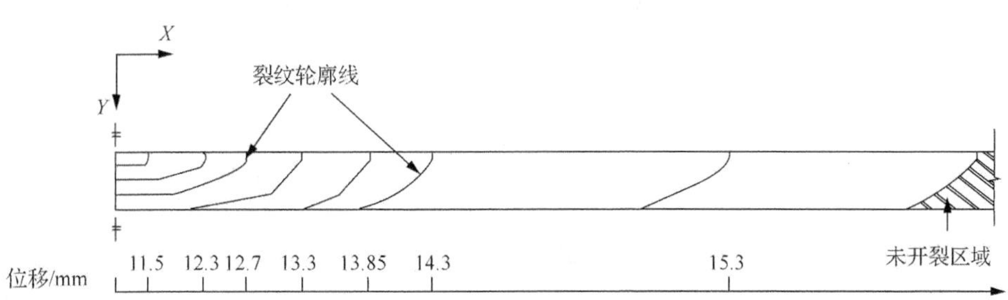

图 3-35　G-1 节点开裂全过程的断裂面正视图

（3）支管间隙对节点延性断裂和承载力的影响

为研究间隙对节点破坏模式和极限承载力的影响，在材料属性、边界条件以及加载方式等条件均不变的情况下，将支管之间的间隙由 40mm 变为 20mm 和 10mm。通过子模型切割技术对节点的开裂进行预测，利用子程序模块 VUSDFLD 对节点开裂后的断裂扩展过程进行模拟和分析。通过对 G-2 和 G-3 节点进行单元尺寸试算发现，当单元尺寸为 0.75mm 和 0.85mm 时断裂突变点已较为接近，同时单元尺寸为 0.75mm 时的断裂突变点和采用子模型技术（即单元尺寸为 0.25mm）得到的开裂点十分接近，因此可近似地将单元尺寸为 0.75mm 时曲线的突变点对应节点的断裂承载力，如图 3-36 所示。图 3-36 中虚线表示利用子模型技术由 VGM 判据预测的相贯节点开裂时刻。图 3-37 为两节点裂纹扩展后的等效塑性应变云图，可以看出断裂均由相贯线冠点开始并沿着相贯线方向扩展。

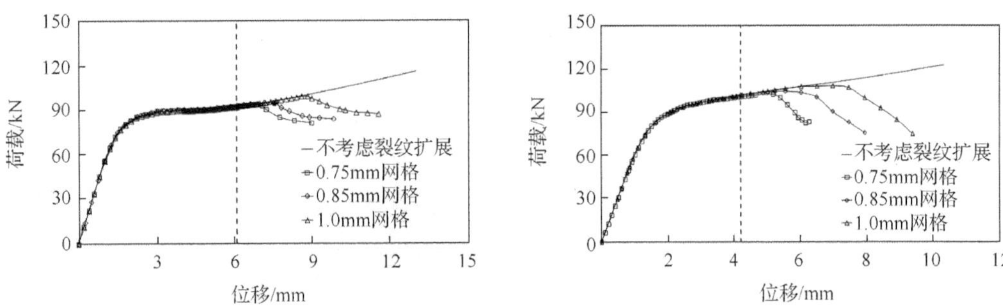

（a）G-2 节点　　（b）G-3 节点

图 3-36　不同单元尺寸下 G-2 和 G-3 节点荷载-位移曲线

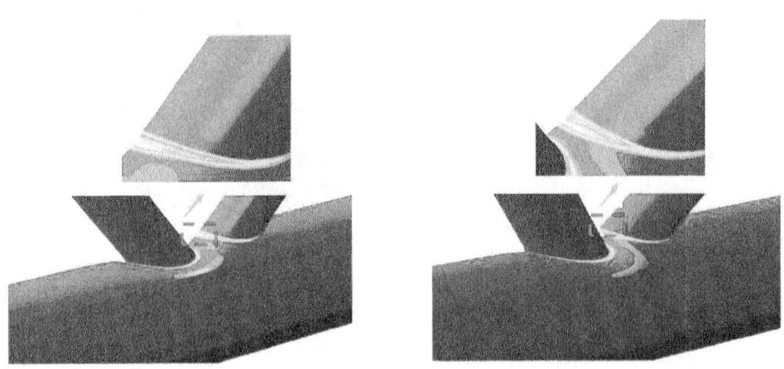

（a）G-2 节点　　（b）G-3 节点

图 3-37　G-2 和 G-3 节点裂纹扩展后的等效塑性应变云图

将考虑断裂扩展过程影响下 3 组节点的荷载-位移曲线进行对比（图 3-38），极限变形准则取主管管壁沿支管轴线方向变形达到 3%D 时所对应的承载力。随着节点间隙减小，开裂荷载和断裂荷载增大，开裂和断裂时刻位移提前。在此以 G-1 和 G-3 节点进行比较说明原因，当节点间隙减小后，支管之间应力集中程度提高，冠点位置的等效塑性应变发展更快（图 3-39），而应力三轴度差别不明显（图 3-40），因此支管间隙的减小导致冠点部位更容易满足 VGM 断裂判据，促使节点的开裂和断裂时刻均有所提前。

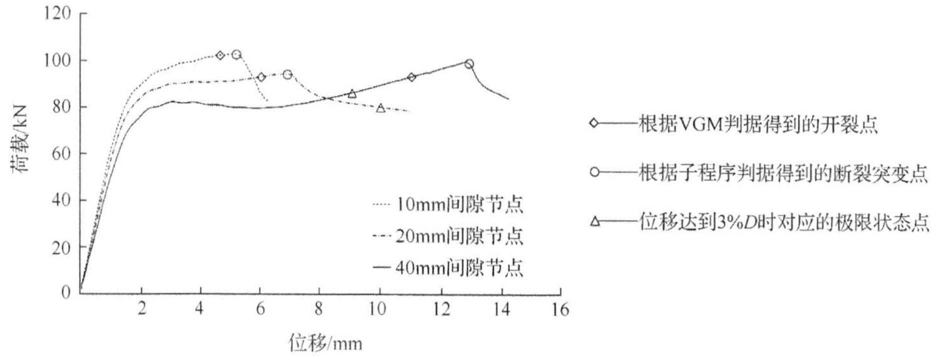

图 3-38　考虑断裂扩展后节点的荷载-位移曲线

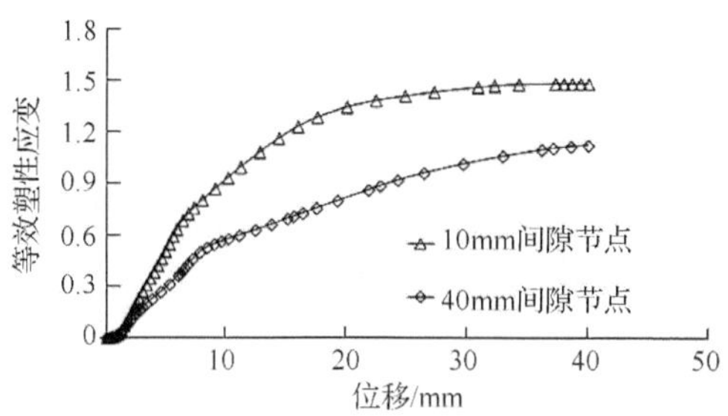

图 3-39　等效塑性应变-位移曲线对比

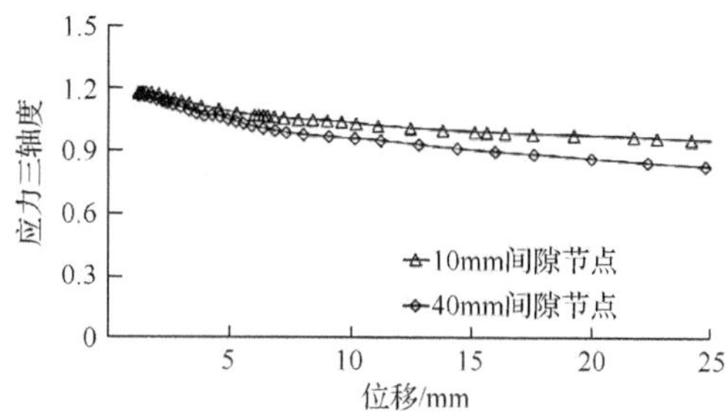

图 3-40　应力三轴度-位移曲线对比

3.1.3　耦合模型参数校准

GTN 模型已经在 2.2.3 节中介绍，本节直接进行参数校准。通过光滑圆棒试件获得材料力学性能，通过圆周平滑槽口试件标定微观机制模型参数。单调拉伸试验得到的荷载-位移曲线如图 3-41 所示。根据表 2-1 的相关数据，G20MnQT 铸钢的 GTN 模型选择 q_1=1.9，q_2=0.86 和 q_3= q_1^2 =3.61。

在 GTN 模型中，ε_n 和 s_n 与材料中夹杂物的空穴形核速率有关。根据相关文献[4]，ε_n 为宏观损伤起始时的临界应变值的材料常数，一般对于结构钢该参数取 ε_n=0.3 和 s_n=0.1。根据有限元分析得到的荷载-位移曲线偏离试验曲线时的瞬时塑性应变可近似为 ε_n，参数 s_n 表示形核粒子在材料中的分布偏差，取 0.1[5]。

图 3-41 为试验和有限元分析得到的荷载-位移曲线、通过数据处理得到荷载-位移曲线的峰后下降斜率曲线。如图 3-41 所示，将试验得到的下降斜率曲线超过有限元分析结果得到的瞬时塑性应变作为 ε_n 的近似值。从宏观损伤起始到韧性断裂发生这一段均可认为是韧性损伤区域，试件 SNT-D1、试件 SNT-D2 和试件 SNT-D3 的孔洞形核应变分别为 0.272、0.312 和 0.243。因此，确定了 G20Mn5QT 铸钢 GTN 模型的 ε_n 平均值为 0.276。

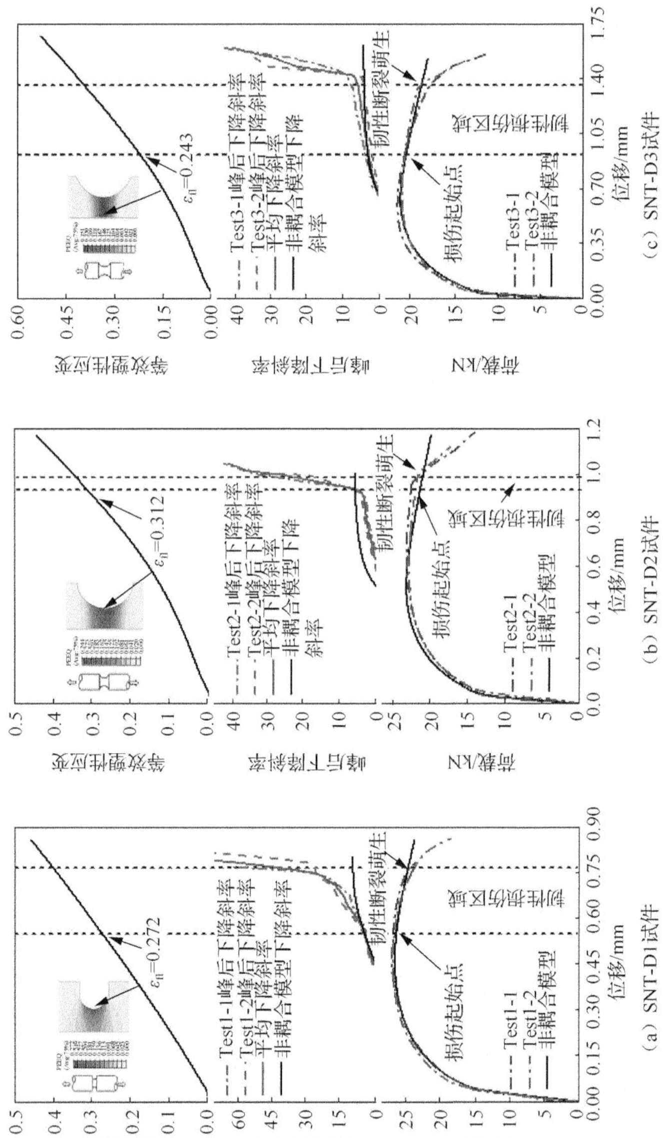

图 3-41 非耦合模型的试验载荷-位移曲线及相应的有限元分析结果

在 GTN 模型中参数 f_0、f_N、f_c 和 f_F 参数与孔洞体积分数直接相关。f_0 定义了材料预先存在孔洞的体积分数；f_N 是基体材料中夹杂物所能形核成为新空洞的体积分数最大值。当孔洞体积分数 f 超过 f_c 时，材料将加速损伤。当材料达到极限孔洞体积分数 f_F 时，材料将完全丧失应力承载能力。通常，f_0 和 f_N 值越高，发生损伤的时刻越早，而较大的 f_c 和 f_F 值将延缓最终断裂。

由于孔洞体积分数 f 与材料实际孔隙体积不符，其为 GTN 模型屈服方程中的唯象软化变量，用来反映孔洞对材料本构模型的影响。因此，GTN 模型与孔洞相关的 4 个参数可通过有限元分析对试验结果逆向拟合进行标定。对试验结果进行反拟合，确定 G20Mn5QT 铸钢的 4 个参数 f_0 为 0.002，f_N 为 0.038，f_c 为 0.096，f_F 为 0.18。

表 3-6 列举了经校准得到的 G20Mn5QT 铸钢材料 GTN 模型断裂参数。利用校准的 GTN 模型对圆周平滑槽口试件进行了有限元分析。图 3-42 为基于 GTN 模型得到的荷载-位移曲线和试验曲线。结果表明，校准后的 GTN 模型可捕捉到加载过程中拉伸抗力损失特征，从而实现 G20Mn5QT 铸钢材料损伤演化过程的定量描述。预测结果与试验结果吻合良好，验证了 GTN 校准模型断裂参数的可靠性。此外，断裂开始时试件断裂临界横截面孔洞体积分数分布如图 3-43 所示，表明断裂破坏发生在临界横截面的中心。

表 3-6　G20Mn5QT 铸钢材料 GTN 模型断裂参数

参数	数值	参数	数值	参数	数值
q_1	1.62	ε_n	0.276	f_N	0.038
q_2	0.88	s_n	0.1	f_c	0.096
q_3	2.6244	f_0	0.002	f_F	0.18

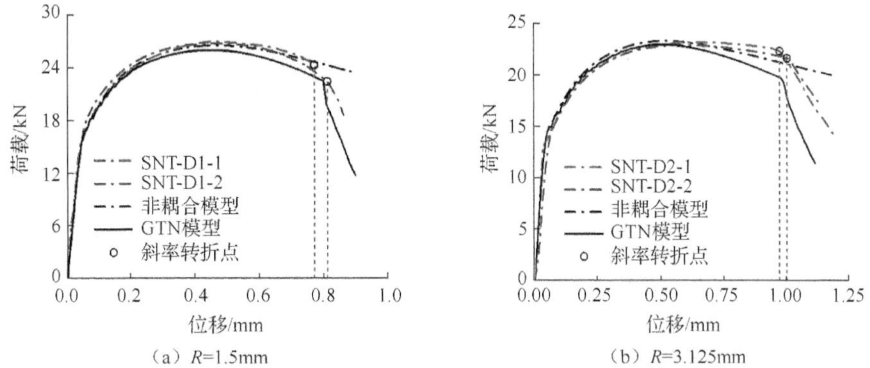

图 3-42　圆周平滑槽口试件荷载-位移曲线对比

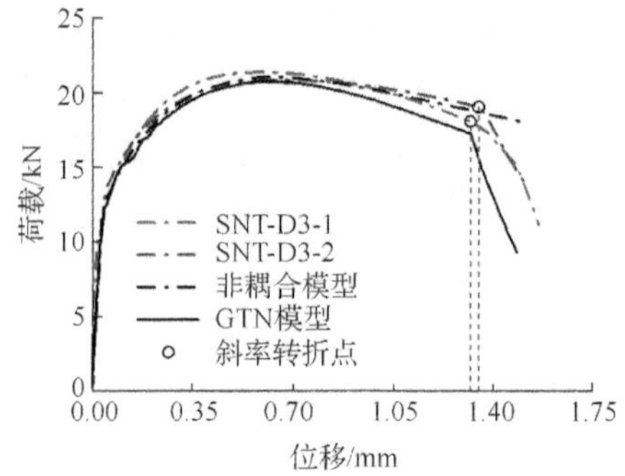

（c）R=6.25mm

图 3-42（续）

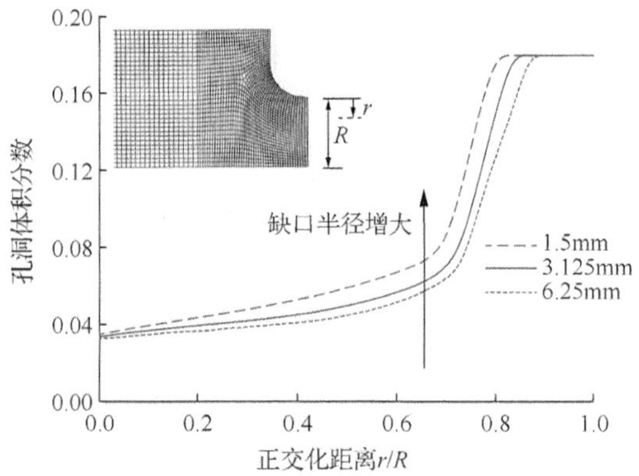

图 3-43　圆周平滑槽口试件断裂临界横截面的孔洞体积分数分布

3.1.4　基于耦合模型的钢材及连接节点断裂预测

1. 双孔板件断裂预测

为了验证 GTN 模型断裂参数对 G20Mn5QT 铸钢材料韧性断裂预测的适用性，同样采用双孔板件的静力拉伸试验进行断裂预测。图 3-44 对比了有限元分析与双孔板试件试验得到的荷载-位移曲线结果，并标注了韧性断裂过程的 4 个特殊时刻（Point Ⅰ～Point Ⅳ）。由于 GTN 模型在本构方程中引入损伤函数，使得该模型能够考虑材料的应力软化效应，因此可真实反映 G20Mn5QT 铸钢材料在加载过程中的应力、应变情况。GTN 模型的断裂预测结果与试验结果吻合良好，进一步验证了 GTN 模型用于评估由于孔隙体积增加引起材料本构退化效应的准确性。

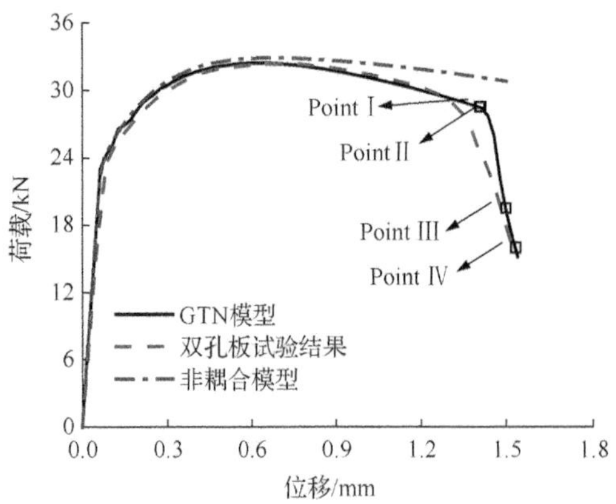

图 3-44　双孔板试件的荷载-位移曲线

在 GTN 模型中，孔洞体积分数变化和分布可描述双孔板试件沿临界截面的延性断裂过程。平板试件截面上 6 个潜在断裂位置标记为 P1、P2、P3、P4、P5 和 P6，其中点 P1、P2、P3 和 P6 位于中间厚度截面，点 P4 和 P5 位于试件外表面，如图 3-45（a）所示。当位移加载到 1.406mm（图 3-44 Point Ⅰ）时，临界截面上孔洞体积分数如图 3-45（b）所示。由图 3-45 可见，P3 处的孔洞体积分数首先达到极限值 f_F，表明韧性断裂首先产生于 P3 点。随着断裂点继续扩展形成一个贯通的裂纹（裂纹 B），从外部可以观察到。同时，在 P1 处，当位移加载到 1.413mm 时（图 3-44 Point Ⅱ）韧性断裂萌生，如图 3-45（c）所示。该断裂从 P1 扩展到 P2，并在试件内部形成另一个贯通裂纹（裂纹 A）。在位移达到 1.498mm（图 3-44 Point Ⅲ）时，裂纹 A 扩展到 P2 位置，如图 3-45（d）所示。随后在试件的两个表面（P2 及 P5 处）均可观察到裂纹 A。最后，当位移加载到 1.533mm（图 3-44 Point Ⅳ）时，裂纹 B 扩展到 P4 和 P6 处，随后临界截面完全断裂，如图 3-45（e）所示。基于校准的 GTN 模型模拟了双孔板试件韧性断裂的全过程，试验结果与基于微观孔洞增长模型模拟结果吻合良好。

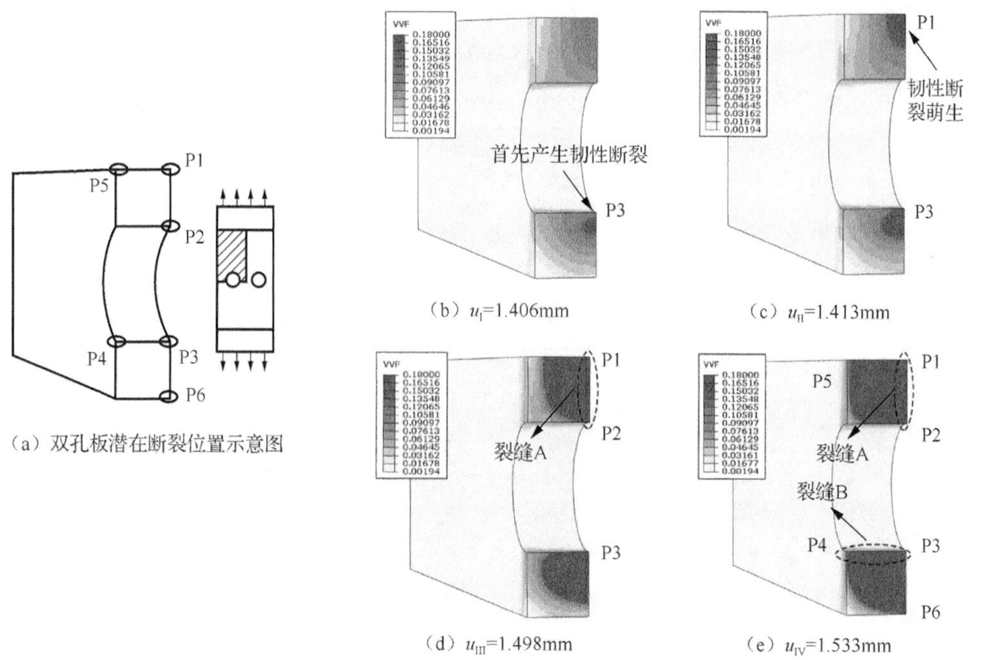

图 3-45　用孔洞体积分数表征的双孔板试件韧性断裂过程

2. 单边缺口板断裂预测

对两种缺口类型的单边缺口板试件进行单轴拉伸试验并记录裂纹扩展全过程，基于校准的 GTN 模型参数对单调荷载下的 G20Mn5QT 铸钢材料进行断裂预测。考虑到不同三轴应力状态，设计了 U 形缺口试件（U6）和 V 形缺口（V90）试件，如图 3-46 所示。

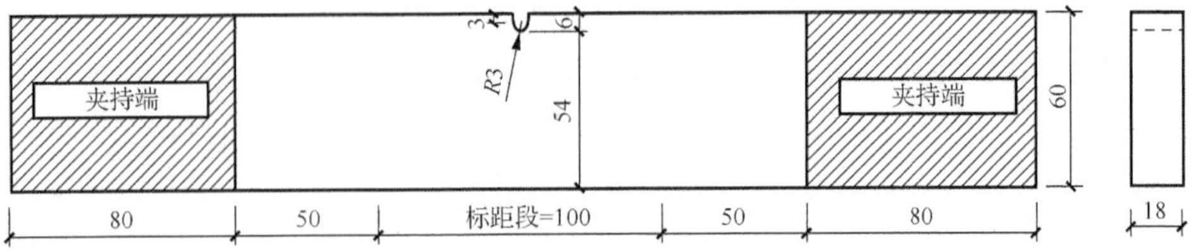

（a）U形缺口试件几何尺寸(单位：mm)

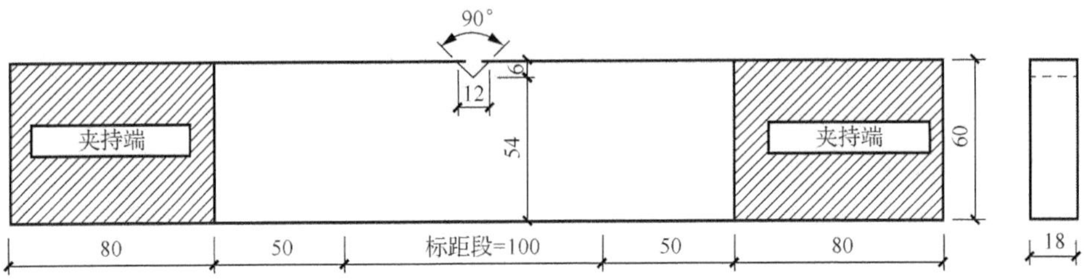

（b）V形缺口试件几何尺寸(单位：mm)

图 3-46　单边缺口板试件几何尺寸

单边缺口试件的单轴拉伸试验装置如图 3-47 所示。位移加载控制，加载速率 0.5mm/min。位移引伸计标距为 100mm。在正对试件表面位置安装摄像设备，即可实时捕捉试件表面韧性断裂扩展的全过程。试件表面均匀喷漆并对缺口处关键区域标记刻度，以显示加载过程中试件的裂纹扩展深度，通过摄像机拍摄图像与试件表面刻度进行对比，可确定裂纹长度随位移的变化关系。

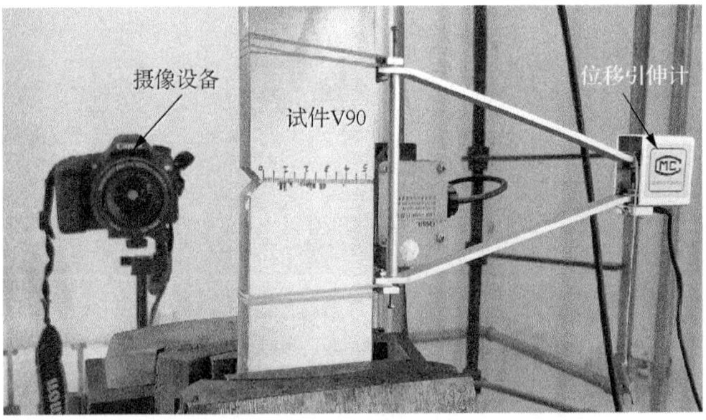

图 3-47　单边缺口试件单轴拉伸试验装置

加载过程中随着塑性变形的增加，韧性断裂在缺口尖端萌生并沿试件整个宽度方向扩展，如图 3-48（a）和图 3-49（a）所示。裂纹扩展过程标记为 FP1、FP2 和 FP3 三个阶段。前两个阶段的平裂纹主要沿试件长度方向的对称截面稳定扩展，裂纹尖端伴随有较明显的截面颈缩现象。两种单边缺口试件在第三阶段均产生斜裂纹。经试验结果对比可见，两种单边缺口试件表面的裂纹扩展无明显差异。

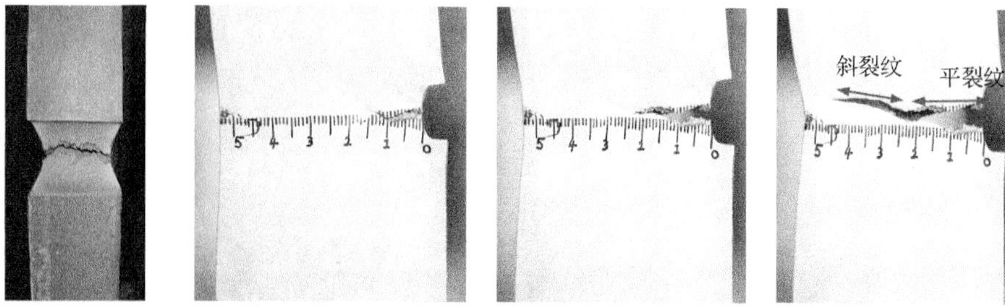

（a）裂纹扩展　（b）裂纹扩展Ⅰ阶段FP1　（c）裂纹扩展Ⅱ阶段FP2　（d）裂纹扩展Ⅲ阶段FP3

图 3-48　U6 试件韧性断裂过程

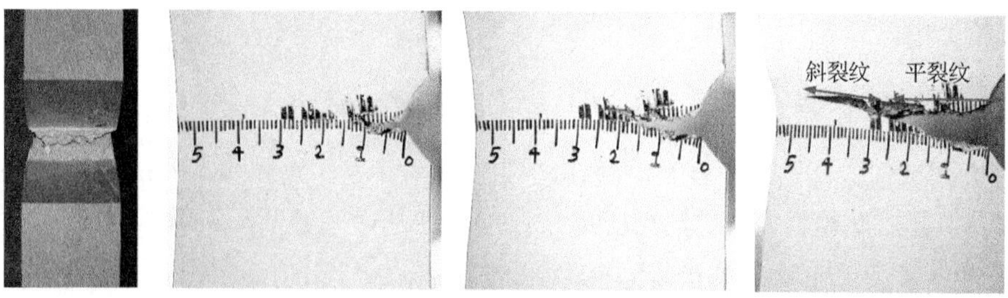

（a）裂纹扩展　（b）裂纹扩展Ⅰ阶段FP1　（c）裂纹扩展Ⅱ阶段FP2　（d）裂纹扩展Ⅲ阶段FP3

图 3-49　V90 试件韧性断裂过程

试验得到的荷载-位移曲线和裂纹扩展曲线如图 3-50 和图 3-51 所示。在相同变形下，U6 试件的塑性变形大于 V90 试件，且 U6 试件截面颈缩现象更为明显。荷载-位移曲线上标出了试件表面裂纹开始可见的时刻，可以看到试件 U6 的韧性断裂发生于峰值荷载点之后，而 V90 试件的延性断裂发生在峰值荷载点之前。与图 3-48 和图 3-49 所示断裂扩展阶段相对应的点也在该荷载-位移曲线上标出。在荷载作用下，单边缺口试件韧性断裂均从缺口尖端中心开始，并沿试件宽度方向稳定扩展至试件侧面，图 3-51 中裂纹扩展记录均基于试件侧面可见裂纹。此外，韧性断裂的萌生和扩展均伴随明显塑性变形。所有试件均观察到一条长约 25mm 的扁平撕裂裂纹，随后扩展至形成一条斜裂纹，斜裂纹撕裂段的断裂截面上可以观察到韧-脆三角形转变区域。缺口试件拉伸试验结果表明，单边缺口试件裂纹扩展平稳，斜裂纹扩展阶段抗拉承载力下降速度明显加快。

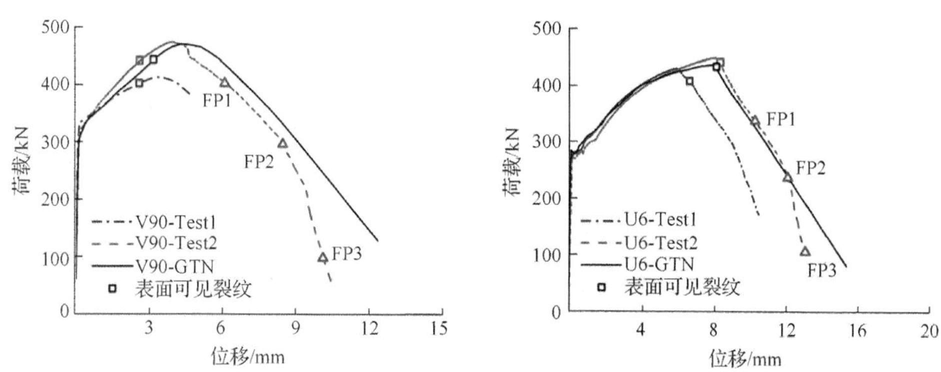

（a）V90试件　（b）U6试件

图 3-50　单边缺口试件荷载-位移曲线

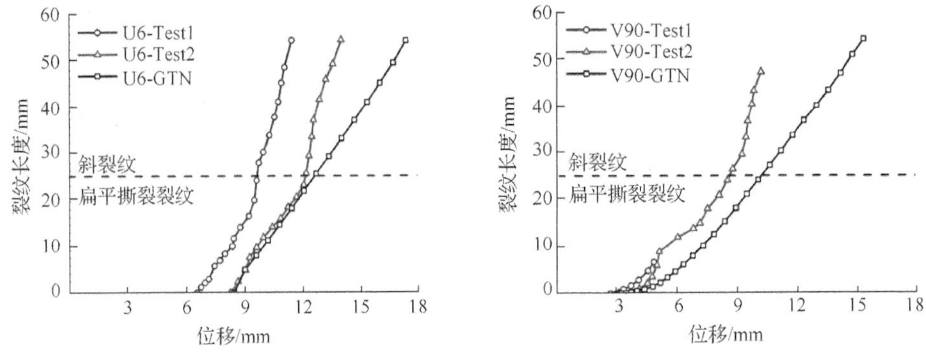

（a）U6试件　（b）V90试件

图 3-51 单边缺口试件裂纹扩展曲线

考虑到试件的对称性，以及沿潜在断裂路径设置对称边界的不利影响，建立两种单边缺口试件的 1/2 模型，对称约束应用于厚度方向的中间截面，如图 3-52 所示。有限元模型采用 8 节点线性减缩积分单元 C3D8R 进行离散化。采用 GTN 模型的最佳网格尺寸对潜在断裂路径进行网格划分，单元尺寸为 0.1mm，细网格区域的宽度为 1.2mm。在远离潜在断裂路径区域采用较粗糙网格以节省计算成本。基于校准的 GTN 模型断裂参数对单边缺口试件韧性断裂过程进行模拟。

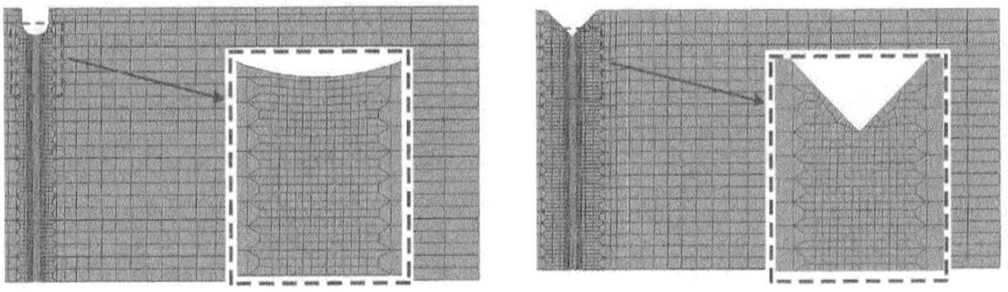

（a）U6试件　（b）V90试件

图 3-52 单边缺口试件的典型有限元网格

如图 3-50 所示，数值模拟得到的单边缺口试件荷载–位移曲线与试验结果吻合较好，验证了校准的 GTN 模型断裂参数对 G20Mn5QT 铸钢韧性断裂预测的适用性。对于单边缺口试件，韧性断裂的萌生并没有导致拉伸抗力迅速丧失。通过研究两种缺口试件在加载过程中孔洞体积分数的演化过程，得到其韧性断裂全过程。图 3-51 分别对比了通过单调拉伸试验和数值模拟获得的单边缺口试件表面裂纹扩展曲线，采用 GTN 模型对 G20Mn5QT 铸钢材料韧性断裂扩展过程模拟结果与试验数据吻合较好，进一步验证了校准的 GTN 模型断裂参数在裂纹扩展模拟中的适用性。将孔洞体积分数达到断裂孔洞体积分数（f_F =0.18）的单元定义为断裂单元，从而直观显示出断裂路径。结果发现，在试件厚度中面上的裂纹比试件表面裂纹传播更快。数值模拟表明，所有试件的断裂过程均伴随着较大的塑性变形，其中裂纹扩展过程中 Mises 应力分布如图 3-53 所示。

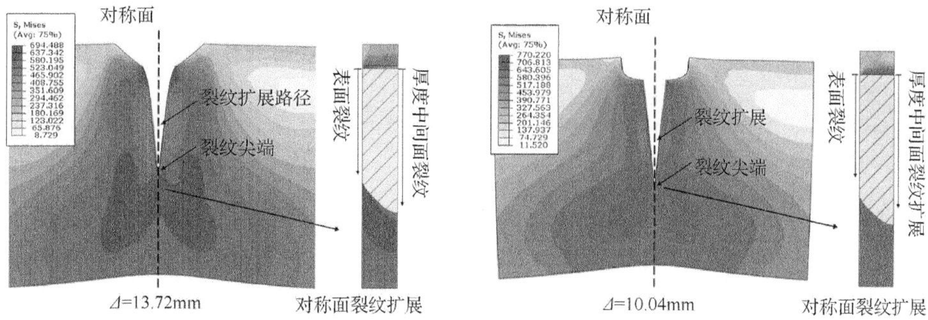

（a）U6试件（u=13.72mm）　（b）V90试件（u=10.04mm）

图 3-53　单边缺口试件韧性断裂模拟及 Mises 应力分布

3.2　循环荷载下钢材断裂模型及连接节点断裂预测

3.2.1　非耦合模型参数校准

在校准超低周荷载下的微观机制模型参数前，需要确定材料的循环力学性能。由于应变硬化和包辛格（Bauschinger）效应，钢材在循环荷载下的力学性能不同于单调荷载。材料的循环本构，由材料屈服准则、强化准则和流动准则三方面组成。屈服准则为材料内一点应力偏张量的第二不变量达到某一值开始屈服（即 Mises 屈服准则）。根据经典的 Mises 屈服理论和π平面理论，材料的应力偏张量在π平面的投影为一个圆，塑性发展使圆的位置发生变化，即强化准则。流动法则为塑性应变增量方向指向屈服面的外法线方向，为关联流动法则。

材料经典屈服判定为

$$F(\sigma_{ij}) = 0 \tag{3-2}$$

式中，F 为屈服函数。

随着应变历史的变化导致π平面移动，有

$$F(\sigma_{ij}, K_\alpha) = 0 \tag{3-3}$$

式中，K_α 表示硬化参数。目前工程界一般采用的单轴本构强化准则为等向强化、随动强化和混合强化（图 3-54）。

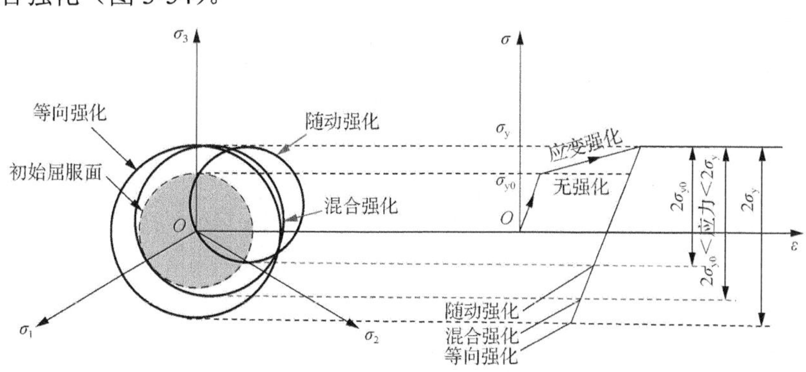

图 3-54　等向、随动和混合强化准则示意图

1. 等向强化准则

等向强化准则假定拉伸和压缩作用相同，加载曲面在屈服曲面上等向膨胀。表现为π平面上圆心不发生变化，且圆的形状也不发生变化，圆的半径根据应变历史膨胀或缩小。等向强化计算简单、应用方便，但等向强化不能反映材料的 Bauschinger 效应，因此不适用于直接描述材料在循环荷载下的滞回行为。

2. 随动强化准则

随动强化准则假定弹性区保持不变，加载曲面与屈服面大小及形状均不变，表现为π平面上圆心沿应变历史的强化方向发生移动。随动强化可反映材料的 Bauschinger 效应。

3. 混合强化准则

混合强化准则综合考虑了等向强化和随动强化假定，加载曲面和屈服面大小均变化，中心位置沿强化方向发生移动。混合强化能综合考虑等向强化和随动强化两者占比，可确定 Bauschinger 效应的影响程度，因此该准则具有更高的计算精度。

图 3-55 给出了等向强化模型参数校准示意图。在等向强化模型中，σ_0 定义了循环加载历史中屈服面的大小，其与塑性发展的关系可表示为

$$\sigma^0 = \sigma\big|_0 + Q_\infty\left(1 - \mathrm{e}^{-b\bar{\varepsilon}^{\mathrm{pl}}}\right) \tag{3-4}$$

式中，$\sigma\big|_0$ 表示初始屈服面的大小，即塑性应变为 0 时的屈服应力，一般可取为材料屈服应力值；Q_∞表征材料屈服面变化的最大范围；b 表示材料屈服面随塑性发展变化的速率；$\bar{\varepsilon}^{\mathrm{pl}}$ 表示塑性应变，由式（3-5）和式（3-6）可得

$$\bar{\varepsilon}^{\mathrm{pl}} = \frac{1}{2}(4i-3)\Delta\varepsilon^{\mathrm{pl}} \tag{3-5}$$

$$\Delta\varepsilon^{\mathrm{pl}} = \varepsilon_{\mathrm{t}}^{\mathrm{pl}} - \varepsilon_{\mathrm{c}}^{\mathrm{pl}} = \Delta\varepsilon - 2\sigma_i^{\mathrm{t}} / E \tag{3-6}$$

式中，$\bar{\varepsilon}^{\mathrm{pl}}$ 为塑性应变累积值；$\Delta\varepsilon^{\mathrm{pl}}$ 为塑性应变幅值。

σ_i^0 为第 i 圈材料屈服面的大小，在不考虑背应力变化情况下，可得

$$\sigma_i^0 = \frac{\sigma_i^{\mathrm{t}} - \sigma_i^{\mathrm{c}}}{2} \tag{3-7}$$

式中，σ_i^{t} 为第 i 圈加载的最大拉应力；σ_i^{c} 为第 i 圈卸载后再加载中弹性段的最大压应力。

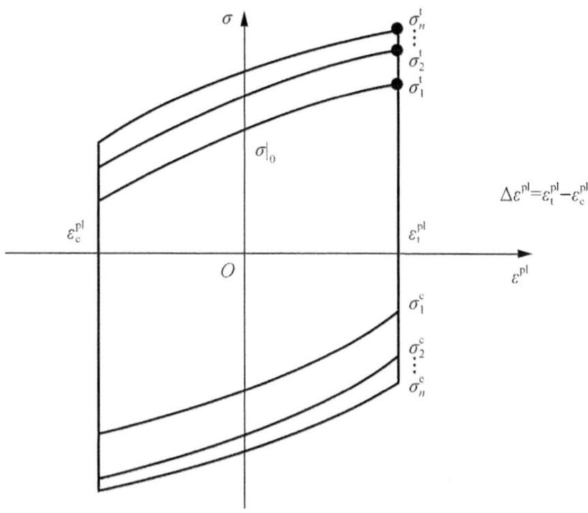

图 3-55　等向强化模型校准示意图

通过超低周循环试验可校准等向强化模型参数。校准中，由试验滞回曲线数据可得到数据对（σ_i^0，$\overline{\varepsilon}^{\text{pl}}$），通过多组数据对即可解出 Q_∞和$-b$。

非线性随动强化模型利用多个背应力叠加的方式实现循环荷载作用下材料行为的描述。背应力可由式（3-8）和式（3-9）表示为

$$\alpha_k = \frac{C_k}{\gamma_k}\left(1 - \mathrm{e}^{-\gamma_k \varepsilon^{\text{pl}}}\right) + \alpha_{k,1}\mathrm{e}^{-\gamma_k \varepsilon^{\text{pl}}} \tag{3-8}$$

$$\alpha_1 = \sum_1^n \alpha_k \tag{3-9}$$

式中，α_k表示第 k 个背应力值；$\dfrac{C_k}{\gamma_k}$表示α_k的最大变化范围；C_k为常数，由拟合材料滞回曲线确定；γ_k表示α_k随塑性应变发展的变化速率；$\alpha_{k,1}$表示塑性应变为 0 时材料α_k的值，用于保证式（3-8）适用性。n 表示所取背应力分量的个数，本书取 3。

图 3-56 给出了非线性随动强化模型参数校准示意图，数据对（α_i，$\varepsilon_i^{\text{pl}}$）可由式（3-10）～式（3-12）确定。

$$\alpha_i = \sigma_i - \sigma^{\text{s}} \tag{3-10}$$

$$\sigma^{\text{s}} = \frac{\sigma_1 + \sigma_n}{2} \tag{3-11}$$

$$\varepsilon_i^{\text{pl}} = \varepsilon_i - \frac{\sigma_i}{E} - \varepsilon_{\text{p}}^0 \tag{3-12}$$

式中，α_i为 i 数据点处总背应力；σ_i为 i 数据点处应力值；$\varepsilon_i^{\text{pl}}$为 i 数据点处塑性应变。σ_1和σ_n分别为滞回曲线塑性强化段的起点和最大点应力。

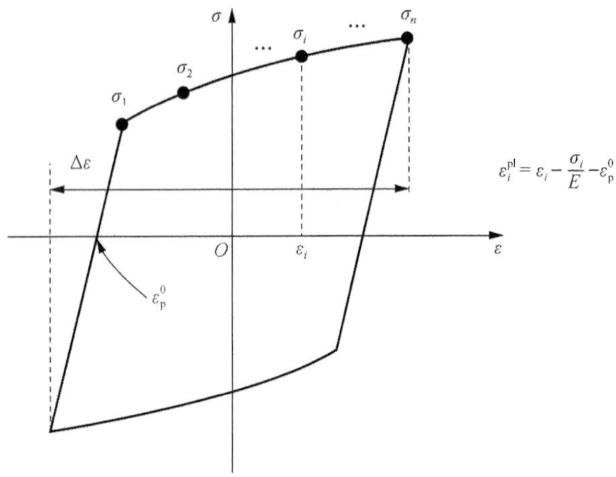

图 3-56 非线性随动强化模型校准示意图

通过超低周循环试验，可获得稳定滞回曲线，进而计算得到数据对（α_i，$\varepsilon_i^{\mathrm{pl}}$），经校准得到（$C_k$，$\gamma_k$）。

循环荷载下材料性能试验采用光滑圆棒试件，加载制度如图 3-57 所示，每种加载制度设置 2 组平行试验。

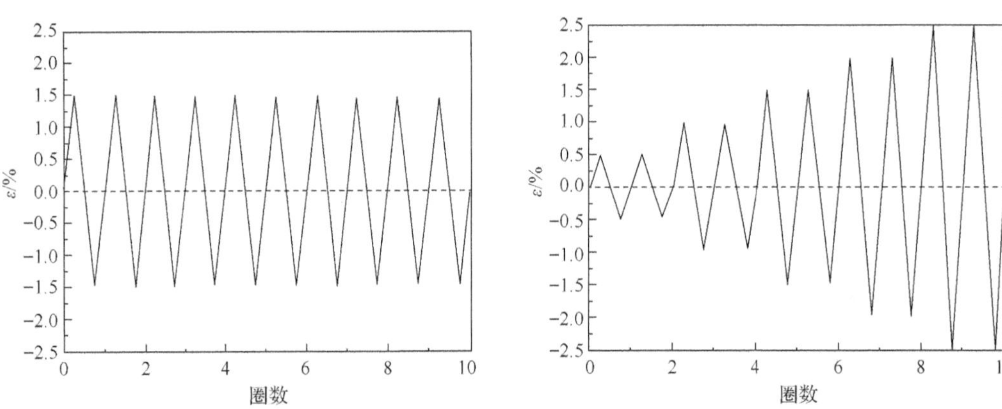

（a）常幅加载制度 （b）变幅加载制度

图 3-57 超低周循环试验加载制度

G20Mn5QT 铸钢材料光滑圆棒试件超低周循环试验的滞回曲线如图 3-58 所示。可以看出，光滑圆棒试件的滞回曲线均呈饱满的梭形，可说明该铸钢材料具有良好耗能性能。将上述试验结果代入式（3-4）和式（3-8），可以得到 G20Mn5QT 铸钢材料的混合强化模型参数，见表 3-7 和表 3-8。

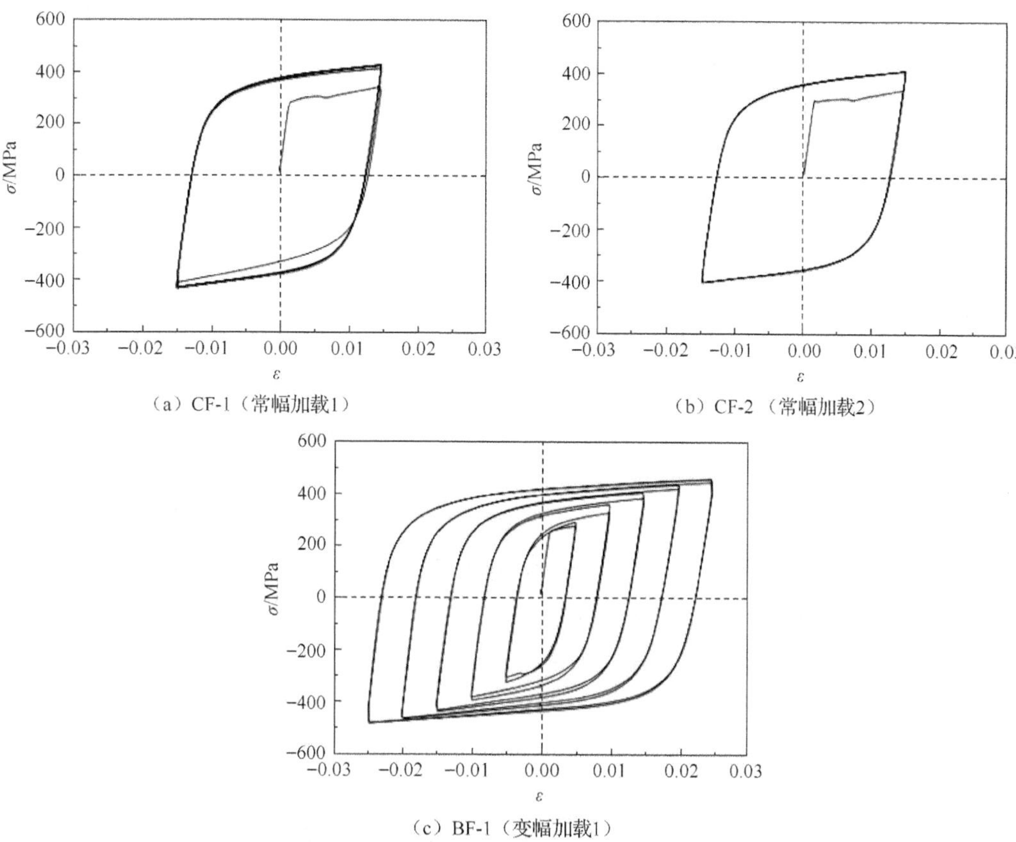

图 3-58　G20Mn5QT 铸钢材料光滑圆棒试件超低周循环试验的滞回曲线

表 3-7　G20Mn5QT 铸钢材料力学性能参数

加载制度	弹性模量 E/GPa	屈服强度 σ_y /MPa	屈服应变 ε_y /10^{-3}
CF-1	208	298	1.44
CF-2	209	311	1.49
BF-1	208	291	1.39
平均值	208	300	1.44

表 3-8　G20Mn5QT 铸钢材料混合强化模型参数建议值

加载制度	$\sigma\|_0$ /MPa	Q_∞	b	C_1	γ_1	C_2	γ_2	C_3	γ_3	α_1
CF-1	298	161	18	583	0.8	7432	478	6989	101	813
CF-2	311	121	23	621	3.2	8021	564	7765	175	253
BF-1	291	168	19	449	2	7509	515	7005	114	301
平均值	300	150	20	551	2	7654	519	7253	130	346

基于圆周平滑槽口试件超低周循环试验并结合有限元分析，可校准该荷载下微观机制模型参数。超低周循环试验包含两种加载制度，循环直至断裂（cycle to fracture，CTF）和先循环后断裂 C-PTF（cycle pull to fracture）：①CTF 加载制度为常幅循环加载直至试件发生断裂；②C-PTF 加载制度为先常幅加载 5 圈，然后在第 6 圈直接将试件拉断，用来模拟大震作用下较大幅值的作用。超低周循环试验加载制度如图 3-59 所示。

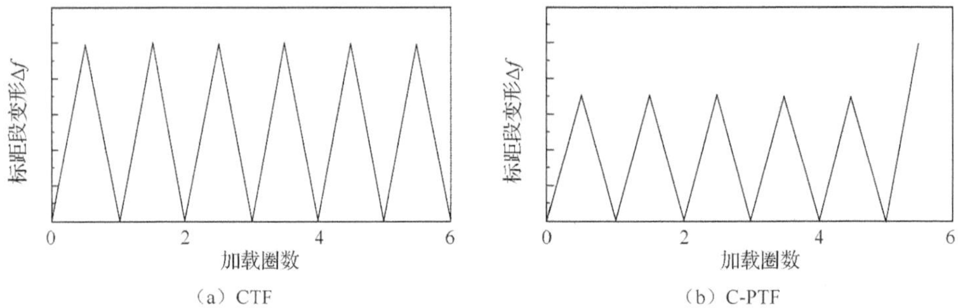

图 3-59 超低周循环试验加载制度

对圆周平滑槽口试件进行超低周循环加载至试件发生断裂，可获得标距段的荷载-位移曲线，如图 3-60 所示，其横坐标为引伸计测得的标距段位移，纵坐标为试验力，试件韧性断裂起始时刻取为滞回曲线最后一循环中斜率的突变点。试件命名为 SNT-FX-Y，其中 SNT 代表 smooth-notch tensile specimen，FX（F1、F2 和 F3）分别代表超低周循环荷载下 R 为 1.5mm、3.125mm 和 6.25mm 三种缺口尺寸，Y 代表平行试件编号。在试验过程中记录每个试件的断裂时刻以及对应断裂圈数和断裂位移 δ_f，并以此作为 CVGM 和 DSPS 参数校准的依据。

在设计圆周平滑槽口试件加载幅值时参考了单调加载试验结果。为防止幅值过大导致加载圈数过少，确定加载制度 CTF 的加载幅值为单调加载断裂位移的一半；对于 C-PTF 加载制度则在 CTF 加载幅值基础上减小 0.05mm，以此确定 C-PTF 的加载幅值。表 3-9 列举了 20℃下圆周平滑槽口试件低周循环试验的加载历史，其中“加载变形”栏中括号数字分别表示循环圈数和最后一个受拉循环中曲线斜率突变点对应的标距段变形。以编号 SNT-F1-1 为例，4(0−0.45)+(0−0.39) 表示：以标距段从 0 到 0.45mm 变形控制循环 4 次后，在第 5 次受拉循环的标距段变形达到 0.39mm 时曲线出现斜率突变点，即认为试件发生断裂。

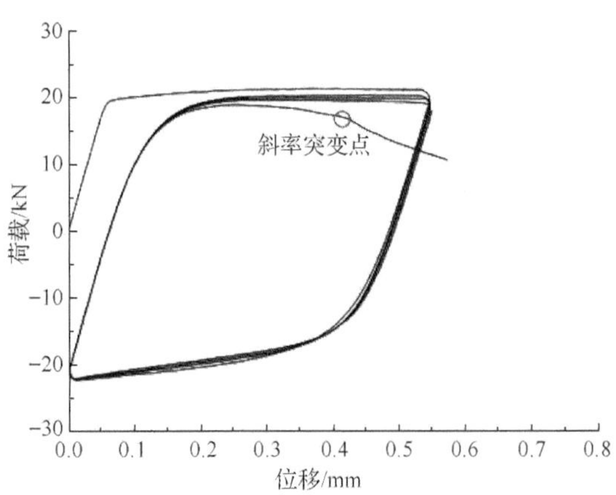

图 3-60 圆周平滑槽口试件荷载-位移曲线

表 3-9　圆周平滑槽口试件低周循环加载试验结果

槽口半径/mm	加载制度	编号	加载变形/mm
1.5	CTF	SNT-F1-1	4(0-0.45)+(0-0.39)
		SNT-F1-2	3(0-0.50)+(0-0.42)
	C-PTF	SNT-F1-3	5(0-0.35)+(0-0.41)
		SNT-F1-4	5(0-0.40)+(0-0.40)
3.125	CTF	SNT-F2-1	6(0-0.50)+(0-0.34)
		SNT-F2-2	4(0-0.55)+(0-0.42)
	C-PTF	SNT-F2-3	5(0-0.4)+(0-0.50)
		SNT-F2-4	5(0-0.45)+(0-0.43)
6.25	CTF	SNT-F3-1	5(0-0.75)+(0-0.38)
		SNT-F3-2	4(0-0.80)+(0-0.45)
	C-PTF	SNT-F3-3	5(0-0.60)+(0-0.51)
		SNT-F3-4	5(0-0.70)+(0-0.40)

受力形式的差别可能导致金属材料在超低周循环荷载与单调荷载作用下的特征长度出现差异。可借助扫描电镜确定材料在超低周循环荷载下的特征长度。试件断口扫描电镜试验结果如图 3-61 所示，表 3-10 给出了特征长度测量结果。

（a）SNT-F1-1　（b）SNT-F2-1　（c）SNT-F3-1

图 3-61　圆周平滑槽口试件扫描电镜结果

表 3-10　超低周循环荷载下 G20Mn5QT 铸钢材料特征长度测量结果

试件编号	特征长度/mm		
	下限	最可能值	上限
SNT-F1-1	0.120	0.295	0.320
SNT-F2-1	0.105	0.269	0.301
SNT-F3-1	0.116	0.237	0.298
平均值	0.114	0.277	0.307

采用有限元对试件进行超低周循环荷载分析。材料本构采用混合强化模型，依据

表 3-8 数据输入校准的混合强化模型参数，圆周平滑槽口试件标距段荷载-变形曲线如图 3-62 所示。

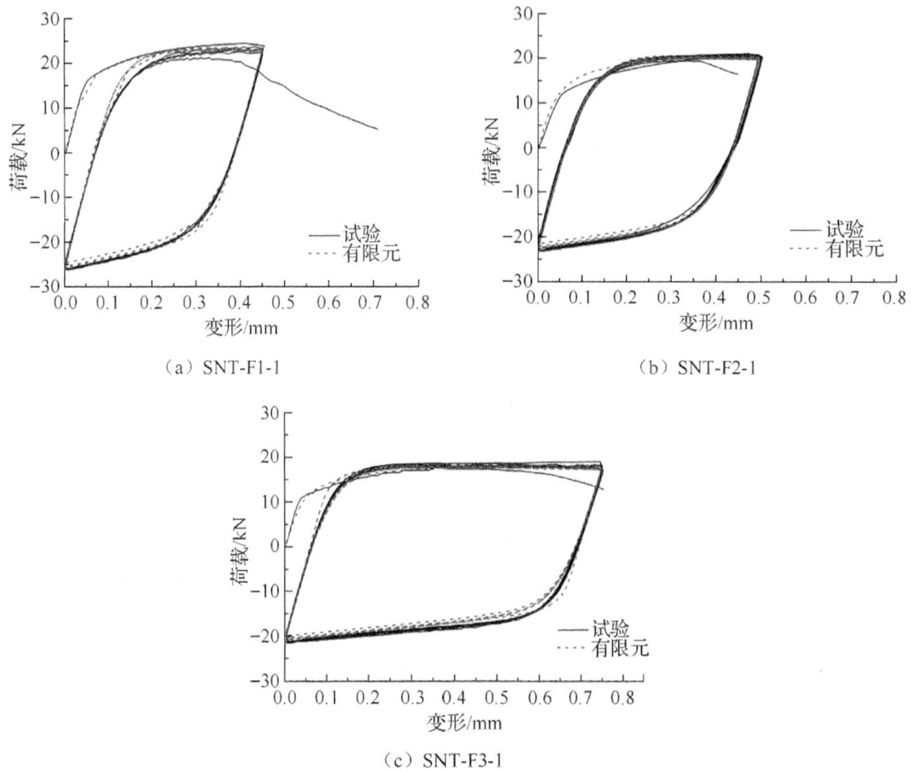

图 3-62　圆周平滑槽口试件标距段荷载-变形曲线

由于加载条件的差异，在进行 CVGM 和 SMCS 模型参数的校准前，需要对超低周循环荷载下圆周平滑槽口试件的断裂萌生点重新确定。图 3-63 给出了 3 种槽口半径试件在中心截面范围等效塑性应变、应力三轴度的分布情况。3 种槽口半径试件均以 0.4mm 为幅值进行 5 圈循环加载，并取最后受拉循环末的应力三轴度以及等效塑性应变值。由图 3-63（a）可以看出，槽口半径为 3.125mm 和 6.25mm 试件中心截面处等效塑性应变分布较为均匀，数值随着位置变化不显著；槽口半径 1.5mm 试件的等效塑性应变最大值集中分布在槽口外边缘处，而在试件中心处等效塑性应变数值较小，两者差值为 0.9。根据图 3-63（b）可以发现，随着槽口半径的减小，应力三轴度逐渐增大；随着距离截面中心距离的增大，应力三轴度逐渐减小，变化范围随槽口半径的减小而增大。

根据上述分析结果，可以确定槽口半径为 6.25mm 试件的断裂危险点为截面中心。对于其余两种试件，由于其应力三轴度最大值与等效塑性应变最大值并未在同一位置出现，因此计算不同位置处 CVGM 和 DSPS 的断裂判据。以 CVGM 为例，临界空穴扩张指数 $\eta_{\mathrm{cyclic}}^{\mathrm{critical}}$ 与空穴扩张指数 η_{cyclic} 差值的绝对值越小则该材料点越危险。图 3-64 给出了计算 CVGM 断裂指标与中心距离间的关系。相同加载历史下，槽口半径越大则试件越不易发生断裂破坏。同时，3 种试件断裂最危险位置均为截面中心处。

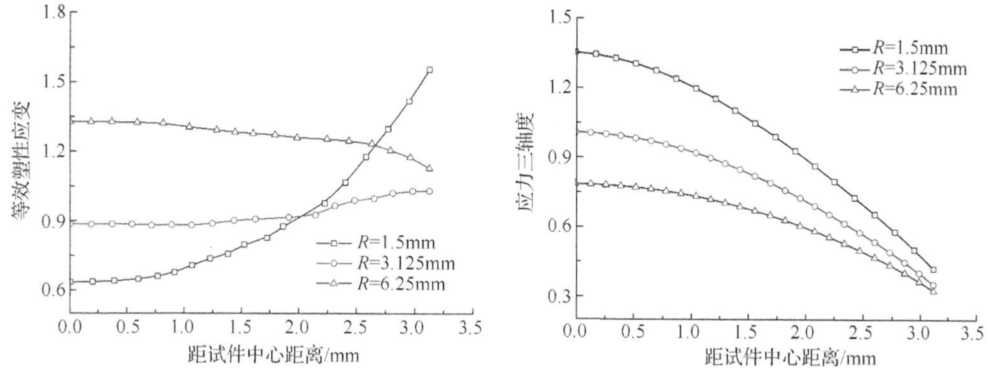

（a）等效塑性应变　　（b）应力三轴度

图 3-63　圆周平滑槽口试件中心截面处等效塑性应变和应力三轴度分布

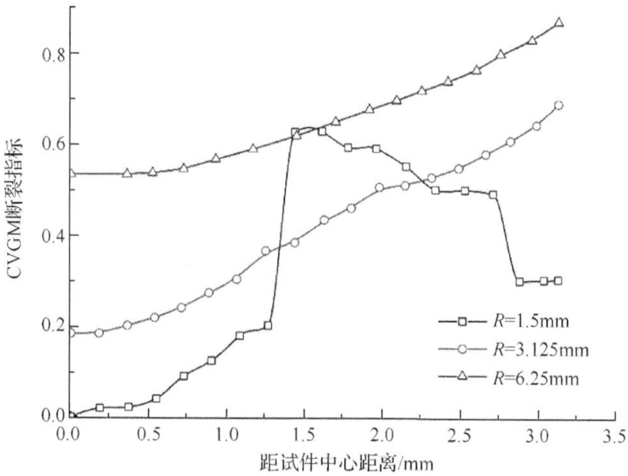

图 3-64　中心截面处 CVGM 断裂指标分布

如图 3-65 显示了加载过程中材料最危险位置点应力三轴度与加载圈数间关系。可以看出槽口半径越大的试件应力三轴度绝对值越小。整个加载过程中应力三轴度绝对值的变化较小，表明 DSPS 模型关于循环加载过程中应力三轴度基本保持不变的假设较为合理。上述确定材料危险位置均以 CVGM 断裂判据为例进行说明，但该结论也适用于 DSPS 断裂判据。

在校准 CVGM 参数时，根据试验得到的加载历史并结合有限元确定断裂危险点处的 Mises 应力、静水压力和等效塑性应变，根据式（3-13）计算得到试件发生断裂时的等号右侧积分值，即

$$\eta_{\text{cyclic}} = \sum_{t}\int_{\varepsilon_1}^{\varepsilon_2} \exp\left(\left|1.5T\right|\right)\mathrm{d}\varepsilon_{\mathrm{t}} - \sum_{c}\int_{\varepsilon_1}^{\varepsilon_2} \exp\left(\left|1.5T\right|\right)\mathrm{d}\varepsilon_{\mathrm{c}} \tag{3-13}$$

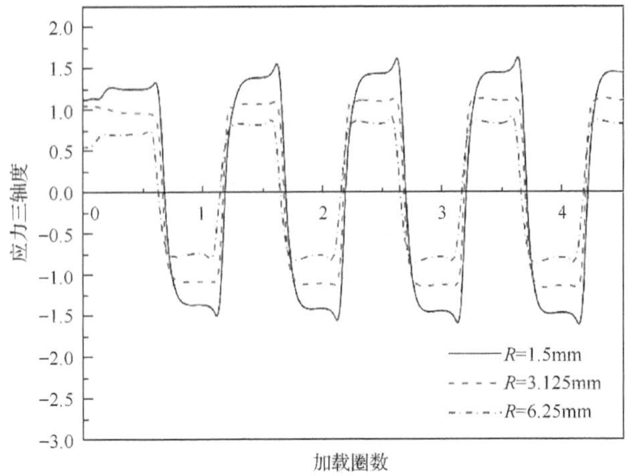

图 3-65 应力三轴度与加载圈数关系

将 η_{cyclic} 与适用于单调荷载作用的 VGM 断裂指标 η 相比，得到循环荷载作用下的损伤比，即单个试件损伤函数值，损伤变量 D 仍取最后一个受拉循环开始时等效塑性应变值。根据式（3-14）可得到拟合函数如图 3-66（a）所示。

$$f_{\text{CVGM}}(D) = \exp(-\lambda_{\text{CVGM}} \cdot D) = \frac{\eta_{\text{cyclic}}}{\eta} \tag{3-14}$$

在校准 DSPS 模型损伤退化参数 λ_{DSPS} 时，根据试验加载历史，通过有限元分析确定材料最危险断裂位置处的有效塑性应变值（对应于 $\Delta_{\text{f}}^{\text{c}}$）作为临界等效塑性应变 $\varepsilon_{\text{c}}^{*}$。由于循环加载会对材料造成损伤，$\varepsilon_{\text{c}}^{*}$ 将小于单调加载下的断裂有效塑性应变 $\varepsilon_{\text{p}}^{\text{c}}$，二者之比代表循环加载引起临界空穴扩张比的降低。在进行参数校准时，损伤变量 D 取为最后一个受拉循环开始时的等效塑性应变。再采用指数函数形式对数据点进行拟合，如式（3-15），其中横坐标取 D，纵坐标则取 $\dfrac{\varepsilon_{\text{c}}^{*}}{\varepsilon_{\text{p}}^{\text{c}}}$，拟合结果如图 3-66（b）所示。

$$\exp(-\lambda_{\text{DSPS}} \cdot D) = \frac{\varepsilon_{\text{c}}^{*}}{\varepsilon_{\text{p}}^{\text{c}}} \tag{3-15}$$

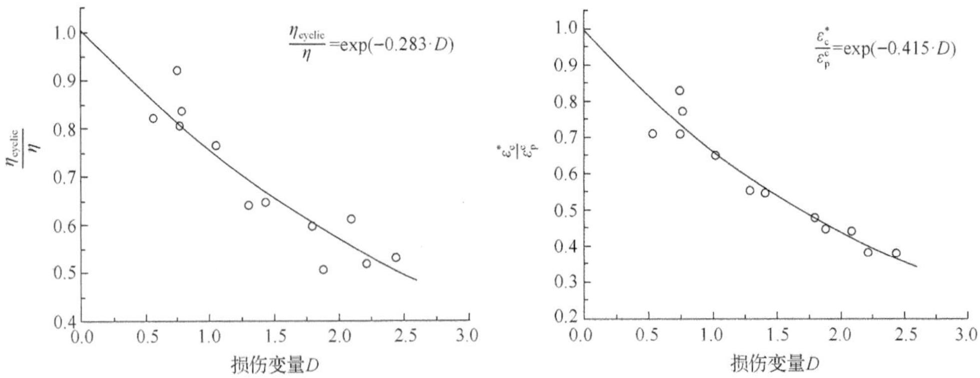

（a）CVGM （b）DSPS

图 3-66 损伤退化参数拟合

将不同温度校准得到的 G20Mn5QT 铸钢材料 CVGM 和 DSPS 模型损伤退化参数 λ_{CVGM}和λ_{DSPS}汇总，见表 3-11。

表 3-11　G20Mn5QT 铸钢材料 CVGM 和 DSPS 模型断裂参数λ_{CVGM}和λ_{DSPS}校准

<table>
<tr><th>编号</th><th>$\varepsilon_p^{critical}$</th><th>η</th><th>D</th><th>$\frac{\eta_{cyclic}}{\eta}$</th><th>$\frac{\varepsilon_c^*}{\varepsilon_p^c}$</th><th>$\lambda_{CVGM}$</th><th>$\lambda_{DSPS}$</th></tr>
<tr><td>SNT-F1-1</td><td rowspan="4">0.2097</td><td rowspan="12">1.32</td><td>0.551</td><td>0.819</td><td>0.708</td><td rowspan="12">0.283</td><td rowspan="12">0.415</td></tr>
<tr><td>SNT-F1-2</td><td>0.782</td><td>0.836</td><td>0.769</td></tr>
<tr><td>SNT-F1-3</td><td>0.768</td><td>0.807</td><td>0.707</td></tr>
<tr><td>SNT-F1-4</td><td>0.749</td><td>0.920</td><td>0.829</td></tr>
<tr><td>SNT-F2-1</td><td rowspan="4">0.3175</td><td>1.043</td><td>0.767</td><td>0.647</td></tr>
<tr><td>SNT-F2-2</td><td>1.297</td><td>0.640</td><td>0.552</td></tr>
<tr><td>SNT-F2-3</td><td>1.874</td><td>0.507</td><td>0.447</td></tr>
<tr><td>SNT-F2-4</td><td>1.428</td><td>0.646</td><td>0.546</td></tr>
<tr><td>SNT-F3-1</td><td rowspan="4">0.3985</td><td>2.201</td><td>0.516</td><td>0.385</td></tr>
<tr><td>SNT-F3-2</td><td>2.426</td><td>0.530</td><td>0.377</td></tr>
<tr><td>SNT-F3-3</td><td>2.082</td><td>0.613</td><td>0.438</td></tr>
<tr><td>SNT-F3-4</td><td>1.792</td><td>0.599</td><td>0.478</td></tr>
</table>

将校准得到的 G20Mn5QT 铸钢材料损伤退化参数与其他钢材退化参数一并汇总于表 3-12。根据表 3-12 可以看出，材料的损伤退化参数与材料的强度无明显关联，仅与材料种类有关。

表 3-12　不同结构钢微观机制模型损伤退化参数

材料	σ_y /MPa	σ_u /MPa	σ_u / σ_y	d_0/d_f	λ_{CVGM}	λ_{DSPS}
G20Mn5QT	300	585.8	1.77	1.82	0.42	0.28
Q345BM	320.8	522.9	1.63	1.95	0.23	0.20
Q345DM	380.1	491.3	1.29	1.94	0.31	0.25
Q345HAZ	358.7	520.2	1.45	1.91	0.38	0.33
AW50	422.7	494.4	1.17	1.91	0.38	0.11
AP50	388.2	588.1	1.51	1.50	0.49	0.32
AP110	799.1	851.5	1.07	1.45	0.48	0.37
AP70HP	586.8	694.3	1.18	1.95	0.43	0.31
JP50	328.2	515.1	1.57	1.87	0.85	0.71
JP50HP	413.0	516.4	1.25	2.20	0.25	0.20
JW50	338.5	475.8	1.41	2.06	0.41	0.31

注：d_0表示初始直径；d_f表示断后直径。

3.2.2 基于非耦合模型的钢材及连接节点断裂预测

1. 单边缺口板试件断裂预测

本书对双孔板试件和单边缺口板试件均进行了循环荷载下的断裂预测，考虑到篇幅，仅以单边缺口板为例进行阐述。试验共设计制作 8 个缺口试件，采用两种缺口形式以考虑不同应力集中作用下钢材裂纹的发生及扩张情况，缺口半径均为 1mm。为了考虑不同加载制度下钢材裂纹的发生及扩张情况，每个切口半径加工 4 个试件，如图 3-67 所示。以 0.2mm/min 的速率对缺口试件施加 4 种不同类型的加载制度。由引伸计变形控制加载。试件命名：试件缺口类型-荷载对称常幅-荷载幅值变化，其中 U 代表 U 形缺口，V 代表 V 形缺口，DC 代表对称荷载，FDC 代表非对称荷载，CF 代表常幅荷载，BF 代表变幅荷载。例如 U-DC-CF 表示在对称常幅荷载作用下的 U 形缺口试件。

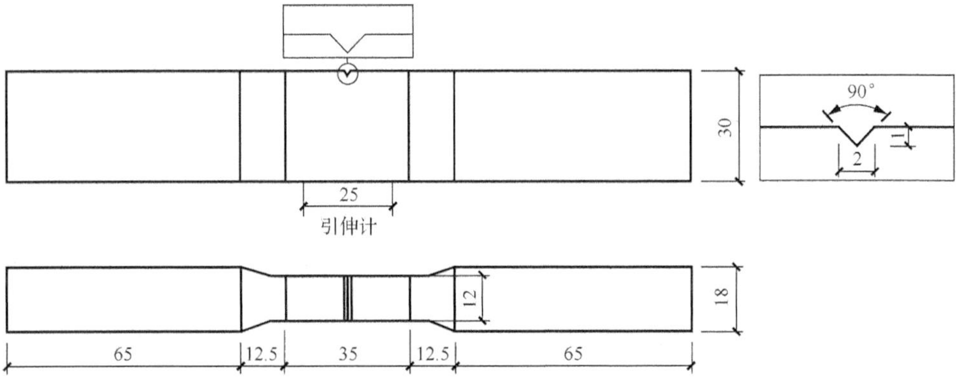

（a）V形缺口试件

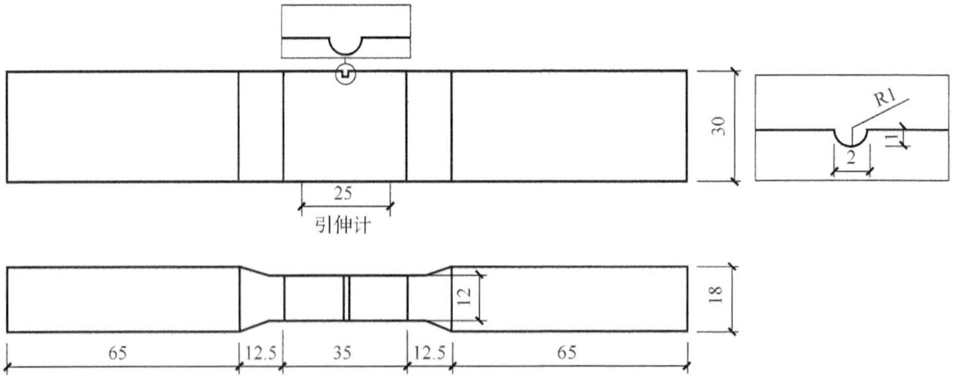

（b）U形缺口试件

图 3-67 缺口试件尺寸详图（单位：mm）

为验证不同循环荷载作用下钢材缺口处的裂纹扩张情况，超低周循环荷载试验设计了 4 种加载制度，如图 3-68 所示。

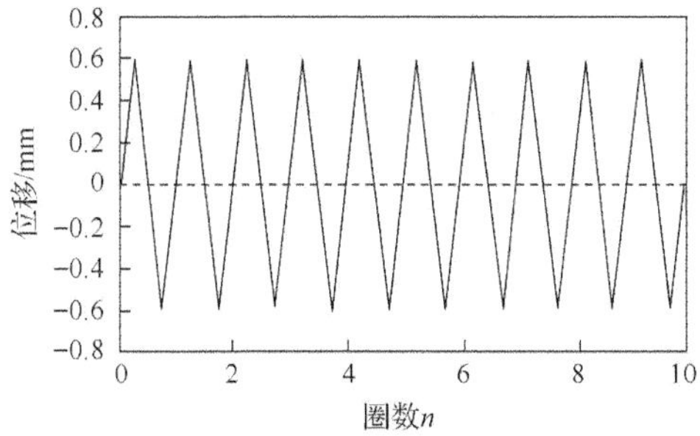

（a）DC-CF

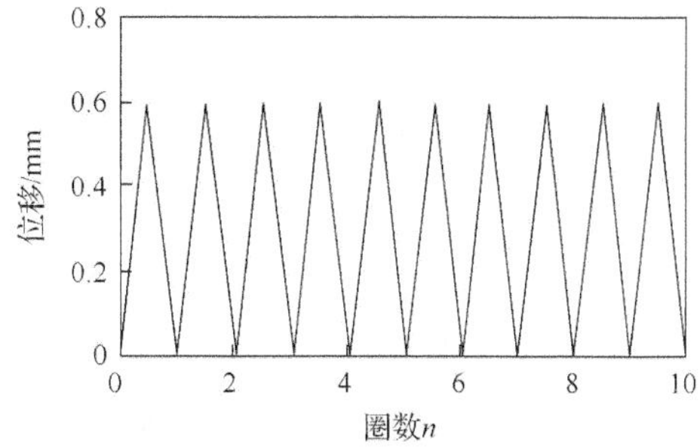

（b）FDC-CF

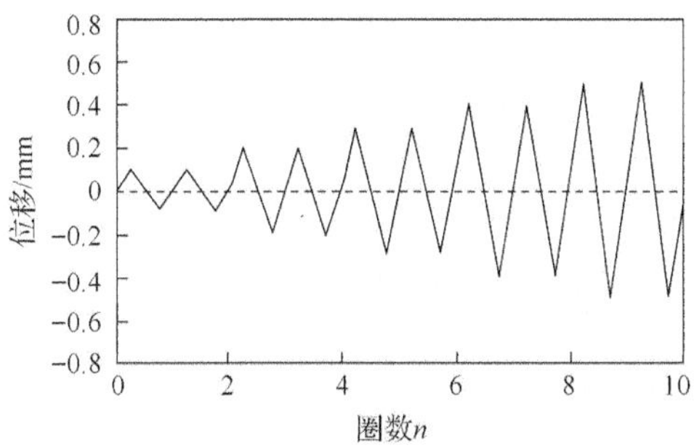

（c）DC-BF

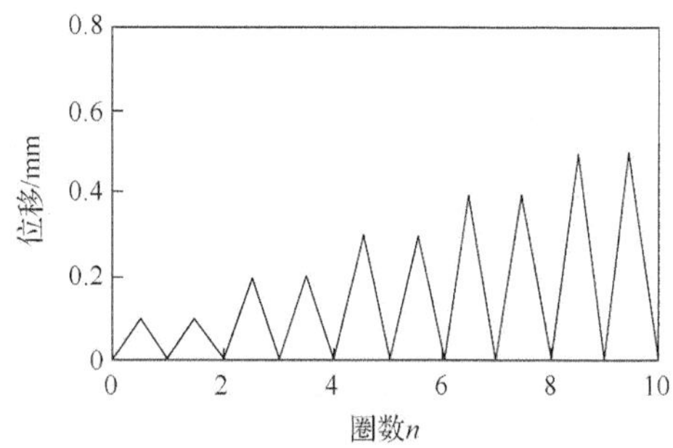

（d）FDC-BF

图 3-68　超低周循环试验加载制度

单边缺口试件缺口处断裂过程如图 3-69 所示，用放大镜在试件缺口处识别微小断裂（接近 0.5～1.0mm），并在缺口周围观察到塑性变形。所有试件在开始断裂至完全断裂之间可持续承受数个周期的循环加载，其试件裂缝从缺口中心处逐渐扩张到缺口的边缘，并观察到裂缝在缺口边缘处向背面扩张，如图 3-69（b）所示。当缺口试件的裂纹扩张到一定尺寸时，终止试验以保护引伸计与试验机安全，如图 3-69（c）所示。断裂后典型缺口试件断裂面形貌如图 3-70 所示，在凹凸不平的断裂面上可观察到明显塑性变形，表明缺口试件存在延性断裂。

（a）U裂纹起始

（b）U裂纹扩张

（c）U裂纹完成

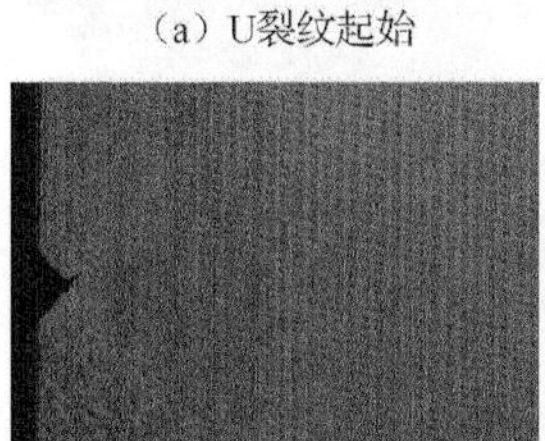

（d）V裂纹起始

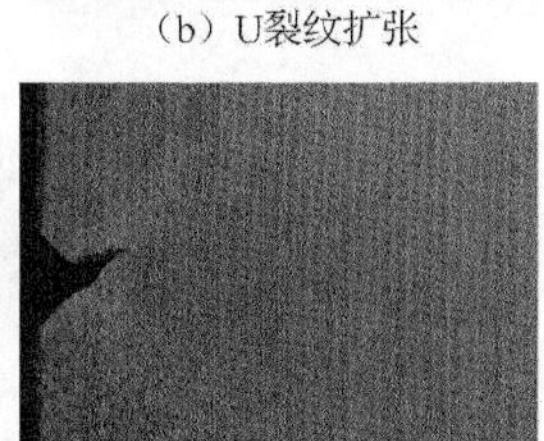

（e）V裂纹扩张

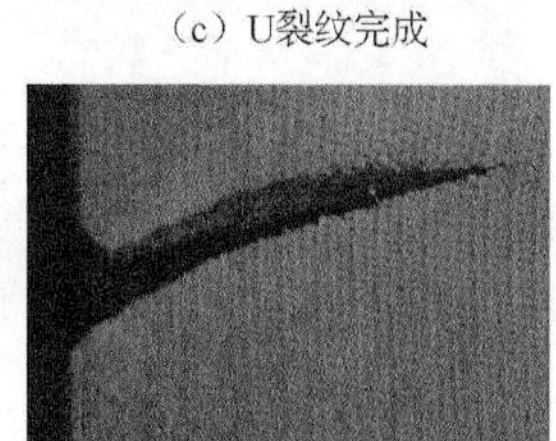

（f）V裂纹形成

图 3-69　单边缺口试件缺口处断裂过程

基于有限元分析结果，利用标定的混合强化参数模型和VUSDFLD子程序，分析超低周循环载荷下缺口试件延性断裂时刻和裂纹扩张过程。数值模型在试件缺口处采用细网格以准确捕获延性断裂，且固定缺口处网格尺寸0.2mm。在远离试件缺口区域，采用较大尺寸单元进行网格划分以降低计算成本。采用8节点线性实体单元C3D8R对模型进行离散化。

（a）U形缺口　　（b）V形缺口

图3-70　单边缺口试件断面

基于有限元模拟得到的循环荷载下缺口试件载荷-位移曲线与试验结果吻合良好，验证了所校准混合强化本构模型参数的适用性。采用CVGM判据对有限元模型中等向塑性应变较大的单元进行超低周循环荷载寿命预测。在4种加载制度下缺口试件CVGM超低周循环荷载断裂预测结果如图3-71所示。微观机制模型CVGM的断裂判据均在试件缺口处等向塑性应变最大点首先满足，表明在循环荷载作用下缺口位置首先发生延性断裂并产生裂纹。该预测结论与试验观测相一致。表3-13对比了超低周循环载荷下缺口试件的延性断裂有限元预测结果与试验结果，由表显示CVGM的延性断裂有限元预测结果与试验吻合较好。

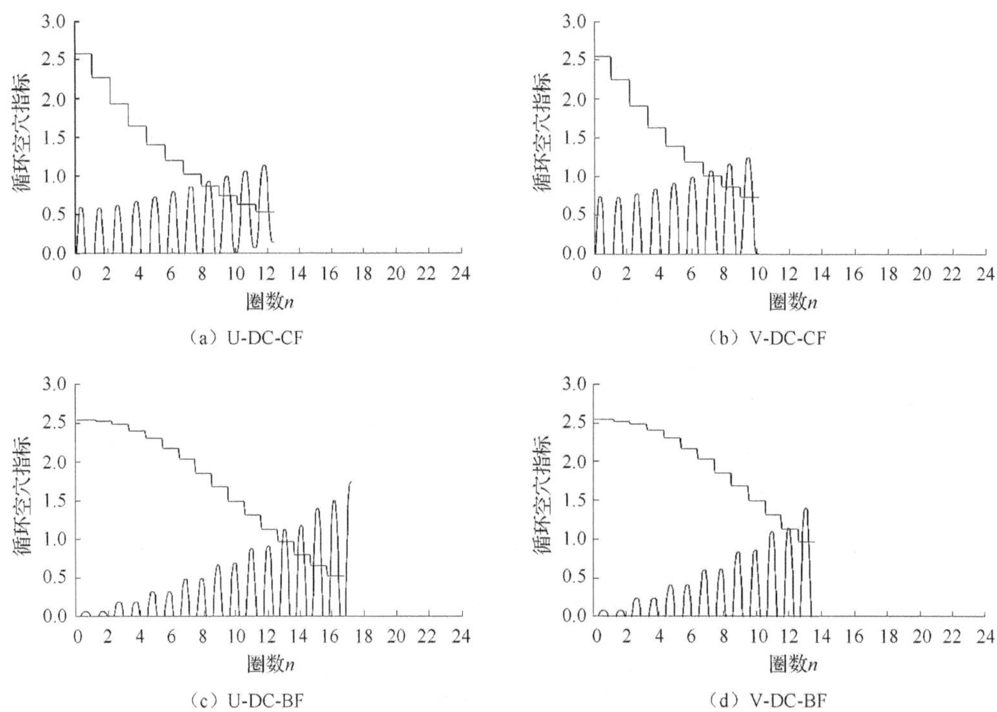

（a）U-DC-CF　　（b）V-DC-CF

（c）U-DC-BF　　（d）V-DC-BF

图3-71　单边缺口试件断裂预测

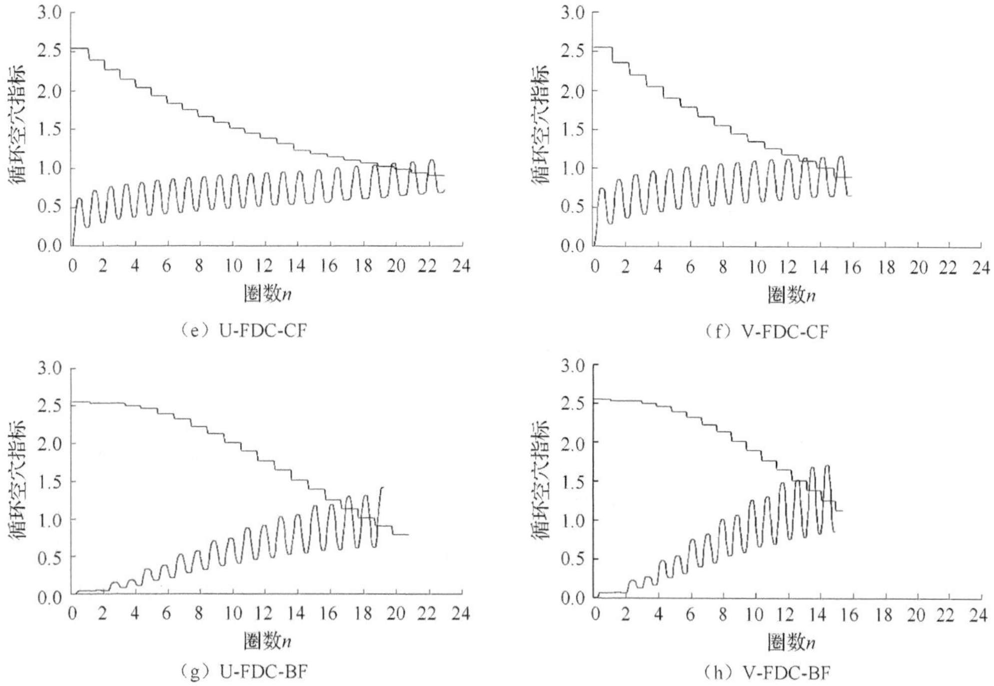

（e）U-FDC-CF　（f）V-FDC-CF

（g）U-FDC-BF　（h）V-FDC-BF

图3-71（续）

表3-13同样将超低周循环荷载作用下U形和V形缺口试件裂纹起始时刻有限元模拟预测与试验结果进行比较。可以发现CVGM数值模拟断裂裂纹萌生时刻与位置与试验结果较为接近。

表3-13　单边缺口试件断裂初期试验结果与有限元预测结果

试件	加载制度	起始时刻/s	
		试验结果	有限元预测
U	DC-CF	9	8
V		8	7
U	DC-BF	14	13
V		12	12
U	FDC-CF	27	19
V		14	12
U	FDC-BF	21	17
V		15	13

通过基于CVGM并结合VUSDFLD子程序的数值模拟方法，得到循环荷载作用下缺口试件的断裂扩张过程如图3-72和图3-73所示。当试件标距段缺口处单元达到CVGM判据时，延性断裂发生，同时程序自动开始对相应单元进行删除。随着循环荷载进行，缺口处裂纹朝下侧及两侧逐渐扩张。当裂纹扩张到一定尺寸时，荷载-位移曲线开始快

速下降，表明此时试件已完全断裂。图 3-74 为缺口试件侧面裂纹扩张对比图，缺口试件侧面裂纹扩张结果与有限元模拟结果验证了使用微观断裂模型（CVGM）可较为准确预测 Q345 钢裂纹扩张的过程。图 3-74 显示了在超低周循环荷载作用下缺口试件标距段内侧面的裂纹扩张历史。由图 3-74 可知，试件侧面出现裂纹初期、中期和后期，裂纹经历了由慢变快再变慢的扩张过程。通过对比缺口试件侧面裂纹扩张试验与模拟结果，表明 CVGM 可较为准确预测 Q345 钢裂纹扩张过程，也验证了光滑圆棒试件试验校准参数的准确性。

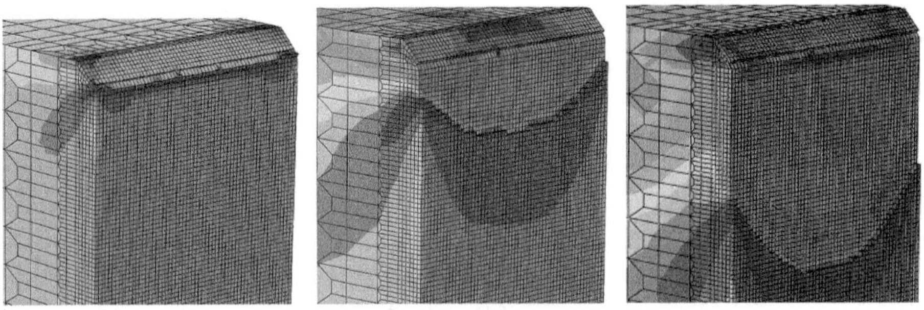

（a）断裂萌生　（b）断裂扩张　（c）断裂完成

图 3-72　V 形缺口试件断裂扩张过程示意图

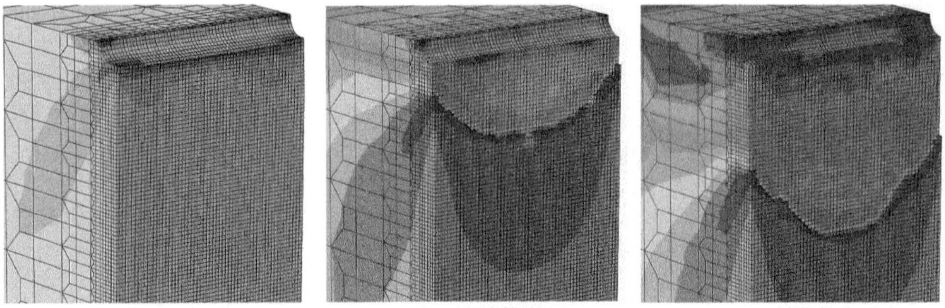

（a）断裂萌生　（b）断裂扩张　（c）断裂完成

图 3-73　U 形缺口试件断裂扩张过程示意图

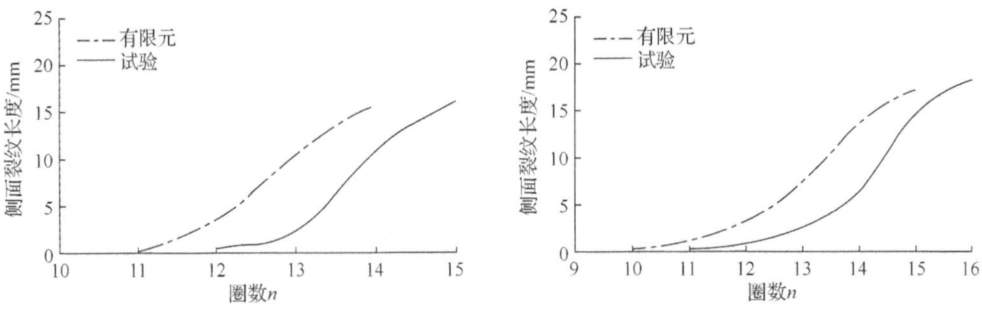

（a）U-DC-CF　（b）V-DC-CF

图 3-74　缺口试件侧面裂纹扩张对比

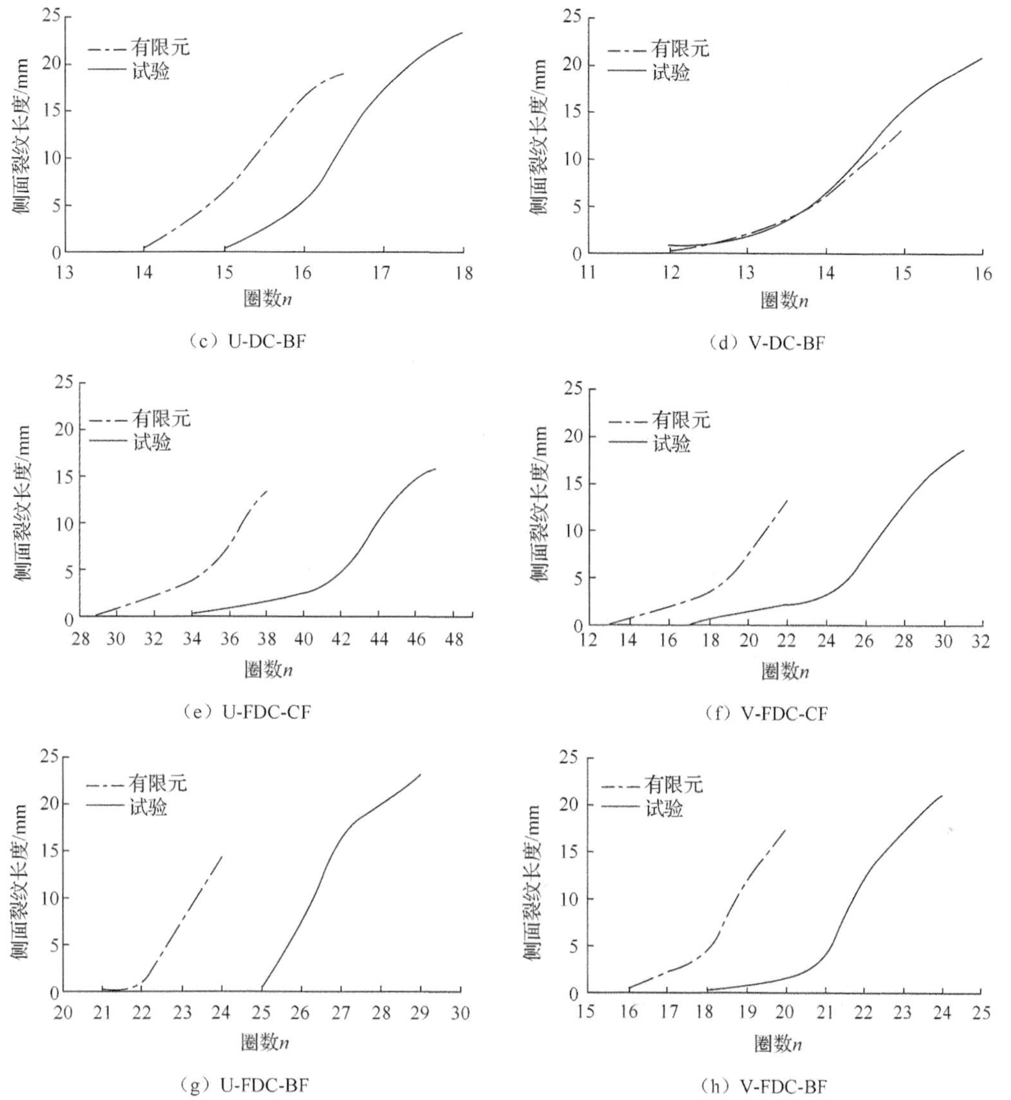

图 3-74（续）

2. N 形相贯节点

（1）试验概况

以 N 形相贯节点为研究对象开展滞回试验，试件几何尺寸如图 3-75 所示，节点试件主管尺寸为ϕ245×6，支管为ϕ89×6，主管与斜支管间夹角为 45°，两支管间隙为 a=15mm。试验中，主管与支管的端部均设置加劲肋板和端板，并通过螺栓与试验装置连接。试验所用钢材均为 Q345B。

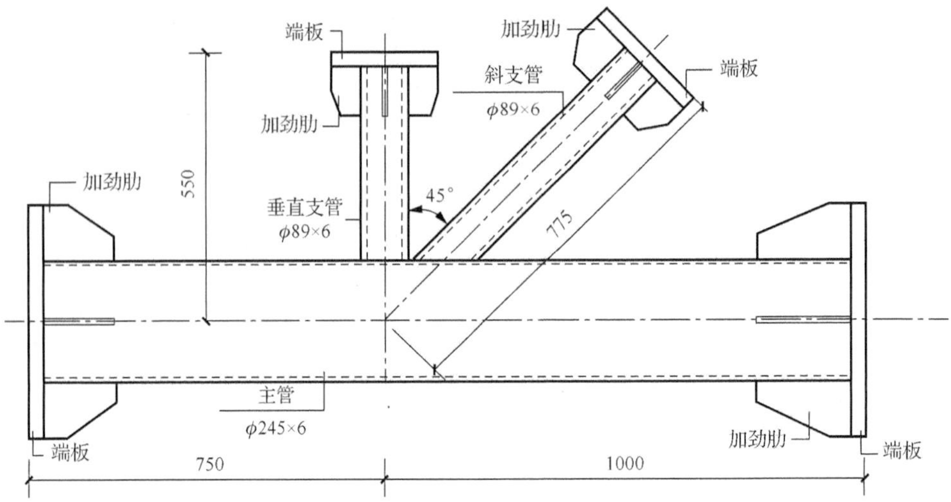

图 3-75　N 形圆钢管相贯节点试件尺寸详图（单位：mm）

N 形圆钢管相贯节点滞回试验装置如图 3-76 所示，装置下部为两根叠放的 H 型钢反力梁，反力梁相邻翼缘处采用螺栓连接。反力梁下端设置一垫块，以传递向下的竖向反力。为有效防止反力梁在拉力作用下被抬起，加载装置设置了 3 道 H 型钢横梁，并将其锚固在地面槽道之上，通过施加初始压力方法将反力梁可靠固定于地面。将反力梁一端支承在反力墙上并锚固槽道之中，以此在加载过程中传递水平力。同时，N 形节点主管一端通过高强螺栓将其铰接到反力梁之上，并依靠刚性连接件将斜支管与反力梁相互铰接，以保证其在竖直平面内能够自由转动。

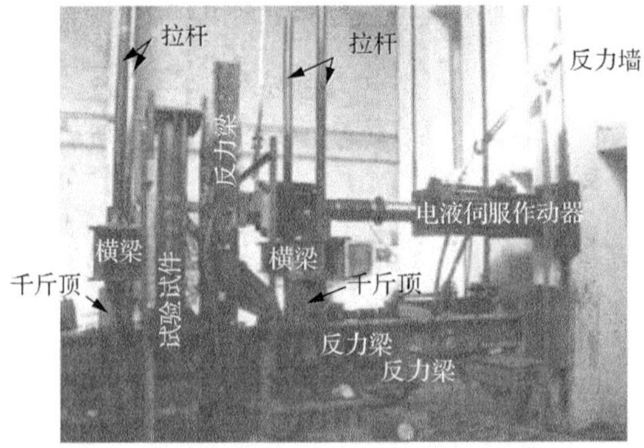

图 3-76　N 形圆钢管相贯节点滞回试验装置

滞回试验采用电液伺服程控试验机进行加载。作动器一端采用螺栓与垂直支管的端板相连，并由推、拉垂直支管对节点施加往复荷载，另一端采用球铰与钢筋混凝土反力墙相连接。球铰不仅能有效传递往复荷载，还能自动调整荷载作用方向，从而保证试件与加载装置始终处于同一平面内，以避免试件发生侧向受力情况。在试验加载过程中，当推动器推进时 N 型节点的垂直支管承受压力，而斜支管承受拉力作用［图 3-77（a）］；

当作动器拉回时，垂直支管承受拉力作用，而斜支管承受压力作用［图 3-77（b）］。在电液伺服作动器进行反复推、拉垂直支管过程中，试件受到往复荷载作用，以此实现 N 形相贯节点滞回加载。

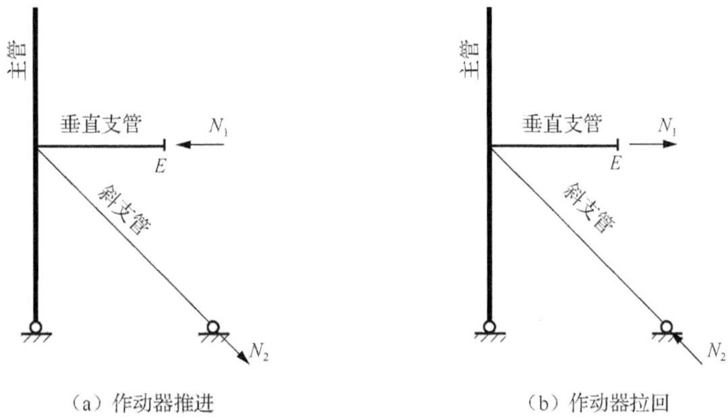

图 3-77 N 形圆钢管相贯节点试件承受荷载情况

滞回试验分为图 3-78 所示的两个加载阶段。试验第一阶段采用力加载控制，施加垂直于支管的轴力为 N_1，共计循环 3 次；试验第二阶段采用位移控制继续加载，施加在垂直支管端点 E 处，直至试件破坏。

试验发现，加载第 4 圈时，位于主管与斜支管连接焊缝处出现微小裂纹，但该裂纹在后续循环加载中并没有继续扩展。随着荷载继续施加，主管与垂直支管连接处产生裂缝并不断开展，最终导致节点破坏。节点破坏模式如图 3-79 所示。

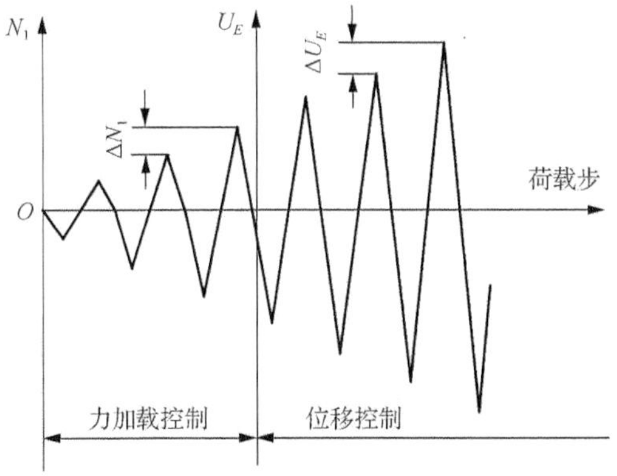

图 3-78 N 形圆钢管相贯节点滞回试验加载制度

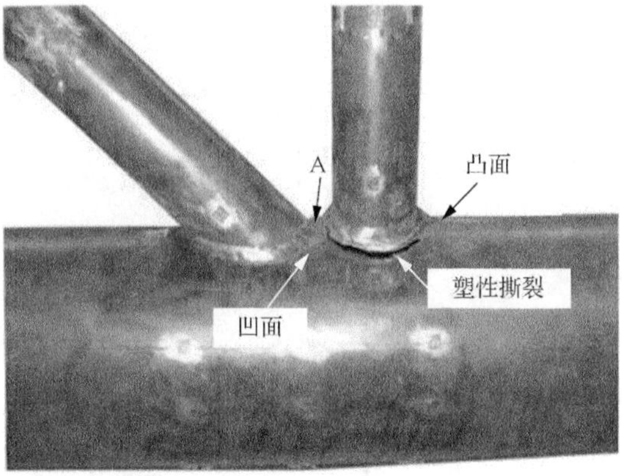

图 3-79 N 形圆钢管相贯节点破坏模式

（2）断裂预测

采用有限元分析软件 ABAQUS 对上述 N 形相贯节点进行断裂预测。焊缝尺寸对于相贯节点断裂预测具有较为明显影响，因此本章中的有限元模型均考虑焊缝尺寸进行建模分析（图 3-80）。

（a）整体模型

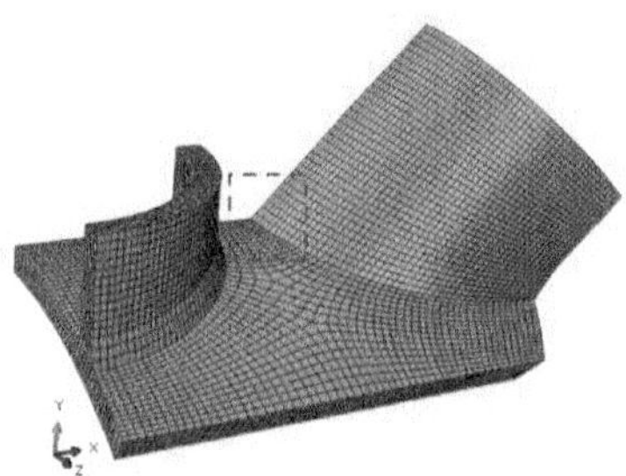

（b）子模型1

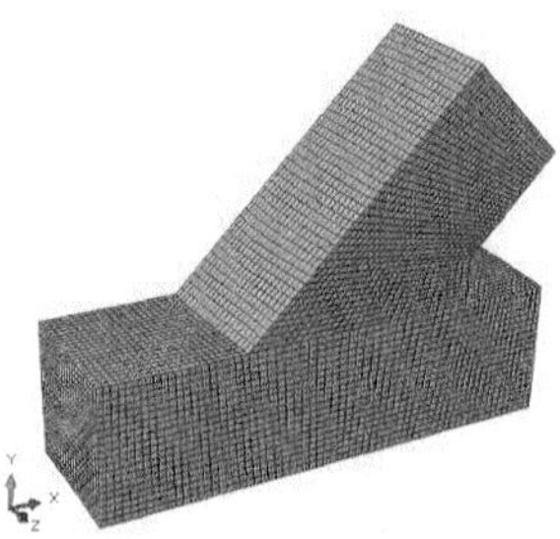

（c）子模型2

图 3-80　N 形相贯节点有限元模型

通过有限元分析得到 N 形相贯节点 Mises 应力和 Pressure 应力云图如图 3-81 和图 3-82 所示。结果显示，N 形相贯节点的断裂位置为受拉腹杆与弦杆相交的焊趾处。采用双重子模型进行精细化断裂预测分析，子模型 1 网格尺寸取为 1.5mm，子模型 2 网格尺寸取 0.3mm。

对上述 N 形相贯节点建立考虑焊缝尺寸的有限元模型，得到其荷载-位移曲线如图 3-83 所示，其中横坐标取为垂直支管末端位移。通过对比发现，有限元模拟得到的荷载-位移曲线与试验结果相差较大。

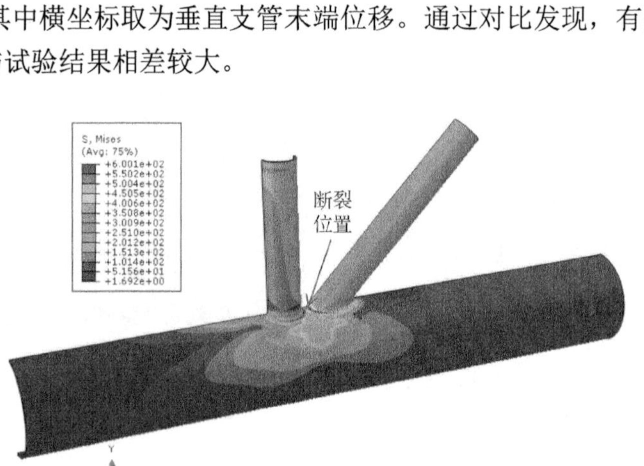

图 3-81　XBH-1 模型 Mises 应力云图

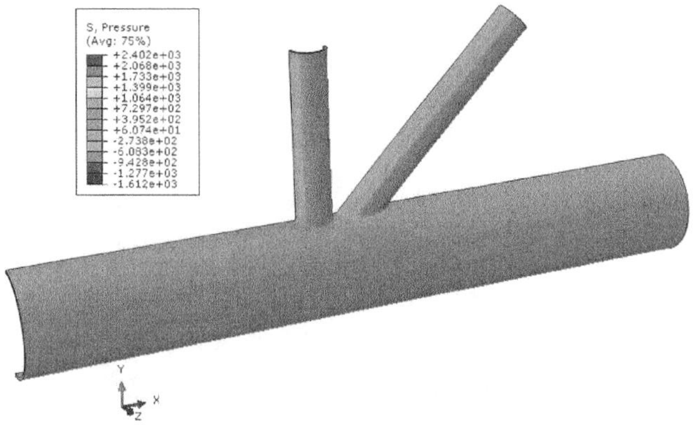

图 3-82　XBH-2 模型 Pressure 应力云图

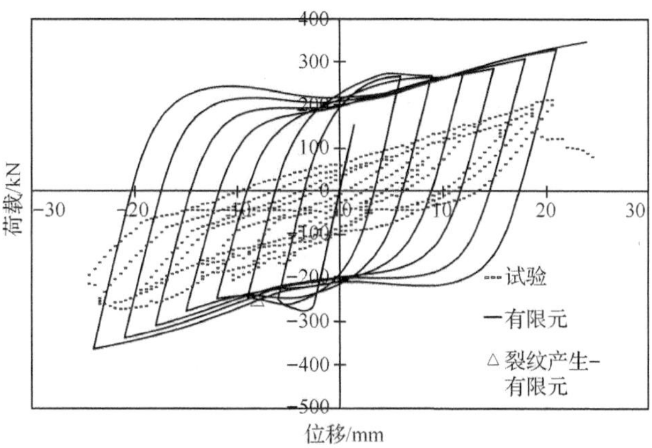

图 3-83　N 形相贯节点荷载-位移曲线及断裂预测

采用延微观机制模型 CVGM 对上述 N 形节点进行断裂预测，结果显示 CVGM 预测的开裂点均位于主管与支管相交焊缝处，如图 3-81 所示，与试验研究得到的断裂位置相一致。该处 Pressure 应力为负值且等效塑性应变取得最大值，如图 3-82 和图 3-84 所示。对于该位置，CVGM 判据预测的断裂时刻如图 3-85 所示，当空穴扩张指标达到临界空穴扩张指标时即认为该点已发生断裂。

图 3-85 标出了基于微观断裂判据预测的裂纹产生时刻，通过与试验现象对比可以发现，有限元预测的裂纹产生于斜支管与主管相交焊缝处，该预测结果与试验观测相一致。试验加载中，该裂纹产生于滞回加载的第 4 圈，而有限元预测裂纹发生于滞回加载第 5 圈，两者相差较小，可认为有限元模型能较为准确预测 N 形相贯节点断裂发生时刻。然而通过对比有限元模拟和试验的滞回曲线发现两预测结果相差较多。推测认为随着裂纹的开展相贯节点承载能力有所下降，而有限元模拟无法考虑裂纹扩展行为对节点后续承载性能的影响，造成预测结果出现一定程度偏差。同时发现，裂纹产生时相贯节点并未达到极限状态，因此要精确评估节点的极限状态，需要对节点在往复荷载作用下的裂纹开展进行合理分析。

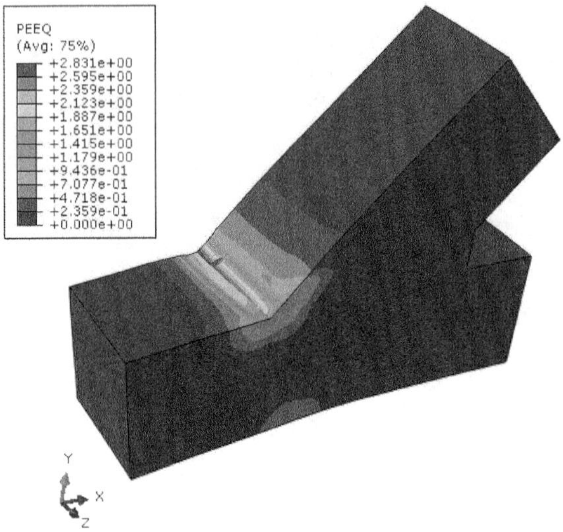

图 3-84 XBH-1 模型等效塑性应变云图

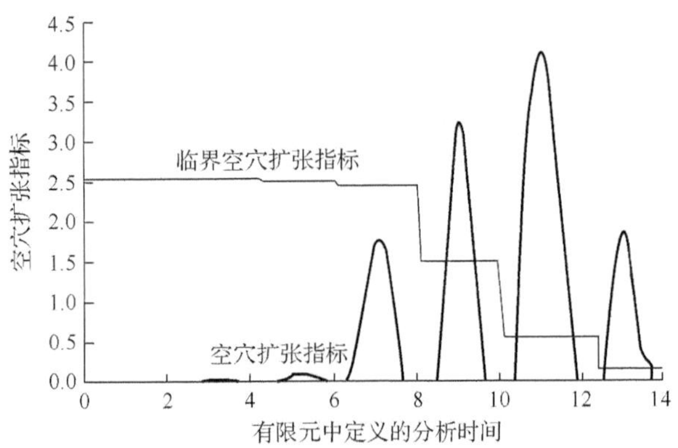

图 3-85 基于 CVGM 的 N 形相贯节点断裂预测

（3）裂纹扩展分析

N 形相贯节点在往复加载早期便产生裂纹，但此时并不会导致节点立即失效，如要精确预测节点裂纹萌生后的极限状态，需要合理考虑节点的裂纹扩展。因此，采用裂纹扩展模型对上述节点进行分析，以精确预测 N 形相贯节点的极限状态。

图 3-86 给出了试验和有限元分析结果对比情况。由图 3-86 可见，在考虑裂纹扩展的情况下，有限元模拟的滞回曲线明显更接近于试验所得曲线，并且随着裂纹不断扩展，节点承载能力不断下降，最终因垂直支管与主管相交处焊缝出现撕裂而达到断裂极限状态。图 3-87 给出了极限状态时节点的破坏形式，可以发现该模式与图 3-81 中显示的试验破坏模式相一致。表 3-14 汇总了试验和有限元分析的节点断裂时刻和极限承载力，可以发现，有限元方法对于节点断裂时刻的预测与试验值较为接近，验证了该分析方法的准确性。

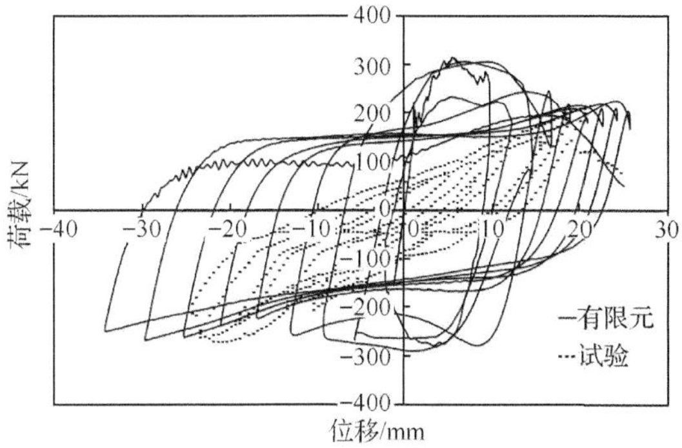

图 3-86　N 形相贯节点荷载-位移曲线及断裂预测

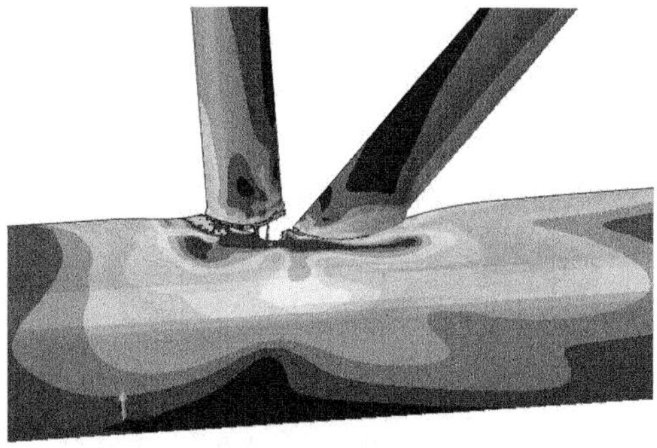

图 3-87　N 形相贯节点极限状态

表 3-14　N 形节点断裂时刻和极限承载力

循环圈数		末圈断裂位移/mm		极限承载力/kN	
试验	有限元	试验	有限元	试验	有限元
11	13	18.0	16.5	211.7	316.5

《建筑抗震试验规程》(JGJ/T 101—2015) [6]规定，试体破坏荷载及极限变形应取试体在荷载下降至最大荷载 85%的荷载和相应变形值。但通过对比本节有限元分析和试验数据可知，加载初期试验和有限元分析得到的最大荷载相差较大，有限元分析所得到的最大荷载较大，因此本节未将数值模拟得到的荷载下降至最大荷载 85%时对应时刻作为极限状态。在后续研究中，可将荷载-位移曲线发生明显变化的时刻作为断裂极限状态，而将荷载下降至峰值荷载 85%时的状态作为荷载极限状态，两者较先发生的时刻作为相贯节点在超低周循环荷载作用下的极限状态。

3.2.3　耦合模型参数校准

超低周循环荷载下的耦合模型为 C-GTN 模型。耦合模型参数校准采用圆周平滑槽口试件的超低周循环试验和对应的有限元分析进行，材料本构采用混合强化模型。与单调荷载情况不同，耦合模型需要将孔洞体积分数作为损伤参数耦合到本构方程，本节将详细介绍 C-GTN 模型的计算方法。

GTN 模型在应用时并未考虑材料循环加载时的强化行为，不能将其直接用于循环加载分析中。已有文献[7]通过引入两个强化变量来代替基体材料的屈服应力，从而使得 GTN 模型能够考虑等向强化和随动强化，并给出了强化变量的精确表达式。由于强化变量复杂的积分过程，本节在 GTN 损伤理论基础上考虑了超低周循环加载的影响，并将混合强化准则推广到 GTN 模型的数值积分算法中。

假设当前分析步的 ${}^{\Delta t}f$ 和 ${}^{t+\Delta t}f$ 分别表示 t 时刻和 $t+\Delta t$ 时刻的孔洞体积分数，下文中

表示当前分析步 $t+\Delta t$ 时刻的变量均省略上标，经背应力修正的变量均以右下角标 bs 表示。

1）给定初始条件（$t=0, \cdots, t^i, \cdots$）：

$$ {}^t\sigma_{ij},\ {}^t\varepsilon_{ij},\ {}^t\alpha_{ij},\ {}^t\Delta\varepsilon_{ij},\ {}^tH^{\alpha},\ {}^t\text{statev} $$

变量左上标表示计算分析步的时间。其中 H^{α}（$\alpha=1$，2）分别为两个内部状态变量 f 和 $\Delta\varepsilon^{\mathrm{p}}$；statev 表示用户自定义的状态变量，如 Mises 等效应力、损伤状态变量等。

2）假设当前分析步 ABAQUS 程序给定的应变增量为纯弹性应变，计算得到弹性试应力 σ^{T}，上标 T 表示弹性预测状态，由背应力修正的弹性试应力计算得到静水压力 $\sigma_{\mathrm{h}}^{\mathrm{T}}$ 为

$$ \left(p^{\mathrm{T}}\right)_{\mathrm{bs}}=\left(\sigma_{\mathrm{h}}^{\mathrm{T}}\right)_{\mathrm{bs}}=-\frac{1}{3}\cdot\left(\sigma_{ij}^{\mathrm{T}}-{}^t\alpha_{ij}\right)\delta_{ij} \tag{3-16} $$

式中，δ_{ij} 为克罗内克（Kronecker）函数：

$$ \delta_{ij}=\begin{cases}1 & i=j\\ 0 & i\neq j\end{cases} \tag{3-17} $$

由背应力修正的弹性试应力推导得到 Mises 等效应力 $\sigma_{\mathrm{eq}}^{\mathrm{T}}$：

$$ \left(s_{ij}^{\mathrm{T}}\right)_{\mathrm{bs}}=\left(\sigma_{ij}^{\mathrm{T}}-{}^t\alpha_{ij}\right)+\left(p^{\mathrm{T}}\right)_{\mathrm{bs}}\delta_{ij} \tag{3-18} $$

$$ \left(q^{\mathrm{T}}\right)_{\mathrm{bs}}=\left(\sigma_{\mathrm{eq}}^{\mathrm{T}}\right)_{\mathrm{bs}}=\sqrt{\frac{3}{2}\cdot\left(\left(s_{ij}^{\mathrm{T}}\right)_{\mathrm{bs}}:\left(s_{ij}^{\mathrm{T}}\right)_{\mathrm{bs}}\right)} \tag{3-19} $$

3）计算屈服方程，判断材料点在当前分析步的加载状态：

$$ \varPhi=\left(\frac{\left(q^{\mathrm{T}}\right)_{\mathrm{bs}}}{\sigma_{\mathrm{y}}}\right)^2+2q_1f_{\mathrm{cyclic}}^{*}\cosh\left(-\frac{3q_2\left(p^{\mathrm{T}}\right)_{\mathrm{bs}}}{2\sigma_{\mathrm{y}}}\right)-\left[1+q_1^2\left(f_{\mathrm{cyclic}}^{*}\right)^2\right]=0 \tag{3-20} $$

式中，f_{cyclic}^{*} 的定义为

$$ \begin{cases} f_{\mathrm{cyclic}}^{*}=f^{*} & \left(p^{\mathrm{T}}\right)_{\mathrm{bs}}\geqslant 0\\ f_{\mathrm{cyclic}}^{*}=f & \left(p^{\mathrm{T}}\right)_{\mathrm{bs}}<0\end{cases} \tag{3-21} $$

如果 $\varPhi\leqslant 0$，表明当前分析步为弹性状态（弹性卸载状态或未达到屈服点），则弹性试应力 $\sigma^{\mathrm{T}}=\sigma$，进入第 7）步；如果 $\varPhi>0$，表明当前分析步为塑性状态，需要对弹性试应力 σ^{T} 进行塑性修正，进入第 4）步。

4）计算塑性流动方向，并确定各塑性应变分量的表达式，即

$$\left(n_{ij}\right)_{\mathrm{bs}}=\frac{3}{2}\cdot\frac{\left(s_{ij}^{\mathrm{T}}\right)_{\mathrm{bs}}}{\left(q^{\mathrm{T}}\right)_{\mathrm{bs}}} \tag{3-22}$$

$$\left(\sigma_{ij}^{\mathrm{T}}\right)_{\mathrm{bs}}=-\left(p^{\mathrm{T}}\right)_{\mathrm{bs}}\cdot\delta_{ij}+\left(s_{ij}^{\mathrm{T}}\right)_{\mathrm{bs}}=-\left(p^{\mathrm{T}}\right)_{\mathrm{bs}}\cdot\delta_{ij}+\frac{2}{3}\left(q^{\mathrm{T}}\right)_{\mathrm{bs}}\cdot\left(n_{ij}\right)_{\mathrm{bs}} \tag{3-23}$$

同样地，塑性应变增量也可以分解为体积应变 $\Delta\varepsilon_{\mathrm{p}}$ 和偏应变 $\Delta\varepsilon_{\mathrm{q}}$，即

$$\Delta\varepsilon_{ij}^{\mathrm{p}}=\frac{1}{3}\Delta\varepsilon_{\mathrm{p}}\delta_{ij}+\Delta\varepsilon_{\mathrm{q}}\left(n_{ij}\right)_{\mathrm{bs}} \tag{3-24}$$

式中，$(n_{ij})_{\mathrm{bs}}$ 为背应力修正的弹性试应力塑性流动方向。

通过对关联流动法则求导可得到标量方程：

$$\Delta\varepsilon_{\mathrm{p}}=\mathrm{d}\lambda\left(\frac{\partial\Phi}{\partial p_{\mathrm{bs}}}\right) \tag{3-25}$$

$$\Delta\varepsilon_{\mathrm{q}}=\mathrm{d}\lambda\left(\frac{\partial\Phi}{\partial q_{\mathrm{bs}}}\right) \tag{3-26}$$

式中，$\mathrm{d}\lambda$ 为塑性乘子。

消除 $\mathrm{d}\lambda$ 可得关于 $\Delta\varepsilon_{\mathrm{p}}$ 和 $\Delta\varepsilon_{\mathrm{q}}$ 的方程，即

$$\Delta\varepsilon_{\mathrm{p}}\left(\frac{\partial\Phi}{\partial q}\right)+\Delta\varepsilon_{\mathrm{q}}\left(\frac{\partial\Phi}{\partial p}\right)=0 \tag{3-27}$$

联合式（3-16）、式（3-17）和式（3-24）可得到更新后的弹-塑性应力为

$$\begin{aligned}\left(\sigma_{ij}\right)_{\mathrm{bs}}&=\left(\sigma_{ij}^{\mathrm{T}}\right)_{\mathrm{bs}}-K\Delta\varepsilon_{\mathrm{p}}\delta_{ij}-2G\Delta\varepsilon_{\mathrm{p}}\cdot\left(n_{ij}\right)_{\mathrm{bs}}\\&=\left[\left(\sigma_{\mathrm{m}}^{\mathrm{T}}\right)_{\mathrm{bs}}+\left(s_{ij}^{\mathrm{T}}\right)_{\mathrm{bs}}\right]-K\Delta\varepsilon_{\mathrm{p}}\delta_{ij}-2G\Delta\varepsilon_{\mathrm{p}}\cdot\left(n_{ij}\right)_{\mathrm{bs}}\\&=-\left[\left(p^{\mathrm{T}}\right)_{\mathrm{bs}}+K\Delta\varepsilon_{\mathrm{p}}\right]\delta_{ij}+\frac{2}{3}\left[\left(q^{\mathrm{T}}\right)_{\mathrm{bs}}-3G\Delta\varepsilon_{\mathrm{p}}\right]\cdot\left(n_{ij}\right)_{\mathrm{bs}}\\&=-p_{\mathrm{bs}}\cdot\delta_{ij}+\frac{2}{3}q_{\mathrm{bs}}\cdot\left(n_{ij}\right)_{\mathrm{bs}}\end{aligned} \tag{3-28}$$

5）牛顿迭代法求解内部状态变量：

① 利用第 4）分析步或前一迭代分析中获得的内部状态变量 ε_{p} 计算孔洞形核速率 A：

在受拉循环加载过程中（$p_{\mathrm{bs}}\geqslant 0$）：

$$A=\frac{2f_{\mathrm{N}}}{s_{\mathrm{N}}\sqrt{2\pi}}\exp\left[-\frac{1}{2}\left(\frac{\varepsilon^{\mathrm{p}}-\varepsilon_{\mathrm{N}}}{s_{\mathrm{N}}}\right)^{2}\right] \tag{3-29}$$

在受压循环过程中（$p_{\text{bs}}<0$）：

$$A=0 \tag{3-30}$$

对当前分析步的断裂孔洞体积分数 f_{F} 进行折减：

$$f_{\text{F}}^{\text{cyclic}}=f_{\text{F}}\cdot f\left(D\right) \tag{3-31}$$

式中，$f(D)$为考虑循环损伤的折减函数；损伤变量 D 为等效塑性应变。

② 取 $\Delta\varepsilon_{\text{p}}$ 和 $\Delta\varepsilon_{\text{q}}$ 分别为自变量 x 和 y，采用牛顿（Newton）迭代法求解非线性方程组（3-32），即

$$\begin{cases} f\left(x,y\right)=\Delta\varepsilon_{\text{p}}\left(\dfrac{\partial\Phi}{\partial q_{\text{bs}}}\right)+\Delta\varepsilon_{\text{q}}\left(\dfrac{\partial\Phi}{\partial p_{\text{bs}}}\right)=0 \\ g\left(x,y\right)=\left(\dfrac{q_{\text{bs}}}{\sigma_{\text{y}}}\right)^2+2q_1f_{\text{cyclic}}^{*}\cosh\left(-\dfrac{3q_2p_{\text{bs}}}{2\sigma_{\text{y}}}\right)-\left(1+q_1^2(f_{\text{cyclic}}^{*})^2\right)=0 \end{cases} \tag{3-32}$$

解方程组可得 $c_{\text{p}}=\Delta x=x_{n+1}-x_n$，$c_{\text{q}}=\Delta y=x_{n+1}-y_n$，更新基本未知量

$$\begin{cases} \left(\Delta\varepsilon_{\text{p}}\right)_{n+1}=\left(\Delta\varepsilon_{\text{p}}\right)_n+c_{\text{p}} \quad \left(p_{n+1}\right)_{\text{bs}}=p^{\text{T}}+K\left(\Delta\varepsilon_{\text{p}}\right)_{n+1} \\ \left(\Delta\varepsilon_{\text{q}}\right)_{n+1}=\left(\Delta\varepsilon_{\text{q}}\right)_n+c_{\text{q}} \quad \left(q_{n+1}\right)_{\text{bs}}=q^{\text{T}}-3G\left(\Delta\varepsilon_{\text{q}}\right)_{n+1} \end{cases}$$

式中，c_{p} 为变量 x 的变化量（Δx），x 为体积应变 $\Delta\varepsilon_{\text{p}}$；$c_{\text{q}}$ 为变量 y 的变化量（Δy），y 为偏应变 $\Delta\varepsilon_{\text{q}}$。

③ 取等效塑性应变 $\varepsilon^{\text{p}}=H^1$，孔洞体积分数 $f=H^2$ 为两个内部状态变量，其中

$$\Delta H^1=h^1=\Delta\varepsilon^{\text{p}}=\frac{-p_{\text{bs}}\Delta\varepsilon_{\text{p}}+q_{\text{bs}}\Delta\varepsilon_{\text{q}}}{\left(1-f_{\text{cyclic}}^{*}\right)\sigma_{\text{y}}} \tag{3-33}$$

$$\Delta H^2=h^2=\Delta f=\left(1-f_{\text{cyclic}}^{*}\right)\Delta\varepsilon_{\text{p}}+A\Delta\varepsilon^{\text{p}} \tag{3-34}$$

式中，H^1 为内部状态变量 1，即等效塑性应变 ε^{p}；H^2 为内部状态变量 2，即孔洞体积分数 f；h^1 为内部状态变量 1 的变化量，即 $h^1=\Delta H^1$；h^2 为内部状态变量 2 的变化量，即 $h^2=\Delta H^2$；A 为孔洞形核速率，计算方法见式（3-29）。

④ 取第 $n+1$ 次迭代时 $\Delta\varepsilon_{\text{p}}$ 为自变量，再次利用 Newton 迭代法更新屈服应力 σ_{y} 和 $\Delta\varepsilon^{\text{p}}$，并更新内部状态变量 H^{α}［H^{α}（$\alpha=1$，2）分别为两个内部状态变量 f 和等效塑性应变 $\Delta\varepsilon_{\text{p}}$］。

$$\left(\sigma_{\text{y}}\right)_{n+1}=\left(\sigma_{\text{y}}\right)_n+Q_{\infty}\cdot\left(1-\mathrm{e}^{-b\varepsilon^{\text{p}}}\right) \tag{3-35}$$

$$\mathrm{Hard}_{n+1} = \frac{\mathrm{d}\sigma_{\mathrm{y}}}{\mathrm{d}\varepsilon_{\mathrm{p}}} = Q_{\infty} b \cdot \mathrm{e}^{-b\varepsilon^{\mathrm{p}}} \tag{3-36}$$

式中，Hard_{n+1} 为应力增量$\Delta\sigma_{\mathrm{y}}$对 $\Delta\varepsilon_{\mathrm{p}}$ 求导得到的梯度。

⑤ 将更新后的状态变量等代入方程组验证迭代精度：

$$\begin{cases} \left(\Delta\varepsilon_{\mathrm{p}}\right)_{n+1}\left(\dfrac{\partial\Phi}{\partial q_{\mathrm{bs}}}\right)+\left(\Delta\varepsilon_{\mathrm{q}}\right)_{n+1}\left(\dfrac{\partial\Phi}{\partial p_{\mathrm{bs}}}\right)=0 \\ \left(\dfrac{\left(q_{n+1}\right)_{\mathrm{bs}}}{\left(\sigma_{\mathrm{y}}\right)_{n+1}}\right)^{2}+2q_{1}\left(f_{\mathrm{cyclic}}^{*}\right)_{n+1}\cosh\left(-\dfrac{3q_{2}\left(p_{n+1}\right)_{\mathrm{bs}}}{2\left(\sigma_{\mathrm{y}}\right)_{n+1}}\right)-\left(1+q_{1}^{2}\left(f_{\mathrm{cyclic}}^{*}\right)_{n+1}^{2}\right)=0 \end{cases} \tag{3-37}$$

若在一定次数的迭代后能够保证$|f(x,\ y)|$和$|g(x,\ y)|$同时小于误差限值 Toler 时，Newton 迭代过程结束，此时可认为第一层 Newton 迭代收敛；若经过相当次迭代后仍不能满足精度要求，表明当前计算不收敛，退出计算。

若更新后的孔洞体积分数 $f_{\mathrm{cyclic}}^{*} > f_{\mathrm{F}}^{\mathrm{cyclic}}$，可认为该单元满足断裂判据，在 VUSDFLD 中通过指定状态变量来删除单元。通过单元删除技术能够直观显示断裂的萌生及裂纹扩展情况。

6）更新当前分析步的静水压力 p_{bs}，Mises 等效应力 q_{bs}，屈服应力 σ_{y} 和背应力 α_{ij}，并对弹性试应力进行塑性修正：

$$\begin{cases} \left(\mathrm{d}\alpha_{ij}\right)_{\mathrm{k}}=\left(\alpha_{ij}\right)_{\mathrm{k}}-\left({}^{t}\alpha_{ij}\right)_{\mathrm{k}}=\dfrac{C_{\mathrm{k}}}{\sigma_{\mathrm{y}}}\left({}^{t+\Delta t}\sigma_{ij}-{}^{t+\Delta t}\alpha_{ij}\right)\mathrm{d}\varepsilon^{\mathrm{p}}-\gamma_{\mathrm{k}}\,{}^{t+\Delta t}\alpha_{ij}\mathrm{d}\varepsilon^{\mathrm{p}} \\ \alpha_{ij}={}^{t}\alpha_{ij}+\displaystyle\sum_{k=1}^{n}\left(\mathrm{d}\alpha_{ij}\right)_{\mathrm{k}} \end{cases} \tag{3-38}$$

7）更新各个状态变量，返回主程序进行下一分析步计算。

根据 3.2.3 节给出的相应假设以及背应力增量公式，通过子程序将 C-GTN 损伤本构模型嵌入 ABAQUS 有限元软件，VUSDFLD 子程序计算流程如图 3-88 所示。

通过定义循环加载过程中孔洞演化规律给出计算假定，将非线性强化准则引入 GTN 模型中实现了 C-GTN 模型在循环加载过程中的应用。当孔洞体积分数 $f=0$ 时，GTN 模型退化为 Mises 屈服方程，将按此对 C-GTN 模型子程序的非线性强化准则有效性进行验证，利用子程序对圆周平滑槽口试件（2D 轴对称模型）进行数值模拟。通过将 GTN 模型中孔洞体积分数 f 减小以削弱材料损伤，并与 ABAQUS 软件中的非线性强化准则计算得到的荷载-位移响应进行对比。GTN 模型参数采用退化的孔洞体积分数，见表 3-15。

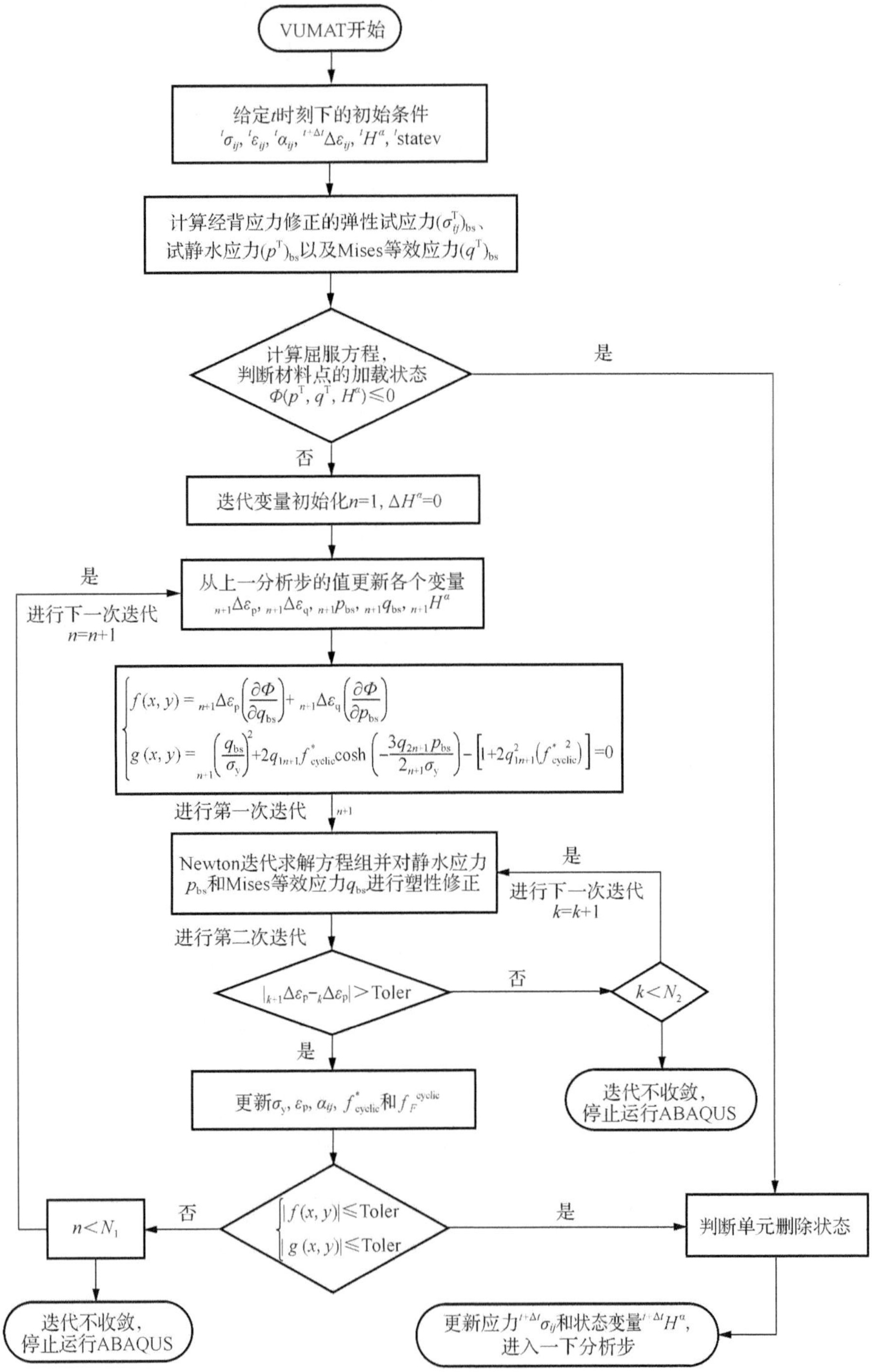

图 3-88　C-GTN 模型 VUSDFLD 子程序计算流程

表 3-15　验证非线性强化准则所需的 G20Mn5QT 铸钢材料 GTN 模型参数

q_1	q_2	q_3	ε_n	s_n	f_0	f_n	f_c	f_F
1.5	1	2.25	0.3	0.1	0.0001	0	0.5	0.8

3.2.4　基于耦合模型的钢材及连接节点断裂预测

为了验证校准的 C-GTN 模型对 G20MN5QT 铸钢材料韧性断裂预测的准确性，对双孔板试件进行超低周循环试验及有限元模拟。超低周加载方式包括常幅载荷和变幅加载，如图 3-89 所示。4 种加载方式分别对应 4 个双孔板试件，记为 SKB-1、SKB-2、SKB-3 和 SKB-4。试验发现，双孔附近均出现明显塑性变形，在断裂萌生到试件完全断裂过程中，双孔试件尚能承载一定循环圈数的加载并且承载力逐渐丧失直至为 0，这表明双孔试件在超低周循环荷载作用下的破坏为延性损伤渐进过程，在地震作用下 G20Mn5QT 铸钢材料具有良好的耗能能力。

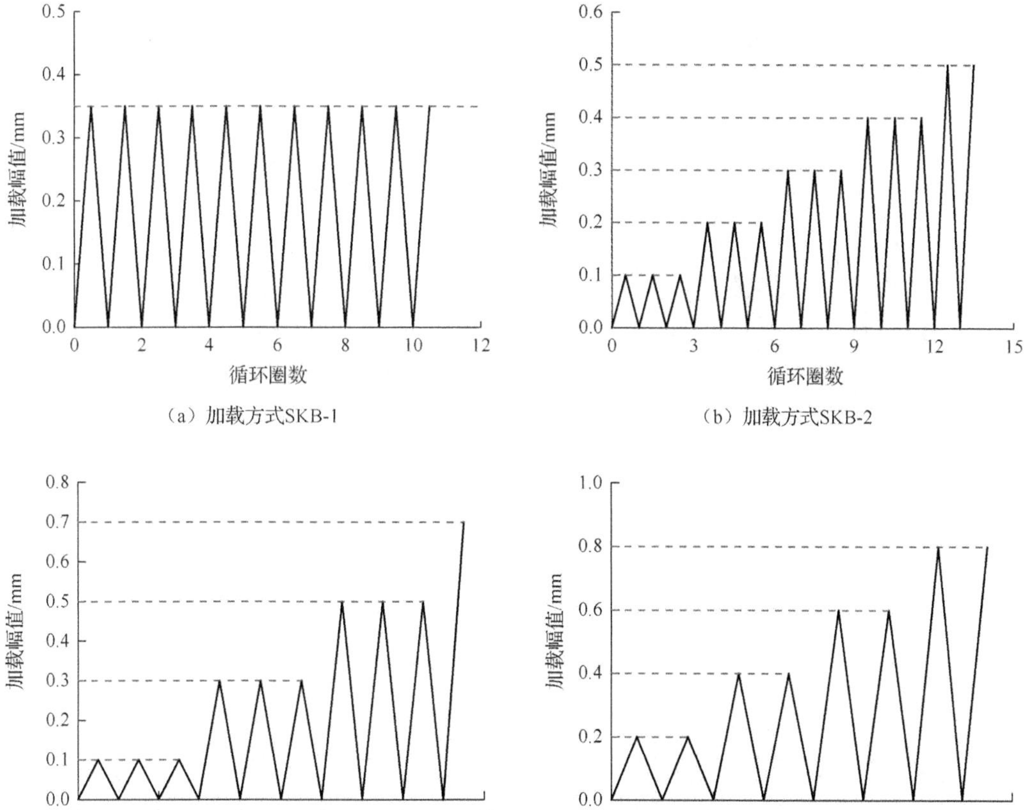

（a）加载方式SKB-1　（b）加载方式SKB-2

（c）加载方式SKB-3　（d）加载方式SKB-4

图 3-89　双孔板试件的加载方式

图 3-90 给出了超低周循环荷载下 4 种双孔板试件的荷载-变形曲线，并在图中标注了韧性断裂萌生时刻。C-GTN 模型计算得到的荷载-变形曲线与试验结果吻合很好，表明本书校准的 C-GTN 模型对双孔板试件有限元分析具有较好适用性。超低周循环荷载试验和有限元分析的循环加载次数和最后一次拉伸时试件的断裂变形均列于表 3-16 中。

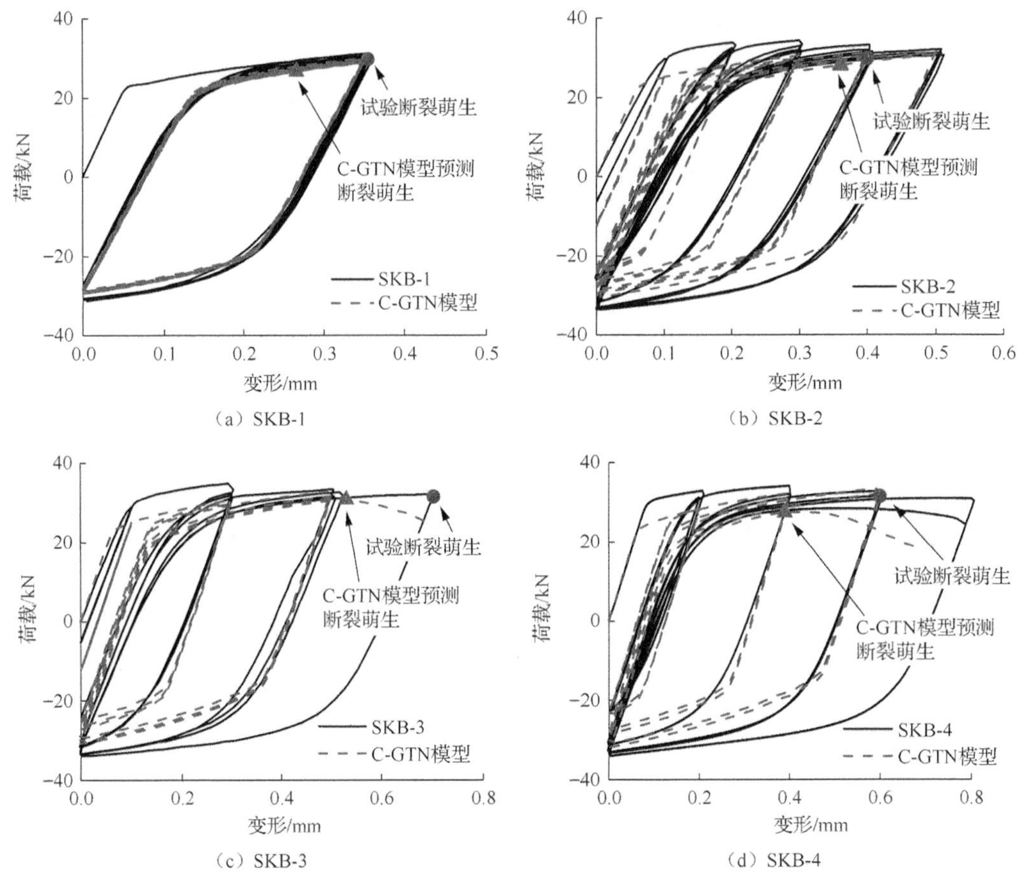

图 3-90 双孔板试件的荷载-变形曲线

表 3-16 双孔板试件试验和 C-GTN 模型预测结果

试件编号	试验结果		C-GTN 模型预测结果	
	加载圈数	断裂变形/mm	加载圈数	断裂变形/mm
SKB-1	10	0.35	11	0.27
SKB-2	13	0.40	13	0.36
SKB-3	9	0.70	9	0.53
SKB-4	7	0.60	6	0.39

根据本书对 C-GTN 模型的假设，材料损伤（孔洞体积分数 f）在循环加载中不断累积，由于孔洞的膨胀和不均匀压缩导致其断裂韧性不断降低。图 3-91 显示了超低周循环加载过程中断裂萌生材料点的损伤累积图，其中，灰色虚线表示 C-GTN 模型屈服方程中计算循环加载孔洞体积分数 f_{cyclic}，该参数在三轴拉应力作用下加速增长，而在三轴压应力作用下保持原值不变。随着试件累积塑性应变下断裂孔洞体积分数不断降低，而材料点孔洞体积分数不断增长，当两条曲线相交时韧性断裂发生。图 3-92 为韧性断裂萌生时试件中心截面的损伤（SDV2）分布，可以看到试件初始断裂位置均位于挖孔的外边缘内侧表面，该模拟结果与试验观测现象相一致。

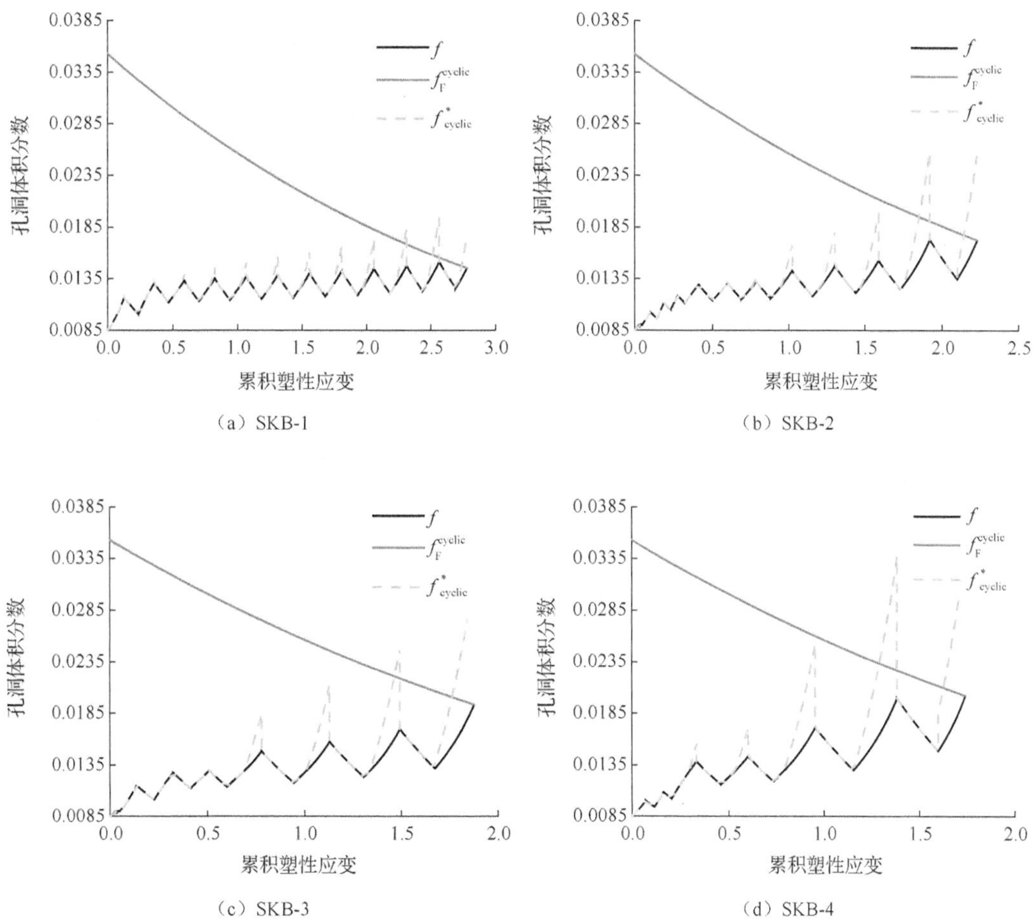

图 3-91　双孔板试件损伤累积图

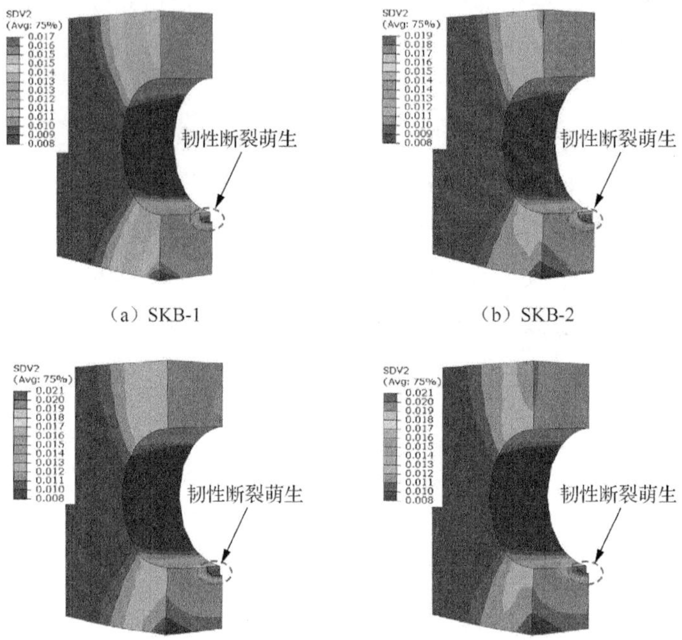

（a）SKB-1　（b）SKB-2

（c）SKB-3　（d）SKB-4

图 3-92　双孔板试件韧性断裂萌生时损伤分布

参 考 文 献

[1] Kanvinde A M. Micromechanical simulation of earthquake-induced fracture in steel structures[D]. Palo Alto: Stanford University, 2004.

[2] Kanvinde A M, Deierlein G G. The void growth model and the stress modified critical strain model to predict ductile fracture in structural steels[J]. Journal of Structural Engineering, 2006, 132(12): 1907-1918.

[3] Liao F F, Wang W, Chen Y Y. Parameter calibrations and application of micromechanical fracture models of structural steels[J]. Structural Engineering and Mechanics, 2012, 42 (2): 153-174.

[4] Chu C C, Needleman A. Void nucleation effects in biaxially stretched sheets[J]. Journal of Engineering Materials and Technology, 1980, 102(3): 249-256.

[5] Kiran R, Khandelwal K. Gurson model parameters for ductile fracture simulation in ASTM A992 steels[J]. Fatigue & Fracture of Engineering Materials & Structures, 2014, 37(2): 171-183.

[6] 中华人民共和国住房和城乡建设部. 建筑抗震试验规程: JGJ/T 101—2015[S]. 北京：中国建筑工业出版社, 2015.

[7] Leblond J B, Perrin G, Devaux J. An improved Gurson-type model for hardenable ductile metals[J]. European Journal of Mechanics, A. Solids, 1995, 14(4): 499-527.

第 4 章　低温下钢材断裂模型及连接节点断裂预测

4.1　低温下钢材力学性能试验

4.1.1　试件设计

对由 G20Mn5QT 铸钢材料做成的光滑圆棒试件进行−20℃、−40℃和−60℃下的单调拉伸试验，低温试验参照《金属材料 拉伸试验 第 3 部分：低温试验方法》（GB/T 228.3—2019）[1]进行。根据试验获得的应力–应变关系曲线确定材料的弹性模量、屈服强度、极限强度和极限应变等力学性能指标，为后续有限元分析提供材料性能本构。

G20Mn5QT 材料性质试验试件如图 4-1 所示。试件编号为 CX-X-Y，CX 代表材料性能试件，X 为 1、2 和 3 时分别代表试验环境温度为−20℃、−40℃和−60℃，Y 代表平行试件编号。每个温度下做三组平行试验。值得注意的是，由于试验装置中存在保温箱的原因，试验机夹头两端的距离大大增加，因此试验采用刚性套筒来协助完成单调拉伸试验。套筒及其尺寸示意如图 4-2 所示。套筒内螺纹和拉伸试件的外螺纹尺寸相同以保证在试件受拉过程中不会出现相对滑动。套筒的一部分插在保温箱预留的圆形孔洞中，依靠试验机的上下钳具夹住套筒的两端头完成拉伸试验。

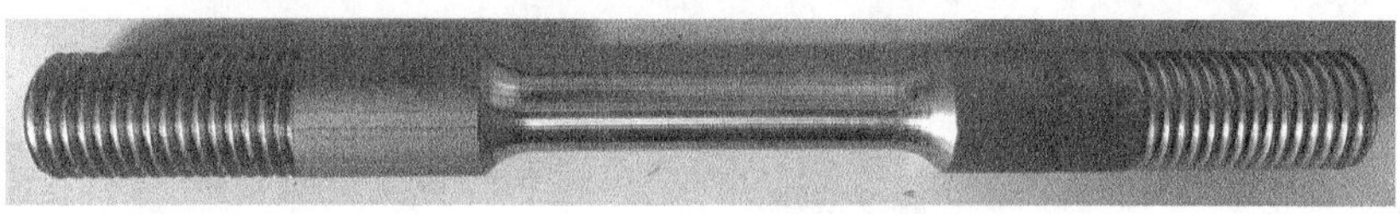

图 4-1　G20Mn5QT 材料性能试验试件

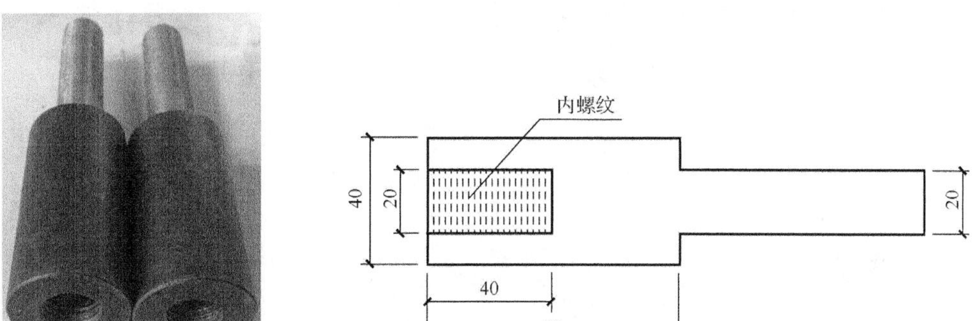

（a）套筒实物图片　　（b）套筒尺寸图

图 4-2　套筒及其尺寸示意图（尺寸单位：mm）

4.1.2　试验方法

低温下单调拉伸试验装置示意图如图 4-3 所示，实物图如图 4-4 所示。整个装置由数据采集系统（获取温度和应力-应变数据）、温度采集装置、液氮、保温箱以及电子万能试验机构成。为创造低温加载环境，将试件放置于自制保温箱中，并将液氮通过导管输

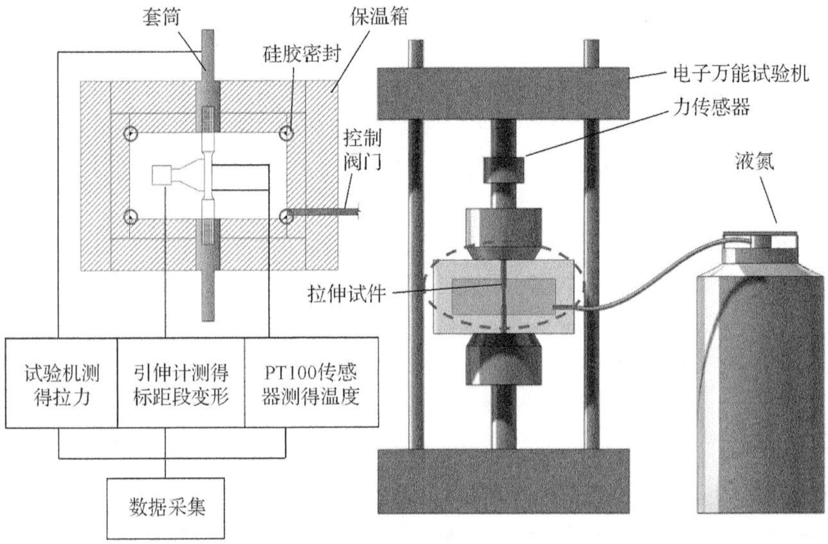

图 4-3　低温下单调拉伸试验装置示意图

图 4-4　低温下单调拉伸试验装置实物图

入保温箱。保温箱由一层 30mm 厚的硬泡聚氨酯复合板粘结而成，并在保温箱内部和外部的粘结边缘处使用硅胶进行密封，保证箱体的密封性。保温箱前侧可打开，便于安装和拆卸试件。为了减小前侧打开对密闭性的不利影响，本试验将前侧设计成双层形式，保证前侧突出部分可以插入保温箱内部，增强密闭性，如图 4-5 所示。通过实时调整液氮的进气量来控制保温箱内温度，保证温度范围在设计温度-5～5℃内。每次安装试件时试件与保温箱接触部位要缠绕一定厚度的密封胶条，保证整体气密性。利用试件上的温度传感器监测试件的温度变化，由传感器连接的电脑实时读取试件温度，并以此控制输入到保温箱内的液氮量。试件上接有电子引伸计，用来测量拉伸试件标距段的变形。

图 4-5　保温箱构造

在试验准备阶段，先将试件放进保温箱，固定好引伸计和温度传感器后，合上保温箱前盖并做好密封。打开液氮储罐阀门，使液氮缓慢通过导管通入保温箱中。利用计算机监测试件温度变化，当温度接近设定试验温度时，调整阀门减小液氮输出量；当温度达到设定试验温度时，通过微调阀门使温度维持不变。在上述降温阶段试验机夹头保持松开状态，以防止试件因受冷收缩而产生拉力。当温度维持在试验温度 10min 后，保证试件内部降到和表面温度相同时，夹紧试验机上、下夹头，准备开始试验。以试验温度为-60℃的试件为例，降温过程曲线如图 4-6 所示，前 11min 为降温阶段，将试件的温度从室温降到-60℃；11～21min 为恒温阶段，维持温度不变使试件内部完全降温至-60℃；第 21min 之后为加载阶段，正式开始基于位移控制的单调拉伸加载试验。循环荷载下的低温试验装置与单调拉伸试验装置相同，仅加载制度存在差异。

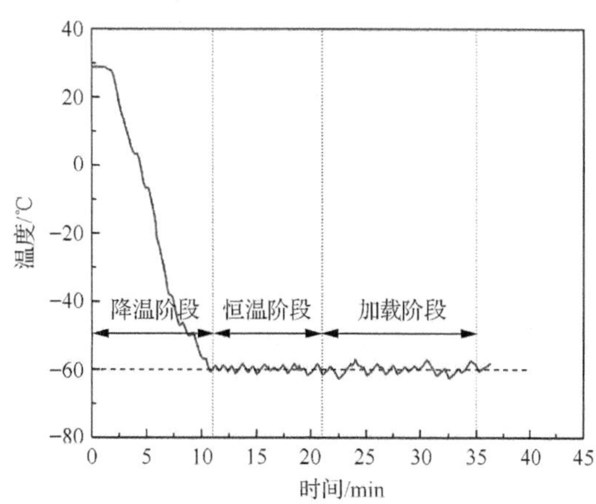

图 4-6　试验中试件温度随时间的变化过程

4.1.3 试验结果

1. 应力-应变关系曲线

通过低温下单调拉伸试验得到 G20Mn5QT 铸钢材料在 3 种不同温度下的名义应力-应变曲线，将 3.1.1 节中获得的常温（20℃）下应力-应变曲线一同绘制，如图 4-7 所示。根据名义应力-应变曲线求得材料在不同温度下的真实应力-应变曲线，其计算公式为

$$\varepsilon_{\text{true}} = \int_0^l \frac{\mathrm{d}l}{l} = \ln\left(\frac{l}{l_0}\right) = \ln\left(1+\varepsilon_{\text{nom}}\right) \tag{4-1}$$

$$\sigma_{\text{true}} = \frac{F}{A} = \frac{F}{A_0 \dfrac{l_0}{l}} = \sigma_{\text{nom}}\left(1+\varepsilon_{\text{nom}}\right) \tag{4-2}$$

式中，l_0 为试件标距段初始长度；l 为试件标距段当前长度；F 为试验力；A_0 为试件标距段的初始截面面积；A 为试件标距段的当前截面面积；ε_{nom}、$\varepsilon_{\text{true}}$ 分别为名义应变和真实应变；σ_{nom}、σ_{ture} 分别为名义应力和真实应力。根据试验数据得到 G20Mn5QT 铸钢材料不同温度下真实应力-应变曲线，如图 4-8 所示。

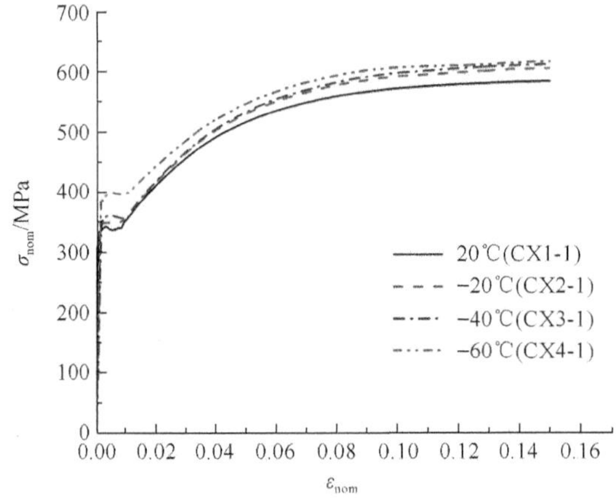

图 4-7　G20Mn5QT 名义应力-应变曲线

在进行有限元分析前要将真实应变换算为塑性应变。真实应变 $\varepsilon_{\text{true}}$ 等于弹性应变 $\varepsilon_{\text{elastic}}$ 和塑性应变 $\varepsilon_{\text{plastic}}$ 两个部分的和，则通过式（4-3）可得材料的塑性应变为

$$\varepsilon_{\text{plastic}} = \left|\varepsilon_{\text{true}}\right| - \left|\varepsilon_{\text{elastic}}\right| = \left|\varepsilon_{\text{true}}\right| - \frac{\left|\sigma_{\text{true}}\right|}{E} \tag{4-3}$$

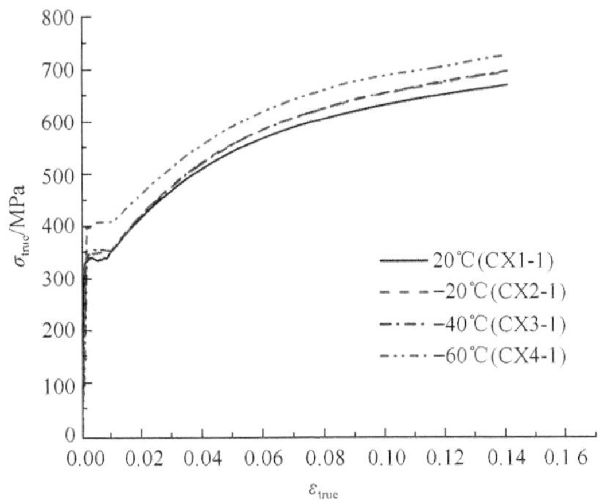

图 4-8 G20Mn5QT 真实应力-应变曲线

值得注意的是，由于引伸计仅可在量程范围内记录试件标距段的变形（据此求得标距段的应变），不能实现试件拉伸全过程跟踪。在试件拉断后，需要将试件断口进行拼接，测量此时标距段的长度 l_f，计算铸钢材料在此温度下的延伸率δ；测量拼接断口截面的直径 d_f，可得到铸钢材料在此试验温度下的截面收缩率 ψ。因此，在断裂时刻的真实断裂应力$\sigma_{true}^{fracture}$和真实断裂应变$\varepsilon_{true}^{fracture}$分别为

$$\sigma_{true}^{fracture}=\frac{F_f}{\pi d_f^2/4} \tag{4-4}$$

$$\varepsilon_{true}^{fracture}=\ln(1+\varepsilon_{nom}^{fracture})=\ln\left(1+\frac{l-l_0}{l_0}\right)=\ln\frac{l}{l_0}=\ln\frac{A_0}{A}=\ln\left[\left(\frac{d_0}{d_f}\right)^2\right] \tag{4-5}$$

式中，d_0为试件标距段的原始直径；d_f为试件断口拼接处截面的直径；F_f为断裂荷载。试件在拉断时的测量数据见表 4-1，3.3.1 节中 20℃常温下测量数据也一同列出。

表 4-1 G20Mn5QT 铸钢拉伸试件断裂时测量数据

编号	温度/℃	l_f/mm	d_f/mm	P_f/kN
CX1-1	20	63.60	8.50	45.12
CX1-2	20	63.52	8.34	46.06
CX1-3	20	63.14	8.28	45.03
CX2-1	−20	62.30	8.61	46.50
CX2-2	−20	62.52	8.42	47.31
CX2-3	−20	63.02	8.55	49.42
CX3-1	−40	61.85	8.86	56.23
CX3-2	−40	62.21	8.75	54.00

续表

编号	温度/℃	l_f/mm	d_f/mm	P_f/kN
CX3-3	−40	62.05	8.50	54.21
CX4-1	−60	60.46	9.64	62.03
CX4-2	−60	60.82	9.52	64.80
CX4-3	−60	61.52	9.46	63.82

将摘取引伸计前的真实应力-塑性应变数据线性延伸到式（4-4）和式（4-5）求得断裂时的数据点，可得 G20Mn5QT 铸钢在不同温度下真实应力-塑性应变曲线（图 4-9），并用于在 ABAQUS 有限元软件中建立 G20Mn5QT 铸钢的本构模型。

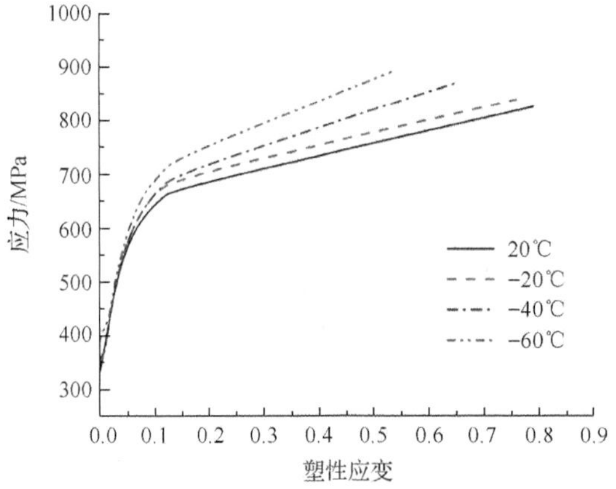

图 4-9　G20Mn5QT 铸钢材料真实应力-塑性应变曲线

2. 力学性能

基于应力-应变试验曲线和断后试件的测量数据，可以确定不同温度下 G20Mn5QT 铸钢材料的力学性能指标，包括弹性模量 E、屈服强度 f_y、极限强度 f_u、延伸率 δ 和截面收缩率 ψ。各个力学性能指标汇总见表 4-2。

表 4-2　G20Mn5QT 铸钢单轴拉伸试验力学性能指标

编号	T/℃	E/GPa	σ_y /MPa	σ_u /MPa	δ/%	ψ/%
CX-1-1	20	203	327.6	585.3	27.2	53.8
CX-1-2	20	210	335.2	588.2	27.0	55.3
CX-1-3	20	209	328.7	583.9	26.3	55.9
CX-2-1	−20	220	346.3	611.0	24.6	52.5
CX-2-2	−20	219	347.5	608.1	25.0	54.7
CX-2-3	−20	217	348.8	606.2	26.0	53.2
CX-3-1	−40	227	349.6	615.6	23.7	49.6

续表

编号	T/℃	E/GPa	σ_y /MPa	σ_u /MPa	δ/%	ψ/%
CX-3-2	−40	225	357.6	614.2	24.4	51.1
CX-3-3	−40	224	356.8	618.2	24.1	53.8
CX-4-1	−60	244	397.1	631.2	20.9	40.4
CX-4-2	−60	252	388.3	632.5	21.6	42.0
CX-4-3	−60	248	370.4	633.1	23.0	42.8

G20Mn5QT 铸钢各项力学性能指标随温度变化明显（图 4-10）。由图 4-10 可见，弹性模量 E、屈服强度σ_y、极限强度σ_u、延伸率δ和截面收缩率 ψ 与温度均近似呈线性关系。弹性模量随温度的降低而升高，屈服强度和极限强度随温度的降低呈线性升高，表明降温导致材料强度提高。相反，伸长率和截面收缩率随温度的降低而降低，表明降温导致材料的延性下降。

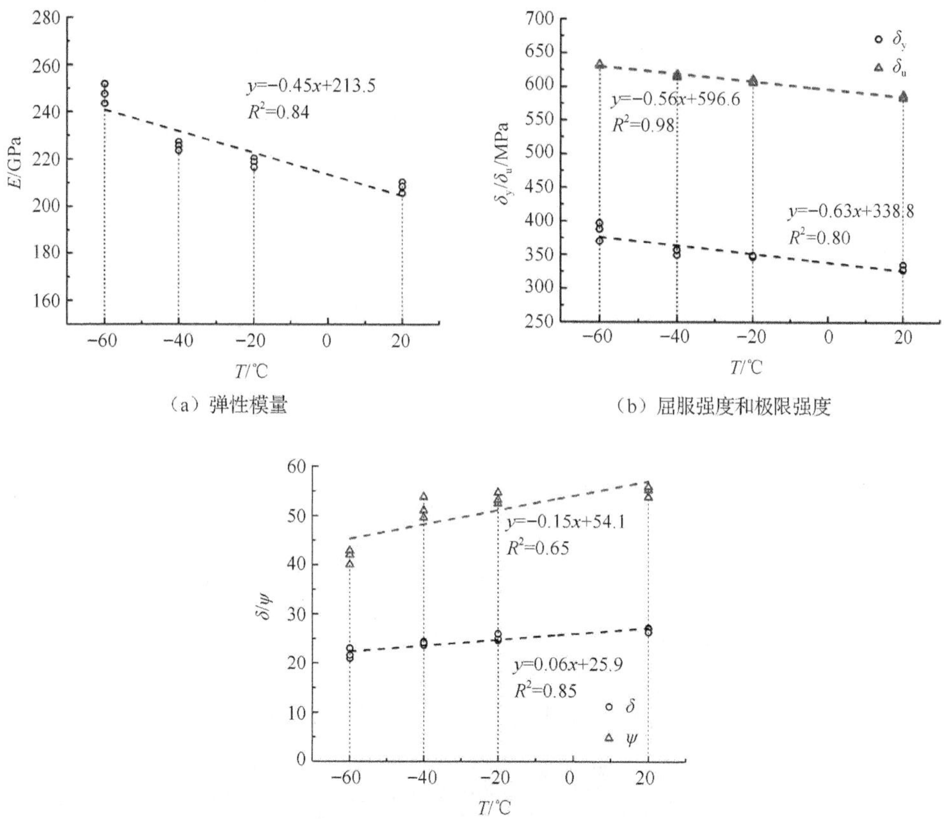

（a）弹性模量　（b）屈服强度和极限强度

（c）延伸率和截面收缩率

图 4-10　G20Mn5QT 铸钢材料力学性能随温度的变化

弹性模量 E、屈服强度σ_y、极限强度σ_u、延伸率δ和截面收缩率 ψ 与温度的线性回归公式如式（4-6）～式（4-10）所示。

$$E = -0.45T + 213.5 \tag{4-6}$$

$$\sigma_y = -0.63T + 338.8 \tag{4-7}$$

$$\sigma_u = -0.56T + 596.6 \tag{4-8}$$

$$\delta = 0.06T + 25.9 \tag{4-9}$$

$$\psi = 0.15T + 54.1 \tag{4-10}$$

基于上述回归公式，可求得其他中间温度下 G20Mn5QT 铸钢材料的力学性能指标。

4.2　低温下钢材三点弯曲断裂韧性试验

4.2.1　试件设计

根据《金属材料 准静态断裂韧度的统一试验方法》(GB/T 21143—2014)[2]，本试验选取带有附加刀口的三点弯曲试件，材料为 ZG300-500H 铸钢。设计 4 种不同宽厚比(W/B)的试件以表征面外拘束的变化，不同面外拘束试件的几何尺寸及最大疲劳裂纹见表 4-3，所有试件的 a_0/W=0.5、S=4W。试件的三维示意图如图 4-11 (a) 所示，不同面外拘束试件的实物图如图 4-11 (b) 所示。试件在钢板中沿相同方向取样，尽量减小由于钢板轧制造成各向异性对于材料断裂韧性的影响[3]。4 种尺寸试件的缺口长度均为 18mm，每一种外面拘束的三点弯曲试件均设置 3 个平行试件[4]。

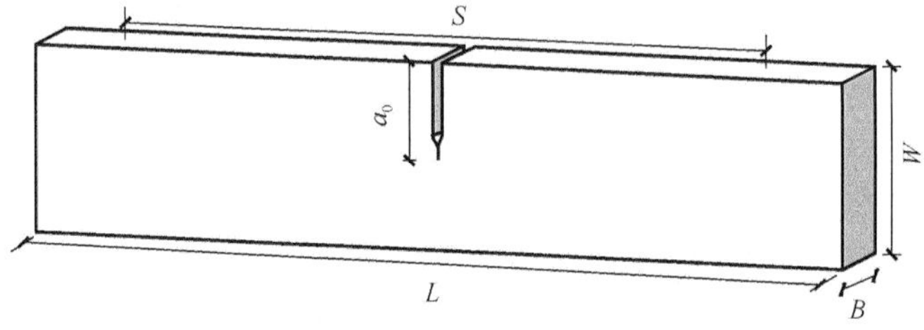

(a) 三点弯曲试件几何参数示意图

(b) 不同尺寸三点弯曲试件实物图

图 4-11　三点弯曲试件

表 4-3　ZG300-500H 铸钢三点弯曲试件尺寸及最大疲劳裂纹

试件编号	厚度 B/mm	宽度 W/mm	W/B	长度 L/mm	跨距 S/mm	初始裂纹长度 a_0/mm	最大疲劳裂纹预制力 F_f/kN
WB1	40	40	1	190	160	20	26.96
WB2	20	40	2	190	160	20	13.48
WB3	13.5	40	3	190	160	20	9.10
WB4	10	40	4	190	160	20	6.74

为了保证试件裂纹尖端的曲率半径足够小，以接近实际工程结构中的裂纹尖端状态，《金属材料 准静态断裂韧度的统一试验方法》（GB/T 21143—2014）对试件缺口处预制疲劳裂纹做了相关规定，给出了最大疲劳裂纹预制力 F_f的计算公式。对于三点弯曲试件，在最后 1.3mm 预制裂纹长度或 50%预制裂纹扩展量时，其最大预制裂纹荷载应取式（4-11）和式（4-12）计算结果中的较低值。不同面外拘束的三点弯曲试件 F_f汇总于表 4-3。

$$F_f=0.8\frac{B(W-a_0)^2}{S}f_y \tag{4-11}$$

$$F_f=\xi\times E\times\left[\frac{(W\times B\times B_N)^{0.5}}{g_1\left(\frac{a_0}{W}\right)}\right]\times\left(\frac{W}{S}\right) \tag{4-12}$$

式中，ξ为常数，其值为 $1.6\times10^{-4}\text{m}^{1/2}$；$B_N$为试件的净厚度；$g_1$（$a_0/W$）为与 a_0和 W有关的应力强度因子系数，对于三点弯曲试件有

$$g_1\left(\frac{a_0}{W}\right)=\frac{3\left(\frac{a_0}{W}\right)^{0.5}\left[1.99-\left(\frac{a_0}{W}\right)\left(1-\frac{a_0}{W}\right)\left(2.15-\frac{3.93a_0}{W}+\frac{2.7a_0^2}{W^2}\right)\right]}{2\left(1+\frac{2a_0}{W}\right)\left(1-\frac{a_0}{W}\right)^{1.5}} \tag{4-13}$$

4.2.2　试验方法

断裂韧性试验前预制疲劳裂纹。预制疲劳裂纹试验（图 4-12）选择正弦波形荷载，荷载最大值设置为最大疲劳裂纹预制力 F_f，见表 4-3。根据《金属材料 准静态断裂韧度的统一试验方法》（GB/T 21143—2014）对于应力比的规定：预制疲劳裂纹过程的应力比应控制在 0～0.1。本试验中应力比取为 R=0.1。所有预制疲劳裂纹试验均在常温下进行。当预制疲劳裂纹长度达到 2mm 时停止加载，认为此时已完成疲劳裂纹的预制。

断裂韧性试验温度点的选取与材料低温力学性能试验温度点相同，分别为常温下的 20℃和低温下的 0℃、−20℃、−40℃、−60℃和−80℃。试验前先将试件放置于盛有无水乙醇、干冰和液氮的保温桶中进行保温，采用 PT100 型温度传感器对低温环境的温度实时测量。保温时间不少于 30min，确保试验前试件沿厚度方向的温度控制在试验温度误差允许范围内。

图 4-12　预制疲劳裂纹试验

断裂韧性试验采用 DDL-200 型电子万能试验机进行，利用夹持在试件附加刀口处的夹式引伸计测量刀口处位移。采用位移控制加载，设置加载速率为 0.5mm/min，记录加载过程的荷载-位移曲线，当试验加载至出现峰值荷载时终止加载。加载过程中仍采用无水乙醇和干冰维持试验所需的温度，整个试验过程保证温差不超过±2℃。断裂韧性试验装置如图 4-13 所示。

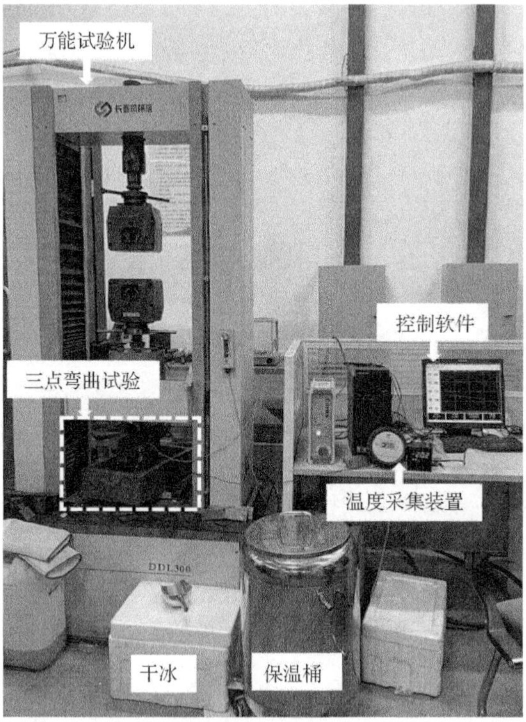

（a）断裂韧性试验装置图

图 4-13　断裂韧性试验装置图

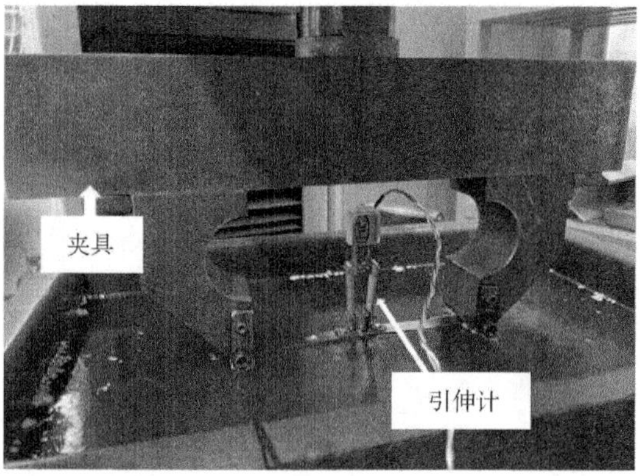

（b）断裂韧性试验细节图

图 4-13（续）

断裂韧性试验结束后，将三点弯曲试件重新固定于疲劳试验机夹具上进行二次疲劳试验，当二次疲劳裂纹长度开展一定长度时终止加载。由于二次疲劳区域与断裂韧性试验断裂区形貌不同存在明显界限，因此可以通过测量断裂韧性试验断裂区，获得终止裂纹长度 a_f。二次疲劳试验结束后，将试件通过万能试验机直接压断，使试件暴露出断口。断口暴露后可以量测试件裂纹长度，用于后续材料断裂韧性试验结果的计算。

4.2.3　试验结果

1. 裂纹长度计算

采用《金属材料 准静态断裂韧度的统一试验方法》（GB/T 21143—2014）推荐的九点平均值法分别测量初始裂纹长度 a_0 和终止裂纹长度 a_f。具体测量方法如下：首先，沿试件厚度方向等间距取 9 个位置，其中最外侧的两个位置距试件表面 1%B 处；然后，分别对 9 个位置裂纹长度进行测量；最后，利用式（4-14）计算标称裂纹长度 a，图 4-14 所示 9 点位置进行试件标称裂纹长度 a 的测量。

$$a=\frac{1}{8}\left(\frac{a_1+a_9}{2}+\sum_{i=2}^{8}a_i\right) \tag{4-14}$$

式中，a_i 为第 i 点的裂纹长度。

利用初始裂纹长度 a_0 和终止裂纹长度 a_f 可以计算得到裂纹扩展长度 Δa，$\Delta a=a_f-a_0$。不同温度与面外拘束三点弯曲试件的初始裂纹长度 a_0、终止裂纹长度 a_f 和裂纹扩展长度 Δa 汇总于表 4-4。

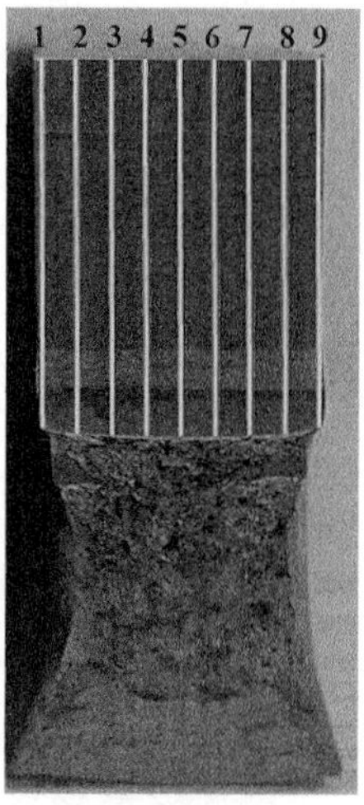

图 4-14　九点平均值法裂纹长度测量

表 4-4 不同温度和面外拘束三点弯曲试件裂纹长度

裂纹长度类型	试件编号	T/℃	裂纹长度/mm			
			平行试件 1	平行试件 2	平行试件 3	平均值
初始裂纹长度 a_0	WB1	20	20.532	20.301	19.885	20.239
		0	20.064	20.158	19.665	19.962
		−20	20.335	20.308	20.103	20.249
		−40	20.158	20.036	19.556	19.917
		−60	20.177	19.856	19.659	19.897
		−80	20.465	19.896	19.738	20.033
	WB2	20	20.385	20.312	20.056	20.251
		0	20.098	19.856	19.696	19.883
		−20	20.423	20.037	19.836	20.099
		−40	20.405	20.277	19.650	20.111
		−60	20.260	19.856	19.794	19.970
		−80	20.396	20.031	19.839	20.089
	WB3	20	20.430	20.159	19.782	20.124
		0	20.326	20.003	19.779	20.036
		−20	20.218	19.853	19.563	19.878
		−40	20.501	20.149	19.637	20.096
		−60	20.386	20.352	20.132	20.290
		−80	20.450	20.096	19.500	20.015
	WB4	20	20.605	20.285	20.103	20.331
		0	20.452	20.195	19.602	20.083
		−20	20.153	19.890	19.653	19.899
		−40	20.380	19.725	19.502	19.869
		−60	20.423	20.412	20.156	20.330
		−80	20.198	19.903	19.526	19.876
终止裂纹长度 a_f	WB1	20	21.803	21.626	21.363	21.597
		0	21.500	21.671	21.354	21.508
		−20	22.067	21.986	21.802	21.952
		−40	脆性断裂	脆性断裂	脆性断裂	脆性断裂
		−60	脆性断裂	脆性断裂	脆性断裂	脆性断裂
		−80	脆性断裂	脆性断裂	脆性断裂	脆性断裂

续表

裂纹长度类型	试件编号	T / ℃	裂纹长度/mm			
			平行试件 1	平行试件 2	平行试件 3	平均值
终止裂纹长度 a_f	WB2	20	21.558	21.557	21.559	21.558
		0	21.427	21.162	20.928	21.172
		-20	22.102	21.544	21.141	21.596
		-40	22.280	21.589	21.302	21.724
		-60	脆性断裂	脆性断裂	脆性断裂	脆性断裂
		-80	脆性断裂	脆性断裂	脆性断裂	脆性断裂
	WB3	20	21.854	21.435	20.814	21.368
		0	21.519	21.200	20.998	21.239
		-20	21.458	21.089	20.972	21.173
		-40	22.016	21.478	20.843	21.446
		-60	脆性断裂	脆性断裂	脆性断裂	脆性断裂
		-80	脆性断裂	脆性断裂	脆性断裂	脆性断裂
	WB4	20	21.508	21.454	20.989	21.317
		0	21.507	21.327	20.520	21.118
		-20	21.144	20.932	20.959	21.012
		-40	21.686	21.100	20.598	21.128
		-60	脆性断裂	脆性断裂	脆性断裂	脆性断裂
		-80	脆性断裂	脆性断裂	脆性断裂	脆性断裂
裂纹扩展长度 Δa	WB1	20	1.271	1.325	1.478	1.358
		0	1.436	1.513	1.689	1.546
		-20	1.732	1.678	1.699	1.703
		-40	脆性断裂	脆性断裂	脆性断裂	脆性断裂
		-60	脆性断裂	脆性断裂	脆性断裂	脆性断裂
		-80	脆性断裂	脆性断裂	脆性断裂	脆性断裂
	WB2	20	1.173	1.245	1.503	1.307
		0	1.329	1.306	1.232	1.289
		-20	1.679	1.507	1.305	1.497
		-40	1.875	1.312	1.652	1.613
		-60	脆性断裂	脆性断裂	脆性断裂	脆性断裂
		-80	脆性断裂	脆性断裂	脆性断裂	脆性断裂

续表

裂纹长度类型	试件编号	T / ℃	裂纹长度/mm			
			平行试件 1	平行试件 2	平行试件 3	平均值
裂纹扩展长度 Δa	WB3	20	1.424	1.276	1.032	1.244
		0	1.193	1.197	1.219	1.203
		-20	1.240	1.236	1.409	1.295
		-40	1.515	1.329	1.206	1.350
		-60	脆性断裂	脆性断裂	脆性断裂	脆性断裂
		-80	脆性断裂	脆性断裂	脆性断裂	脆性断裂
	WB4	20	0.903	1.169	0.886	0.986
		0	1.055	1.132	0.918	1.035
		-20	0.991	1.042	1.306	1.113
		-40	1.306	1.375	1.096	1.259
		-60	脆性断裂	脆性断裂	脆性断裂	脆性断裂
		-80	脆性断裂	脆性断裂	脆性断裂	脆性断裂

2. 结果有效性判定

试验结果有效性判定是进行数据处理前的重要步骤，目的是确定试件断裂韧性值的可靠性，防止出现过大试验误差，按照《金属材料 准静态断裂韧度的统一试验方法》（GB/T 21143—2014）要求必须满足下列要求：

1）为防止面内拘束对试验结果的影响，初始裂纹长度 a_0 应满足 $0.45W \leqslant a_0 \leqslant 0.7W$。

2）为了保证初始裂纹尖端沿试件厚度方面保持平齐，中间 7 点初始裂纹长度平均值与初始裂纹长度 a_0 之间的差值应不超过 $0.1a_0$。

3）为了防止预制疲劳裂纹尖端过度钝化，预制疲劳裂纹在最后 1.3mm 或 2.5%W 时，最大疲劳裂纹预制力 F_f 应符合要求。按照以上标准对试验结果进行校核，均满足有效性判定的要求。试验测定的曲线为试验机跨中荷载和附加刀口处两侧夹式引伸计张开位移的关系曲线。选择平行试件中处于平均水平的荷载-位移曲线作为该试验温度下的代表曲线，不同温度和面外拘束参数下跨中荷载-附加刀口张开位移曲线如图 4-15 所示。

从图 4-15 可以看出，加载环境温度较低时荷载-位移曲线的峰值荷载增大，表明温度的降低会提高材料的强度，该现象与单调拉伸试验一致。在温度较高且面外拘束参数 W/B 较大时，试件的荷载-位移曲线表现为典型的韧性破坏类型。试件在裂纹扩展前，裂纹尖端会发生较大变形，当荷载达到峰值时对应的变形量较大，裂纹扩展量较小，试件表现出良好的塑性和韧性。随着温度的降低或面外拘束参数 W/B 减小，试件的荷载-位移曲线转变为介于韧性破坏和脆性破坏间的类型，试件裂纹扩展由两个阶段组成：首先试件发生延性裂纹扩展，表现为在裂纹尖端发生较大的塑性变形和较小的裂纹扩展；

接着在达到峰值荷载后裂纹突然大幅扩展，同时仅在试件表面产生较小的塑性变形，表现为脆性破坏特征。随着试验温度进一步降低或面外拘束参数 *W/B* 减小，试件的荷载-位移曲线表现为典型的脆性破坏类型。在达到峰值荷载时曲线所对应的变形量极小，裂纹扩展速度较快，仅在试件表面有很小的塑性变形。在-80℃的工况下，*W/B* 为 1 的试件甚至出现加载至弹性段刚结束即发生脆性断裂的现象。

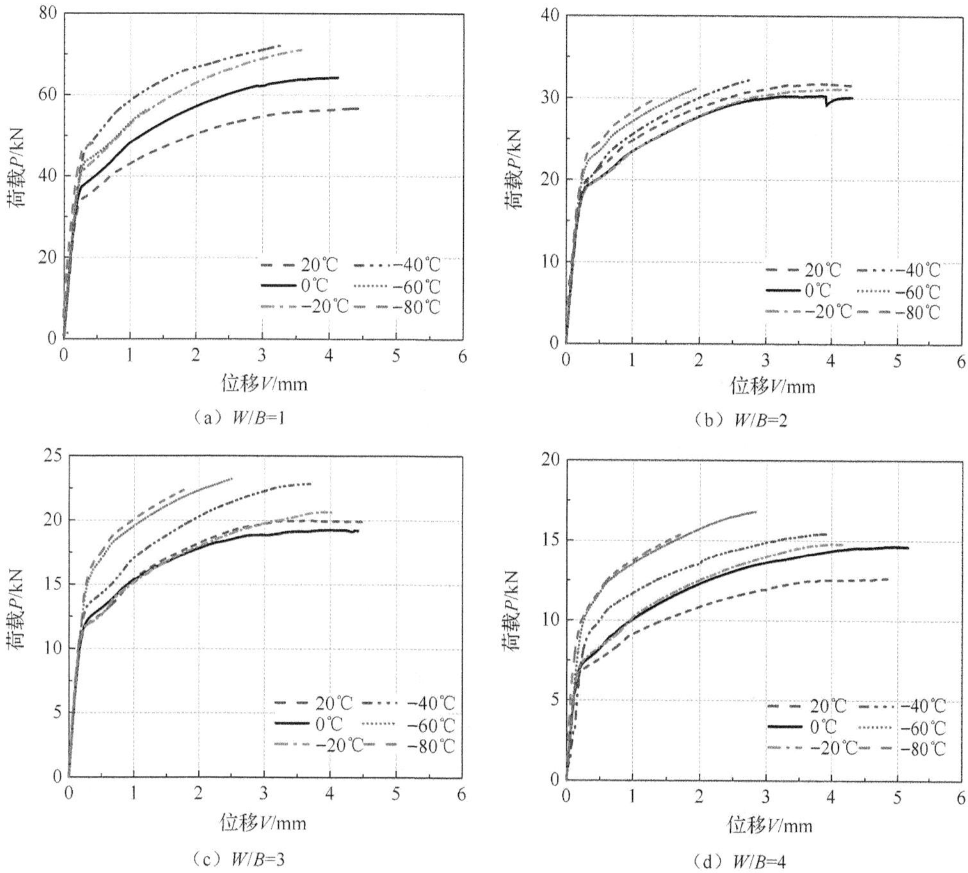

图 4-15　三点弯曲试件跨中荷载-刀口张开位移曲线

4.2.4　裂纹尖端张开位移 CTOD 特征值计算及分析

1. CTOD 特征值

《金属材料 准静态断裂韧度的统一试验方法》（GB/T 21143—2014）中定义了 5 种裂纹尖端张开位移 CTOD 的特征值，分别为：条件启裂 CTOD 值δ_i、最大荷载 CTOD 值δ_m、脆性启裂 CTOD 值δ_c、脆性失稳 CTOD 值δ_u和脆性失稳 CTOD 值 δ_{uc}^0 。

本书采用的最大荷载 CTOD 值δ_m的优点如下：试验测定结果准确且离散性较小；裂纹起裂后的荷载增量段能得到充分利用，可较好地兼顾安全性和经济性；无论试件发生韧性断裂还是脆性断裂，都可以计算得到最大荷载 CTOD 值δ_m。

δ_m 根据试验采集的荷载-位移曲线以及测定的试件尺寸和材料性能等相关数据进行计算。δ_m 值计算公式为

$$\delta_m = \delta_e + \delta_p = \frac{K^2(1-\nu^2)}{2f_y E} + \frac{r_p(W-a_0)V_p}{r_p(W-a_0)+a_0+Z} \tag{4-15}$$

式中，δ_e 和 δ_p 分别为 δ_m 的弹性部分和塑性部分；K 为材料的应力强度因子，根据式(4-16)计算；ν 是材料的泊松比，取为 0.3；r_p 为转动因子；V_p 为裂纹嘴张开位移塑性部分；Z 为刀口厚度。

$$K = \left[\frac{PS}{(BB_N)^{1/2}W^{3/2}}\right]f(a/W) \tag{4-16}$$

$$f(a/W) = \frac{3\left(\frac{a}{W}\right)^{1/2}\left[1.99-\left(\frac{a}{W}\right)\left(1-\frac{a}{W}\right)\left(2.15-3.93\left(\frac{a}{W}\right)+2.7\left(\frac{a}{W}\right)^2\right)\right]}{2\left(1+2\frac{a}{W}\right)\left(1-\frac{a}{W}\right)^{3/2}} \tag{4-17}$$

计算得到不同温度和面外拘束参数试件的 δ_m 见表 4-5。

表 4-5　*W/B*=1 试件的 δ_m 计算值

试件编号	温度 T/℃	δ_m/mm			
		平行试件 1	平行试件 2	平行试件 3	平均值
WB1	20	1.067	0.736	1.208	1.004
	0	1.049	0.934	1.031	1.005
	−20	0.995	1.047	0.464	0.835
	−40	0.639	0.453	0.493	0.528
	−60	0.306	0.203	0.192	0.234
	−80	0.176	0.084	0.179	0.146
WB2	20	1.263	0.899	0.971	1.044
	0	0.944	0.982	1.012	0.979
	−20	1.069	0.817	0.962	0.949
	−40	0.805	0.603	0.557	0.655
	−60	0.428	0.458	0.443	0.443
	−80	0.247	0.325	0.233	0.268
WB3	20	1.214	1.057	1.117	1.129
	0	0.979	1.265	1.021	1.088
	−20	0.968	0.925	0.958	0.950
	−40	0.931	0.812	0.657	0.800
	−60	0.619	0.603	0.539	0.587
	−80	0.511	0.289	0.469	0.423

续表

试件编号	温度 T/℃	δ_m/mm			
		平行试件 1	平行试件 2	平行试件 3	平均值
WB4	20	1.130	1.019	1.209	1.119
	0	1.203	1.203	1.135	1.180
	−20	1.106	1.107	1.087	1.100
	−40	0.803	0.974	0.901	0.893
	−60	0.653	0.652	0.872	0.726
	−80	0.624	0.401	0.335	0.453

2. 韧脆转变曲线

结构钢材的断裂韧性随温度的变化曲线呈 S 形，可分为三阶段：上平台、韧脆转变区间和下平台[5]。当温度较高或较低时，即在曲线的上下平台阶段，材料断裂韧性随温度变化的影响较小；当温度处于中间部分的韧脆转变阶段时，材料的断裂韧性随着温度变化较为明显。

采用 Boltzmann 函数拟合试件断裂韧性δ_m值与温度的关系曲线，Boltzmann 函数表达式如式（4-18）所示。不同面外拘束试件拟合的韧脆转变曲线如图 4-16 所示。R^2是衡量拟合效果的标准之一，R^2越接近 1 说明拟合效果越好。图 4-16 中的 4 条拟合曲线的 R^2 分别为 0.996、0.993、0.991 和 0.958，表明数据点和拟合曲线具有良好的相关性，Boltzmann 函数可以较好地拟合材料韧脆转变曲线，即

$$\delta_m = \frac{\delta_1 - \delta_2}{1 + \exp[(T - T_t) / \mathrm{d}T]} + \delta_2 \tag{4-18}$$

式中，δ_1 为韧脆转变曲线下平台值；δ_2 为韧脆转变曲线上平台值；T_t 为韧脆转变温度特征值；dT 为韧脆转变区间的温度范围。

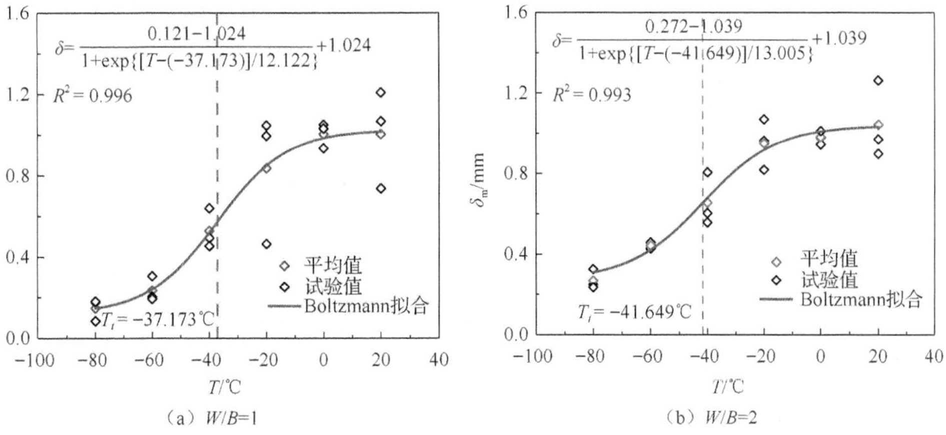

图 4-16　不同面外拘束的三点弯曲试件韧脆转变曲线

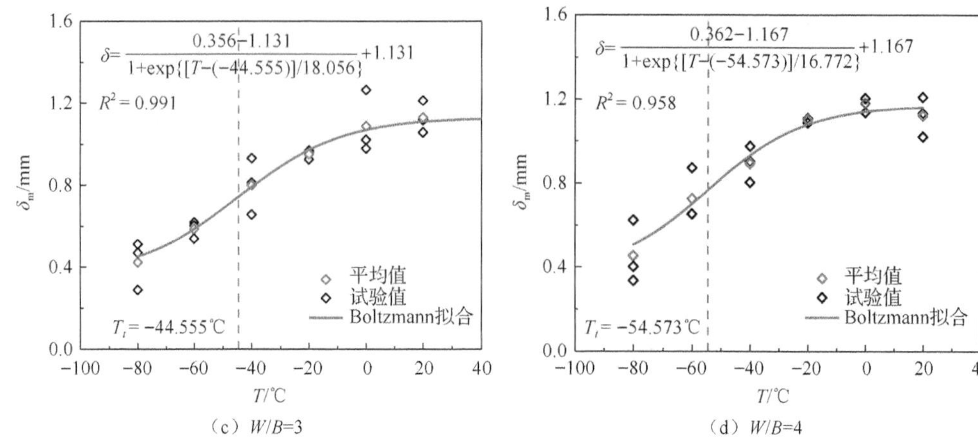

图 4-16（续）

从图 4-16 可以看出，ZG300-500H 铸钢表现出典型的韧脆转变过程，其韧脆转变曲线呈 S 形，区间范围在 40℃左右。当温度介于−20～20℃时，材料的 CTOD 特征值随温度降低并未出现明显变化，试件的断裂模式为韧性断裂；当温度降低到−60～−20℃时，材料的 CTOD 特征值出现明显降低，试件的断裂模式由韧性断裂逐渐转变为混合断裂模式并最终转变为脆性断裂；当温度低于−60℃时，随着温度降低材料的 CTOD 特征值变化量较小，试件的断裂模式为脆性断裂。W/B=1 试件的韧脆转变温度 T_t=−37.137℃；W/B=2 试件的 T_t=−41.649℃；W/B=3 试件的 T_t=−44.555℃；W/B=4 试件的 T_t=−54.573℃。

当温度保持不变，对比不同面外拘束参数 W/B 试件的韧脆转变曲线，随着面外拘束参数 W/B 的减小，材料的 CTOD 特征值降低，并且当面外拘束参数减小时，材料的韧脆转变温度升高，韧脆转变区间更为陡峭且区间右移，表明材料更易发生脆性断裂。导致该现象的原因主要是 W/B 较小的试件在受到三向拉应力时其裂纹尖端的塑性变形受到较大约束所导致。

4.2.5　*J* 积分-*R* 阻力曲线计算结果及分析

1. 规则化法

规则化法是利用单试件试验测定裂纹扩展长度的方法。该方法试验操作简便，只需测量试件的初始裂纹长度 a_0 和终止裂纹长度 a_f[6]。规则化法可以直接通过试件的荷载-位移曲线来确定裂纹长度，并适用于快速加载、高温、腐蚀等试验环境条件下阻力曲线的测定。由于本书试验过程需要在无水乙醇环境中加载，因此采用规则化法计算试件 *J* 积分-*R* 阻力曲线。规则化法的计算过程大致分为三个步骤：四参数规则化方程拟合、裂纹扩展长度预测和 *J-R* 曲线计算。

（1）初始裂纹长度 a_0 的 J 积分值

三点弯曲试件的应力强度因子 $K_{a_0(i)}$ 根据式（4-19）计算：

$$K_{a_0(i)} = \left[\frac{P_{(i)}S}{\left(BB_N\right)^{1/2}W^{3/2}}\right]f(a_0/W) \tag{4-19}$$

$$f(a_0/W) = \frac{3\left(\frac{a_0}{W}\right)^{1/2}\left[1.99-\left(\frac{a_0}{W}\right)\left(1-\frac{a_0}{W}\right)\left(2.15-3.93\left(\frac{a_0}{W}\right)+2.7\left(\frac{a_0}{W}\right)^2\right)\right]}{2\left(1+2\frac{a_0}{W}\right)\left(1-\frac{a_0}{W}\right)^{3/2}} \tag{4-20}$$

基于断裂韧性试验记录的实时荷载和位移值，初始裂纹长度 a_0J 积分的弹性部分及塑性部分通过式（4-21）～式（4-23）进行计算，即

$$J_{a_0(i)} = J_{\mathrm{el}a_0(i)} + J_{\mathrm{pl}a_0(i)} \tag{4-21}$$

$$J_{\mathrm{el}a_0(i)} = \frac{K_{(i)}^2(1-\upsilon^2)}{E} \tag{4-22}$$

$$J_{\mathrm{pl}a_0(i)} = \frac{\eta_{\mathrm{pl}a_0}A_{\mathrm{pl}(i)}}{B_{\mathrm{N}}b_0} \tag{4-23}$$

式中，$J_{\mathrm{el}a_0}$ 和 $J_{\mathrm{pl}a_0}$ 分别为 J 积分的弹性部分和塑性部分；$\eta_{\mathrm{pl}a_0}$ 为塑性因子，根据式（4-24）计算；A_{pl} 为荷载-位移曲线的塑性区域面积，根据式（4-25）计算；B_{N} 为试件净厚度，在本试验中 $B_{\mathrm{N}}=B$；b_0 为剩余试件宽度，$b_0=W-a_0$。

$$\eta_{\mathrm{pl}a_0} = 3.667-2.199\left(\frac{a_0}{W}\right)+0.437\left(\frac{a_0}{W}\right)^2 \tag{4-24}$$

$$A_{\mathrm{pl}(i)} = A_{\mathrm{total}(i)} - \frac{P_{(i)}C^2}{2} \tag{4-25}$$

式中，$A_{\mathrm{total}(i)}$ 为荷载-位移曲线的总面积，可通过积分计算；C 为弹性柔度，根据式（4-26）计算。

$$C_{a_0} = \frac{S(1-\upsilon^2)}{EB_{\mathrm{e}}W}g_3\left(\frac{a_0}{W}\right) \tag{4-26}$$

$$g_3\left(\frac{a_0}{W}\right) = 6\left(\frac{a_0}{W}\right)\left[0.76-2.28\left(\frac{a_0}{W}\right)+3.87\left(\frac{a_0}{W}\right)^2-2.04\left(\frac{a_0}{W}\right)^3+\frac{0.66}{(1-a_0/W)^2}\right] \tag{4-27}$$

式中，B_{e} 为有效厚度，在本试验中 $B_{\mathrm{e}}=B$。

（2）规则化切点的确定及规则化方程拟合

首先，根据式（4-28）将荷载-位移曲线中起始点至最大荷载 P_{m}（不包括 P_{m}）之间的荷载 P_i 做规则化处理，得到规则化荷载 $P_{\mathrm{N}i}$。

$$P_{Ni}=\frac{P_i}{WB\left(\frac{W-a_{bi}}{W}\right)^{\eta_{pl}}} \tag{4-28}$$

式中，a_{bi}为钝化修正裂纹长度，即

$$a_{bi}=a_0+\frac{J_i}{3.75f_u} \tag{4-29}$$

其次，根据式（4-30）对荷载-位移曲线中起始点至最大荷载P_m（不包括P_m）之间的位移V_i做规则化处理，得到规则化塑性位移V'_{pli}。

$$V'_{pli}=\frac{V_{pli}}{W}=\frac{V_i-P_iC_i}{W} \tag{4-30}$$

式中，V_{pli}为塑性位移；C_i为柔度，根据式（4-26）将钝化修正裂纹长度a_{bi}代替a_0进行计算。

按照以上计算方式，可得到规则化数据点（V'_{pli}，P_{Ni}）。试验终止数据点（V_n，P_n）的规则化处理根据式（4-28）～式（4-30）将终止裂纹长度a_f代替a_b进行计算。通过规则化处理的荷载-位移（P_N-V'_{pl}）曲线如图4-17所示。

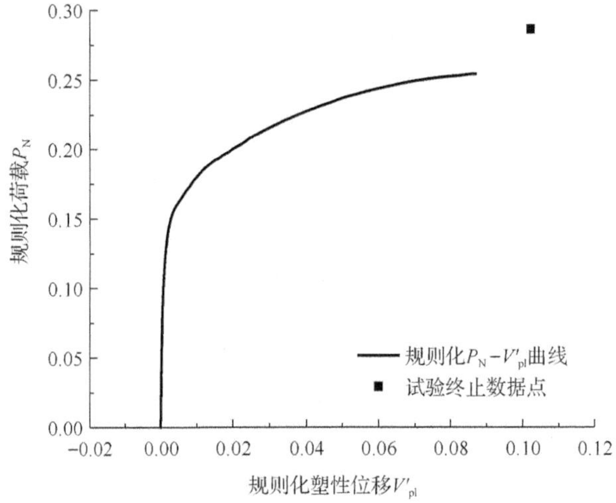

图4-17　规则化荷载-位移（P_N-V'_{pl}）曲线

将规则化数据点绘制为规则化P_N-V'_{pl}曲线，过试验终止数据点（V'_{pln}，P_{Nn}）向其他规则化数据点（V'_{pli}，P_{Ni}）做切线，得到切点（V'_{plt}，P_{Nt}）。对$0.001 \leqslant V'_{pli} \leqslant V'_{plt}$之间的数据点以及试验终止数据点（$V'_{pln}$，$P_{Nn}$）进行四参数规则化拟合，拟合方程式如式（4-31）所示，得到四参数规则化方程拟合曲线如图4-18所示。

$$P_{Nf}=\frac{c+dv'_{pl}+ev'^{2}_{pl}}{h+v'_{pl}} \tag{4-31}$$

式中，c、d、e、h为四参数规则化方程的拟合参数。

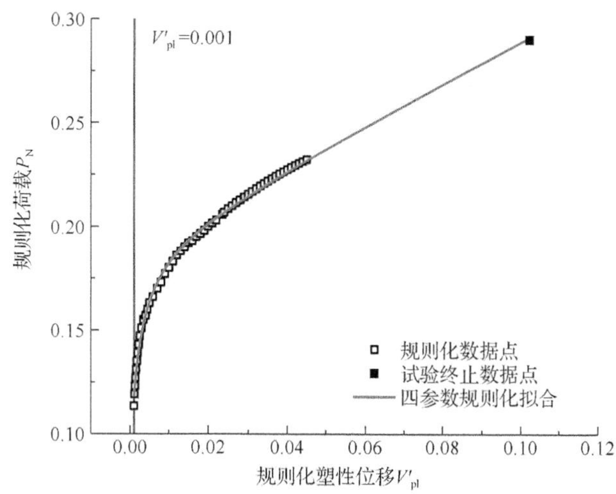

图 4-18　四参数规则化方程拟合曲线

得到四参数规则化方程后，利用迭代方法求解各点裂纹长度。从初始裂纹长度 a_0 开始，以 0.001mm 增量递增形式对裂纹长度 a_i 赋值，代入式（4-28）及式（4-31）分别计算规则化荷载 $P_{{\rm N}i}$ 和拟合函数规则化荷载 $P_{{\rm NF}i}$。调整裂纹长度 a_i 使规则化荷载 $P_{{\rm N}i}$ 与拟合函数规则化荷载 $P_{{\rm NF}i}$ 的差值小于 0.1%，得到的裂纹长度 a_i 值即为数据点（$V'_{{\rm pl}i}$，$P_{{\rm N}i}$）对应的裂纹长度 a_i。$V'_{\rm pl}\leqslant 0.002$ 数据点（$V'_{{\rm pl}i}$，$P_{{\rm N}i}$）对应的裂纹长度 a_i 均等于初始裂纹长度 a_0。从 $V'_{\rm pl}\geqslant 0.002$ 数据点开始迭代，直至得到试验终止数据点（$V'_{{\rm pl}n}$，$P_{{\rm N}n}$）对应的裂纹长度 a_n，此时完成迭代计算。

2. *J-R* 曲线

确定瞬时裂纹长度 a_i 后，即可通过增量公式计算得到 J 积分值，即

$$J_{(i)}=J_{{\rm el}(i)}+J_{{\rm pl}(i)} \tag{4-32}$$

$$J_{{\rm el}(i)}=\frac{K_{(i)}^2(1-v^2)}{E} \tag{4-33}$$

$$J_{{\rm pl}(i)}=\left[J_{{\rm pl}(i-1)}+\left(\frac{\eta_{{\rm pl}(i-1)}}{b_{(i-1)}}\right)\left(\frac{A_{{\rm pl}(i)}-A_{{\rm pl}(i-1)}}{B_{\rm N}}\right)\right]\cdot\left[1-\gamma_{{\rm pl}(i-1)}\left(\frac{a_{(i)}-a_{(i-1)}}{b_{(i-1)}}\right)\right] \tag{4-34}$$

式中，$J_{\rm el}$ 和 $J_{\rm pl}$ 分别为 J 积分的弹性部分和塑性部分；$K_{(i)}$ 为应力强度因子，根据式(4-35)和式（4-36）进行计算；$\eta_{{\rm pl}(i)}$ 为塑性因子，根据式（4-37）计算；b_i 为剩余试件宽度，$b_i=W-a_i$；$B_{\rm N}$ 为试件净厚度，在本书中 $B_{\rm N}=B$；$A_{{\rm pl}(i)}$ 为荷载-位移曲线中的塑性区面积，根据式（4-38）计算；$\gamma_{{\rm pl}(i)}$ 为几何因子，根据式（4-39）计算。

$$K_{(i)}=\left[\frac{P_{(i)}S}{\left(BB_{\rm N}\right)^{1/2}W^{3/2}}\right]f(a_i/W) \tag{4-35}$$

$$f(a_i/W)=\frac{3\left(\frac{a_i}{W}\right)^{1/2}\left[1.99-\left(\frac{a_i}{W}\right)\left(1-\frac{a_i}{W}\right)\left(2.15-3.93\left(\frac{a_i}{W}\right)+2.7\left(\frac{a_i}{W}\right)^2\right)\right]}{2\left(1+2\frac{a_i}{W}\right)\left(1-\frac{a_i}{W}\right)^{3/2}} \tag{4-36}$$

$$\eta_{\mathrm{pl}(i)}=3.667-2.199\left(\frac{a_{(i-1)}}{W}\right)+0.437\left(\frac{a_{(i-1)}}{W}\right)^2 \tag{4-37}$$

$$A_{\mathrm{pl}(i)}-A_{\mathrm{pl}(i-1)}=\frac{\left[P_{(i)}-P_{(i-1)}\right]\left[V_{\mathrm{pl}(i)}-V_{\mathrm{pl}(i-1)}\right]}{2} \tag{4-38}$$

$$\gamma_{\mathrm{pl}(i)}=0.131+2.131\left(\frac{a_{(i-1)}}{W}\right)-1.465\left(\frac{a_{(i-1)}}{W}\right)^2 \tag{4-39}$$

同时，可根据瞬时裂纹长度 a_i 计算裂纹扩展长度Δa_i，计算公式为

$$\Delta a_i=a_i-a_0 \tag{4-40}$$

J 积分和裂纹扩展长度Δa 计算完成后，将数据点绘制于图 4-19 所示的坐标图中，拟合 J-R 曲线。从图 4-19 可以看出，数据点在初始裂纹阶段形状并不规则。这是由于 J 积分在初始阶段以弹性分量为主，并且规则化荷载 P_N 增加较快，使用四参数规则化方程及拟合方程迭代计算将导致一定误差，以至于在初始阶段裂纹长度的预测并不准确。因此，在 J-R 曲线的初始阶段采用式（4-41）的钝化线替代，即

$$J=3.75f_u\Delta a \tag{4-41}$$

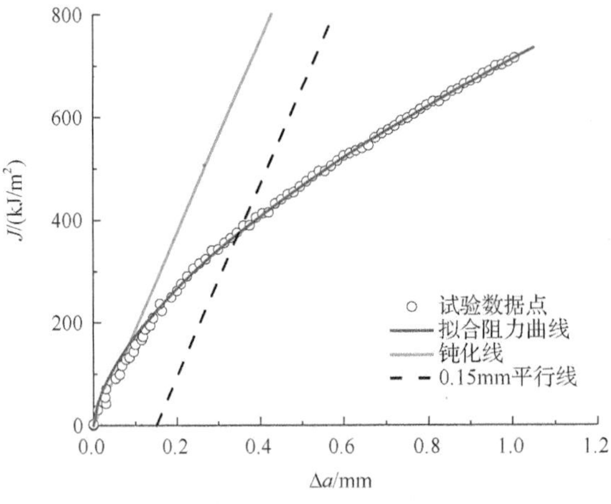

图 4-19　J-R 曲线示意图

过 0.15mm 和 1.5mm 分别做钝化线的平行线，利用式（4-42）对两条边界线之间数据点进行拟合，作为最终的 J-R 曲线方程。

$$J=C_1\Delta a^{C_2} \tag{4-42}$$

式中，C_1 和 C_2 为拟合参数，$C_1>0$ 且 $0<C_2<1$。

利用规则化法荷载-位移曲线，可得到不同温度和面外拘束参数 *W/B* 试件的 *J-R* 曲线。选择平行试件中处于平均水平的 *J-R* 曲线作为该工况下代表曲线，如图 4-20 所示。*J-R* 曲线的拟合方程以及钝化线方程汇总于表 4-6 中。根据《金属材料 准静态断裂韧度的统一试验方法》（GB/T 21143—2014）规定，若最终裂纹扩展量超过 4mm 或初始剩余韧带长度的 15%则认为该方法无效。因此，对于较低试验温度下裂纹扩展量大的试件，无法确定其 *J-R* 曲线。

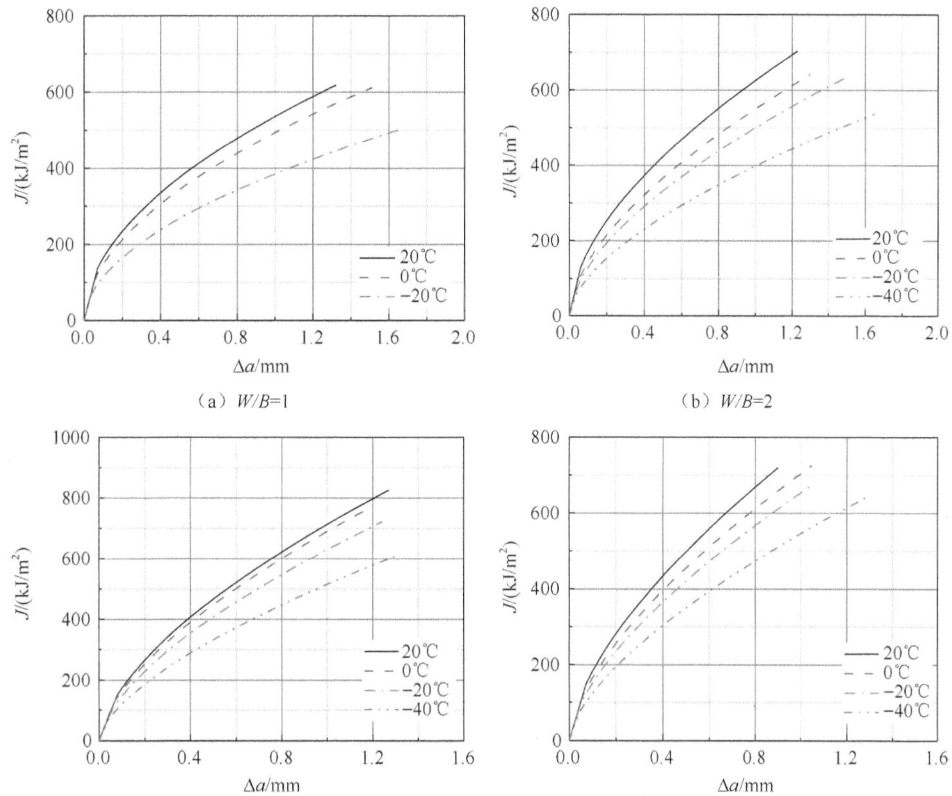

（a）*W/B*=1　（b）*W/B*=2　（c）*W/B*=3　（d）*W/B*=4

图 4-20　不同面外拘束的三点弯曲试件 *J-R* 曲线

表 4-6　*J-R* 曲线拟合参数 C_1、C_2 与钝化线方程

试件编号	温度 *T*/℃	*J-R* 曲线方程	钝化线方程
WB1	20	$J=535.573\Delta a^{0.512}$	$J=1887\Delta a$
	0	$J=493.128\Delta a^{0.520}$	$J=1912\Delta a$
	−20	$J=385.125\Delta a^{0.523}$	$J=1942\Delta a$
WB2	20	$J=625.273\Delta a^{0.582}$	$J=1887\Delta a$
	0	$J=550.252\Delta a^{0.585}$	$J=1912\Delta a$
	−20	$J=500.386\Delta a^{0.589}$	$J=1942\Delta a$
	−40	$J=398.587\Delta a^{0.595}$	$J=1999\Delta a$

续表

试件编号	温度 T/℃	J-R 曲线方程	钝化线方程
WB3	20	J=713.118$\Delta a^{0.613}$	J=1887Δa
	0	J=690.124$\Delta a^{0.623}$	J=1912Δa
	-20	J=630.032$\Delta a^{0.628}$	J=1942Δa
	-40	J=515.458$\Delta a^{0.632}$	J=1999Δa
WB4	20	J=768.532$\Delta a^{0.625}$	J=1887Δa
	0	J=703.886$\Delta a^{0.628}$	J=1912Δa
	-20	J=653.778$\Delta a^{0.635}$	J=1942Δa
	-40	J=546.383$\Delta a^{0.642}$	J=1999Δa

由图 4-20 可知，J-R 曲线受温度变化的影响较为显著，随着温度的下降 J-R 曲线逐渐降低，裂纹扩展长度增加，见表 4-7。裂纹在低温下更易扩展，表明材料阻止裂纹扩展的能力随温度降低明显下降。随着 W/B 的减小与面外拘束作用的增强，材料更易达到屈服状态，裂纹扩展长度增加，J-R 曲线降低。

表 4-7 不同温度下三点弯试件的裂纹扩展长度

温度/℃	扩展长度/mm			
	WB1	WB2	WB3	WB4
20	1.32	1.23	1.27	0.9
0	1.45	1.27	1.18	1.02
-20	1.65	1.5	1.24	1.04
-40		1.63	1.32	1.3

4.3 低温下钢材断裂模型及断裂预测

4.3.1 低温非耦合模型参数校准

1. 单调荷载下参数校准

采用光滑圆棒试件和圆周平滑槽口试件校准低温下微观机制模型的断裂参数，试件尺寸与常温试验用试件相同。分别开展-20℃、-40℃和-60℃下的单调拉伸试验，每级温度下采用 2 个缺口试件进行加载。试件命名为 SNT-LDX-Y-Z，SNT 表示圆周平滑槽口试件，LD20、LD40 和 LD60 分别代表-20℃、-40℃和-60℃低温下的单调拉伸试件，Y 代表试件缺口尺寸，Z 为平行试件编号。

通过拉伸试验反馈的拉力以及引伸计测得的试件标距段变形，可绘制试件的荷载-变形曲线。图 4-21 为试件典型荷载-变形曲线，曲线中标出的曲线下降段前斜率突变点视为单调拉伸过程中裂纹的起始点。与常温试验的判定条件相同，该斜率突变点对应的试件拉伸变形值为Δf。将每条荷载-变形曲线的Δf作为有限元分析中加载变形依据，进而通过该加载位移下断裂点的应力-应变的关系校准微观机制模型的断裂参数。各试件的断裂荷载 P_f和断裂变形Δf汇总见表 4-8。

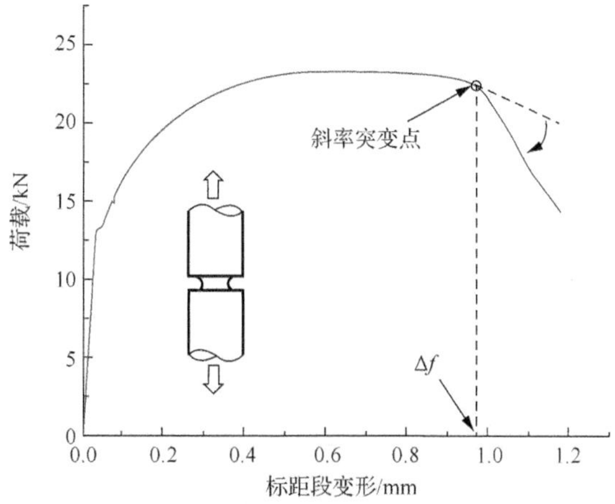

图 4-21　圆周平滑槽口试件荷载-变形曲线示例

表 4-8　试件编号及断裂荷载和断裂变形

温度/℃	缺口半径/mm	编号	断裂荷载 P_f /kN	标距段断裂变形Δf /mm
-20	1.5	SNT-LD20-1-1	23.35	0.68
		SNT-LD20-1-2	24.81	0.71
	3.125	SNT-LD20-2-1	22.50	0.85
		SNT-LD20-2-2	22.15	0.91
	6.25	SNT-LD20-3-1	19.39	1.17
		SNT-LD20-3-2	15.96	1.25
-40	1.5	SNT-LD40-1-1	25.62	0.71
		SNT-LD40-1-2	24.10	0.72
	3.125	SNT-LD40-2-1	22.21	0.79
		SNT-LD40-2-2	22.38	0.83
	6.25	SNT-LD40-3-1	19.67	1.13
		SNT-LD40-3-2	21.64	1.15
-60	1.5	SNT-LD60-1-1	27.16	0.65
		SNT-LD60-1-2	24.74	0.60
	3.125	SNT-LD60-2-1	24.57	0.70
		SNT-LD60-2-2	24.54	0.75
	6.25	SNT-LD60-3-1	23.21	1.12
		SNT-LD60-3-2	23.66	1.13

不同温度下圆周平滑槽口试件由单调拉伸试验得到的荷载-变形曲线如图4-22～图4-24所示，图中标出了荷载-变形曲线的斜率突变点，此点视作试件在拉力荷载作用下延性断裂的起始点。

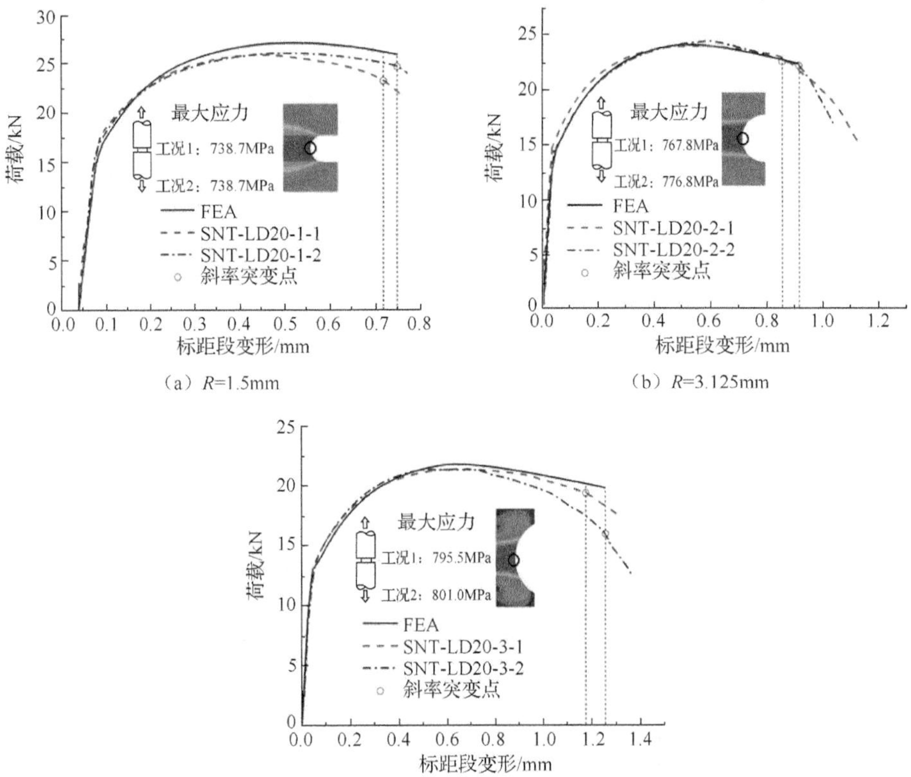

（a）R=1.5mm　（b）R=3.125mm

（c）R=6.25mm

图4-22　-20℃下圆周平滑槽口试件荷载-变形曲线

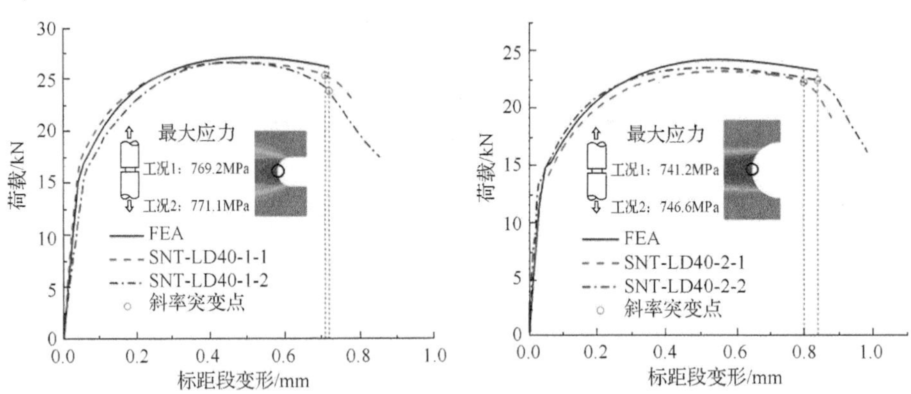

（a）R=1.5mm　（b）R=3.125mm

图4-23　-40℃下圆周平滑槽口试件荷载-变形曲线

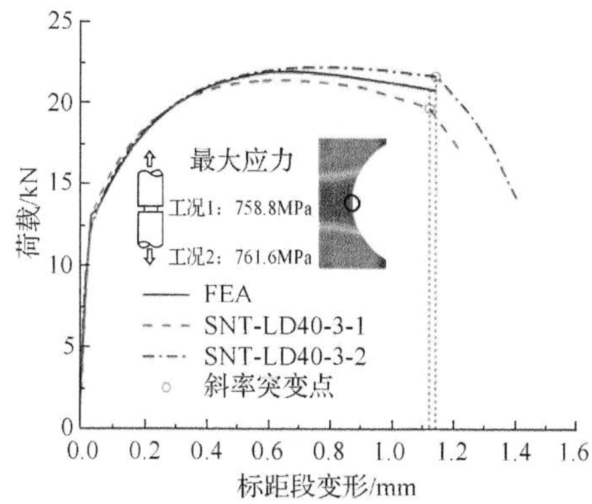

（c）R=6.25mm

图 4-23（续）

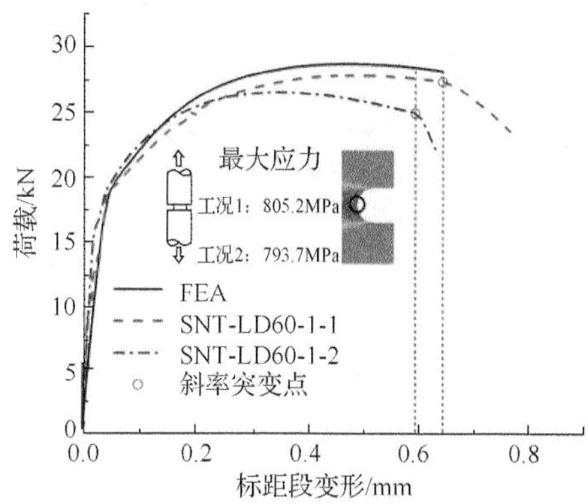

（a）R=1.5mm

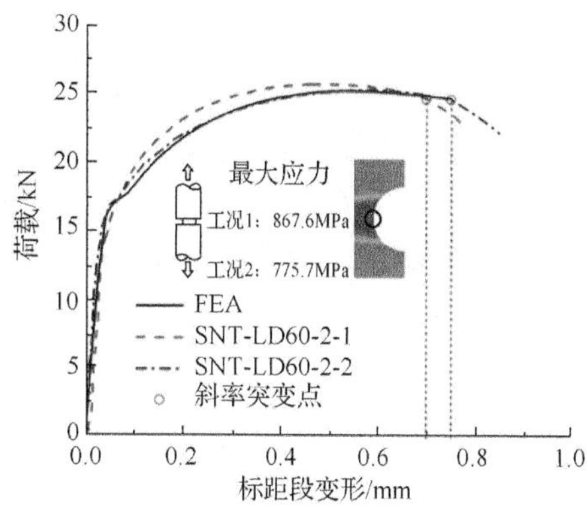

（b）R=3.125mm

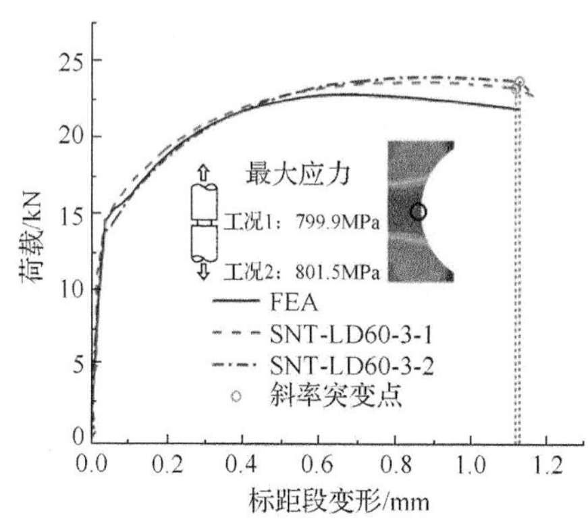

（c）R=6.25mm

图 4-24　−60℃下圆周平滑槽口试件荷载−变形曲线

观察发现，在同一试验温度下，试件断裂变形随着缺口半径的增大而增大。分析其原因为槽口试件的缺口半径越小，缺口处的应力集中越明显，因此该处的塑性变形也越大，达到产生裂纹的加载位移越小。对于有同样缺口半径的试件，试验温度越低，其极限承载力越高，但其断裂变形越小。通过材料性能试验结果可知，随着温度的降低，

G20Mn5QT 铸钢材料的强度增加，延性降低。对于所有槽口试件，在其缺口净截面大小相同的情况下，随着温度降低，材料极限强度增加，极限承载力随之增加；材料延伸率降低，断裂变形也随之降低。对圆周平滑槽口试件拉伸断口进行扫描电镜试验，以分析不同温度下断口形貌的变化。采用型号为 SU8020 的场发射扫描电镜试验机进行断口形貌观测。

选取各试件断口进行试验观测，得到典型断面的低倍和高倍扫描照片如图 4-25 所示。可以明显观察到从-20℃到-60℃，断口逐渐由凹凸不平的粗糙面向平整面过渡，高倍镜头下观察到断面上的凸起和凹陷尺寸逐渐减小。通过测量断面凸起和凹陷的长度可确定 G20Mn5QT 铸钢材料单调荷载下的特征长度。测量结果汇总见表 4-9，其中包括两个界限值和一个平均值，确定从-20℃到-60℃ G20Mn5QT 铸钢单调荷载下的特征长度平均在 0.197～0.139mm 内。

（a）SNT-LD20-1-1　　（b）SNT-LD40-1-1　　（c）SNT-LD60-1-1

图 4-25　扫描电镜观察的 G20Mn5QT 铸钢试件典型断面

表 4-9　单调荷载下 G20Mn5QT 铸钢材料的特征长度

温度/℃	试件编号	特征长度/mm		
		下限	最可能值	上限
-20	SNT-LD20-1-1	0.065	0.199	0.401
	SNT-LD20-2-1	0.078	0.187	0.374
	SNT-LD20-3-1	0.059	0.206	0.388
	平均值	0.067	0.197	0.388
-40	SNT-LD40-1-1	0.054	0.177	0.379
	SNT-LD40-2-1	0.049	0.165	0.382
	SNT-LD40-3-1	0.050	0.160	0.358
	平均值	0.051	0.167	0.373
-60	SNT-LD60-1-1	0.040	0.133	0.208
	SNT-LD60-2-1	0.045	0.145	0.213
	SNT-LD60-3-1	0.039	0.140	0.202
	平均值	0.041	0.139	0.208

在 3.1.1 节中已对 20℃下圆周平滑槽口试件有限元分析进阐述，-20℃、-40℃和

−60℃下的模拟情况与此相同。分析表明，圆周平滑槽口试件中心截面中点为断裂危险点，因此需要借助有限元分析该危险点的应力三轴度和等效塑性应变数据，用以校准微观机制模型 VGM 和 SMCS 模型中的断裂参数。

通过试验获得各温度下圆周平滑试件的断裂荷载 P_f 和断裂变形 Δf（表 4-8），并对相同的试件施加对应的断裂变形，得到断裂时刻的应力三轴度和等效塑性应变。将上述求得的应力、应变数据代入式（2-7）和式（2-9）即可计算得到空穴扩张模型（VGM）和应力修正应变（SMCS）模型的断裂参数 η 和 α。

通过有限元分析求得的不同温度下试件断裂时刻应力、应变数据，以及校准的微观机制模型断裂参数见表 4-10。可以看出，同一温度下校准的断裂参数吻合性良好，且数值与缺口半径无显著关联，表明断裂参数仅与材料相关。

表 4-10　G20Mn5QT 铸钢材料 VGM 和 SMCS 模型断裂参数 η 和 α 校准

温度/℃	编号	$\varepsilon_p^{critical}$	σ_e /MPa	σ_m /MPa	η	$\bar{\eta}$	σ	$\bar{\alpha}$
−20	SNT-LD20-1-1	0.1516	695.18	−963.14	0.97	1.14	0.91	1.06
	SNT-LD20-1-2	0.1670	698.78	986.10	1.09		1.01	
	SNT-LD20-2-1	0.2629	721.19	800.14	1.13		1.05	
	SNT-LD20-2-2	0.2938	728.40	812.15	1.29		1.19	
	SNT-LD20-3-1	0.3498	741.47	664.00	1.12		1.05	
	SNT-LD20-3-2	0.3860	749.94	674.94	1.26		1.17	
−40	SNT-LD40-1-1	0.1600	705.60	961.22	1.02	1.00	0.95	0.94
	SNT-LD40-1-2	0.1650	707.22	968.20	1.05		0.99	
	SNT-LD40-2-1	0.2278	728.04	768.27	0.92		0.87	
	SNT-LD40-2-2	0.2461	734.09	780.13	1.01		0.95	
	SNT-LD40-3-1	0.3208	758.84	645.27	0.98		0.93	
	SNT-LD40-3-2	0.3290	761.57	648.27	1.01		0.95	
−60	SNT-LD60-1-1	0.1478	731.23	963.15	0.92	0.88	0.88	0.86
	SNT-LD60-1-2	0.1284	717.48	916.40	0.79		0.75	
	SNT-LD60-2-1	0.1981	751.66	761.97	0.77		0.74	
	SNT-LD60-2-2	0.2186	760.01	781.24	0.87		0.83	
	SNT-LD60-3-1	0.3168	799.90	661.97	0.95		0.91	
	SNT-LD60-3-2	0.3207	801.50	663.55	0.97		0.92	

2. 低温对单调荷载下非耦合模型断裂参数的影响

图 4-26 为不同温度下 VGM 断裂参数 η 和 SMCS 模型断裂参数 α 的校准数值（×数

据点）和平均值（·数据点）。结果表明，同一温度下各试件校准数值和平均值的最大误差在±15%以内。各级温度下圆周平滑槽口试件在断裂发生时存在一标距段变形值 Δ_f^{test}，使用微观机制模型 VGM 和 SMCS 预测的断裂时刻标距段变形值为 Δ_f^{FEM}，如图 4-27 所示，将上述两种数据绘制在一张图中并对比，发现同一温度下由各试件求得的平均值作为断裂参数误差控制在±15%之内。

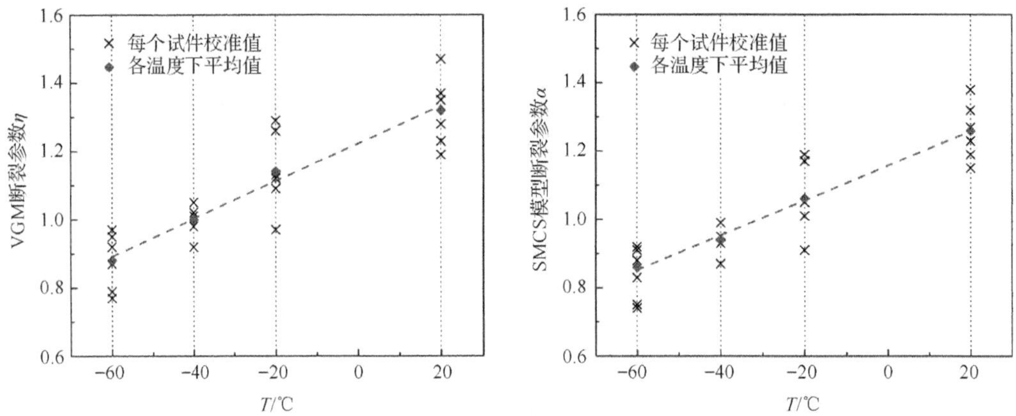

（a）VGM　（b）SMCS

图 4-26　VGM 和 SMCS 模型断裂参数误差分析

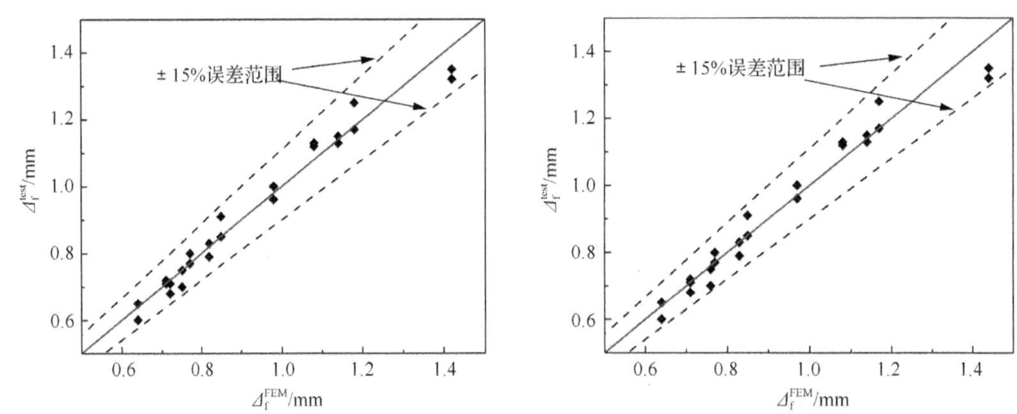

（a）VGM　（b）SMCS模型

图 4-27　校准后的 VGM 和 SMCS 模型断裂预测误差分析

校准的微观机制模型 VGM 和 SMCS 的断裂参数随温度的变化而不同。上述模型断裂参数意义是材料的断裂韧性。当温度降低时，G20Mn5QT 铸钢材料的断裂韧性降低，因此其断裂参数的数值也相应减小。图 4-26 表示 VGM 中断裂参数 η 和 SMCS 模型中断裂参数 α 和温度均近似呈线性关系，线性拟合公式为

$$\eta = 0.0055T + 1.2229 \tag{4-43}$$

$$\alpha = 0.0051T + 1.1571 \tag{4-44}$$

通过上述的拟合公式，G20Mn5QT 铸钢材料在其他不同低温下的微观机制模型断裂参数可线性插值得到，不再需要通过试验和有限元进行校准，可节省大量烦琐计算工作。

3. 循环荷载下参数校准

为校准低温下适用于超低周循环荷载的微观机制模型断裂参数，采用圆周平滑槽口试件进行单调拉伸试验。低温材料性能已通过光滑圆棒试件的拉伸试验获得。进行−20℃、−40℃和−60℃温度下的拉伸试验，各级温度下每种缺口试件的个数为 2 个。试件命名为 SNT-LFX-Y-Z，SNT 意为圆周平滑槽口试件，LF20、LF40 和 LF60 分别代表−20℃、−40℃和−60℃低温下的超低周循环试件，Y 代表试件缺口尺寸，Z 为平行试件编号，加载制度采用 3.1.3 节中的 CTF 和 C-PTF。

表 4-11 为三种温度下的试验加载历史。表 4-11 中“加载变形”栏中第一个括号左边的数字表示循环圈数，第二个括号内数字表示末圈受拉循环中曲线斜率突变点所对应的标距段变形。以编号 SNT-LF20-3-1 为例，5(0-0.75)+(0-0.38)表示的意义为：以标距段变形从 0 到 0.75mm 控制循环 5 次后，在第 6 次受拉循环中当标距段变形达到 0.38mm 时，曲线出现斜率突变点，即认为试件发生了断裂。

表 4-11　圆周平滑槽口试件超低周循环加载试验结果

温度/℃	槽口半径/mm	加载制度	编号	加载变形
−20	1.5	CTF	SNT-LF20-1-1	4(0-0.45)+(0-0.39)
			SNT-LF20-1-2	3(0-0.50)+(0-0.42)
		C-PTF	SNT-LF20-1-3	5(0-0.35)+(0-0.41)
			SNT-LF20-1-4	5(0-0.40)+(0-0.40)
	3.125	CTF	SNT-LF20-2-1	6(0-0.50)+(0-0.34)
			SNT-LF20-2-2	4(0-0.55)+(0-0.42)
		C-PTF	SNT-LF20-2-3	5(0-0.4)+(0-0.50)
			SNT-LF20-2-4	5(0-0.45)+(0-0.43)
	6.25	CTF	SNT-LF20-3-1	5(0-0.75)+(0-0.38)
			SNT-LF20-3-2	4(0-0.80)+(0-0.45)
		C-PTF	SNT-LF20-3-3	5(0-0.60)+(0-0.51)
			SNT-LF20-3-4	5(0-0.70)+(0-0.40)
−40	1.5	CTF	SNT-LF40-1-1	8(0-0.35)+(0-0.29)
			SNT-LF40-1-2	5(0-0.40)+(0-0.34)
		C-PTF	SNT-LF40-1-3	5(0-0.35)+(0-0.36)
			SNT-LF40-1-4	5(0-0.45)+(0-0.28)

续表

温度/℃	槽口半径/mm	加载制度	编号	加载变形
−40	3.125	CTF	SNT-LF40-2-1	6(0-0.45)+(0-0.30)
			SNT-LF40-2-2	5(0-0.50)+(0-0.32)
		C-PTF	SNT-LF40-2-3	5(0-0.4)+(0-0.48)
			SNT-LF40-2-4	5(0-0.45)+(0-0.46)
	6.25	CTF	SNT-LF40-3-1	5(0-0.75)+(0-0.30)
			SNT-LF40-3-2	4(0-0.80)+(0-0.32)
		C-PTF	SNT-LF40-3-3	5(0-0.65)+(0-0.39)
			SNT-LF40-3-4	5(0-0.70)+(0-0.40)
−60	1.5	CTF	SNT-LF60-1-1	4(0-0.40)+(0-0.34)
			SNT-LF60-1-2	5(0-0.40)+(0-0.30)
		C-PTF	SNT-LF60-1-3	5(0-0.35)+(0-0.36)
			SNT-LF60-1-4	5(0-0.35)+(0-0.37)
	3.125	CTF	SNT-LF60-2-1	6(0-0.40)+(0-0.35)
			SNT-LF60-2-2	4(0-0.45)+(0-0.34)
		C-PTF	SNT-LF60-2-3	5(0-0.40)+(0-0.40)
			SNT-LF60-2-4	5(0-0.40)+(0-0.41)
	6.25	CTF	SNT-LF60-3-1	6(0-0.55)+(0-0.42)
			SNT-LF60-3-2	4(0-0.60)+(0-0.40)
		C-PTF	SNT-LF60-3-3	5(0-0.50)+(0-0.46)
			SNT-LF60-3-4	5(0-0.55)+(0-0.45)

金属材料低温下的特征长度需要重新测定。本试验取−20℃、−40℃和−60℃下 3 种槽口半径的 9 个试件断口进行了电镜扫描试验，分析不同温度下 G20Mn5QT 铸钢材料的断口形貌，确定不同温度下超低周循环荷载作用的材料特征长度。图 4-28 为部分圆周平滑槽口试件扫描电镜试验图片。

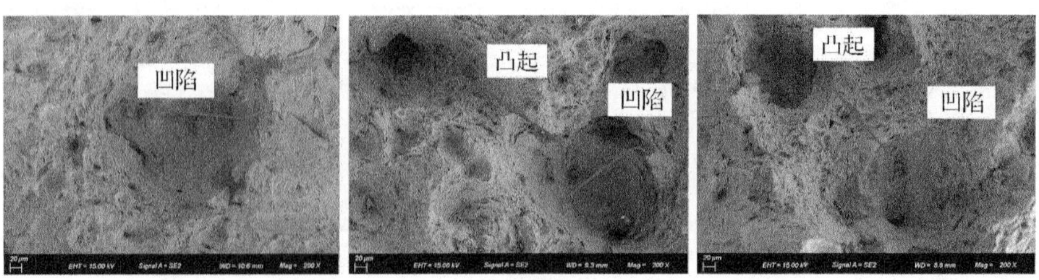

（a）SNT-LF20-1　（b）SNT-LF40-2　（c）SNT-LF60-1

图 4-28　部分圆周平滑槽口试件扫描电镜试验图片

通过观察图 4-29（a）和（b）所示的高倍电镜扫描照片，在−40℃和−60℃温度下可看出台阶状或者河流状解理，说明在该温度下材料脆性断裂趋势明显。然而在−40℃和

−60℃温度下，G20Mn5QT、铸钢材料断裂面仍然存在一定韧窝区域，如图 4-29（c）和图 4-29（d）所示，说明在此温度下材料断裂仍然存在韧性断裂。

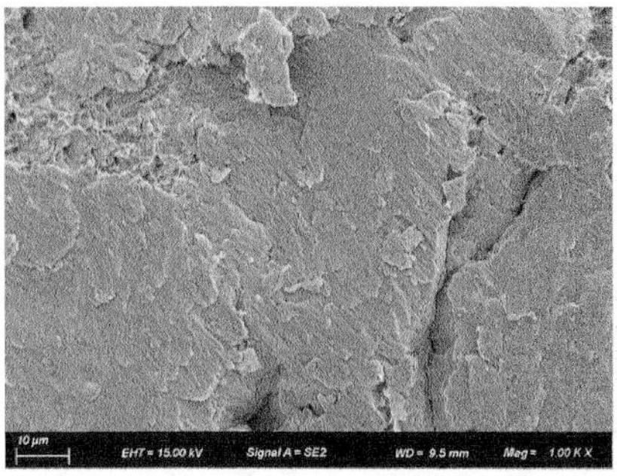

（a）SNT-LF40-3解理图

（b）SNT-LF60-2解理图

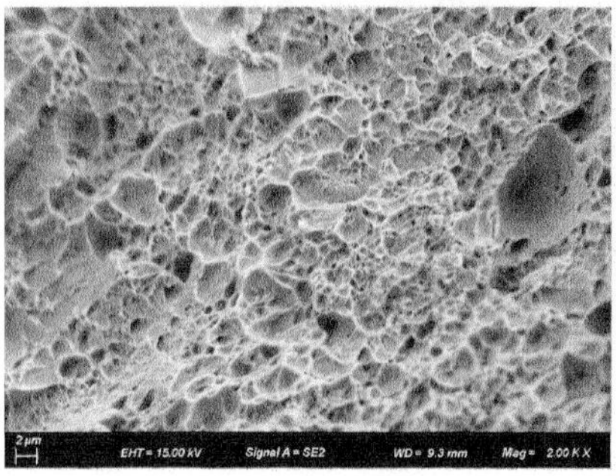

（c）SNT-LF40-2韧窝图

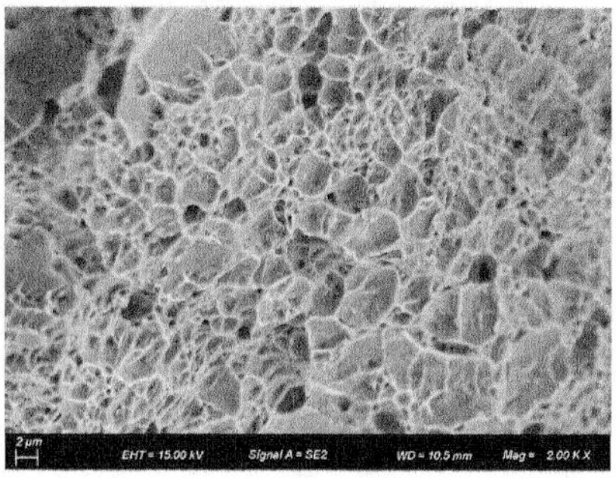

（d）SNT-LF60-2韧窝图

图 4-29　−40℃和−60℃高倍电镜扫描照片

表 4-12 给出了材料超低周循环荷载下的特征长度，包括 2 个界限值和 1 个平均值，本书取该铸钢材料平均值作为其特征长度，在−60～20℃环境下确定 G20Mn5QT 铸钢材料超低周循环荷载下的特征长度在 0.1500～0.2214mm 范围内。

表 4-12　超低周循环荷载下 G20Mn5QT 铸钢材料的特征长度

温度/℃	试件编号	特征长度/mm		
		下限	最可能值	上限
−20	SNT-LF20-1-1	0.1143	0.2338	0.2723
	SNT-LF20-2-1	0.1014	0.2205	0.2665
	SNT-LF20-3-1	0.1071	0.2098	0.2618
	平均值	0.1076	0.2214	0.2669
−40	SNT-LF40-1-1	0.0933	0.1780	0.2444
	SNT-LF40-2-1	0.0942	0.1761	0.2267
	SNT-LF40-3-1	0.0956	0.1635	0.2286
	平均值	0.0947	0.1725	0.2332

续表

温度/℃	试件编号	特征长度/mm		
		下限	最可能值	上限
−60	SNT-LF60-1-1	0.0893	0.1471	0.2074
	SNT-LF60-2-1	0.0885	0.1542	0.2026
	SNT-LF60-3-1	0.0823	0.1487	0.1966
	平均值	0.0867	0.1500	0.2022

由表 4-12 数据可知，随着温度的降低，G20Mn5QT 铸钢材料特征长度逐渐减小，说明低温环境会降低材料的韧性。特征长度描述的是某一金属材料空穴聚合后形成裂缝的临界尺寸，特征长度越小，表明空穴聚合形成裂纹越早，材料更易发生断裂破坏。

圆周平滑槽口试件的标距段荷载-变形曲线（选取各工况典型曲线）如图 4-30 所示可以看出试验结果与有限元分析结果具有较好的一致性，说明校准得到的不同温度下 G20Mn5QT 铸钢材料混合强化参数可以准确描述材料在超低周循环荷载下的材料行为。该结果可为后续进行 CVGM 和 DSPS 模型参数校准提供基础。

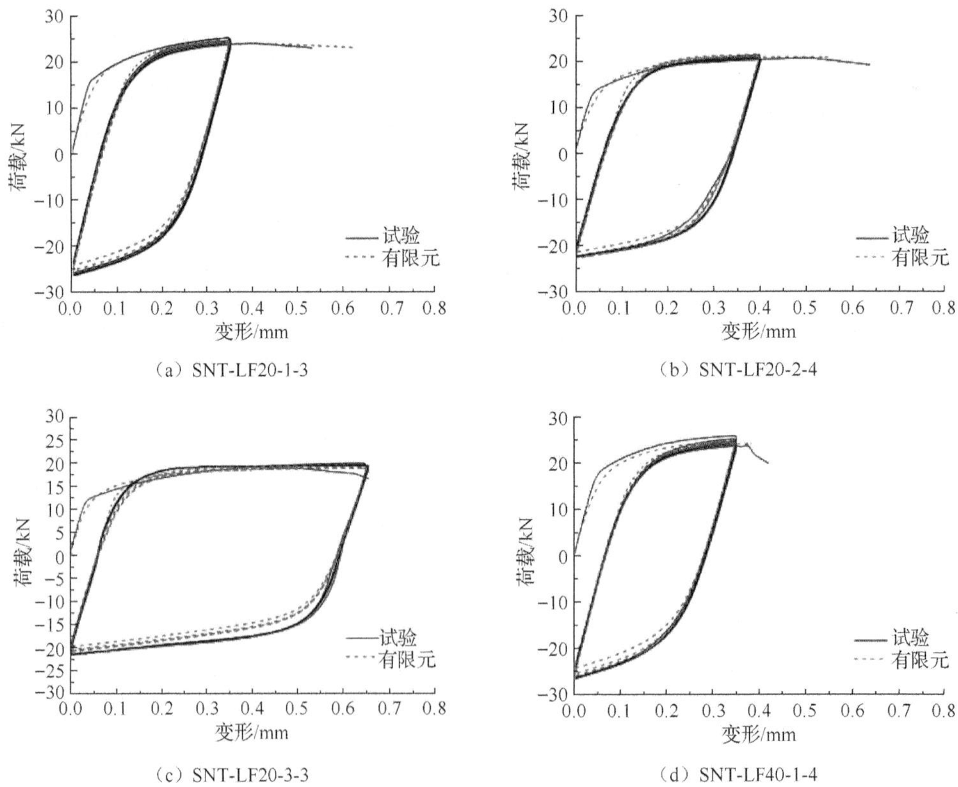

图 4-30 圆周平滑槽口试件标距段荷载-变形曲线

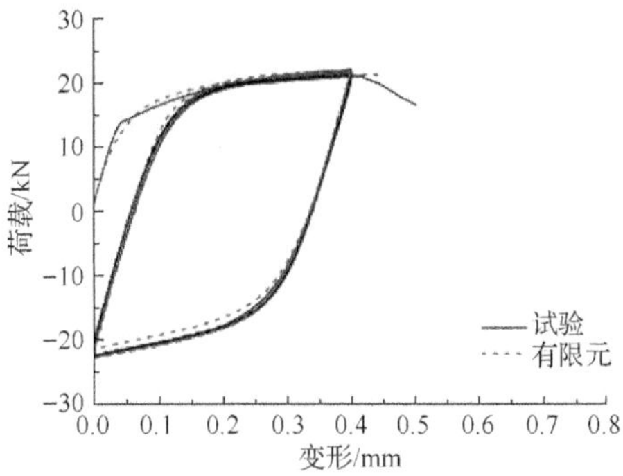

（e）SNT-LF40-2-3

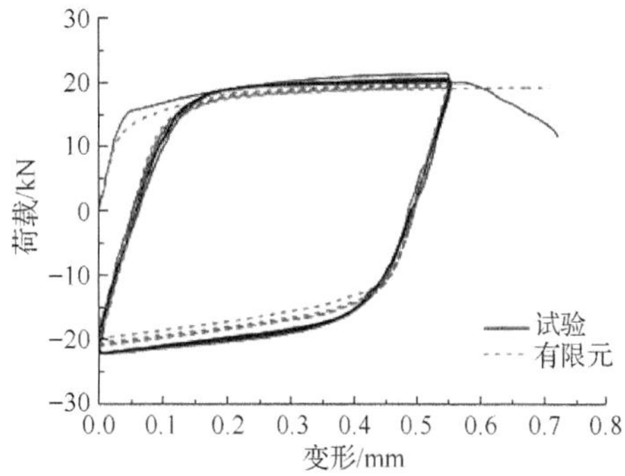

（f）SNT-LF40-3-4

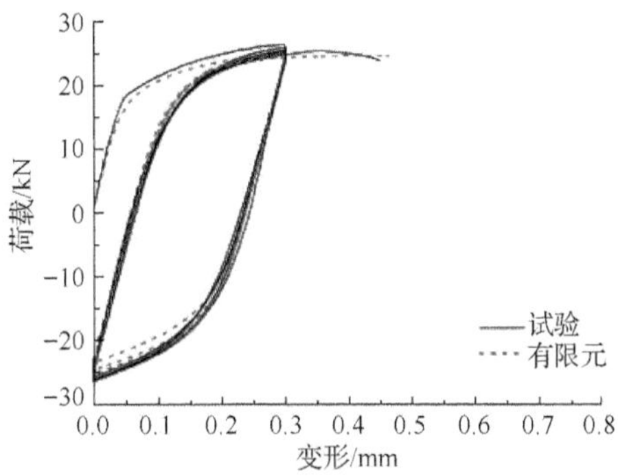

（g）SNT-LF60-1-4

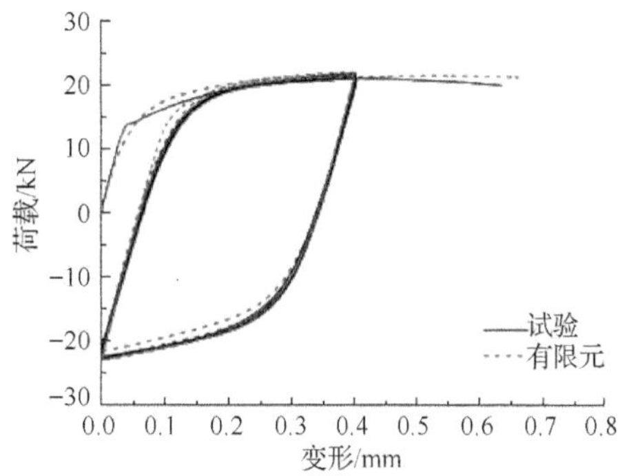

（h）SNT-LF60-2-3

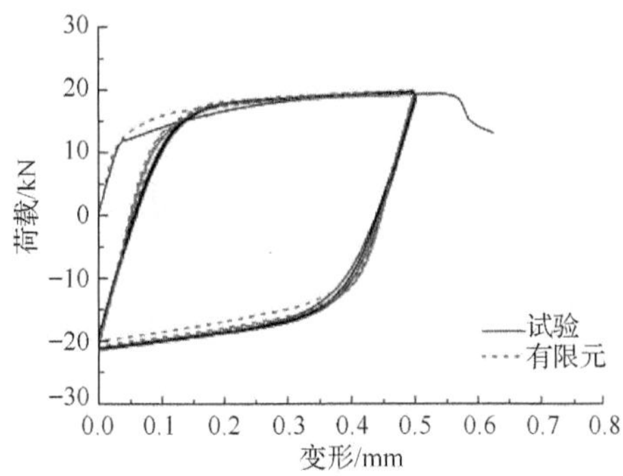

（i）SNT-LF60-3-4

图 4-30（续）

由常温超低周循环荷载下微观机制模型参数校准过程可知，超低周循环加载下圆周平滑槽口试件的裂纹萌生点与单调荷载下相同，均为截面中心位置。CVGM 与 DSPS 模型参数校准过程与常温下一致，参数拟合过程如图 4-31 所示。

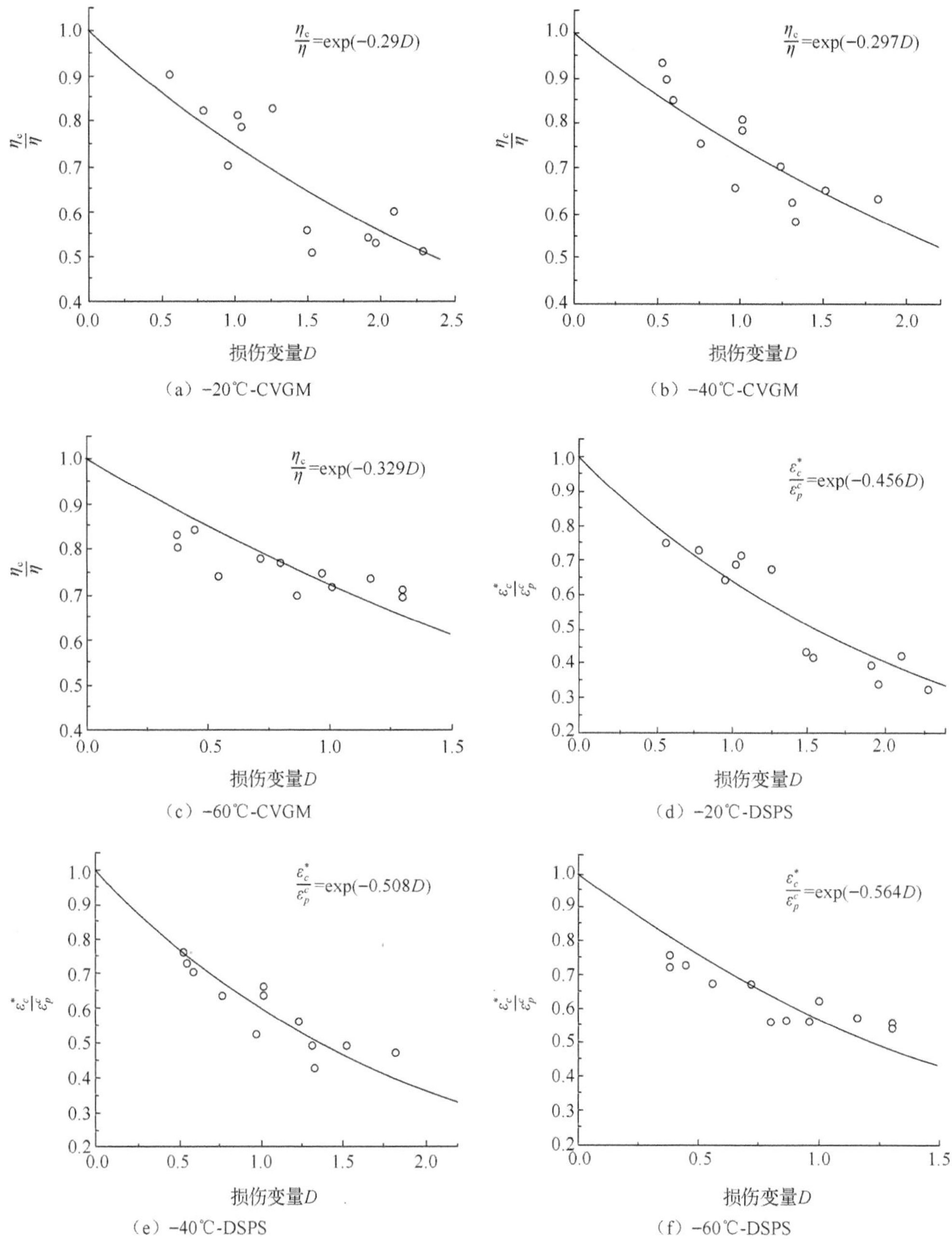

（a）−20℃-CVGM （b）−40℃-CVGM

（c）−60℃-CVGM （d）−20℃-DSPS

（e）−40℃-DSPS （f）−60℃-DSPS

图 4-31　损伤退化参数拟合过程

将不同温度下 G20Mn5QT 铸钢材料校准 CVGM 和 DSPS 模型损伤退化参数 λ_{CVGM} 和 λ_{DSPS} 汇总于表 4-13 中。表 4-13 中 $\varepsilon_{\mathrm{p}}^{\mathrm{critical}}$ 为单调荷载作用下不同槽口试件 $\varepsilon_{\mathrm{p}}^{\mathrm{critical}}$ 的平均值，η 为单调荷载作用下 VGM 的断裂韧性参数。

表 4-13　G20Mn5QT 铸钢材料 DSPS 和 CVGM 断裂参数λ_{DSPS}和λ_{CVGM}校准

温度/℃	编号	$\varepsilon_p^{critical}$	η	D	$\frac{\eta_c}{\eta}$	$\frac{\varepsilon_c^*}{\varepsilon_p^c}$	λ_{CVGM}	λ_{DSPS}
−20	SNT-LF20-1-1	0.1593	1.14	0.559	0.899	0.755	0.293	0.456
	SNT-LF20-1-2			1.044	0.786	0.710		
	SNT-LF20-1-3			0.950	0.702	0.647		
	SNT-LF20-1-4			0.780	0.820	0.725		
	SNT-LF20-2-1	0.2784		1.025	0.815	0.684		
	SNT-LF20-2-2			1.257	0.829	0.674		
	SNT-LF20-2-3			1.530	0.505	0.418		
	SNT-LF20-2-4			1.491	0.557	0.439		
	SNT-LF20-3-1	0.3679		1.914	0.542	0.396		
	SNT-LF20-3-2			2.104	0.603	0.421		
	SNT-LF20-3-3			2.290	0.514	0.326		
	SNT-LF20-3-4			1.958	0.528	0.339		
−40	SNT-LF40-1-1	0.1625	1.00	0.551	0.894	0.732	0.297	0.508
	SNT-LF40-1-2			0.528	0.937	0.762		
	SNT-LF40-1-3			0.592	0.847	0.704		
	SNT-LF40-1-4			0.760	0.757	0.649		
	SNT-LF40-2-1	0.2370		1.012	0.812	0.661		
	SNT-LF40-2-2			1.012	0.789	0.641		
	SNT-LF40-2-3			1.231	0.701	0.564		
	SNT-LF40-2-4			0.970	0.658	0.528		
	SNT-LF40-3-1	0.3250		1.317	0.619	0.491		
	SNT-LF40-3-2			1.506	0.646	0.494		
	SNT-LF40-3-3			1.825	0.637	0.473		
	SNT-LF40-3-4			1.331	0.582	0.432		
−60	SNT-LF60-1-1	0.1381	0.89	0.382	0.833	0.724	0.329	0.564
	SNT-LF60-1-2			0.382	0.806	0.757		
	SNT-LF60-1-3			0.441	0.839	0.727		
	SNT-LF60-1-4			0.555	0.743	0.677		
	SNT-LF60-2-1	0.2087		1.008	0.716	0.623		
	SNT-LF60-2-2			0.794	0.770	0.560		
	SNT-LF60-2-3			0.962	0.746	0.566		
	SNT-LF60-2-4			0.715	0.780	0.676		

续表

温度/℃	编号	$\varepsilon_p^{critical}$	η	D	$\dfrac{\eta_c}{\eta}$	$\dfrac{\varepsilon_c^*}{\varepsilon_p^c}$	λ_{CVGM}	λ_{DSPS}
−60	SNT-LF60-3-1	0.3179		1.298	0.693	0.543		
	SNT-LF60-3-2			1.297	0.707	0.555		
	SNT-LF60-3-3			1.164	0.736	0.576		
	SNT-LF60-3-4			0.859	0.700	0.567		

本书已获得 20℃、−20℃、−40℃和−60℃等 4 个温度下 CVGM 和 DSPS 模型的损伤退化参数λ_{CVGM}和λ_{DSPS}，由图 4-31 可知，校准得到的 CVGM 和 DSPS 模型损伤退化参数λ_{CVGM}和λ_{DSPS}具有一定离散性。主要原因为 G20Mn5QT 铸钢材料本身在铸造过程中存在初始缺陷，导致试验结果具有一定的离散性。

4. 低温对循环荷载下耦合模型断裂参数影响

随着温度的降低，G20Mn5QT 铸钢材料在超低周循环荷载作用下损伤退化参数 CVGM 和 DSPS 具有增大的趋势（图 4-32）。说明随着温度的降低，相同超低周循环加载历史下材料的损伤速度增大。根据已校准的 VGM 和 SMCS 模型参数，可以看到随着温度的降低，表征抵抗断裂能力的材料参数 η 和α将降低。由此可见，温度的降低对于 G20Mn5QT 铸钢材料的超低周循环性能的影响表现在两个方面：一方面，温度的降低将减小材料抵抗断裂能力；另一方面，低温增大了材料的损伤速度。二者同时作用降低了材料抵抗超低周循环断裂的能力。

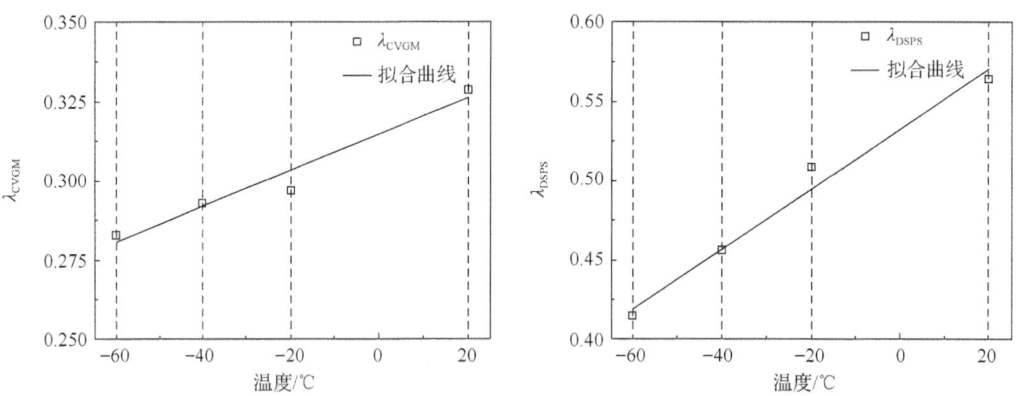

（a）λ_{CVGM}温度变化趋势　　（b）λ_{DSPS}温度变化趋势

图 4-32　G20Mn5QT 铸钢材料损伤退化参数随温度变化关系

G20Mn5QT 铸钢材料损伤退化参数λ_{CVGM}和λ_{DSPS}与温度成正相关性，函数关系可近似用直线描述，如图 4-32 所示。λ_{CVGM}和λ_{DSPS}与温度的关系表达式为

$$\lambda_{CVGM} = -5.7\times10^{-4}\times(T-20)+0.283 \tag{4-45}$$

$$\lambda_{\mathrm{DSPS}} = -0.00187 \times (T - 20) + 0.415 \tag{4-46}$$

式中，T 表示温度。在实际应用时，当其他温度下 G20Mn5QT 铸钢材料超低周往复试验的损伤退化参数无法确定时，可利用式（4-45）和式（4-46）计算相应参数。

4.3.2　基于低温非耦合模型的钢材断裂预测

1. 双孔平板试件断裂预测

经过 3.1.1 节中双孔平板试件的单调拉伸试验和有限元分析，验证了校准的微观机制模型 VGM 和 SMCS 延性断裂预测的准确性，以及基于 VGM 的裂纹扩展方法模拟裂纹扩展的准确性。尽管试验是在 20℃的条件下进行的，但上述模型参数的验证过程具有一般性，因此在其他温度下，即−20℃、−40℃和−60℃下有限元方法对于双孔平板试件断裂时刻的预测和裂纹扩展分析也同样适用。

对−20℃、−40℃和−60℃环境下单调拉伸双孔平板试件进行有限元分析，观察应力三轴度和等效塑性应变等计算结果，发现断裂起始位置与 20℃下情况相同。各温度下 VGM 和 SMCS 模型对双孔平板试件的断裂预测如图 4-33 所示。由图 4-33 可见，不同温度下断裂指标的增长过程基本一致，因此断裂参数越小，断裂发生时间越早。各温度下双孔平板试件的断裂变形也在图 4-33 中列出。

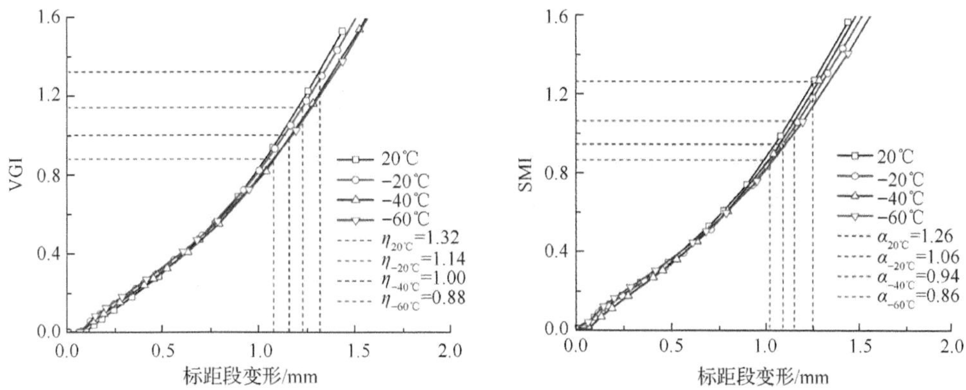

（a）VGM　　（b）SMCS

图 4-33　各温度下 VGM 和 SMCS 模型对双孔平板试件的断裂预测

通过基于 VGM 的裂纹扩展方法得到的荷载-标距段变形曲线如图 4-34 所示。由图 4-34 可见，荷载-标距段变形曲线的最高点即双孔平板试件的极限承载力随着温度的降低而升高，这与 G20Mn5QT 铸钢材料强度随温度降低而升高的变化规律一致。随着温度从 20℃降到−60℃，荷载-标距段变形曲线的下降段出现时间和断裂预测时刻越发提前。随着温度的降低，荷载-标距段变形曲线的下降段斜率逐渐增大，表明从断裂开始到承载力完全丧失的过程越来越短，即整个裂纹扩展过程越来越快。

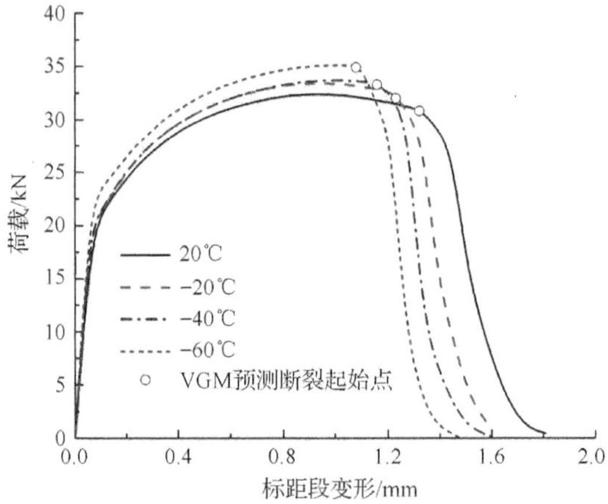

图 4-34 各温度下双孔平板试件有限元分析荷载-标距段变形曲线

表 4-14 中汇总了 20℃、-20℃、-40℃和-60℃下微观机制模型 VGM 和 SMCS 对单调拉伸双孔平板试件的断裂预测结果，包括 SMCS 模型预测的断裂变形，VGM 预测的断裂变形以及裂纹扩展过程中经历的变形。观察表中结果可发现 VGM 和 SMCS 模型的断裂预测结果较为接近。同时在低温下，-20℃、-40℃和-60℃双孔平板试件的起始断裂变形相比 20℃时分别减小 8.7%、13.5%和 19.0%，裂纹扩展过程中经历的变形分别减小 2.5%、15.0%和 32.5%，表明低温对于 G20Mn5QT 铸钢材料的断裂发生时刻和裂纹扩展过程均有较为明显的影响。

表 4-14 各温度下 VGM 和 SMCS 模型对双孔平板试件断裂预测及裂纹扩展分析

微观机制模型	温度/℃	断裂起始变形		完全断裂变形/mm	裂纹扩展经历变形	
		数值/mm	变化幅度*/%		数值/mm	%
SMCS	20	1.26	0.0			
	-20	1.15	8.7			
	-40	1.09	13.5			
	-60	1.02	19.0			
VGM	20	1.31	0.0	1.72	0.40	0.0
	-20	1.23	6.1	1.62	0.39	2.5
	-40	1.16	11.5	1.50	0.34	15.0
	-60	1.08	17.6	1.35	0.27	32.5

* 相对于该试件 20℃时的变化幅度。

2. 铸钢节点断裂预测

在本节中，基于 VGM 和 SMCS 断裂判据理论，通过-20℃、-40℃和-60℃下校准的断裂参数对铸钢连接节点低温下的断裂性能进行分析。由于缺乏 Q235B 材料的低温断裂参数，根据铸钢节点最终破坏的位置发生在连接件侧面环板处，因此仅采用

G20Mn5QT 铸钢材料在−20℃、−40℃和−60℃下断裂参数对低温下铸钢环板处的断裂性能进行预测分析。分析发现铸钢连接件外侧环板的最初断裂位置发生在 P2 点处，不同温度下断裂指标 VGI 和 SMI 端部加载位移增长曲线如图 4-35 所示。断裂指标-位移曲线与不同温度的 VGM 和 SMCS 模型断裂参数相交点即断裂发生点，对应横坐标为断裂发生时刻试件端部的加载位移。VGM 和 SMCS 模型的断裂预测结果汇总见表 4-15。对于同一试件，随着温度的降低，断裂起始时刻对应的端部加载位移逐渐变小，从 20℃降低到−20℃、−40℃和−60℃，断裂位移依次减小 10%、20%和 30%。由此表明，低温对于梁柱铸钢连接节点的断裂性能存在较大影响，可使断裂提前发生。

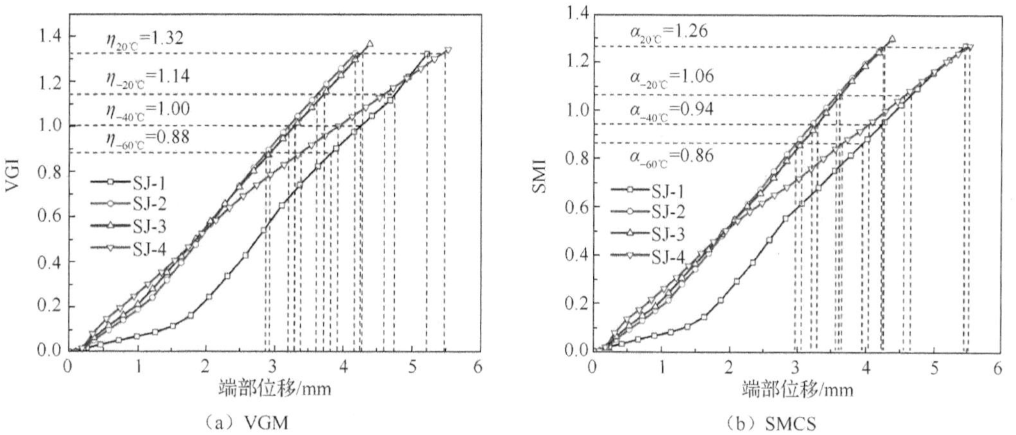

SJ-1～SJ-4 为试件编号。

图 4-35　不同温度下铸钢连接件侧面环板位置（P2 处）断裂预测

应用基于 VGM 的裂纹扩展方法，可分析得到 20℃、−20℃、−40℃和−60℃下试件侧面铸钢连接件环板处从断裂起始、裂纹扩展到完全断裂的过程。各个试件完全断裂对应的端部加载位移和裂纹扩展经历的位移汇总于表 4-15。对于同一试件，初始断裂发生后，裂纹经过较短的扩展过程即完全断裂，使节点完全丧失承载力。温度从 20℃降低到−20℃、−40℃和−60℃，裂纹扩展所经历的加载位移依次减小了 4%、8%和 11%左右，材料延性明显降低。

表 4-15　不同温度下 VGM 和 SMCS 模型对铸钢连接件环板断裂预测及裂纹扩展分析

试件	微观机制模型	温度/℃	断裂起始位移		完全断裂位移/mm	裂纹扩展经历位移	
			数值/mm	变化幅度*/%		数值/mm	变化幅度*/%
SJ-1	SMCS	20	5.52				
		−20	4.65	15.8			
		−40	4.22	23.6			
		−60	3.95	28.4			

续表

试件	微观机制模型	温度/℃	断裂起始位移		完全断裂位移/mm	裂纹扩展经历位移	
			数值/mm	变化幅度*/%		数值/mm	变化幅度*/%
SJ-1	VGM	20	5.22		12.50	7.28	
		−20	4.75	9.0	11.77	7.02	3.6
		−40	4.25	18.6	11.06	6.81	6.5
		−60	3.82	26.8	10.37	6.55	10.0
SJ-2	SMCS	20	4.24				
		−20	3.56	16.0			
		−40	3.20	24.5			
		−60	2.96	30.2			
	VGM	20	4.17		12.30	8.13	
		−20	3.61	13.4	11.42	7.81	3.9
		−40	3.20	23.3	10.68	7.48	8.0
		−60	2.87	31.2	10.16	7.29	10.3
SJ-3	SMCS	20	4.26				
		−20	3.61	15.3			
		−40	3.28	23.0			
		−60	3.05	28.4			
	VGM	20	4.28		11.00	6.72	
		−20	3.72	13.1	10.22	6.50	3.3
		−40	3.29	23.1	9.51	6.22	7.4
		−60	2.93	31.5	8.94	6.01	10.6
SJ-4	SMCS	20	5.52				
		−20	4.55	17.6			
		−40	4.04	26.8			
		−60	3.65	33.9			
	VGM	20	5.48		12.00	6.52	
		−20	4.60	16.1	10.84	6.24	4.3
		−40	3.92	28.5	9.90	5.98	8.3
		−60	3.38	38.3	9.03	5.65	13.3

* 相对比该试件 20℃时的变化幅度。

4.3.3 低温耦合模型参数校准

1. 基于耦合模型的有限元模型

使用 ABAQUS 建立三点弯曲试件有限元模型，并利用内嵌 GTN 损伤断裂模型模拟三点弯曲试验加载过程，得到荷载-位移曲线、*J-R* 曲线和裂纹尖端张开位移 CTOD。

三点弯曲试件采用 ZG300-500H 铸钢材料，有限元模型尺寸与 4.2 节断裂韧性试验的试件尺寸保持一致。为了提高模型计算效率，根据试件的对称性，选取四分之一尺寸试件进行建模，图 4-36 为 W/B=2 的三点弯曲试件的有限元模型。数值模型采用线性减缩积分单元 C3D8R 网格，最小单元尺寸约为 0.1mm×0.1mm，最大单元尺寸约为 3.32mm×2.75mm。根据 4.1 节中低温力学性能试验得到的真实应力-塑性应变曲线和其他力学性能参数定义有限元模型的材料本构。同时，在材料本构中设置内嵌的 GTN 模型的“Porous Metal Plasticity”参数，使有限元模型能够模拟裂纹扩展过程。

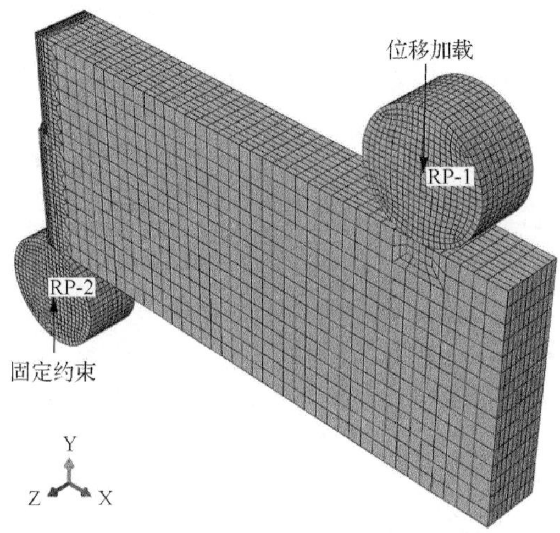

图 4-36　三点弯曲试件有限元模型（$W/B = 2$）

试件通过刚性辊轴进行加载，刚性辊轴直径与断裂韧性试验中试验机夹具辊轴直径相同。刚性辊轴与试件表面的接触类型为无摩擦硬接触。为模拟试验加载条件，对下方的刚性辊轴施加固定约束，上方刚性辊轴质心处施加位移控制加载，如图 4-36 所示。加载位移值与断裂韧性试验中夹具的位移保持一致。

图 4-37 为试件裂纹尖端和裂纹扩展区域的网格。裂纹尖端处采用半径为 0.1mm 的钝裂纹尖端，以此模拟断裂韧性试验中裂纹尖端的钝化现象[7]。裂纹扩展区域采用 0.1mm×0.1mm 的长方体网格，通过“1 进 2”和“1 进 3”类型的过渡网格从裂纹扩展区域向 X 方向延伸。在远离裂纹扩展区域采用较大尺寸网格以提高计算效率，最大单元尺寸约为 3.32mm×2.75mm。试件厚度方向上同样采用过渡网格划分，Z 向网格尺寸为 0.25mm。采用“1 进 2”类型过渡网格向 X 方向延伸。

采用 ABAQUS/Explicit 显式求解器进行计算，打开几何大变形，即“NLGEOM=on”，并选择状态参数 STATUS。为了进一步提高计算效率，在参数设置时选择对模型进行质量放大。经过多次试算，当质量放大倍数为 1000 倍时，动态效应较小，模拟结果满足精度要求。

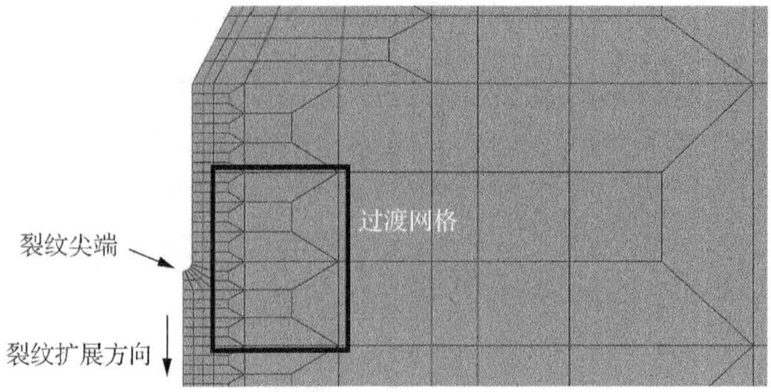

图 4-37　有限元模型裂纹尖端网格划分

有限元模型计算完成后，进入后处理，后处理过程主要包括以下三个部分。

（1）荷载-位移曲线

提取每一个分析步下刚性辊轴质心位置处荷载和对应附加刀口处位移。由于动态分析步的步长较小导致分析步总数庞大，选择仅输出 200 个分析步。由于建立的是四分之一模型，因此实际荷载-位移为四分之一模型的 2 倍。最终，根据数据点建立荷载-位移曲线。

（2）裂纹尖端张开位移 CTOD 特征值δ_m

采用基于 90° 相交线方法的 CTOD 定义，如图 4-38（a）所示，该方法从裂纹尖端处引出两条相互垂直且对称的直线，两条直线与裂纹边缘的交点间距离即为 CTOD 值δ_{90}[8]。如图 4-38（b）所示，可引出一条与裂纹对称界面呈 45° 并经过裂纹尖端节点的直线，测定该直线与裂纹对称界面的交点在 X 方向的位移 X_1，则 2 倍 X_1 即为裂纹尖端张开位移 CTOD 特征值δ_m。

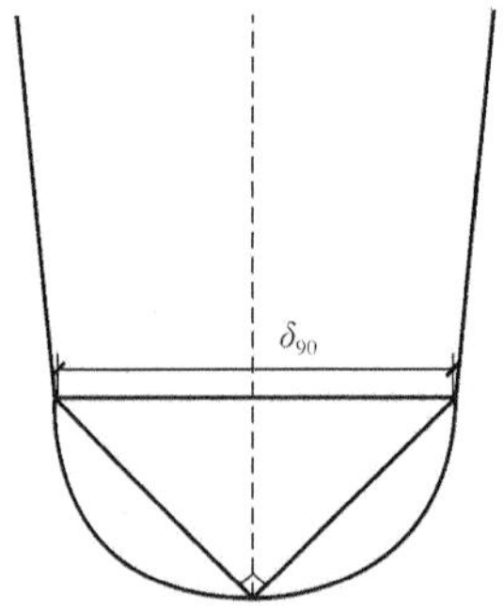

（a）基于90°相交线方法

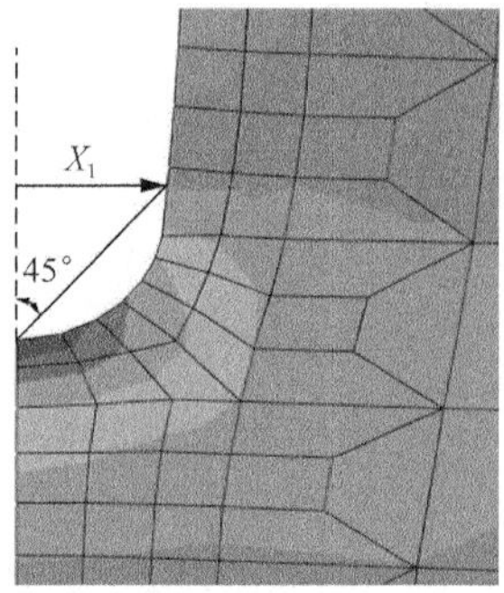

（b）在有限元模型中的CTOD计算

图 4-38　有限元模型中 CTOD 计算

（3）*J-R* 曲线

当网格的孔洞体积分数 f^*等于失效孔洞体积分数 f_F 时，即认为在该网格处产生裂纹，状态参量 STATUS 将自动删除失效的网格，因此通过读取每一分析步的失效网格数量即可确定裂纹长度。同时，为了考虑裂纹尖端钝化的影响，需对裂纹长度进行修正，修正公式为

$$a_c = n \times l + \mathrm{CTOD}/2 \tag{4-47}$$

式中，n 为失效网格的数量；l 为失效网格的尺寸，在本书中 l=0.1mm。

2. BP 神经网络模型

图 4-39 是典型的三层反向传播（back propagation，BP）神经网络拓扑结构，该结构包括输入层、隐含层和输出层，各层之间通过权值进行连接。输入信号在神经元节点中通过传递函数产生输出信号，实现信号的正向传递；神经网络通过计算输出信号和期望值之间的误差，将各层之间误差根据权值进行反向传播，并自动将权值进行修正，神经网络不断进行正向传递和反向传播过程以达到设置的最小误差为止[9]。BP 神经网络通过上述原理建立参数之间任意精度的非线性联系。

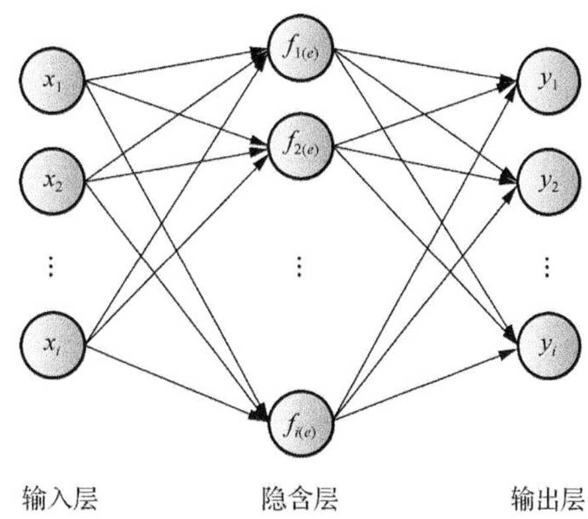

图 4-39　BP 神经网络拓扑结构

BP 神经网络模型参数的选择决定了模型性能和精度，模型包括以下各参数。

（1）训练样本与测试样本建立

样本集的选取范围直接决定着模型性能，样本集应尽量均匀涵盖参数范围，确保样本具有一定代表性，否则可能导致预测结果不准确。同时样本集的数量也对模型性能有着重要影响，样本数量过少会导致模型无法建立良好的非线性关系，样本数量过多会导致有用信息丢失并且训练时间成倍增加，因此在进行模型训练前应选择合适的样本数量。

样本集分为训练样本和测试样本，两种样本之间相互独立。训练样本用于建立参数之间的非线性关系，测试样本通过计算期望值和预测值之间误差来检验模型的预测和泛化能力。在划分训练样本和测试样本时应选择合适的比例，常用训练样本和测试样本划分比例有 8∶2 和 7∶3 等。

由于各个参数之间数值差别较大，甚至相差几个数量级，将导致网络各层之间的权重相差较大、训练精度变差和训练速度变慢等问题。为此，需要将样本数据进行归一化处理，使数据保持在[-1,1]区间内，以符合求解算法的计算精度。归一化公式为

$$Y = \frac{(Y_{\max} - Y_{\min})(X - X_{\min})}{X_{\max} - X_{\min}} - Y_{\min} \tag{4-48}$$

式中，$X_{\max}$ 是数据最大值；$X_{\min}$ 是数据最小值。$Y_{\max}$ 和 $Y_{\min}$ 对应归一化的区间，本书设置为[-1,1]。因此，函数形式为

$$Y = \frac{2(X - X_{\min})}{X_{\max} - X_{\min}} - 1 \tag{4-49}$$

（2）隐含层层数与节点数量确定

隐含层作用是将输入数据的特征抽象到另一个维度空间以展现其抽象化特征，并将该特征进行更好的线性划分。决定隐含层特性的参数包括隐含层层数和节点数量。多个隐含层理论上可以更好地对不同类型数据进行线性划分，但过多隐含层会导致过拟合现象和训练时长的增加。因此，一般神经网络首选单隐含层，当增加单隐含层节点数量不能改善预测结果精度时，再考虑增加隐含层层数。隐含层的节点数量对模型性能的影响较大，节点数量过少无法满足精度要求，节点数量过多会导致过拟合现象和收敛速度慢。确定隐含层节点数量的基本原则是在确保精度要求前提下尽量简化模型结构，即尽量选择较少的节点数量进行计算。一般先由经验公式确定隐含层节点数量，然后通过不断调试该参数直至满足网络性能和泛化能力，确定隐含层节点数 m 的经验公式为

$$m=\sqrt{n+l}+\alpha \tag{4-50}$$

式中，n 为输入节点数；l 为输出节点数；α 为常数且 $1\leqslant\alpha\leqslant10$。

（3）传递函数、学习速率及其他参数确定

传递函数用于隐含层和输出层中各节点输出数据的计算，传递函数必须是可微函数，常见的传递函数包括限幅传递函数 hardlim、线性传递函数 purelin、正切 S 型传递函数 tansig 和对数 S 型传递函数 logsig 等。

学习速率为每一轮训练的权值变化量，影响模型收敛精度。学习速率过小影响收敛速率，学习速率过大会导致结果难以收敛至最优解。误差阈值是模型停止训练的最小误差要求。一个循环的数据前向传播和误差逆向传播为一次网络训练，最大训练次数为模型训练未达到最小误差要求的训练停止次数。

3. 基于 BP 神经网络的 GTN 模型参数校准

GTN 模型参数标定的准确性对预测材料断裂过程具有决定性作用，因此选择适当的参数标定方法十分重要。目前主要参数标定方法有显微分析法和有限元逆向标定法。试验显微分析法通过金相观测得到的孔洞体积分数通常只能表征材料局部特征，所以结果往往不够准确。有限元逆向标定法需要根据每一次的有限元结果进行参数调整并反复尝试。BP 神经网络可以通过反馈误差来建立各类参数之间的非线性关系模型，具有良好的学习和预测能力。考虑到材料断裂特征（荷载-位移曲线、CTOD、和 *J-R* 曲线）和 GTN 模型参数之间复杂的非线性关系，因此本书采用 BP 神经网络模型结合有限元模拟方法建立荷载-位移曲线、裂纹尖端张开位移 CTOD 特征值和 *J-R* 曲线与 GTN 模型参数的非线性关系，得到最合适的 GTN 模型参数。

如 2.2.3 节所述，GTN 模型的断裂参数共有 9 个，分别为：模型本构参数 q_1、q_2、q_3；孔洞形核粒子平均应变 ε_N；孔洞形核粒子标准差 S_N；孔洞形核粒子体积分数 f_N；初始孔洞体积分数 f_0；临界孔洞体积分数 f_c 和失效孔洞体积分数 f_F。相关学者[10-12]研究发现当 q_1=1.5、q_2=1 和 $q_3=q_1^2$=2.25 时，Gurson 模型与微观单元模型吻合较好。已有学者[13]通过有限元模拟研究了 q_1、q_2 和 q_3 对不同温度下材料断裂特征的影响，结果表明 q_1、q_2 和 q_3 对材料断裂预测结果影响甚微。因此，对于不同温度下 ZG300-500H 铸钢材料的

GTN 模型本构参数，本书采用 q_1=1.5、q_2=1 和 $q_3=q_1^2$=2.25 的固定取值进行标定。

孔洞形核粒子平均应变 ε_N、孔洞形核粒子标准差 S_N 和孔洞形核粒子体积分数 f_N 决定了孔洞的形核过程。大多数钢材均含有 MnS 等非金属杂质，孔洞会在非金属杂质处形核，随着材料的塑性变形和二次形核，裂纹逐渐形成。根据已有研究结果[11,12,14]，本书中 ε_N=0.3，S_N =0.1。孔洞形核粒子体积分数 f_N 是指发生孔洞形核时第二相粒子的体积分数。不同材料的 f_N 存在很大差别，需通过具体研究确定。综合不同钢材 GTN 模型标定结果中 f_N 的取值和参数化分析，初步确定 f_N 的范围在 0.002～0.1。

f_0 代表材料初始孔洞的体积分数，与材料铸造成型工艺密切相关，由于该参数属于材料本身缺陷，不同材料的 f_0 取值各异，故难以直接获取 f_0 的取值。根据不同钢材的 f_0 取值和参数化分析，初步确定 f_0 的范围在 0.0001～0.01。

当孔洞体积分数达到临界值 f_c 时，孔洞之间开始聚合，此时材料仍可承受荷载。已有研究认为临界孔洞体积分数 f_c 不是一个常数，根据不同钢材的 f_c 取值统计和参数化分析，初步确定 f_c 的范围在 0.03～0.2。失效孔洞体积分数 f_F 表示基体材料最终断裂时的孔洞体积分数，取值也需根据材料类型而确定。根据不同钢材的 f_F 取值统计和参数化分析，初步确定 f_F 在 0.15～0.5 范围内。

温度改变会导致材料力学性能发生变化，温度降低会导致材料强度升高、塑性变形能力变差，同时也会影响材料的断裂过程（CTOD、最大荷载和实时裂纹扩展量等），因此不同温度下材料的 GTN 模型参数需要分别进行标定。

基于 BP 神经网络，利用断裂韧性试验结果结合有限元模拟对不同温度下 ZG300-500H 铸钢材料 GTN 模型参数进行标定。对于四个待标定的参数，在其初定范围内等分成 3 个值，具体的取值范围见表 4-16。通过穷举法对 GTN 模型参数进行取值，每个温度点下得到了 81 组有限元模拟结果，即对应 81 组样本。

表 4-16　GTN 模型参数取值范围

参数水平	f_N	f_0	f_c	f_F
1	0.002	0.0001	0.03	0.15
2	0.051	0.00505	0.115	0.325
3	0.1	0.01	0.2	0.5

采用 MATLAB 构建不同温度下 ZG300-500H 铸钢材料断裂性能与 GTN 模型参数的 BP 神经网络模型。由 4.2.5 节可知，−60℃和−80℃工况下无法得到试件的 *J-R* 曲线，因此−60℃和−80℃工况下用于标定 GTN 模型的神经网络拓扑结构与 20℃、0℃、−20℃和−40℃工况不同。分别对上述两种神经网络拓扑结构的 GTN 模型进行标定：

（1）20℃、0℃、−20℃和−40℃神经网络模型建立与 GTN 模型参数标定

20℃、0℃、−20℃和−40℃神经网络的输入层节点数均为 21，分别为荷载−位移曲线、*J-R* 曲线和裂纹尖端张开位移 CTOD 特征值，其中荷载−位移曲线和 *J-R* 曲线需要等间距离散化为 10 个节点。输出层节点数均为 4，分别为 GTN 模型参数中的 f_N、f_0、f_c 和 f_F 四个参数。综合考虑训练速度、网络误差和过拟合情况，选择单隐含层并根据式（4-50）

经过调试，20℃、0℃、−20℃和−40℃神经网络隐含层节点数 m 分别为 12、14、11 和 11。20℃、0℃、−20℃和−40℃神经网络的拓扑结构如图 4-40 所示。将有限元模拟的 81 组数据作为 BP 神经网络的数据样本，为了确保网络权重不会差异过大，对样本数据根据式（4-49）进行归一化处理。按照 8∶2 的比例将数据样本随机划分为训练样本和测试样本，即训练样本有 65 组数据，测试样本有 16 组数据。网络隐含层和输出层的传递函数分别采用默认的 Tansig 正切 S 型函数和 Purelin 线性函数。网络的训练采用利文贝格-马夸特（Levenberg-Marquardt）默认算法。经过调试，网络的最大学习次数（迭代次数）均设置为 1000，误差阈值均设置为 10^{-6}，学习速率均设置为 0.001[15]。

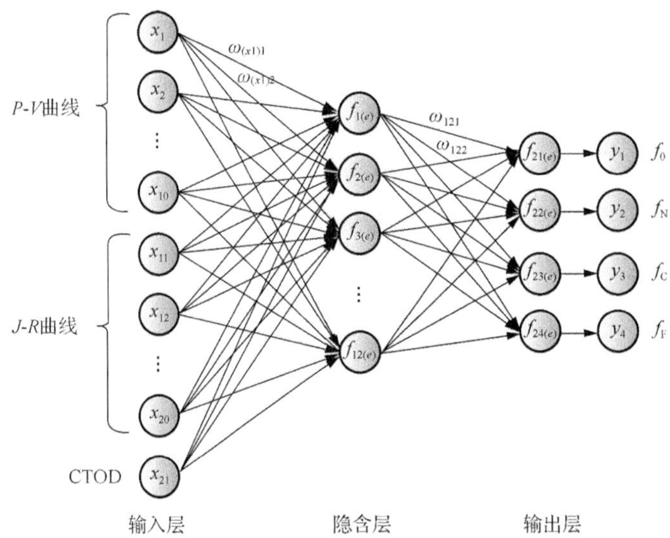

图 4-40　20℃、0℃、−20℃、−40℃时 BP 神经网络拓扑结构

20℃训练后的神经网络性能如图 4-41 所示，网络在 54 次训练后达到了最小误差要求。0℃、−20℃和−40℃神经网络分别在 263 次、72 次和 115 次训练后达到最小误差要求。训练样本实际输出值和期望输出值之间的训练回归系数 R 分别为 0.9846、0.9632、0.9803 和 0.9796。神经网络除了需要训练样本具有足够输出精度，还要求神经网络具有良好泛化能力，即对测试样本可以实现准确预测。图 4-42～图 4-45 分别为 20℃、0℃、−20℃和−40℃ BP 神经网络对随机抽取的 16 组测试样本的预测输出和期望输出，可以看出预测值和期望值较为接近。综上表明训练后的 BP 神经网络具有良好的预测性能。

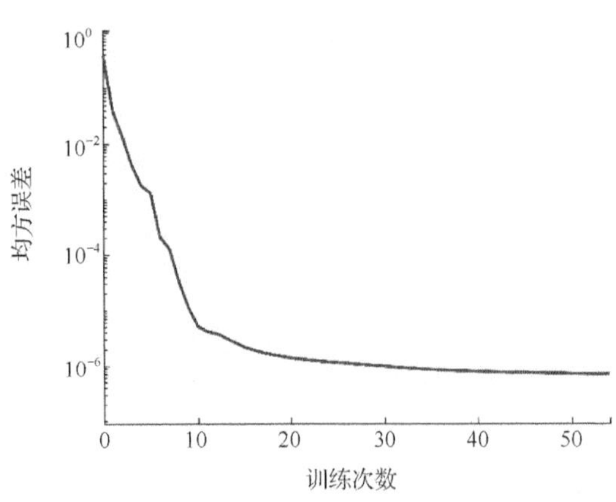

图 4-41　20℃下 BP 神经网络训练的均方误差

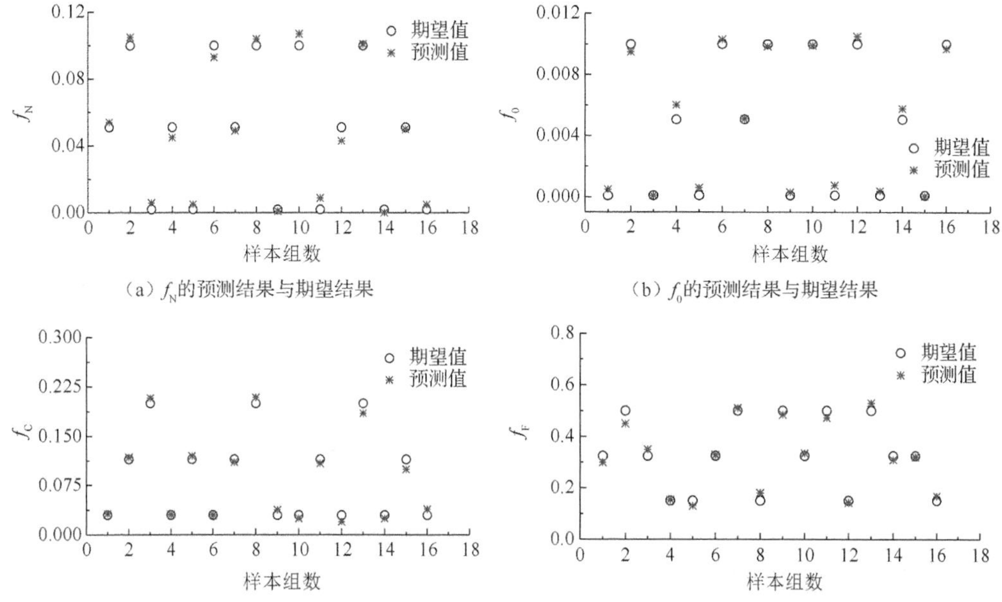

（a）f_N的预测结果与期望结果　（b）f_0的预测结果与期望结果

（c）f_C的预测结果与期望结果　（d）f_F的预测结果与期望结果

图 4-42　20℃下 BP 神经网络样本测试结果

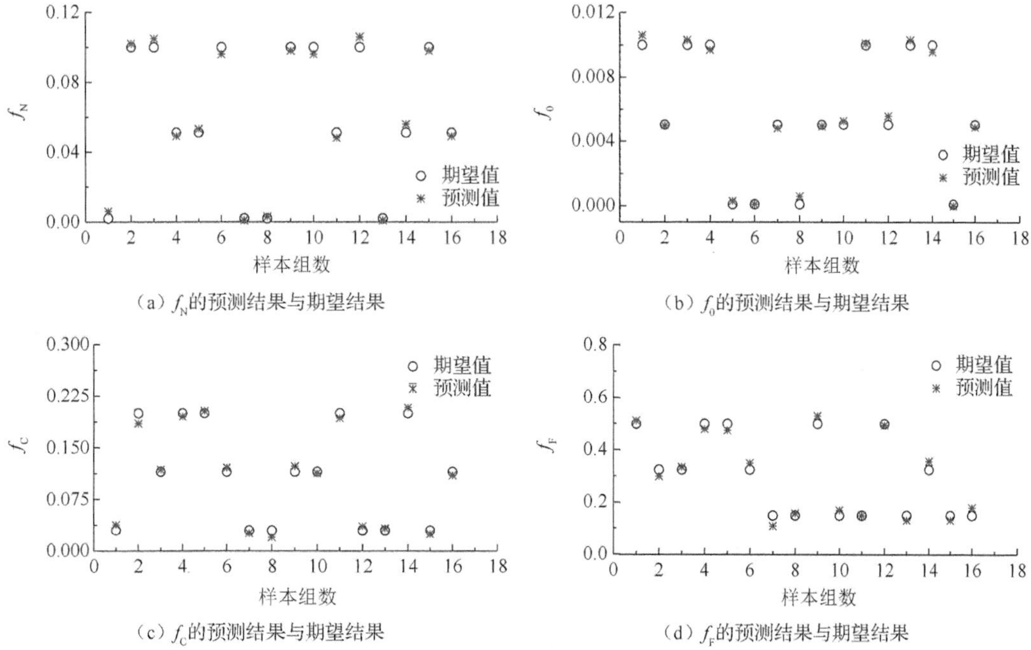

（a）f_N的预测结果与期望结果　（b）f_0的预测结果与期望结果

（c）f_C的预测结果与期望结果　（d）f_F的预测结果与期望结果

图 4-43　0℃下 BP 神经网络样本测试结果

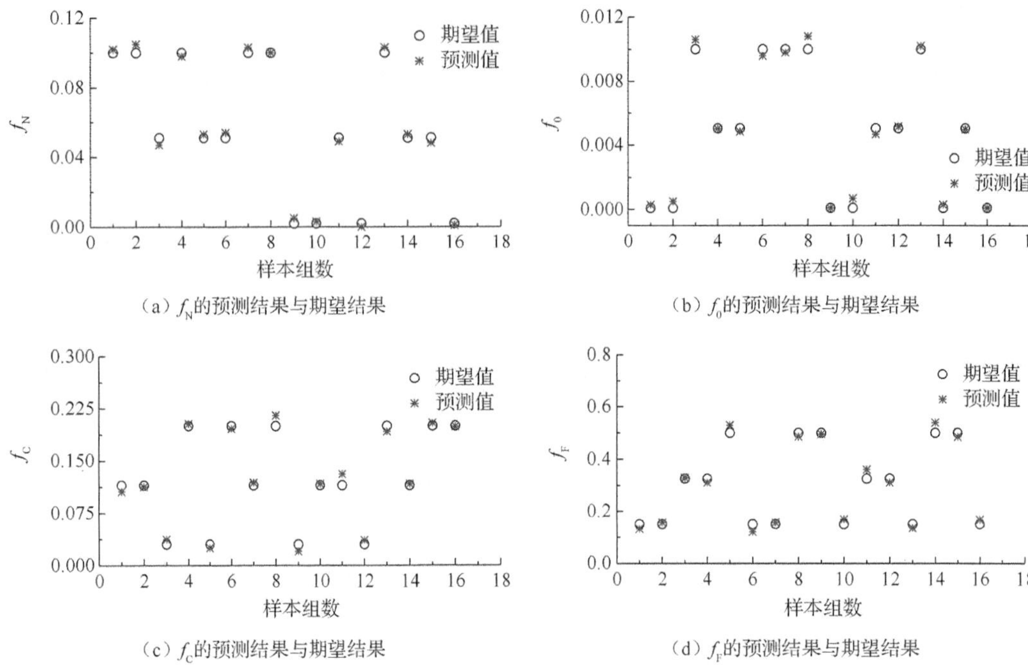

（a）f_N的预测结果与期望结果 （b）f_0的预测结果与期望结果

（c）f_C的预测结果与期望结果 （d）f_F的预测结果与期望结果

图 4-44 −20℃下 BP 神经网络样本测试结果

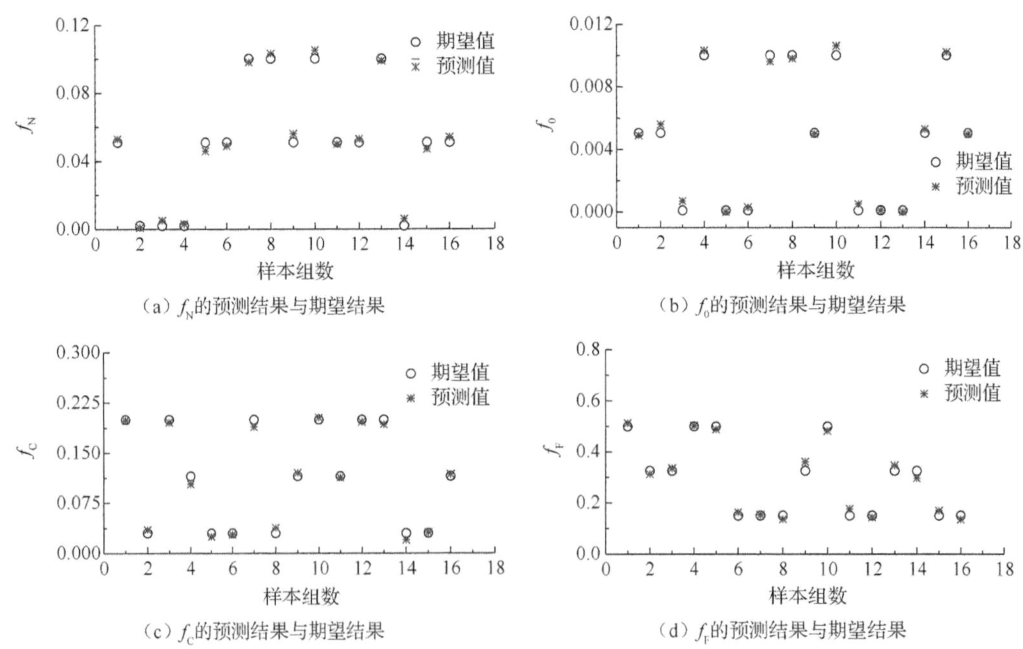

（a）f_N的预测结果与期望结果 （b）f_0的预测结果与期望结果

（c）f_C的预测结果与期望结果 （d）f_F的预测结果与期望结果

图 4-45 −40℃下 BP 神经网络样本测试结果

为了得到 GTN 模型参数值，将试验测得的真实结果数据作为网络的输入层，利用训练好的神经网络进行预测，得到了预测后的 GTN 模型参数值，见表 4-17。为了验证 GTN 模型参数值的准确性，将表 4-17 中的数值输入有限元模型中，得到模拟的荷载-位移曲线、*J-R* 曲线和 CTOD 特征值，并与试验结果进行对比。荷载-位移曲线和 *J-R* 曲线的试验结果与模拟结果对比情况如图 4-46 所示，*J-R* 曲线拟合参数 C_1、C_2 和 CTOD 特征值的试验值和模拟值比较见表 4-18。由图 4-46 和表 4-18 可知，各个温度下的两组曲线的吻合度良好，模拟值误差最大为 5.9%。综上所述，表 4-17 中的数值满足精度要求，可认定为 20℃、0℃、−20℃、−40℃下 ZG300-500H 铸钢材料的 GTN 模型参数值。

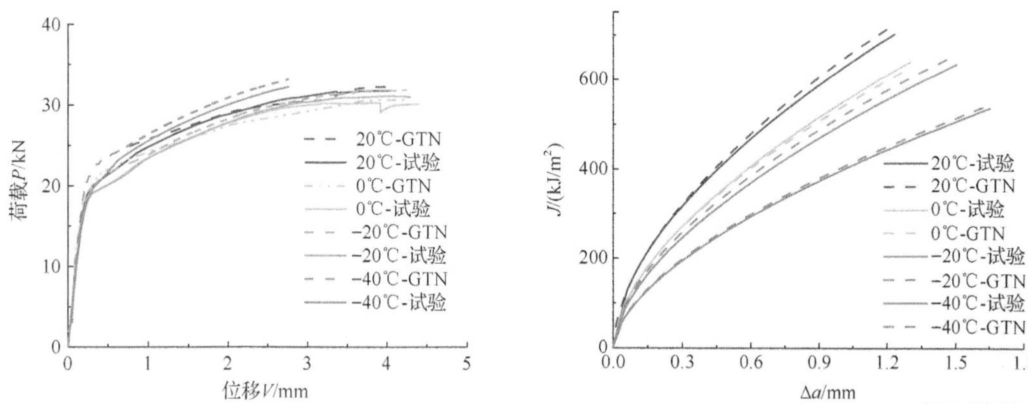

（a）荷载-位移曲线对比　（b）*J-R*曲线对比

图 4-46　试验结果与模拟结果对比

表 4-17　ZG300-500H 铸钢材料在不同温度下的 GTN 模型参数

<table>
<tr><th>温度/℃</th><th>q_1</th><th>q_2</th><th>q_3</th><th>ε_N</th><th>S_N</th><th>f_N</th><th>f_0</th><th>f_C</th><th>f_F</th></tr>
<tr><td>20</td><td rowspan="6">1.5</td><td rowspan="6">1</td><td rowspan="6">2.25</td><td rowspan="6">0.3</td><td rowspan="6">0.1</td><td>0.056</td><td>0.0067</td><td>0.086</td><td>0.285</td></tr>
<tr><td>0</td><td>0.057</td><td>0.0063</td><td>0.083</td><td>0.278</td></tr>
<tr><td>−20</td><td>0.059</td><td>0.0061</td><td>0.072</td><td>0.263</td></tr>
<tr><td>−40</td><td>0.063</td><td>0.0056</td><td>0.059</td><td>0.243</td></tr>
<tr><td>−60</td><td>0.066</td><td>0.0051</td><td>0.048</td><td>0.215</td></tr>
<tr><td>−80</td><td>0.068</td><td>0.0048</td><td>0.045</td><td>0.198</td></tr>
</table>

表 4-18　20℃、0℃、−20℃、−40℃下 C_1、C_2 和 CTOD 试验值与模拟值对比

<table>
<tr><th>参数</th><th>温度/℃</th><th>试验值</th><th>模拟值</th><th>误差/%</th></tr>
<tr><td rowspan="4">C_1</td><td>20</td><td>625.373</td><td>645.393</td><td>3.2</td></tr>
<tr><td>0</td><td>550.252</td><td>540.368</td><td>1.8</td></tr>
<tr><td>−20</td><td>500.386</td><td>519.683</td><td>3.9</td></tr>
<tr><td>−40</td><td>398.587</td><td>409.013</td><td>2.6</td></tr>
</table>

续表

参数	温度/℃	试验值	模拟值	误差/%
C_2	20	0.582	0.578	0.6
	0	0.585	0.573	2.1
	-20	0.589	0.581	1.4
	-40	0.595	0.591	0.7
CTOD/mm	20	0.971	0.993	2.3
	0	0.982	0.957	2.5
	-20	0.962	0.905	5.9
	-40	0.603	0.628	4.1

（2）-60℃和-80℃神经网络模型建立与 GTN 模型参数标定

-60℃和-80℃神经网络的输入节点数均为 11，分别为荷载位移曲线和裂纹尖端张开位移 CTOD 特征值，其中荷载-位移曲线需要分别离散化为 10 个节点。神经网络输出层节点数均为 4，分别为 GTN 模型参数中的 f_N、f_0、f_c 和 f_F 四个参数。综合考虑训练速度、网络误差和过拟合情况，选择单隐含层并根据式（4-50）进行调试，隐含层节点数 m 分别为 11 和 10。-60℃和-80℃神经网络的拓扑结构如图 4-47 所示。同样均按照 8∶2 的比例将数据样本随机划分为训练样本和测试样本；网络隐含层和输出层的传递函数分别采用默认的 tansig 正切 S 型函数和 purelin 函数；网络的训练采用 Levenberg-Marquardt 默认算法。网络的最大学习次数（迭代次数）设置均为 1000，误差阈值设置均为 10^{-6}，学习速率设置均为 0.001。-60℃和-80℃的神经网络分别在 89 次和 192 次训练后达到最小误差要求。训练样本实际输出值和期望输出值之间的训练回归系数 R 分别为 0.9575 和 0.9731。

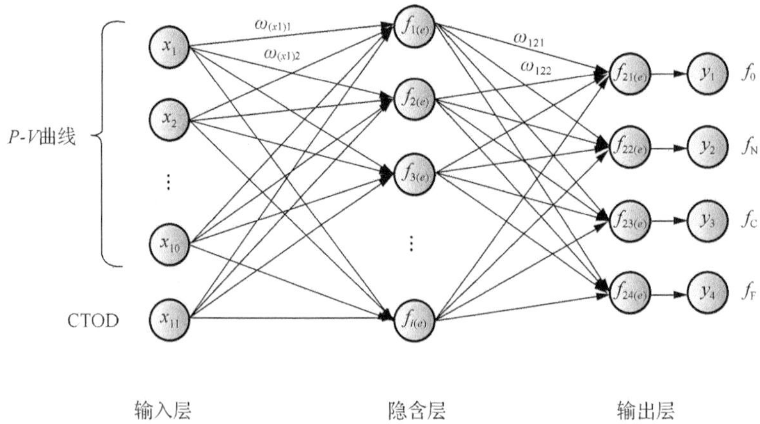

图 4-47 -60℃和-80℃下 BP 神经网络拓扑结构

为了确定神经网络的预测能力，对网络的泛化能力进行检验，-60℃和-80℃神经网络的预测输出和期望输出如图 4-48 和图 4-49 所示，整体预测效果较为精准。利用训练好的神经网络对试验测得的真实数据进行预测，得到了−60℃和−80℃的 GTN 模型参数值，见表 4-17。为了验证 GTN 模型参数值的准确性，将表 4-17 中数值输入有限元模型中，并将模拟结果与试验结果进行了对比。荷载-位移曲线的试验结果与模拟结果对比如图 4-50 所示，−60℃和−80℃的荷载-位移曲线吻合度均良好。−60℃的 CTOD 特征值试验值和模拟值分别为 0.443mm 和 0.458mm，误差为 3.4%；−80℃的 CTOD 特征值试验值和模拟值分别为 0.247mm 和 0.256mm，误差为 3.6%。综上所述，表 4-17 中数值可认定为−60℃和−80℃下 ZG300-500H 铸钢材料的 GTN 模型参数值。

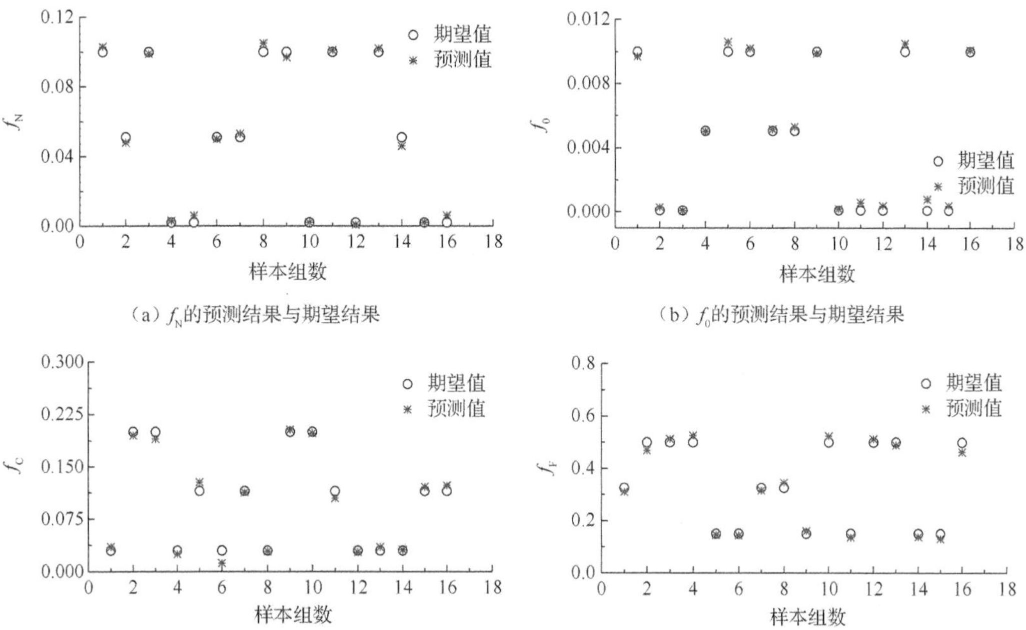

（a）f_N的预测结果与期望结果　（b）f_0的预测结果与期望结果

（c）f_C的预测结果与期望结果　（d）f_F的预测结果与期望结果

图 4-48　−60℃下 BP 神经网络样本测试结果

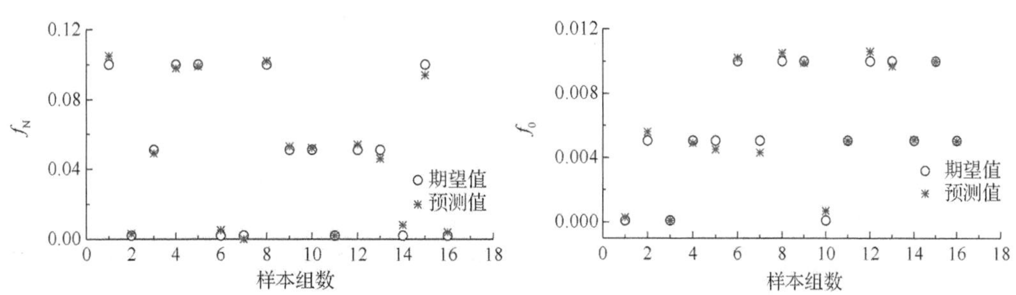

（a）f_N的预测结果与期望结果　（b）f_0的预测结果与期望结果

图 4-49　−80℃下 BP 神经网络样本测试结果

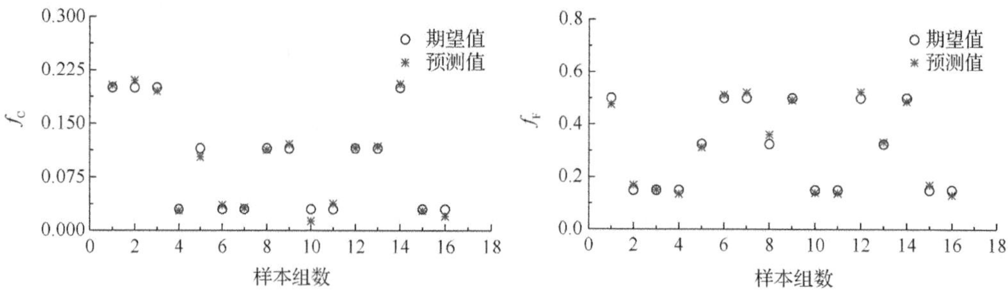

（c）f_C的预测结果与期望结果　　（d）f_F的预测结果与期望结果

图 4-49（续）

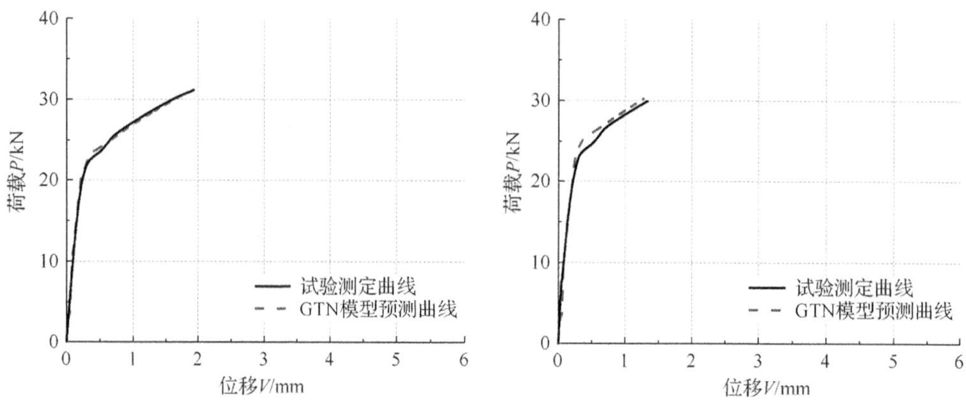

（a）-60℃荷载-位移曲线对比　　（b）-80℃荷载-位移曲线对比

图 4-50　-60℃和-80℃下试验结果与模拟结果对比

将表 4-17 中参数 f_N、f_0、f_C 和 f_F 在不同温度下的取值绘制于图 4-51，可以看出温度对孔洞体积分数有显著影响。f_0、f_C 和 f_F 随温度的降低而减小，在 20℃至-80℃，f_0 减小了 28.36%，f_C 减小了 47.67%，f_F 减小了 30.53%。f_N 随温度的降低而增大，在 20℃至-80℃，f_N 增大了 21.43%。孔洞体积压缩性较材料体积压缩性大，导致材料孔洞在降温过程中比材料体积减小幅度更大，因此随着温度降低材料初始孔洞体积分数 f_0 减小。临界孔洞体积分数 f_C 随着温度的下降而减小，4 个参数中临界孔洞体积分数 f_C 对于温度变化最为敏感，表明温度的下降加剧了孔洞之间的应变局部化，导致材料孔洞更容易聚合并导致裂纹扩展。失效孔洞体积分数随着温度的下降而减小，表明材料更易发生失效断裂。孔洞形核粒子体积分数 f_N 随着温度的下降而增大，表明低温下孔洞更易形核。

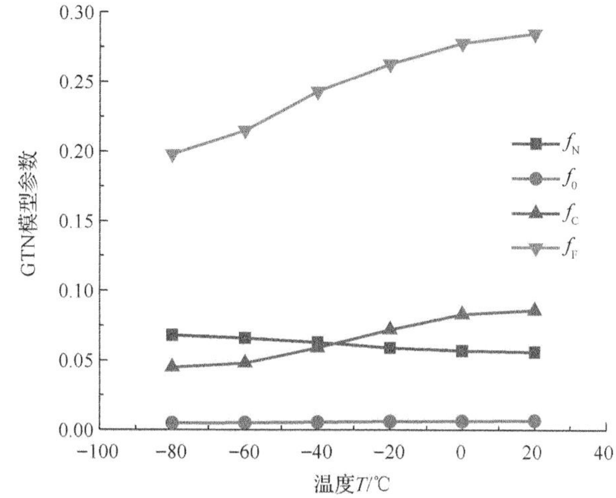

图 4-51　不同温度下 GTN 模型参数取值

4.3.4　基于低温耦合模型的钢材断裂预测

利用表 4-17 标定完成的不同温度下 ZG300-500H 铸钢材料的 GTN 模型对不同面外拘束试件断裂韧性进行预测。将预测的荷载-位移曲线、*J-R* 曲线和 CTOD 特征值与试验结果进行对比，其中荷载-位移曲线和 *J-R* 曲线的试验结果与预测结果比较如图 4-52 和图 4-53 所示，*J-R* 曲线拟合参数 C_1、C_2 和 CTOD 特征值的试验值和预测值比较见表 4-19。

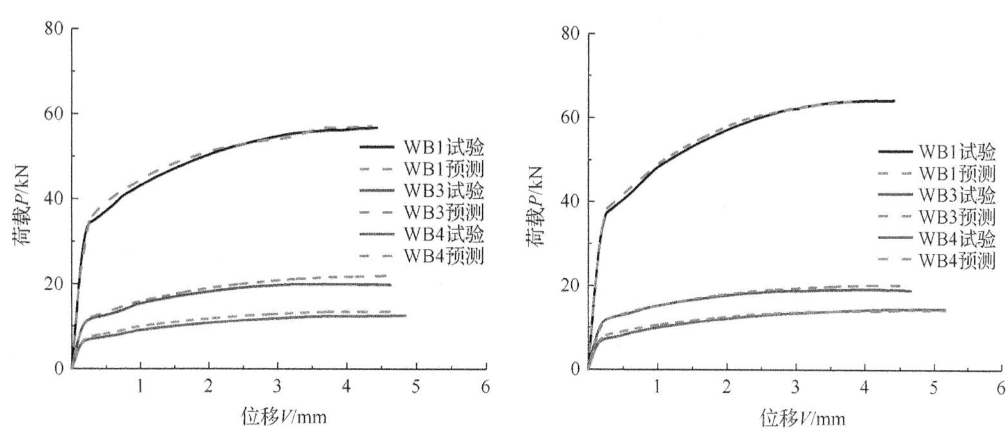

（a）20℃荷载-位移曲线对比　　（b）0℃荷载-位移曲线对比

图 4-52　不同面外拘束试件荷载-位移曲线试验结果与预测结果对比

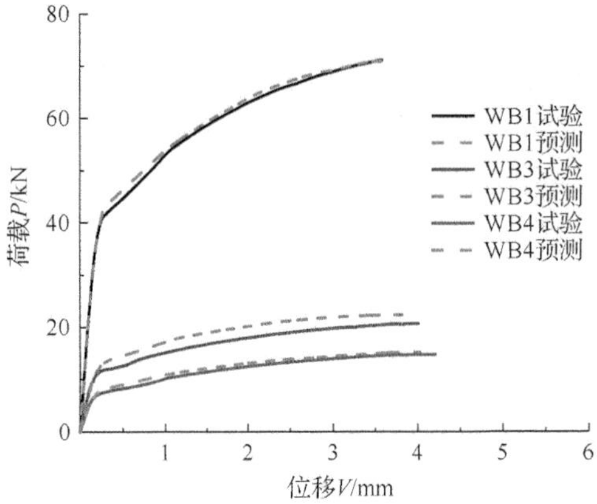

（c）-20℃荷载-位移曲线对比

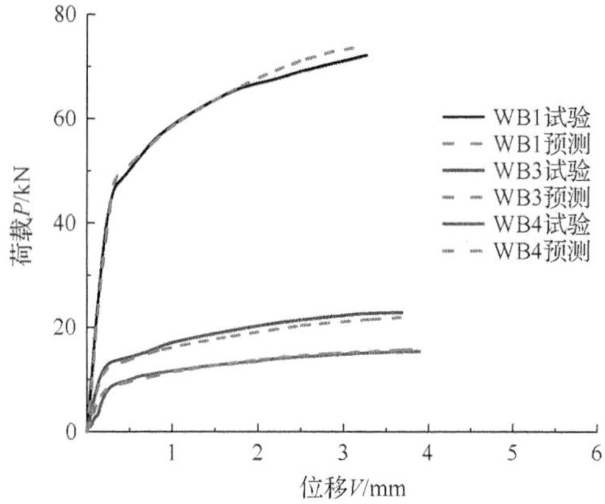

（d）-40℃荷载-位移曲线对比

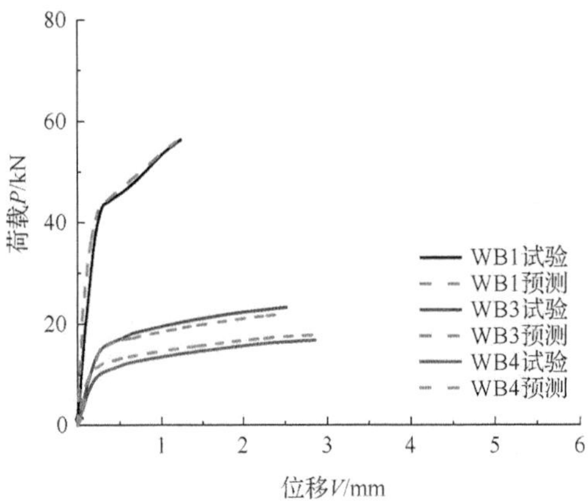

（e）-60℃荷载-位移曲线对比

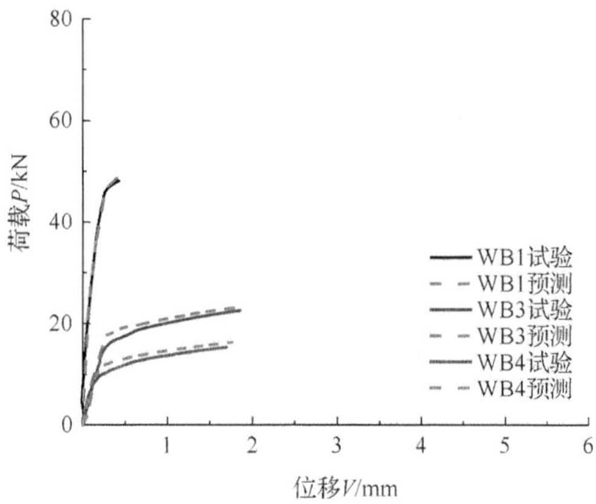

（f）-80℃荷载-位移曲线对比

图 4-52（续）

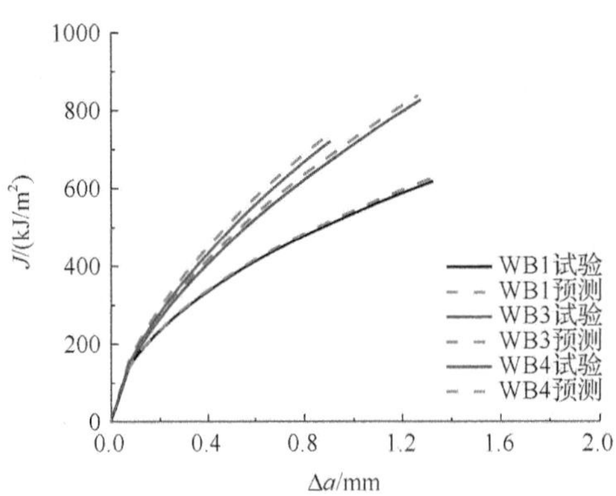

（a）20℃J-R曲线对比

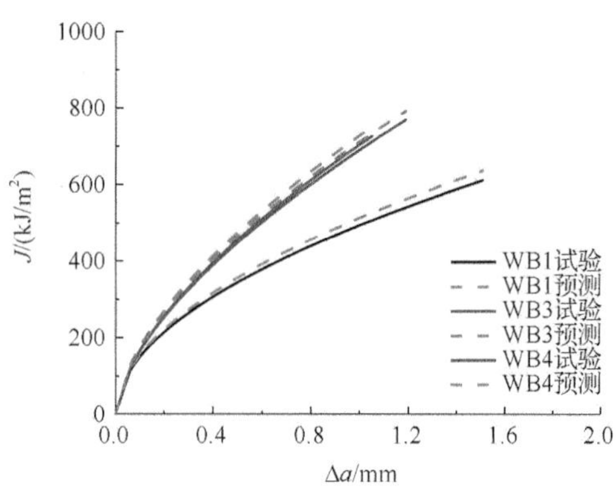

（b）0℃J-R曲线对比

图 4-53 不同面外拘束试件 *J-R* 曲线试验结果与预测结果对比

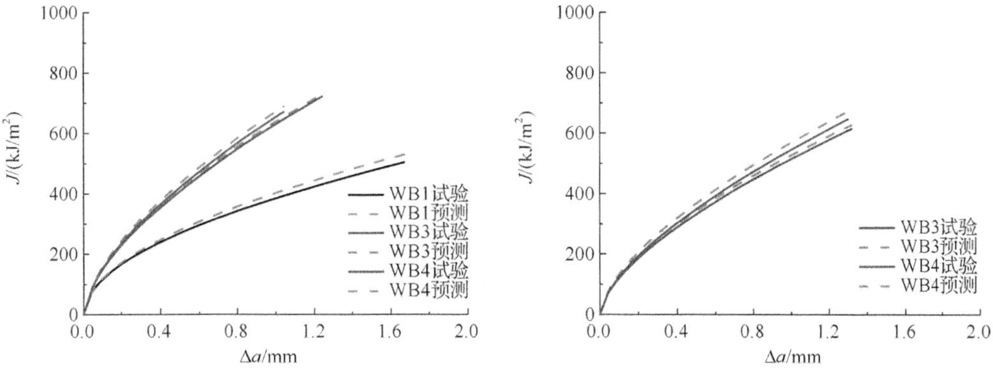

（c）−20℃J-R曲线对比　　（d）−40℃J-R曲线对比

图 4-53（续）

表 4-19　不同面外拘束试件 C_1、C_2 和 CTOD 试验值与模拟值对比

参数	温度/℃	试件编号	试验值	模拟值	误差/%
C_1	20	WB1	535.573	543.648	1.5
		WB3	713.118	728.031	2.1
		WB4	768.532	789.658	2.7
	0	WB1	493.128	513.260	4.1
		WB3	690.124	712.055	3.2
		WB4	703.886	728.032	3.4
	−20	WB1	385.125	403.624	4.8
		WB3	630.032	638.28	1.3
		WB4	653.778	672.135	2.8
	−40	WB3	515.458	528.652	2.6
		WB4	546.383	570.575	4.4
C_2	20	WB1	0.512	0.516	0.8
		WB3	0.613	0.605	1.3
		WB4	0.625	0.612	2.1
	0	WB1	0.520	0.523	0.6
		WB3	0.623	0.612	1.8
		WB4	0.628	0.615	2.1
	−20	WB1	0.523	0.531	1.5
		WB3	0.628	0.619	1.4
		WB4	0.635	0.628	1.1
	−40	WB3	0.632	0.619	2.1
		WB4	0.642	0.627	2.3

续表

参数	温度/℃	试件编号	试验值	模拟值	误差/%
CTOD/mm	20	WB1	1.067	1.112	4.2
		WB3	1.117	1.120	0.3
		WB4	1.130	1.182	4.6
	0	WB1	1.031	1.026	0.5
		WB3	1.021	1.085	6.3
		WB4	1.203	1.196	0.6
	−20	WB1	0.995	1.032	3.7
		WB3	0.958	1.035	8.0
		WB4	1.106	1.108	0.2
	−40	WB1	0.493	0.503	2.0
		WB3	0.812	0.859	5.7
		WB4	0.901	0.915	1.5

由图 4-52、图 4-53 和表 4-19 可知，在各温度下 GTN 模型的预测结果与试验结果吻合度良好，误差较小，进一步验证了标定 GTN 模型参数的准确性。

参 考 文 献

[1] 全国钢标准化技术委员会(SAC/TC 183). 金属材料 拉伸试验 第 3 部分: 低温试验方法: GB/T 228. 3—2019[S]. 北京: 中国标准出版社, 2019.

[2] 全国钢标准化技术委员会(SAC/TC183). 金属材料 准静态断裂韧度的统一试验方法: GB/T 21143—2014[S]. 北京: 中国标准出版社, 2014.

[3] 唐健凯. 管线钢焊接接头断裂韧性及测试方法研究[D]. 天津: 天津大学, 2018.

[4] Begley J A, Landes J D. The *J* integral as a fracture criterion[C]// Illinois: Proceedings of the 1971 National Symposium on Fracture Mechanics, 1971(9): 1-23.

[5] 宋蒙蒙. 试样厚度以及加载方式对裂纹尖端拘束的影响[D]. 天津: 天津大学, 2017.

[6] American Society for Testing and Materials. Standard test method for measurement of fracture toughness: ASTM E1820-20a[S]. West Conshohocken: American Standard, 2020.

[7] 徐建勇. 基于裂尖张开位移的面内与面外统一拘束参数及其应用研究[D]. 上海: 华东理工大学, 2019.

[8] Shih C F. Relationships of between the *J*-integral and the crack opening displacement for stationary and extending cracks[J]. Journal of the Mechanics and Physics of Solids, 1981, 29(4): 305-326.

[9] 高喜峰, 翟立宾, 徐万海. 应用 BP 神经网络的柔性圆柱涡激振动预报[J]. 哈尔滨工程大学学报, 2020(8): 1-6.

[10] Tvergard V. On localization in ductile materials containing spherical voids[J]. International Journal of Fracture, 1982, 18: 237-252.

[11] Xu J, Sun T, Wen X D, et al. *J-R* curve determination of G20Mn5QT cast steel using CT specimen with varying in-plane and out-of-plane constraints based on normalization method and GTN model[J]. Journal of Materials Research and Technology, 2022, 18: 3502-3519.

[12] 隋伟宁, 陈茂明, 陈彦文, 等. Q345B 钢材 GTN 模型损伤参数标定及应用[J]. 沈阳建筑大学学报(自然科学版), 2018, 34(1): 82-90.

[13] Yin Y, Bai J H, Ma T, et al. A simplified strategy to address effects of the drop of temperature on the Gurson-Tvergaard-Needleman model for G20Mn5QT cast steels[J]. Journal of Materials in Civil Engineering, 2022, 34(11): 04022289.

[14] Chu C C, Needleman A. Void nucleation effects in biaxially stretched sheets[J]. Journal of Engineering Materials and Technology, 1980, 102(3): 249-256.

[15] 石婵. 5A06 铝合金板材温成形本构及损伤研究[D]. 武汉: 华中科技大学, 2019.

第 5 章　钢结构疲劳性能及寿命预测

5.1　铸钢材料疲劳性能及寿命预测

5.1.1　铸钢材料疲劳试验

试验采用的铸钢为 G20Mn5QT 材料，根据相关规范要求加工得到疲劳试验标准试件，如图 5-1（a）所示。试验时，通过特制的夹具将试件固定在试验机上，如图 5-1（b）所示，该夹具可保证试件严格对中，并有效传递试验荷载。

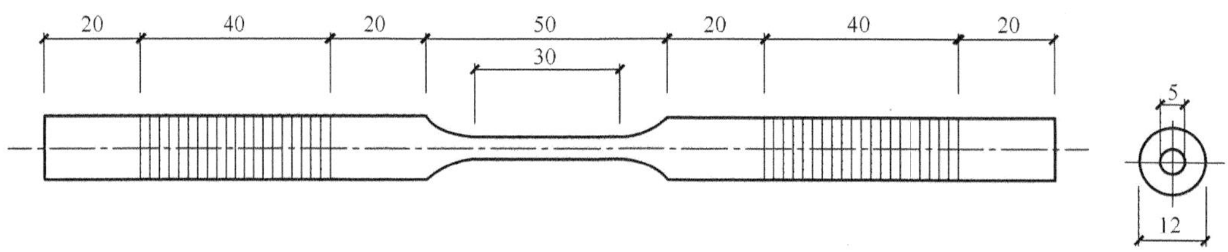

（a）标准试件

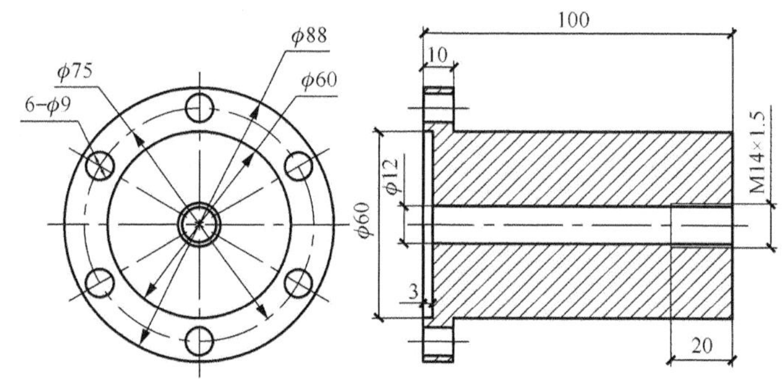

（b）机器夹具

图 5-1　铸钢材料疲劳试件及夹具尺寸详图（单位：mm）

建筑结构通常设计在弹性范围内服役，特殊荷载作用下允许进入塑性范围。为了更准确地控制试验过程，采用应变控制加载。试验在常温大气环境下进行，采用 Instron E10000 电子万能试验机加载，引伸计标距为 20mm。应力比采用 R_ε为−1 和 0.1，加载波形为正弦波形，加载频率 f 为 10Hz。

根据《金属材料轴向等幅低循环疲劳试验方法》（GB/T 15248—2008）的判定条件，当试件最大荷载下降到初始荷载 90%时认为试件疲劳失效。如果试验至 10^7 次时仍未疲劳破坏，则认为此试件在该应变幅下不会疲劳。

1. R_ε=−1 时铸钢材料疲劳试验结果及分析

（1）循环响应特性及 *S-N* 曲线

在由应变控制的疲劳试验中，通过测量滞回曲线的应力幅σ_a，并将其与荷载循环次数共同分析，可以得到试件的应力响应。其中，应力幅（σ_a）为应力范围（$\Delta\sigma$）的 1/2（$\sigma_a=\Delta\sigma/2$）。N_i为已加载的疲劳周期数，N为疲劳寿命，因此N_i/N为相对疲劳寿命。

图 5-2 为不同应变幅时 G20Mn5QT 铸钢的循环应力响应曲线。循环应力由试验施加的应变幅值决定，可分为以下两类：当应变幅小于 0.1400%时，材料在整个循环加载过程中均表现出稳定的应力状态；当应变幅大于等于0.1400%时，材料在试验初期（0～0.1N）表现出迅速的初始软化，随后进入稳定的应力状态，然后裂纹萌生扩展直至疲劳断裂。可见 G20Mn5QT 铸钢是一种循环软化材料。

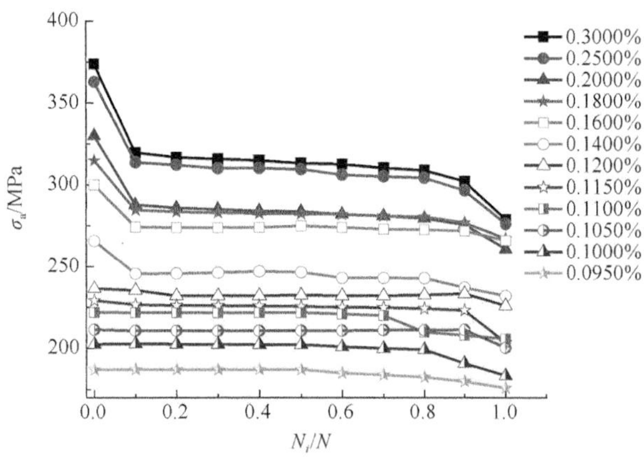

图 5-2　G20Mn5QT 铸钢的循环应力响应曲线

不同应变幅时 G20Mn5QT 铸钢的应力-应变曲线随疲劳寿命的变化如图 5-3 所示。在荷载循环次数达到疲劳寿命的 80%以前，应力-应变曲线均保持在稳定状态。对于应变幅大于等于 0.1400%的试件，应力-应变曲线具有明显的弹塑性特征，如图 5-3（a）～（f）所示；而对于应变幅小于 0.1400%的试件，应力-应变曲线呈线弹性关系，如图 5-3（g）～（h）所示。在疲劳总寿命的最后 20%范围内，所有试件的应变幅在受拉时均出现降低。这是因为随着试件中微裂纹逐步形成和扩展，若达到相同的应变幅，则所需的应力幅将减小。

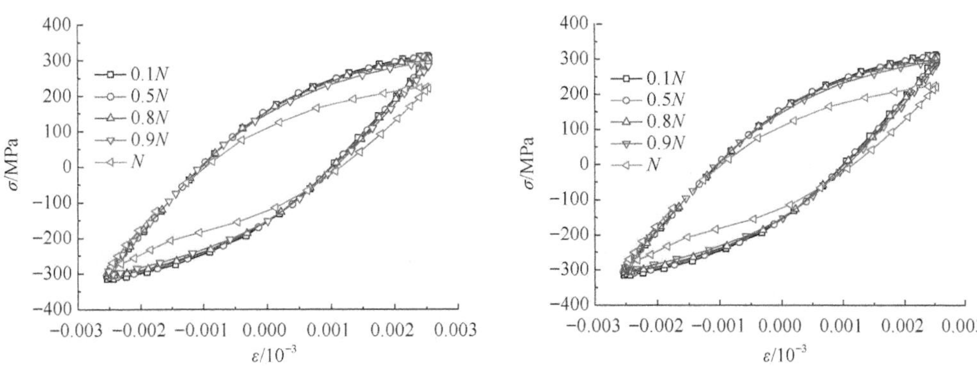

（a）0.3000%　（b）0.2500%

图 5-3　不同应变幅ε_a时应力-应变曲线

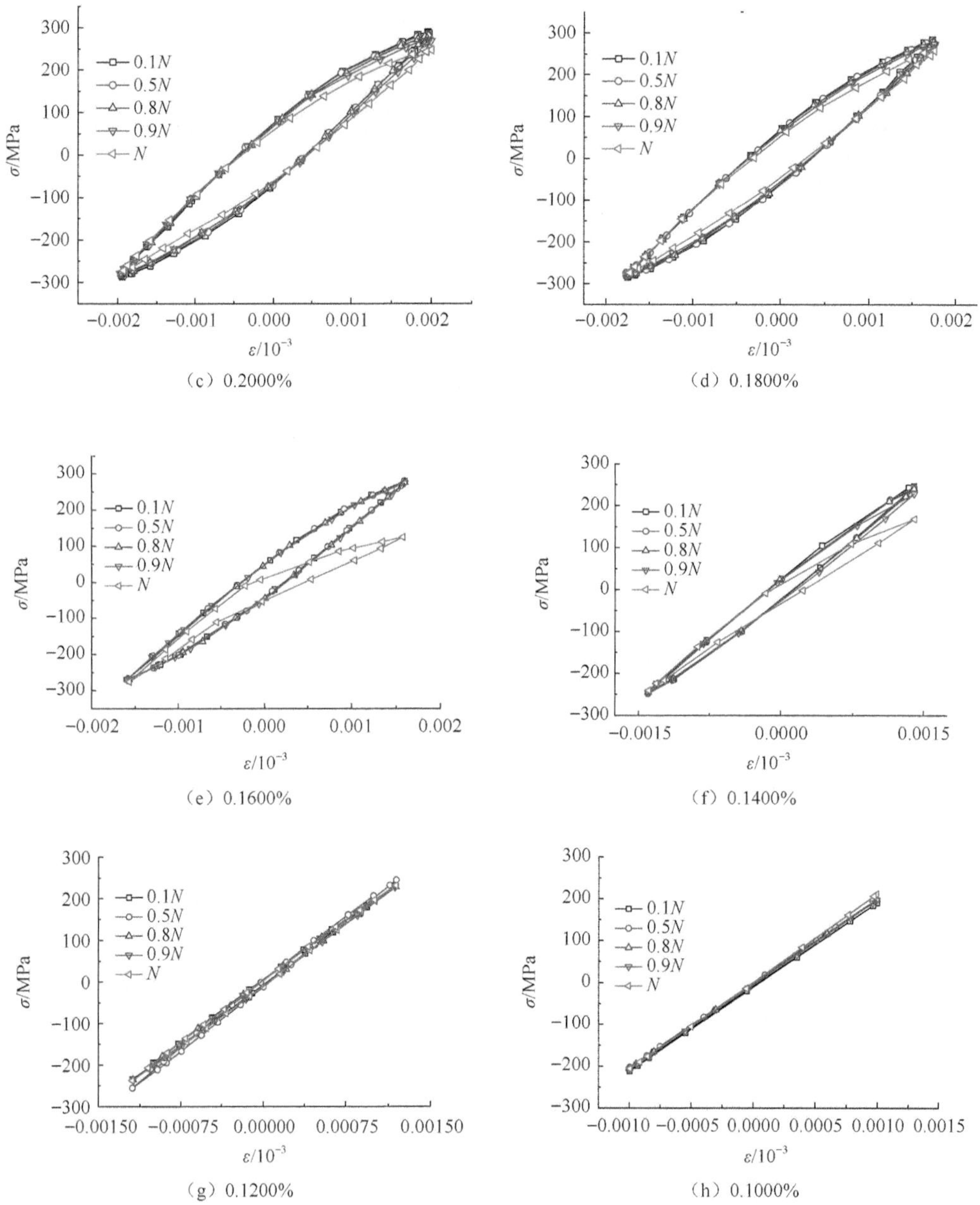

(c) 0.2000%　(d) 0.1800%

(e) 0.1600%　(f) 0.1400%

(g) 0.1200%　(h) 0.1000%

图 5-3（续）

表 5-1 列出了各试件疲劳寿命与相应的应变幅，ε-N 曲线如图 5-4 所示。当G20Mn5QT 铸钢试件的荷载循环次数超过 10^7 次时终止试验，认为试件在该加载幅值下不会发生疲劳破坏（在图 5-4 中用箭头表示）。

表 5-1　G20Mn5QT 铸钢的疲劳数据

$\varepsilon_a/10^{-6}$	N/次	$\varepsilon_a/10^{-6}$	N/次
3000	3641	1400	53595
2500	5944	1300	120764
2000	13710	1200	342474
2000	21474	1150	300000
2000	20590	1150	197595
1800	59159	1100	139991
1800	45337	1100	109988
1800	45187	1050	256979
1800	54432	1000	780294
1600	65973	1000	805444
1600	72000	950	876685
1600	53869	925	10000000
1400	140796	900	10000000
1400	48832	800	10000000

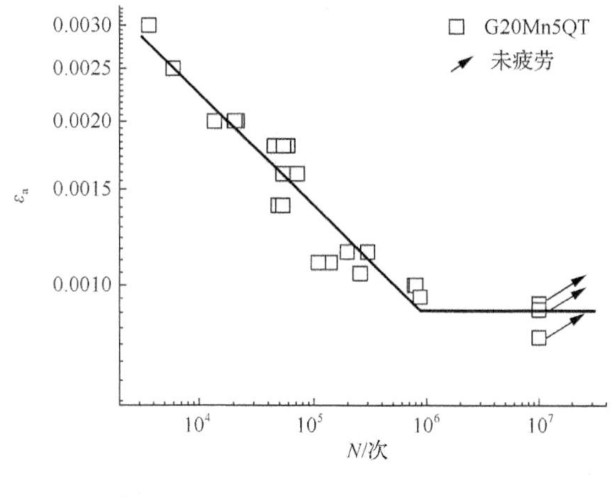

图 5-4　G20Mn5QT 铸钢的ε-N 曲线

从图 5-4 可以看出，当铸钢试件的应变幅ε_a从 0.3000%降低至 0.0950%时，试件的疲劳寿命在双对数坐标系下近似呈线性变化。应变幅ε_a 小于 0.0950%时，寿命均大于 10^7 次，因此 G20Mn5QT 铸钢的疲劳极限为 0.0925%。将斜线段按 50%失效概率线性回归得

$$\lg \varepsilon_a = -0.2062 \lg N - 1.8223 \tag{5-1}$$

将试验所得的铸钢疲劳性能与其他常用结构钢进行对比，如 Q235 钢[1]、Q345 钢、

高强钢 HPS 485W、美国 A7 钢[2]和奥氏体不锈钢 SUS304-HP[3]等，结果如图 5-5 所示。在低周疲劳范围内，疲劳寿命相同时，G20Mn5QT 铸钢对应的应变幅最小，比较而言其疲劳性能最差。G20Mn5QT 铸钢和 Q345 钢在化学成分和力学性能上相似，但疲劳性能相差较大。铸钢较差的疲劳性能可能是由铸造缺陷导致的。铸造过程产生不可避免的微观缺陷将成为疲劳裂纹扩展的潜在疲劳源。热轧钢材（Q235B、Q345 和 SUS304-HP）和冷轧钢材（HPS 485W 和 A7）疲劳性能较好，这是由于钢材的轧制方式可大大减少甚至消除该微观缺陷。

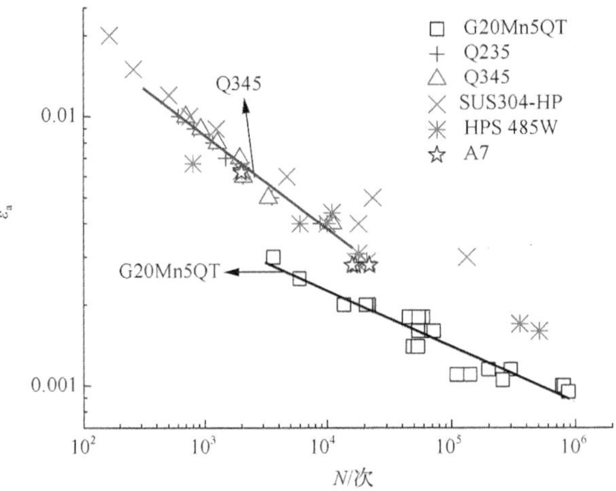

图 5-5　不同金属材料的ε-N 曲线对比

虽然试件无法在整个疲劳过程中达到严格稳定的状态，但大部分疲劳寿命内应力-应变关系均能保持平稳，因此 50%寿命时测得的滞回环仍可以较好反映材料的循环性能。表 5-2 列出了当寿命达到 0.5N 时，不同应变幅下铸钢材料稳定状态下的 ε_a、ε_{ea}、ε_{pa} 和σ_a，其中 N 为疲劳寿命，ε_{ea} 为弹性应变幅，ε_{pa} 为塑性应变幅，σ_a 是为应力幅。总应变幅 ε_a 可分为两个部分，即弹性应变幅 ε_{ea} 和塑性应变幅 ε_{pa}。在滞回曲线中，σ_a 为 0 的水平线与滞回环相交截出的宽度即为塑性应变范围$\Delta\varepsilon_p$。用总应变减去塑性应变，即可计算出弹性应变。对于铸钢试件，当 ε_a 小于 0.1400%时，ε_{pa} 数值非常小，可忽略不计，相应的试验数据不再列出。由表 5-2 可知，对于承受不同应变荷载的试件，随着 ε_a 的减少 ε_{ea} 略微下降，因此弹性应变占总应变的比例 $\varepsilon_{ea}/\varepsilon_a$ 随应变荷载的降低表现出明显的增长。

表 5-2　不同应变幅下 G20Mn5QT 铸钢的应变分量与应力幅

ε_a/%	ε_{pa}/%	ε_{ea}/%	（$\varepsilon_{ea}/\varepsilon_a$）/%	σ_a/MPa
0.3000	0.1400	0.1600	53.33	313.02
0.2500	0.0930	0.1570	62.80	309.30
0.2000	0.0470	0.1530	76.50	276.31
0.2000	0.0440	0.1560	78.00	283.60

续表

ε_a/%	ε_{pa}/%	ε_{ea}/%	(ε_{ea}/ε_a) /%	σ_a/MPa
0.2000	0.0430	0.1570	78.50	283.92
0.1800	0.0350	0.1450	80.56	283.26
0.1800	0.0350	0.1450	80.56	274.46
0.1800	0.0360	0.1440	80.00	282.29
0.1600	0.0210	0.1390	86.88	269.21
0.1600	0.0250	0.1350	85.00	274.96
0.1600	0.0260	0.1340	83.75	279.73
0.1400	0.0110	0.1290	92.14	251.97
0.1400	0.0130	0.1270	91.43	246.47

图 5-6 表示铸钢材料在 0.5N 时的滞回曲线。可以看到，当应变荷载增大后，滞回曲线包围的面积明显增大。尽管单调拉伸材料性能试验测得铸钢的平均比例极限应变为 0.2000%，但在往复荷载下，当应变荷载仅为 0.1800%、0.1600%甚至 0.1400%时，铸钢出现明显的塑性变形。仅当应变幅小于 0.1400%时，材料的循环应力-应变曲线才能保持线弹性状态，这与应变幅小于 0.1400%时材料循环稳定相对应。

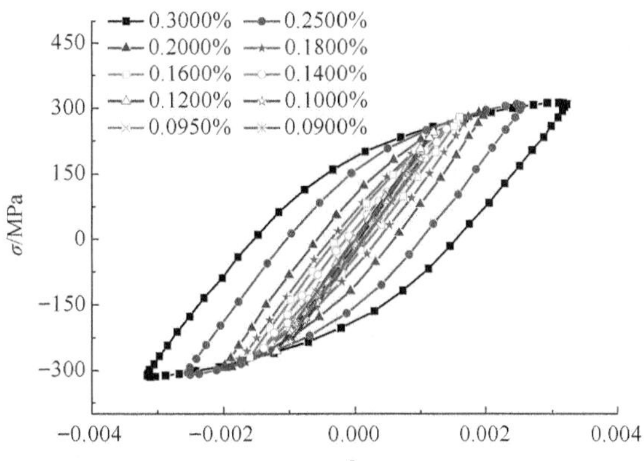

图 5-6　不同应变幅下铸钢应力-应变关系

将不同应力幅下的应力-应变滞回曲线平移至坐标原点重合，若滞回曲线的上行段轨迹线相吻合，则该材料具有 Massing 特性，称为 Massing 材料。反之，若存在明显差异，则该材料不具有 Massing 特性，称为非 Massing 材料。Massing 材料的物理意义是，材料循环应力-应变曲线的弹性部分不随应变幅值的变化而变化，或者说该材料在循环加载时其屈服点保持不变。将铸钢 G20Mn5QT 所有滞回曲线的最低点移至重合位置（图 5-7），结果显示该金属属于 Massing 材料。

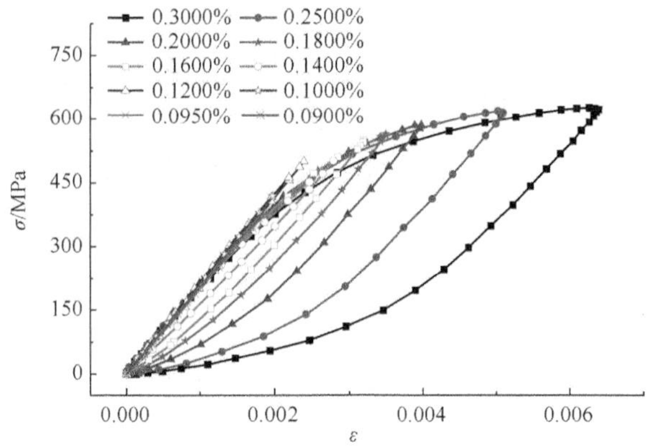

图 5-7 铸钢 Massing 特性

塑性应变能可被用于表征疲劳裂纹的萌生和扩展，而裂纹萌生和扩展阶段是疲劳寿命中最主要的两个部分。塑性应变能密度综合反映循环应力和循环应变两方面的影响，是描述疲劳损伤的重要参量之一。试验中每个循环的平均塑性应变能 $\Delta W_{\mathrm{p,e}}$ 可以通过计算对应滞回曲线的面积而得到。对于具有 Massing 循环应力-应变特性的材料，预估的塑性应变能可以用式（5-2）和式（5-3）[4]计算，其中，式（5-2）表示循环应力和循环应变之间的关系。

$$\sigma_{\mathrm{a}} = k\varepsilon_{\mathrm{pa}}^{n'} \tag{5-2}$$

$$\Delta W_{\mathrm{p,c}} = \left(\frac{1-n'}{1+n'}\right)\Delta\sigma\Delta\varepsilon_{\mathrm{p}} \tag{5-3}$$

式中，k 为循环强度系数；n' 为循环应变强化指数；$\Delta\sigma$为应力变化值；$\Delta\varepsilon_{\mathrm{p}}$ 为塑性应变差值，$\Delta\varepsilon_{\mathrm{p}}=2\varepsilon_{\mathrm{pa}}$。

由表 5-3 试验结果进行回归，可以得到上述公式中参数的取值 n' 为 0.089，k 为 566.7755。

根据式（5-2）和式（5-3），计算可得 $0.5N$ 时 G20Mn5QT 铸钢材料的塑性应变能 $\Delta W_{\mathrm{p,c}}$，并与试验值进行比较，见表 5-3。可以看到，塑性应变能的预测值与实测值吻合良好，误差均在 10%以内。因此，在缺乏试验数据的情况下，式（5-3）可以用于预测铸钢材料的塑性应变能和疲劳寿命。

表 5-3 G20Mn5QT 铸钢塑性应变能

ε_{a}/%	$\Delta W_{\mathrm{p,c}}$ /（J/cm^3）	$\Delta W_{\mathrm{p,e}}$ /（J/cm^3）	相对误差/%
0.3000	1.4637	1.5605	−6.20
0.2500	0.9607	1.0467	−8.21
0.2000	0.4301	0.4150	3.62
0.2000	0.4149	0.4100	1.19
0.2000	0.4078	0.4128	−1.23

续表

ε_a/%	$\Delta W_{p,c}$ / （J/cm³）	$\Delta W_{p,e}$ / （J/cm³）	相对误差/%
0.1800	0.3283	0.3144	4.41
0.1800	0.3199	0.3178	0.68
0.1800	0.3366	0.3376	−0.29
0.1600	0.1892	0.1789	5.74
0.1600	0.2250	0.1979	13.67
0.1600	0.2429	0.2651	−8.38
0.1400	0.0926	0.0890	3.98
0.1400	0.1029	0.1056	−2.58

材料的疲劳寿命与塑性应变能密度关系可用哈尔福德–马罗（Halford-Marrow）关系表示，此式可将塑性应变能与疲劳寿命联系起来：

$$\Delta W_p = W_f'(2N)^{\beta_p} \tag{5-4}$$

式中，W_f' 为疲劳塑性能量系数；β_p 为塑性应变能量指数。

根据试验数据回归出系数 W_f' 为 2.8537，β_p 为−0.7024。

疲劳寿命与应变幅之间的关系还可用 Manson-Coffin 公式来表达，该公式将应变幅分为弹性应变幅和塑性应变幅，即

$$\varepsilon_a = \varepsilon_{ea} + \varepsilon_{pa} = \frac{\sigma_f' - \sigma_m}{E}(2N)^b + \varepsilon_f'(2N)^c \tag{5-5}$$

式中，σ_f' 为疲劳强度系数；σ_m 为平均应力；ε_f' 为疲劳延性系数；b 为疲劳强度指数；c 为疲劳延性指数。

利用表 5-3 中的数据，分别回归 ε_{ea}、ε_{pa} 与 $2N$ 的关系。由此可以得到铸钢试件的 Manson-Coffin 方程表达式［式（5-6）］，并在图 5-8 中将其绘出。表 5-4 表示铸钢材料的相关计算参数，并与其他常用结构钢进行对比。从表中可发现，G20Mn5QT 铸钢与 Q345 的弹塑性参数和疲劳特性相差较大，同为热轧钢的 Q235 和 Q345 比较接近。

$$\varepsilon_a = 0.2924(2N_f)^{-0.6136} + 0.0029(2N_f)^{-0.0626} \tag{5-6}$$

表 5-4　不同结构钢的弹塑性参数和疲劳特性

材料	k'/MPa	n'	σ'_f/MPa	b	ε'_f	c
G20Mn5QT	566.78	0.0890	591.24	−0.00626	0.2924	−0.6136
Q235	999.00	0.1992	618.00	−0.0800	0.1559	−0.4620
Q345	1281.00	0.2069	931.00	−0.1034	0.1586	−0.4674
HPS 485W	956.00	0.113	851.00	−0.069	0.775	−0.701
A7	1139.00	0.248	760.00	−0.121	0.196	−0.486
S355	595.85	0.0757	952.20	−0.089	0.7371	−0.664
S690	1282.65	0.0921	1403.00	−0.087	0.7396	−0.809

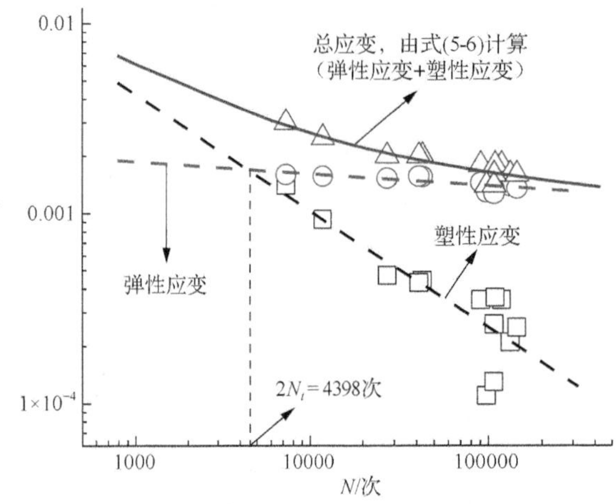

图 5-8 G20Mn5QT 铸钢 Manson-Coffin 曲线

通常情况下，弹性应变和塑性应变分别在低应力幅和高应力幅试验中占主要部分。从弹性（高周疲劳）到塑性（低周疲劳）的转变发生在循环次数 N_t 为 2199 时。换言之，对于铸钢材料，当疲劳寿命大于 2199 次时，材料的疲劳性能由疲劳强度性能决定，而非疲劳塑性性能。与传统试验中将应力控制和应变控制作为区分低周疲劳和高周疲劳的方式相比，过渡寿命可作为一个较为精确且物理意义明确的参数。

（2）扫描电镜结果与分析

利用线切割机将疲劳试件距断口 5mm 处部位切下，采用酒精溶液和超声波清洗仪对疲劳断口试件进行清洗，接着使用 Hitachi S-4800 扫描电子显微镜 SEM 对试件的疲劳断面进行扫描，观察其疲劳失效模式和疲劳断面特性。

G20Mn5QT 铸钢宏观断面如图 5-9 所示，疲劳断口的形貌可以清楚反映铸钢试件裂纹形成和发展的三个阶段：①裂纹萌生阶段（Ⅰ）；②裂纹扩展阶段（Ⅱ）；③瞬断阶段（Ⅲ）。可以发现明显的一次疲劳沟线，疲劳沟线是高度不同的疲劳区扩展会合时相交的结果，一般垂直于疲劳裂纹瞬时前沿线。大部分疲劳裂纹在靠近铸钢试件表面的铸造缺陷位置成核，如图 5-10（a）中的气孔和图 5-10（b）中的缩松（缩松是一种铸造类缺陷，形状不规则，表面粗糙，常产生在铸件厚大部位）。对于铸钢材料标准试件，裂纹的萌生阶段的寿命占总寿命的比例较高，也就是说，疲劳阶段主要寿命为表面或亚表面缺陷处形成微裂纹、之后逐步形成裂纹的过程。光滑试件发展为带裂纹构件的阶段为裂纹萌生阶段，之后进入裂纹扩展阶段。

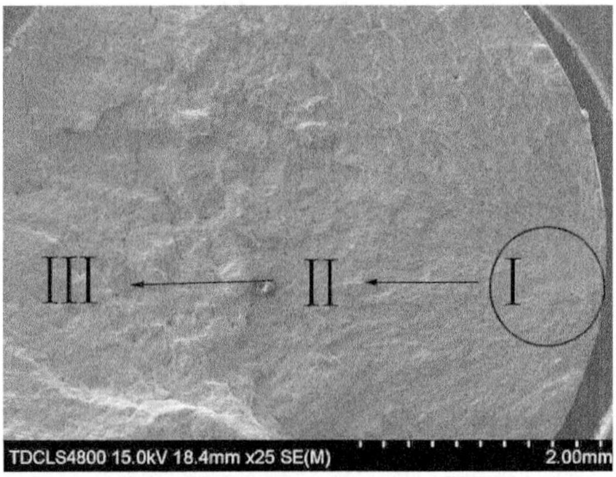

图 5-9 G20Mn5QT 铸钢宏观断面

由于铸钢内部显微组织差异和气孔等因素，裂纹扩展路径会由一个平面转至另一个平面，因此疲劳条带会分布在高度不同的平面上，但疲劳条带的方向相互平行，且垂直于裂纹发展方向。随着裂纹的扩展，有效截面积逐渐减小，应力强度因子逐渐增大，疲劳条带宽度的间距变大。当裂纹穿越铸钢中的气孔后裂纹发展的速率会迅速提高。

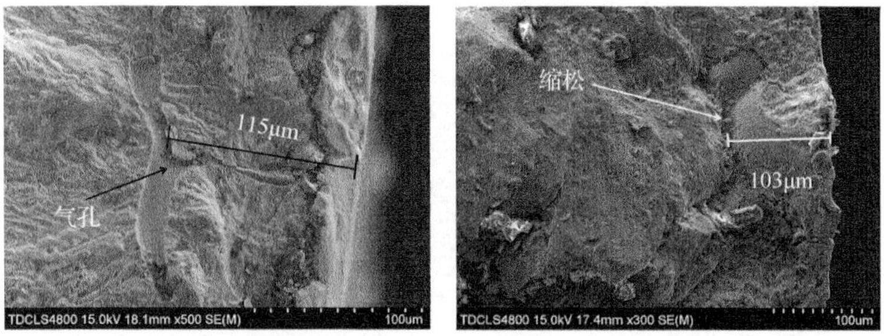

（a）0.1800%　　（b）0.1600%

图 5-10　不同应变幅下 G20Mn5QT 铸钢试件疲劳源区 SEM 图

在裂纹快速发展区域，可以观察到不规则的疲劳辉纹和疲劳台阶，如图 5-11 所示。图 5-12 显示裂纹瞬断区同时具有疲劳条带形貌和大小比较均匀的韧窝形貌，并且可见河流花样，属于韧性开裂以及穿晶开裂的混合断裂模式。这是因为疲劳裂纹扩展是循环滑移导致的，在晶粒内晶界对滑移的约束最小，所以疲劳裂纹通常穿过晶粒扩展。从图 5-12 和图 5-13 中可以验证，铸钢材料的断裂为穿晶断裂，且在断裂边缘附近可观察到二次裂纹（二次裂纹为断口上产生的裂纹）。

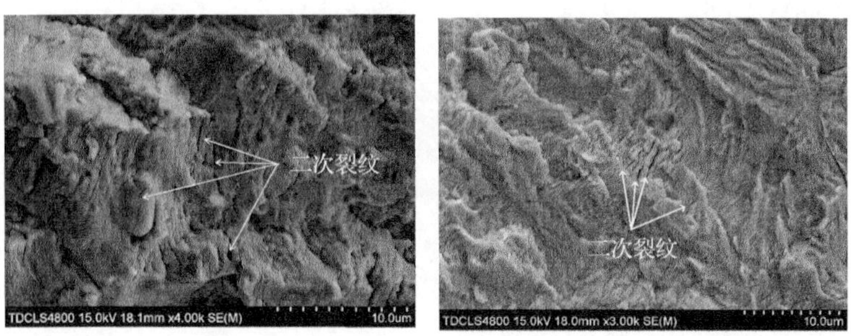

（a）0.2000%　　（b）0.1800%

图 5-11　不同应变幅下 G20Mn5QT 铸钢试件疲劳裂纹扩展区 SEM 图

（a）0.1800%　　（b）0.1600%

图 5-12　不同应变幅下 G20Mn5QT 铸钢试件疲劳裂纹瞬断区 SEM 图

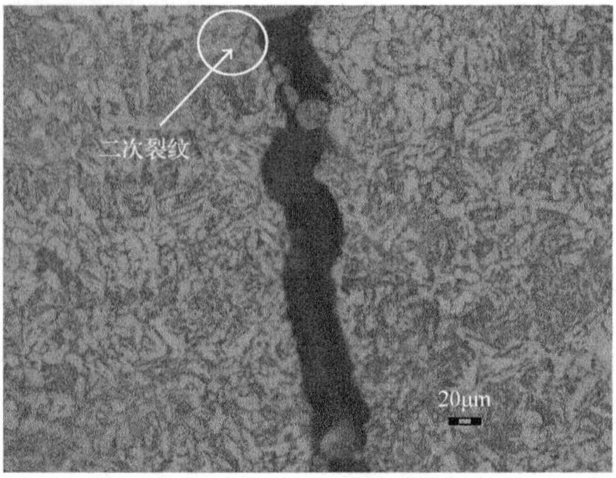

图 5-13 G20Mn5QT 铸钢疲劳断裂纵向断面的金相图

对比图 5-11 和图 5-12 可知：裂纹扩展区的间距较小，与瞬断区相邻的混合断裂区，疲劳条带的间距将激增，瞬断区的条带间隙较大，约为裂纹扩展初期的 30 倍。断口上疲劳条带数目和荷载循环次数相对应，因此靠近疲劳源区域裂纹扩展较慢，远离疲劳源区域裂纹扩展较快。

材料在往复荷载作用下，晶体之间发生循环滑移或错位，试件表面的少数晶粒中将出现塑性变形。从微观层面讲，循环滑移需要循环剪应力驱动，而剪应力在整个材料中并非均匀作用，基于晶粒的尺寸、形状、晶体取向、材料的弹性各向异性，晶体滑移面上的剪应力在晶粒之间是不同的。由于试件表面自由，与内部材料相比表面晶粒塑性变形受到的约束较小，因此表面晶粒更容易产生滑移并形成滑移线。在一定循环加载后出现了硬化和软化，使塑性变形不总在单一滑移面上产生，而在一个或几个滑移系平面上进行。在循环荷载作用下，塑性变形总是集中于一定区域，并产生不均匀塑性应变，在金属表面则表现为滑移带，之后通过挤入和挤出方式演变成无法消除的驻留滑移带，并留下痕迹。当挤入和挤出足迹足够深时，疲劳裂纹形成。驻留滑移带形成和发展过程，即为裂纹萌生过程。

由于铸钢材料存在小孔类铸造缺陷和几何不连续引起的缺口效应，表面或亚表面应力集中，加速了驻留滑移带的形成，从而使微裂纹从表面起始。微裂纹通常成核于疲劳寿命早期阶段，其成核后，受晶界影响微裂纹的扩展非常缓慢。在裂纹起始阶段，疲劳为材料表面现象。

当微裂纹尺寸为晶粒尺寸的数量级时，微裂纹就处于一个具有晶体结构和几个不同滑移系的弹性各向异性材料中。微裂纹的存在会使微观水平上产生非均匀应力分布，进而使裂纹尖端出现应力集中，导致一个以上的滑移系被激活。如果裂纹扩展到相邻晶粒，对滑移位移的约束会因相邻晶粒的存在而增大。同理，当一个滑移面难以容纳滑移位移时，微裂纹将出现在多个滑移面上。于是，微裂纹的扩展方向偏移初始滑移方向，一般会垂直于加载方向，且裂纹由剪切扩展方式转变为拉伸扩展方式。

当裂纹前缘具有足够多的晶粒数目时，裂纹扩展将成为沿裂纹前缘连续发生的过程。裂纹的扩展速率取决于材料内部对裂纹扩展的阻力，而与材料表面的粗糙度和约束无关。

最终突然性断裂是损伤逐渐累积的结果。当裂纹扩展到临界尺寸、裂纹尖端应力强度因子达到临界值时，试件发生失稳断裂，其失效机制与静载脆性断裂机制相同。

裂纹的起始阶段包括循环滑移、裂纹成核和微裂纹扩展，该阶段与材料表面有关，控制参量为应力集中系数 K_t。裂纹扩展阶段主要指宏观裂纹的扩展，该阶段与材料对裂纹扩展抗力有关，控制参量为应力强度因子 K。瞬断阶段的控制参量为断裂韧度 K_{IC}。

材料的疲劳寿命主要由裂纹萌生过程组成，当微裂纹发展成为裂纹后，其剩余寿命仅占总寿命的较小部分。

2. R_ε=0.1 时铸钢材料疲劳试验结果及分析

循环加载时分别采用试验机和引伸计记录试验中实时荷载和应变，依据试件几何参数计算应力-应变关系，将其与应变比为 R_ε=−1 时的应力-应变曲线进行对比，如图 5-14 所示。由于 0.1N 后 G20Mn5QT 铸钢的循环应力-应变曲线保持稳定且无明显变化，循环次数 N_i 大于 0.1N 时的数据没有在图 5-14 中表示。

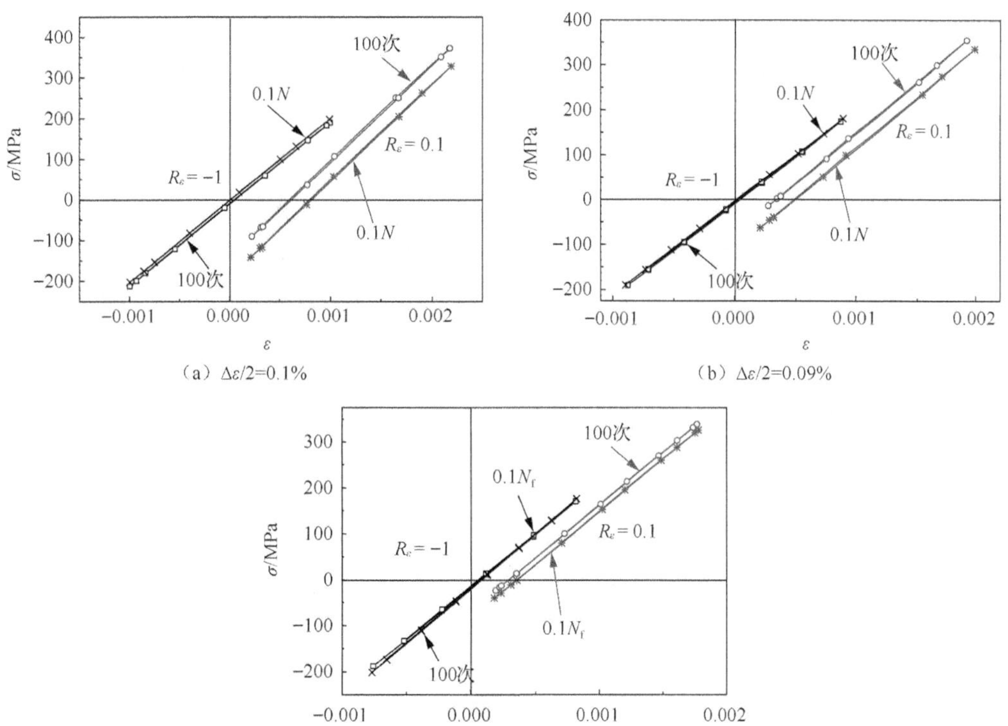

（a）Δε/2=0.1%　（b）Δε/2=0.09%　（c）Δε/2=0.08%

图 5-14　R_ε=0.1 和 R_ε=−1 时 G20Mn5QT 铸钢应力-应变曲线对比

对于 R_ε=−1 的曲线，从图 5-14 可以看出，几乎所有应力-应变曲线均关于原点对称。随着荷载循环次数的增加，曲线逐渐趋于稳定。对于 R_ε=0.1 的曲线，尽管控制的最小应变应为正值，但仍然存在负应力值。因为 R_ε=0.1 时，试件始终处于受拉状态，材料恢复变形需要一定时间。在频率较大情况下试件的变形不能立即恢复，将通过施加压力的方式使其恢复到初始变形。对于 R_ε=−1 情况，由于每一加载周期均存在对称的拉、压应力，因此上述现象并不明显。从曲线的演化规律发现：应变幅越小，循环应力-应变曲线达到稳定状态越快。

将不同应变幅下 R_ε=−1 和 R_ε=0.1 的应力幅 σ_a 和相对疲劳寿命 N_i/N 曲线进行对比，如图 5-15 所示。对于 R_ε= −1 的 G20Mn5QT 铸钢试件，在荷载循环次数达到 0.8～1.0N 前 σ_a-N_i/N 曲线均保持稳定状态。然而对于 R_ε=0.1 的试件，σ_a-N_i/N 曲线仅在 0～0.1N 之间表现出微弱的强化阶段，随后保持稳定，直至试件破坏。

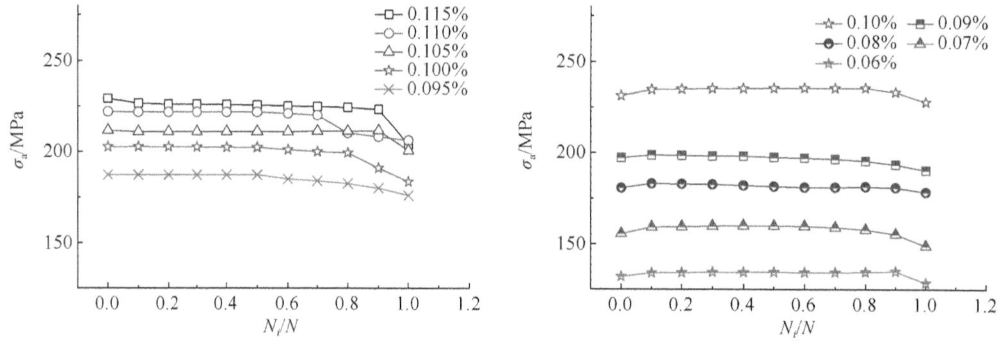

（a）R_ε= −1　　（b）R_ε= 0.1

图 5-15　不同应变幅和应变比下 G20Mn5QT 铸钢应力幅-相对疲劳寿命曲线

从图 5-16 可看出，在应变幅相同的情况下，应变比 R_ε=0.1 的试件比应变比 R_ε=−1 的试件表现出更大应力幅和平均应力，而应力幅对疲劳寿命有较大影响。对于应变比 R_ε=−1 的试件，随着荷载循环次数的增大，全寿命阶段内应变基本无明显变化，保持为定值，仅在 0～0.1N 阶段内最大和最小应力有所降低，导致平均应力略微增加。当应变比 R_ε=0.1 时，在结构正常承载范围内 G20Mn5QT 铸钢不会发生明显软化或硬化现象。

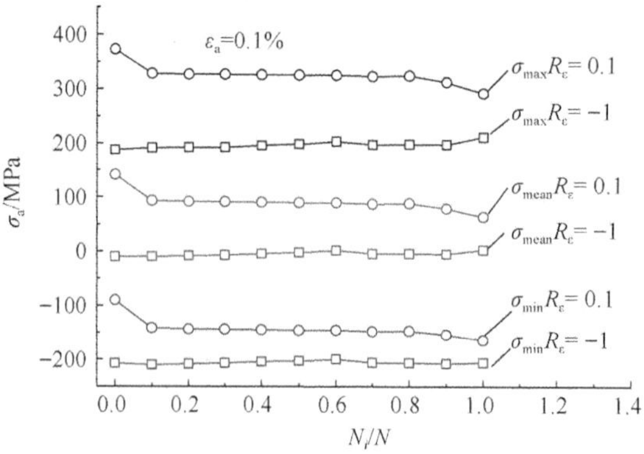

图 5-16　ε_a=0.1%时最大应力、最小应力和平均应力随加载次数的变化规律

表 5-5 列出了 R_ε=0.1 时 G20Mn5QT 铸钢试件的疲劳寿命 N、应变幅 ε_a、最大应变 ε_{max}、

最小应变ε_{min}和相应的应力幅σ_a。ε_a与 N 的关系如图 5-17 所示，试验中当试件的寿命超过 10^7 次，即认为其不发生疲劳破坏，在图中用箭头表示，并在拟合公式时将其剔除。

表 5-5　R_ε=0.1 时 G20Mn5QT 铸钢疲劳试验结果

ε_a/%	ε_{max}/%	ε_{min}/%	σ_{max}/MPa	σ_a/MPa	N/次
0.10	0.220	0.022	325.27	217.72	26530
0.10	0.220	0.022	309.42	235.53	62805
0.09	0.200	0.020	320.86	197.54	35348
0.09	0.200	0.020	324.96	211.76	90940
0.08	0.180	0.020	315.60	181.56	493007
0.08	0.180	0.020	200.78	157.18	1539642
0.07	0.156	0.016	246.79	160.04	745312
0.07	0.156	0.016	284.76	159.08	1800000
0.06	0.133	0.013	253.23	140.31	2543825
0.06	0.133	0.013	258.12	134.50	750000
0.05	0.110	0.010	249.92	113.09	10^7

利用式（5-7）对试验数据进行线性回归，并与 R_ε为−1 的试验结果相比，如图 5-17 所示。

$$\lg\varepsilon_a = -0.1052\lg N - 2.5297 \tag{5-7}$$

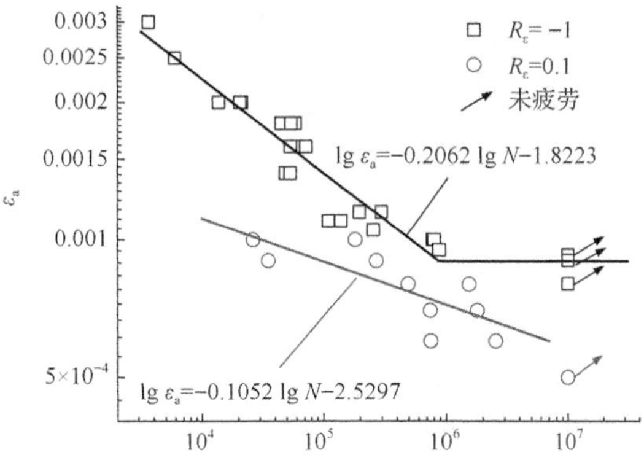

图 5-17　R_ε为 0.1 和−1 时 G20Mn5QT 铸钢ε_a-N 曲线

在相同应变幅下，R_ε=0.1 时 G20Mn5QT 铸钢试件的疲劳寿命较小，离散性相对较大。R_ε为−1 和 0.1 时的ε-N 曲线斜率和截距均有一定差异，试件的疲劳极限分别为 0.0925%和 0.05%。相同应变幅下，由于 R_ε=0.1 试件具有相对较大的ε_{max}，此时的应力、应变水平会持续造成损伤累积和裂纹发展，因此其疲劳寿命小于 R_ε=−1 的试件。由于 R_ε=0.1 时所有试件的应力都在弹性范围内（或接近屈服强度），其塑性应变较小，因此会导致 Manson-Coffin 方程的参数无法精确回归，在此范围内使用 Manson-Coffin 方程无法精确反映应变比对疲劳寿命的影响。

由于 G20Mn5QT 铸钢试件在全寿命过程中应力幅值基本保持稳定，则可将其ε-N曲线转化为 S-N 曲线。图 5-18 分别显示了铸钢光滑试件在 R_ε为-1 与 0.1 时的应力幅-疲劳寿命关系曲线。图 5-18 中实线表示实测应力幅与疲劳寿命的关系，将实测数据线性回归得式（5-8）和式（5-9）：

R_ε=-1 时：

$$\lg\sigma_a=-0.0908\lg N+2.8419 \tag{5-8}$$

R_ε=0.1 时：

$$\lg\varepsilon_a=-0.1071\lg N+208424 \tag{5-9}$$

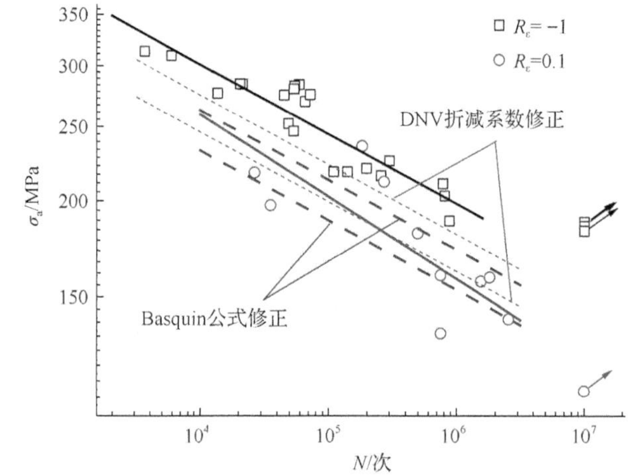

图 5-18 R_ε=0.1 和-1 时 G20Mn5QT 铸钢的 S-N 关系

根据挪威船级社（Det Norske Veritas，DNV）规范可知，对于不受焊接残余应力影响的母材，如果应力循环中存在部分压力，则应力范围可通过乘以折减系数f_m适当减小，f_m为

$$f_m=\frac{\sigma_t+0.6\sigma_c}{\sigma_t+\sigma_c} \tag{5-10}$$

式中，σ_t为最大拉应力；σ_c为最大压应力。

母材 S-N 曲线应力范围的f_m如图 5-19 所示。根据试验可知，当 R_ε为-1 时，f_m为 0.8；由实测数据显示，当 R_ε为 0.1 时，折减系数f_m的取值范围为 0.876～0.979。采用上述结果对 R_ε为 0.1 时试件 S-N 曲线变化范围进行修正，修正后的 S-N 曲线如图 5-18 中的 DNV 折减系数修正线所示。

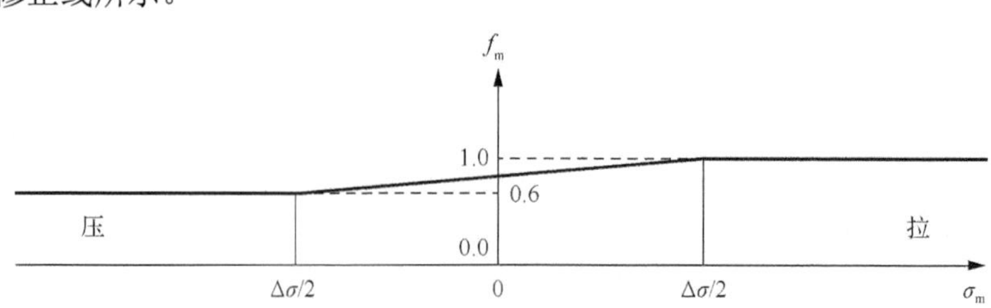

图 5-19 母材 S-N 曲线应力范围的折减系数

对于应变比 R_ε为−1 的试件，其平均应力近似为 0；但对于 R_ε为 0.1 的试件，根据实测数据可计算出其平均应力为 64～158MPa。由于在 R_ε为 0.1 的试验中试件均处于弹性状态，因此可用修正的巴斯金（Basquin）公式［式（5-11）］[5]计算得到其 S-N 曲线变化范围，如图 5-19 中虚线所示。

$$\sigma_a = \left(\sigma_f' - \sigma_m\right)\left(2N_f\right)^b \tag{5-11}$$

式中，σ_a为应力幅；σ_m为平均应力；σ_f'为疲劳强度系数；b 为疲劳强度指数。

由图 5-19 可以看出，由试验数据回归得到的曲线在虚线内，但在虚线范围之外。这表明对于此类铸钢，Basquin 公式在计算考虑平均应力影响的疲劳寿命时，其可靠性高于 DNV 规范中的折减系数法。

材料的疲劳极限对无限寿命设计方法至关重要，不同应变比下的疲劳极限具有较大的差异。常用的平均应力修正方法为古德曼（Goodman）公式、盖贝尔（Geber）公式和索伦贝里（Solonberg）公式[6]，其表达式见表 5-6。上述方法根据大量试验材料分析统计得出，因此对于某些材料可能会产生一定误差。三者修正方法的关系如图 5-20 所示，其中 $S_{a(R)}$和σ_{-1}分别为应力比为 R_σ和 R_σ为−1 的疲劳极限，S_m、σ_b和$\sigma_{0.2}$分别为平均应力、抗拉强度和比例极限。根据以往的经验，Geber 公式适合于修正延性较好的材料，Goodman 公式适合于修正高强度低延性材料。

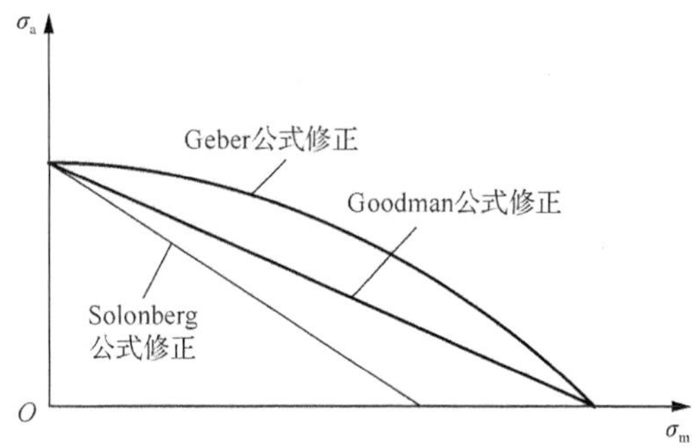

图 5-20　三种平均应力修正方法的关系

表 5-6　三种平均应力对疲劳极限修正方法的比较

方法类型	公式	疲劳极限范围/MPa	
		最小值	最大值
Goodman 公式	$S_{a(R)}/\sigma_{-1} = 1 - S_m/\sigma_b$	130	164
Geber 公式	$S_{a(R)}/\sigma_{-1} = 1 - (S_m/\sigma_b)^2$	170	184
Solonberg 公式	$S_{a(R)}/\sigma_{-1} = 1 - S_m/\sigma_{0.2}$	103	153

由图 5-18 可知，R_ε为−1 和 0.1 时试件的疲劳极限试验值分别为 188MPa 和 113MPa。通过上述方法对 R_ε=0.1 试件的疲劳极限范围进行修正，结果见表 5-5。从表 5-5 可知，用 Geber 公式计算的疲劳极限最大，Solonberg 公式的结算结果最小，Goodman 公式的计算结果介于二者之间。由于 R_ε=0.1 时的疲劳极限试验值为 113MPa，该数值在 Solonberg 公式计算范围内。因此，对于 G20Mn5QT 铸钢类材料，Solonberg 公式能提供较为准确的疲劳极限。此外由于 Solonberg 公式使用比例极限进行计算，因此该计算结果比其余两种方法更保守。

尽管 Basquin 和 Solonberg 公式可用于计算 *S-N* 曲线和疲劳极限范围，但精确度有限。因此，在单轴受力情况下引入了 Smith、Watson 及 Topper（SWT）[7]系数进行分析，见式（5-12）。

$$\mathrm{SWT}=\varepsilon_{\mathrm{a}}\left\langle\sigma_{\max}\right\rangle \tag{5-12}$$

式中，ε_a为应变幅；符号$<>$为$<x>=0.5$（$x+|x|$），以此保证应力为正值。

可以注意到，SWT 系数不需要任何材料常数，反映的是能量参量。

SWT 系数-疲劳寿命关系如图 5-21 所示，可以看出，SWT 参数法与不同应变比下单轴拉-压试验结果吻合较好。SWT 参数和疲劳寿命之间的关系服从指数分布，线性回归后见式（5-13），且其置信度较高。因此，通过 SWT 参数可以得出较为准确的疲劳寿命。只要试件的应力和应变状态已知，就可以评价其疲劳寿命，能使其在检测领域得到应用。

$$\lg\mathrm{SWT}=-0.2236\lg N+0.6514 \tag{5-13}$$

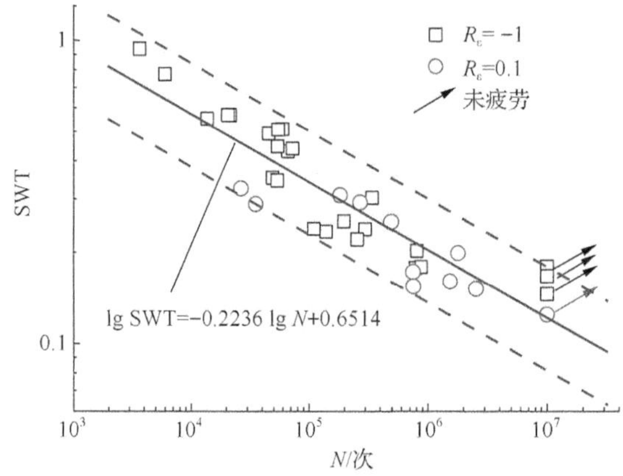

图 5-21　不同应变比下 SWT 系数-疲劳寿命关系

5.1.2　铸钢焊接标准试件疲劳性能试验研究

1．焊接标准试件制备

采用ϕ219×32 规格的 G20Mn5QT 铸钢钢管与ϕ219×16 规格的 Q345B 热轧钢管进行对接焊接，焊接方式为 CO_2 气体保护焊。焊接细节按照《焊接手册》[8]和《钢结构设计标准》(GB 50017—2017)[9]设计。采用 PADA-AUTO KRⅡ500 直流焊机施焊，使用 1.2mm 的 ER50-6 实心焊丝。焊接前对钢管预热至 150℃，焊接分为 5 层焊缝，焊接后用石棉布包裹保温，直至试件逐渐冷却。冷却 24h 后对焊缝进行超声波探伤，确保焊缝质量等级为一级。

试件具体制作要求与 5.1.1 节相同。焊接标准试件与焊接钢管位置关系以及焊接标准试件的尺寸如图 5-22 所示，图中黑色实心部分为焊缝区域。试验所用夹具和试验细节与 5.1.1 节一致。试验在常温、大气环境下进行，通过 Instron E10000 电子万能试验机开展，采用应变控制加载，引伸计标距为 20mm，加载波形为正弦波，加载频率为 10Hz，

应变比 R_ε为−1，平均应变为 0，轴向引伸计控制总应变幅 ε_a 的范围为 2000μ～800μ。当最大荷载下降到初始荷载的 90%时，认为试件发生疲劳失效破坏。如果试验进行至 2×10^6 次时试件仍未疲劳，则认为此试件在该应变下不会疲劳。

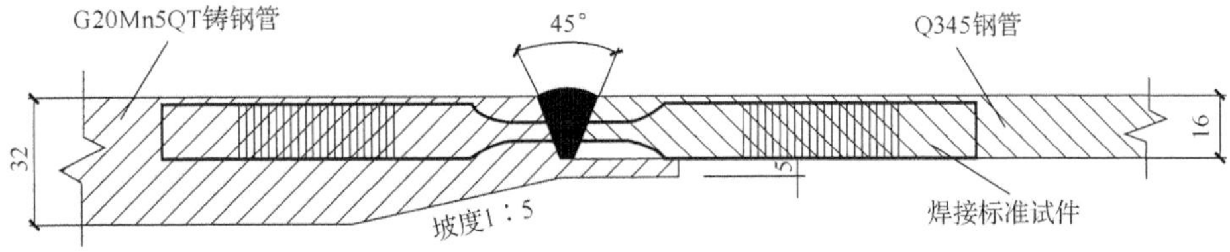

（a）试件和钢管的相对位置

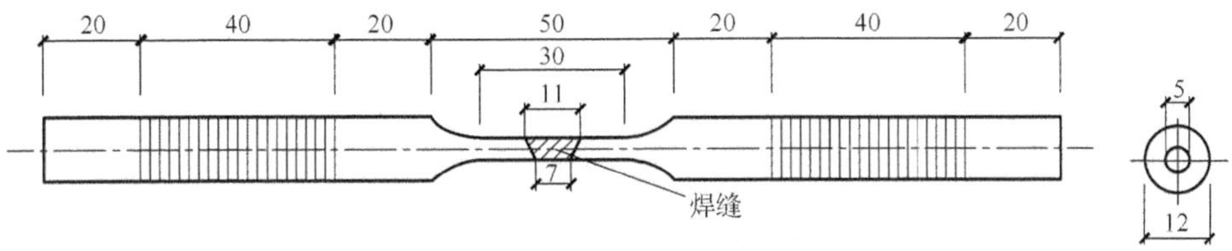

（b）焊接标准试件的具体尺寸

图 5-22　焊接试件详图（单位：mm）

2. 试验结果及分析

（1）循环响应特性与 S-N 曲线

G20Mn5QT 与 Q345B 对接焊缝标准试件的循环响应特征曲线如图 5-23 所示，其变化规律与 G20Mn5QT 铸钢类似。当应变幅σ_a 大于等于 0.1400%时，应力幅在 0～0.1N 阶段出现明显下降，且应变幅越大，其寿命的降低幅度越大。当σ_a小于 0.1400%时，标准试件没有明显的循环软化。疲劳加载历程进行至 0.9N 后，疲劳裂纹快速扩展，试件应力幅迅速降低。与 5.1.1 节铸钢循环响应特征曲线相比，当所施加的应变幅相同时，G20Mn5QT 与 Q345B 焊接标准试件对应的应力幅高于铸钢试件，这是由于焊接后试件相当于经历回火过程而产生硬化，导致强度有所提高。

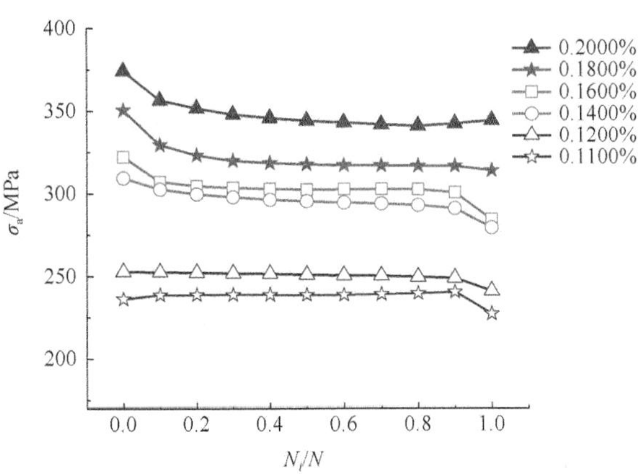

图 5-23　G20Mn5QT 与 Q345B 对接焊缝标准试件循环响应特征曲线

表 5-7 列出了 18 个焊接标准试件的疲劳寿命试验值与相应应变幅值，其ε-N 曲线如图 5-24 所示。当铸钢试件的荷载循环次数超过 2×10^6 次，则停止试验，认为试件不会发生疲劳破坏，在图 5-24 中用箭头表示。

表 5-7　G20Mn5QT 与 Q345B 对接焊缝标准试件疲劳试验数据

ε_a/%	N/次	ε_a/%	N/次
0.20	5000	0.14	55034
0.20	10668	0.14	111578
0.18	31825	0.12	553847
0.18	28493	0.12	136964
0.18	16150	0.12	178202
0.16	52201	0.11	166523
0.16	99723	0.11	303478
0.16	46712	0.10	2000000
0.14	56480	0.08	2000000

从图 5-24 可以看出，当焊接标准试件的应变幅从 0.20%减少至 0.11%时，在双对数坐标中试件的疲劳寿命与近似呈线性变化。当应变小于 0.10%时，寿命均大于 2×10^6 次，因此可确定焊接标准试件疲劳极限为 0.10%。将斜线段按 50%失效概率线性回归，得到

$$\lg\varepsilon_a = -0.1504\lg N - 2.1083 \tag{5-14}$$

除去达到疲劳极限的数据，将 G20Mn5QT 铸钢、Q345B 热轧钢和焊接标准试件的ε-N 曲线对比，如图 5-25 所示。可发现焊接标准试件的ε-N 曲线与 G20Mn5QT 铸钢较为接近。相同疲劳寿命下，Q345B 对应的应变幅最大，疲劳性能相对最好。由此可知，焊接过程使 G20Mn5QT 与 Q345B 对接焊缝标准试件的疲劳性能略有降低，但影响有限，并未出现大幅低于铸钢的情况。这是因为本试验所用试件为从焊缝中部取出的光滑标准试件，经过严格加工不存在焊趾和焊根处缺口的影响，去除了焊接表面的不平整和因构造产生的缺口等不利因素，只考虑焊接过程的影响。由试验结果表明焊接质量在达到要求情况下，焊接过程并不影响其疲劳性能。工程中焊接结构疲劳性能低并不是由于焊接过程导致，而是由焊接后表面不平整、焊接接头自身构造要求存在缺口和未焊透、咬边等焊接缺陷导致的，在该情况下，焊缝周围区域会产生较大缺口应力，从而加速疲劳破坏进程。

焊接试件依然采取 0.5N 时的应力状态作为评判标准，稳定状态下焊接标准试件不同应变加载水平的 ε_a、ε_{ea}、ε_{pa} 和σ_a，见表 5-8。由于应变幅小于 0.1600%的情况塑性应变很小，不再列出。

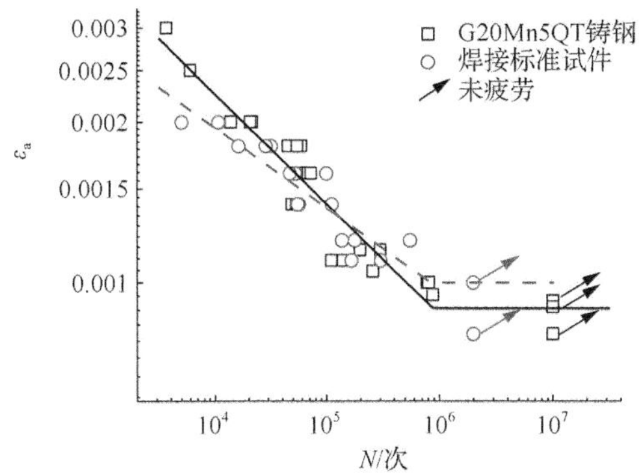

图 5-24　G20Mn5QT 和焊接试件ε-N 曲线

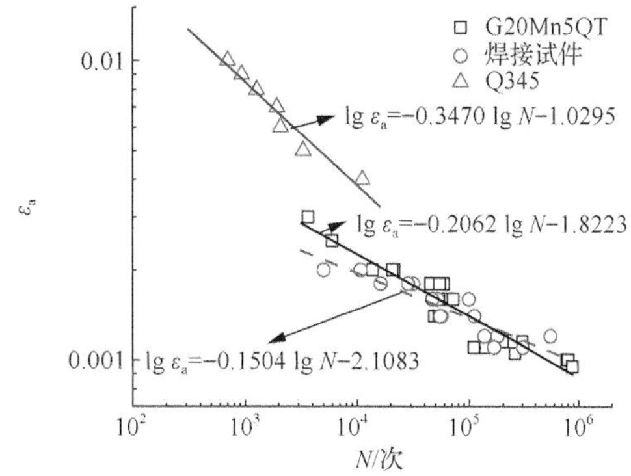

图 5-25　母材与焊接标准试件ε-N 曲线

表 5-8　焊接标准试件各应变幅下的应变分量与应力幅

ε_a/%	ε_{pa}/%	ε_{ea}/%	($\varepsilon_{ea}/\varepsilon_a$) /%	σ_a/MPa
0.20	0.0457	0.1543	77.15	344.23
0.20	0.0451	0.1549	77.45	352.86
0.18	0.0357	0.1443	80.17	317.66
0.18	0.0323	0.1477	82.04	313.01
0.18	0.0308	0.1492	82.87	300.92
0.16	0.0190	0.1410	88.13	302.56
0.16	0.0226	0.1374	85.89	300.55
0.16	0.0316	0.1284	80.26	307.17

图 5-26 表示在 0.5N 时焊接标准试件的应力-应变曲线。弹、塑性应变随应变幅变化规律与铸钢相同。根据表 5-9，并按照式（5-2）回归出循环强度系数 k 和循环应变强化指数 n'，循环应力-应变关系如图 5-27 所示。根据式（5-2）和式（5-3），计算所得 0.5N 时的塑性应变能 $\Delta W_{p,c}$，见表 5-9，可以看出塑性应变能的分析预测值与试验值吻合良好，误差基本在 10%以内。因此，在缺乏试验数据的情况下，可采用式（5-3）预测焊接标准试件的塑性应变能。

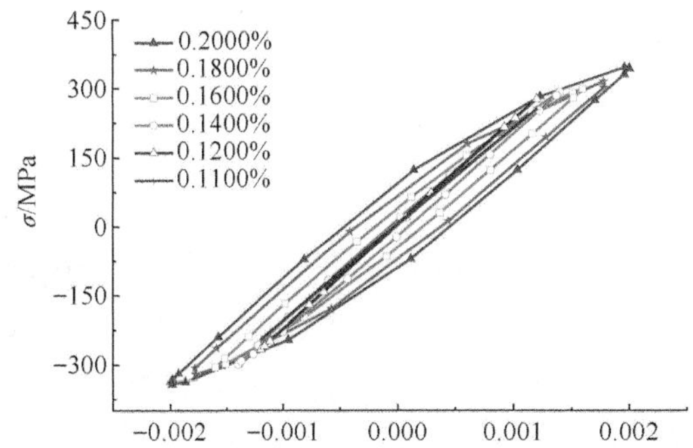

图 5-26　焊接标准试件应力-应变关系

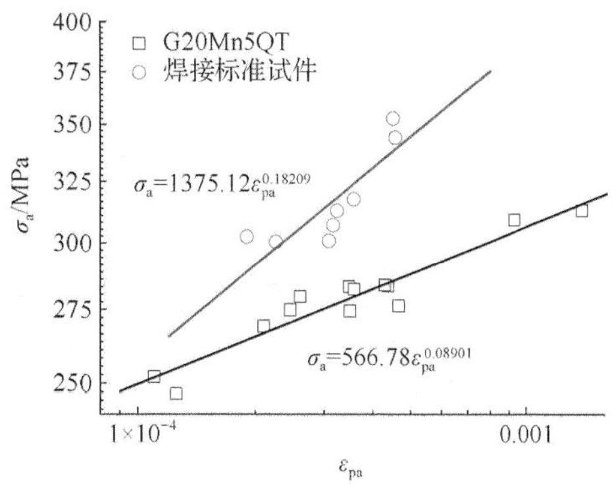

图 5-27　循环应力-应变关系

表 5-9 焊接标准试件塑性应变能试验值和计算值

ε_a/%	$\Delta W_{p,c}$ /（J/cm^3）	$\Delta W_{p,e}$ /（J/cm^3）	相对误差/%
0.20	0.4354	0.4834	-9.93
0.20	0.4404	0.4925	-10.57
0.18	0.3139	0.3418	-8.19
0.18	0.2798	0.2905	-3.67
0.18	0.2565	0.2748	-6.65
0.16	0.1591	0.1863	-14.60
0.16	0.1880	0.1834	2.49
0.16	0.2686	0.2892	-7.12

虽然采用应力幅与疲劳寿命线性回归ε-N 曲线可为工程应用提供较为简便的疲劳寿命评价方法，但 Manson-Coffin 公式能提供更为精确预测结果，且该公式各分项系数有具体的物理意义。根据式（5-5）回归出 ε_{ea} 和 ε_{pa} 与 $2N$ 的关系，由此可得到 Manson-Coffin 方程表达式（5-15），曲线如图 5-28 所示。其中，与式（5-5）所对应的疲劳参数为σ'_f= 502.32MPa，b= −0.0483，ε'_f= 0.0069，c= −0.2843。

$$\varepsilon_a = 0.0024\ (2N)^{-0.0483} + 0.0069\ (2N)^{-0.2843} \tag{5-15}$$

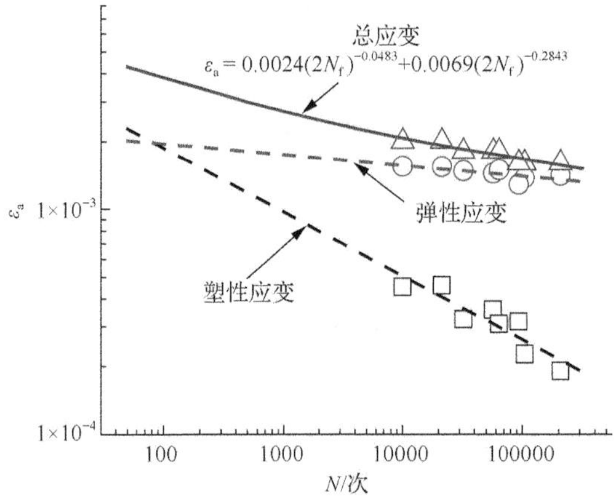

图 5-28 焊接标准试件的 Manson-Coffin 曲线

（2）疲劳断面分析

用线切割机将疲劳试件延距断口处 5mm 处切下，经超声波清洗后用电子显微镜观察。图 5-29（a）展示了疲劳发展的裂纹萌生阶段（Ⅰ）、裂纹发展阶段（Ⅱ）和瞬断阶段（Ⅲ），其中Ⅰ阶段可观察到两个疲劳源。对铸钢侧疲劳断裂试件的疲劳源进行放大后，如图 5-29（b）所示可看出该疲劳源均由和 5.1.1 节类似的铸造缺陷（气孔）引起的。只有 2 个在焊缝处发生疲劳断裂的试件显示其疲劳源由典型的焊接缺陷造成（图 5-30）。

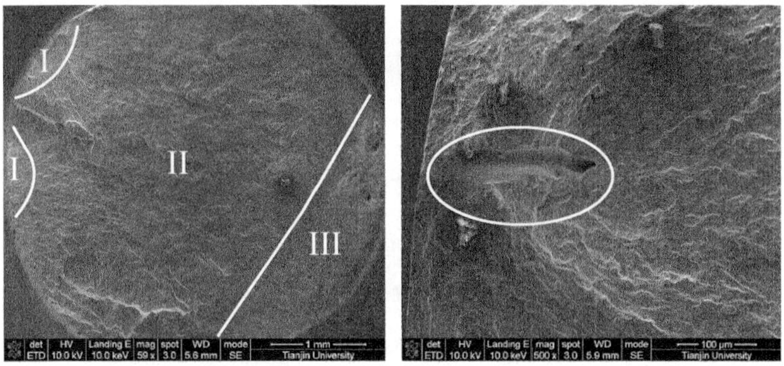

（a）疲劳断面　（b）疲劳源

图 5-29　断裂在铸钢侧的焊接标准试件电镜扫描图

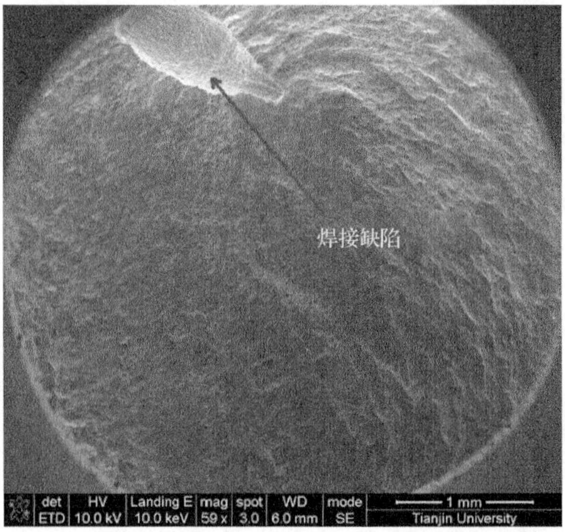

图 5-30　在焊缝处断裂的焊接标准试件的疲劳断面

由焊接标准试件疲劳断裂局部的纵向断面金相图（图 5-31）可看出，其疲劳断裂属于穿晶断裂，疲劳裂缝位于细晶区外的部分正火区。细晶区内晶粒较小，相当于经过正火处理，而部分正火区颗粒大小不均匀，但仍属于焊接热影响区，如图 5-32 所示。观测结果表明焊接标准试件断裂均位于铸钢侧的热影响区内，且疲劳源为气孔类的铸造缺陷。

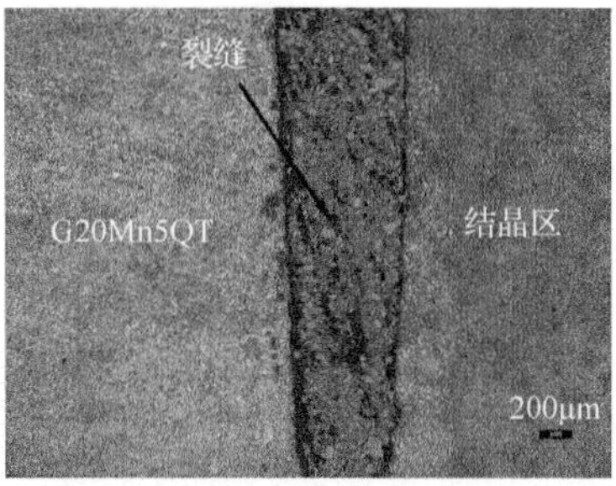

图 5-31　焊接标准试件疲劳断裂纵向断面的局部金相图

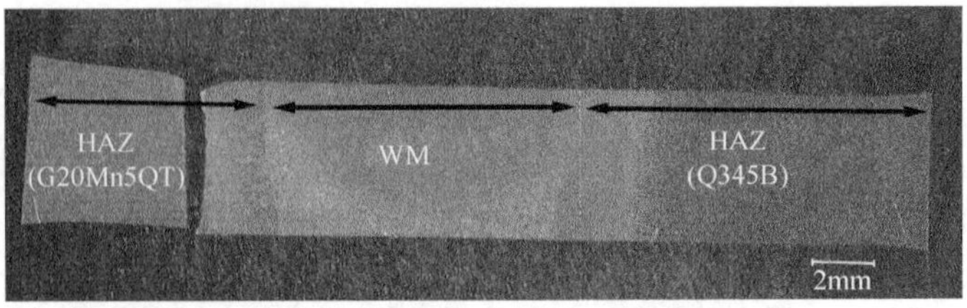

图 5-32 焊接标准试件疲劳断裂纵向断面金相图

铸钢材料不可避免存在均匀分布的气孔类铸造缺陷，焊接所影响的部分正火区仅使部分组织晶粒变小，其余部分仍为原始组织，在该区域内晶粒尺寸不均匀，相当于增大了内部的应力集中，导致力学性能较差，若存在气孔类缺陷，会造成应力集中程度加剧。因此，G20Mn5QT 与 Q345B 对接焊缝试件的疲劳源易出现在铸钢一侧的热影响区，并且会加速裂纹的扩展，导致其疲劳性能略有降低。由于微裂纹由铸造缺陷演化而来，裂纹萌生阶段占疲劳寿命的主要部分，因此其疲劳性能与铸钢材料相近。

5.1.3 铸钢环形对接焊缝试件疲劳性能试验研究

1. 环形对接焊缝试件制备

对于铸钢节点与热轧钢管不等壁厚的焊接情况，海洋平台通常要求两种钢管的内径相等。但在建筑结构中，两侧钢管通常设计为外径保持相等。工厂中常用的焊接接头形式如图 5-33 所示。A 类焊接接头形式含有垫板环；B 类焊接接头形式的铸钢有一定坡度，钢管在加工后的铸钢上进行焊接。A、B 类焊接接头形式均为在铸钢钢管侧开坡口；C 类焊接接头形式与 B 类相似，区别为在钢管侧开坡口，且铸钢未规定坡度。综上所述，A、B、C 类焊接接头形式均为一侧开坡口，其中已有文献[10]对 A、B 类对接焊缝试件开展了相应的疲劳试验。

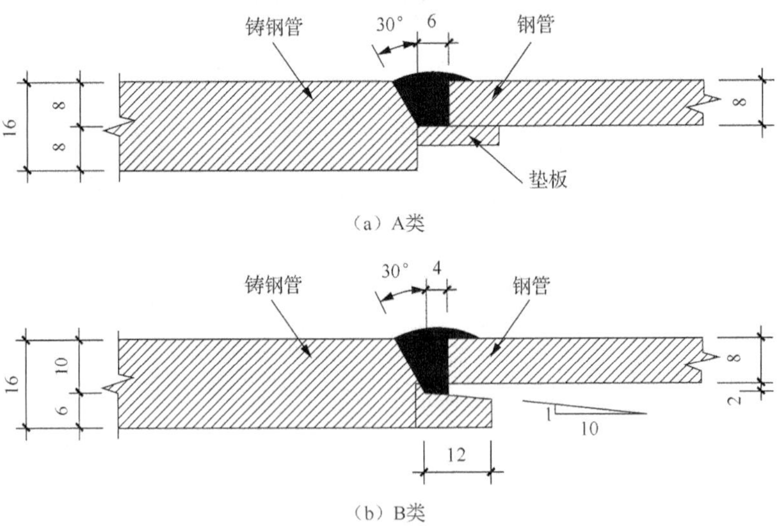

图 5-33 三类常见的焊接接头形式（尺寸单位：mm）

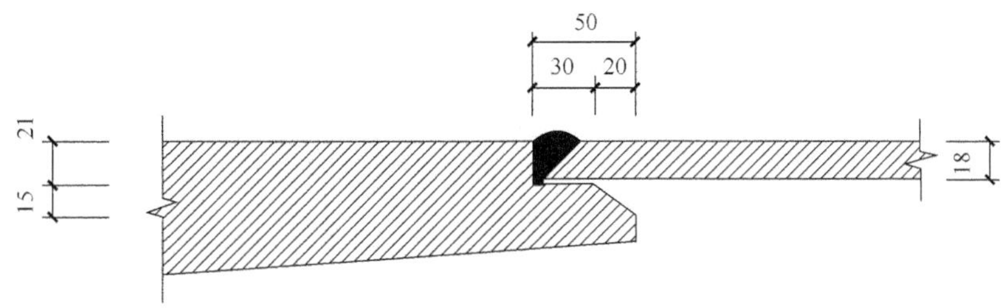

（c）C类

图 5-33（续）

本书通过在铸钢厂调研，结合已有的焊接接头形式，按照《铸钢节点应用技术规程》（CECS 235—2008）[11]、《钢结构设计标准》（GB 50017—2017）[9]和《焊接手册》[8]要求提出了新型焊接接头。为便于叙述，下文统一称其为 D 类焊接接头形式，具体焊接细节尺寸如图 5-34 所示。该接头要求将节点铸造为内径过渡且带垫板的铸钢钢管，并要求铸钢钢管与另一侧钢管的坡口角度一致。

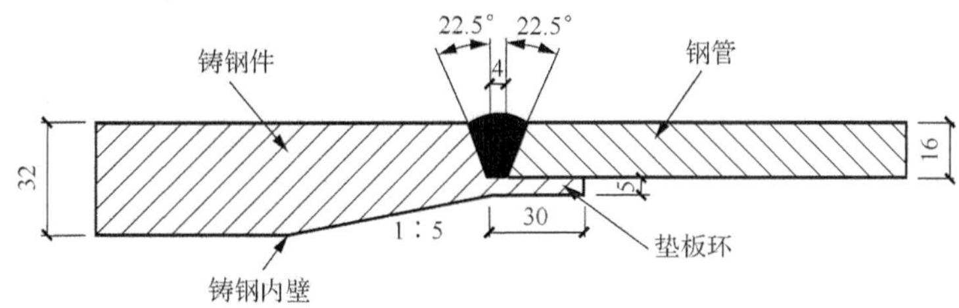

图 5-34 D 类焊接接头形式（尺寸单位：mm）

对于 D 类焊接接头，垫板和铸钢钢管为一整体，整体性得到提高；铸钢和热轧钢有相同的坡口，可保证焊接质量，并且能使焊缝两侧母材成分更加均匀，使其更好的熔合；按照《铸钢节点应用技术规程》（CECS 235—2008）[11]5.0.4 节的要求设计内径过渡坡度为 1∶5，避免壁厚急剧变化；坡口底部间隙、垫板长度、厚度和坡口角度等参数参考《焊接手册》[8]。其中，底部间隙的设置可使焊药顺利进入底部，并保证焊透，两侧坡口角度均为 22.5°，焊缝余高控制为 1mm，该设计有助于减小应力集中效应。

母材采用 G20Mn5QT 铸钢与 Q345B 热轧钢，铸钢钢管和热轧钢管的规格分别为 $\phi 219\times 32$ 和 $\phi 219\times 16$。采用直径 1.2mm 的 ER50-6 型实心焊丝，焊接方式为 CO_2 气体保护焊，经 5 层焊缝施焊焊接后用石棉布包裹保温，使其缓慢冷却。冷却后经超声波探伤后确保其为一级焊缝。各项材料性能参数及要求与 5.1.1 节和 5.1.2 节一致。试件加工方法如下：首先对钢管长度方向线切割，以圆心为中心按 15° 切成弧形板试件；接着用铣床将对弧形板试件两侧磨平；最后用夹具约束试件侧面，也即沿圆弧切线方向，加工试件成品，如图 5-35 所示。

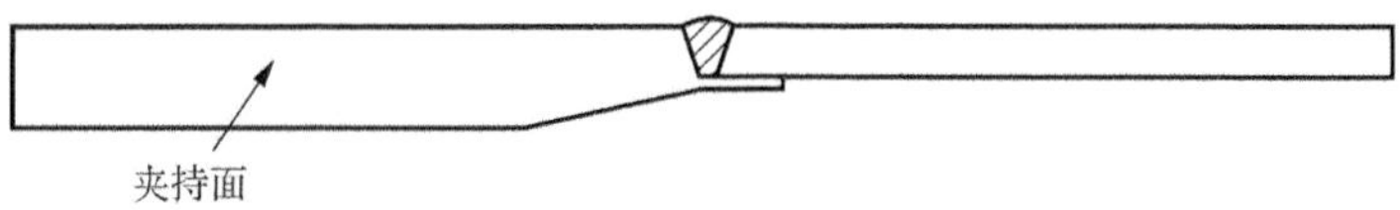

图 5-35 试件剖面图

2. 疲劳试验加载制度

使用电液伺服疲劳试验机加载，加载频率为 2.5Hz，荷载比 P_{min}/P_{max} 为 0.1，其中 P_{min} 和 P_{max} 分别为最小和最大荷载。通常认为试验过程中试件截面积保持不变，因此可认为加载应力比 R 为 0.1。

根据《金属材料 疲劳试验 轴向力控制方法》(GB/T 3075—2021)[12]制定如下加载制度：

在疲劳试验正式开始前进行 1～2 次预加载，静力加卸载过程中采用分级加载方式，逐级加载至疲劳荷载上限 P_{max} 以消除松动，同时确认各仪器仪表是否正常工作。预加载可根据实际情况分为 4～5 级。

经过预加载确认试验可正常进行后，开始正式加载。首先采用静力加载速率加载至荷载下限 P_{min}，随后设定荷载幅值与平均荷载，使得作动器施加幅度为 P_{min}～P_{max} 的循环荷载，频率设为 2.5Hz。

若试件加载 200 万次后仍然没有破坏，可采取以下两种措施：若测试数据或试验现象显示试件存在疲劳破坏征兆，则继续施加循环荷载，直至试件产生疲劳破坏；若试件没有疲劳破坏的征兆，可认为试件不会发生疲劳破坏，试验终止。

3. 试验结果及分析

(1) 疲劳寿命

表 5-10 列出了 D 类焊接试件疲劳试验应力范围$\Delta\sigma_n$和循环次数 N。几类焊接接头试件的 S-N 曲线如图 5-36 所示，另外将其与 A 类和 B 类对接焊缝试件进行对比，带箭头数据点表示 200 万次仍未疲劳的数据。

表 5-10 D 类焊接试件疲劳试验数据

试件编号	$\Delta\sigma_n$/MPa	循环次数 N/次	试件编号	$\Delta\sigma_n$/MPa	循环次数 N/次
D-1	216.45	82633	D-5	166.50	425093
D-2	200.70	161276	D-6	147.15	900260
D-3	193.95	135094	D-7	138.15	858954
D-4	173.70	232803	D-8	126.00	2000000

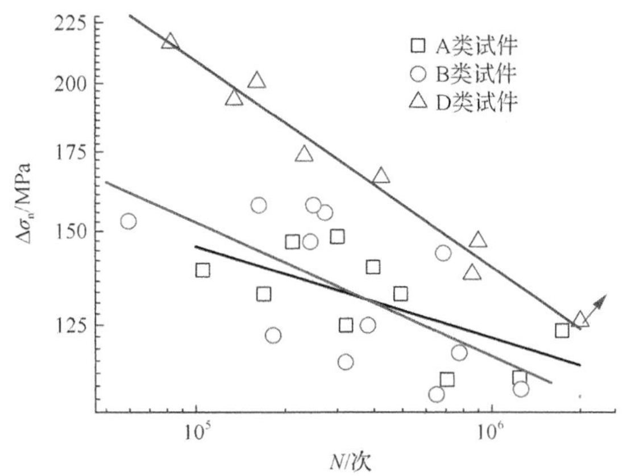

图 5-36　几类焊接接头试件的 S-N 曲线

分别将 A、B、D 三类对接焊缝试件（简称 A、B、D 类试件）的疲劳数据用最小二乘法线性回归，如式（5-16）～式（5-18）。可见 A 类和 B 类试件置信度相对较低，有一定的离散性。而 D 类试件的相关指数比较高，方程拟合程度较好。

A 类试件：

$$\lg N = 18.3 - 6\lg \Delta\sigma_{\text{n}}, R^2 = 0.461 \tag{5-16}$$

B 类试件：

$$\lg N = 12.67 - 3.37\lg \Delta\sigma_{\text{n}}, R^2 = 0.370 \tag{5-17}$$

D 类试件：

$$\lg N = 18.33 - 5.75\lg \Delta\sigma_{\text{n}}, R^2 = 0.949 \tag{5-18}$$

A 类和 B 类试件有 2 种破坏模式：①裂纹从焊根处形成并沿厚度方向扩展；②一侧开始向另一侧扩展。而 D 类试件的裂纹均从焊根处形成并向厚度方向发展。A 类和 B 类试件的疲劳性能相差较小，D 类试件的疲劳性能明显优于 A、B 类试件。分析其原因可能有以下几种：A、B、D 类试件采用的铸钢材料均为 G20Mn5，但本书 D 类试件采用的铸钢经调质（QT）热处理，而文献[10]中 A 和 B 类试件铸钢的热处理方式为正火（V）。正火是将材料加热至临界温度以上 30～50℃并保温一段时间，之后在空气环境或经喷水、喷雾或吹风冷却的金属热处理工艺。因为冷却速度较快，因而正火后金属组织细化，机械性能有所提高，且获得的组织接近平衡状态。调质是淬火加高温回火相结合的热处理，该处理工艺可大幅提高钢的强度、硬度、耐磨性、疲劳强度、韧性和组织稳定性，并消除内应力。此外，不同焊接接头形式可能影响试件应力集中系数，而应力集中系数与结构的疲劳寿命直接相关，同时接头形式会直接影响焊接的质量。此外，不同坡口角度会导致熔合母材的比例不同。D 类试件在铸钢钢管和热轧钢管两侧均设坡口，可使熔合母材的比例趋于平均，从而保证试件具有较稳定的疲劳性能。

将焊接标准试件的ε-N 曲线转化为 S-N 曲线，线性回归得到应变比 R_ε=−1 时应力幅和疲劳寿命关系曲线，如式（5-19）所示。用 Basquin 公式对式（5-19）进行平均应力修正，得到应力比为 0.1 时的 S-N 曲线，如式（5-20）所示。

$$\lg N = 39.91 - 11.46\lg\Delta\sigma_{\rm n} \tag{5-19}$$

$$\lg N = 11.46\lg[2(1613 - 0.61\Delta\sigma_{\rm n})] - 11.46\lg\Delta\sigma_{\rm n} - \lg 2 \tag{5-20}$$

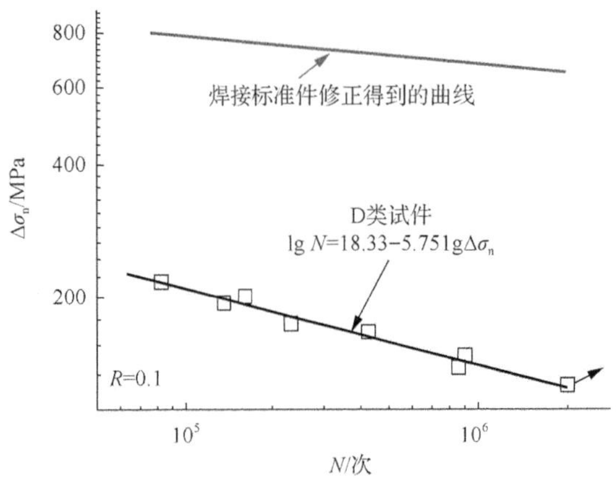

图 5-37 D 类试件和焊接标准试件的 S-N 曲线

将经应力比修正得到的焊接标准试件 S-N 曲线绘于图 5-37 中，并将其与 D 类试件的 S-N 曲线进行对比。可发现标准试件的 S-N 曲线在 D 类试件之上。相同应力幅下，焊接标准试件的寿命远大于对接焊缝试件，也就是说 D 类试件的疲劳性能远差于标准试件。因为 D 类试件和焊接标准试件采用的母材、焊接坡口和焊接方法都相同，所以两种试件出现气孔、夹渣、裂纹等内部缺陷的概率相同。因此，二者寿命的差异仅取决于试件构造。焊接标准试件通过机加工方式使其表面光滑平整，减小了试件表面的应力集中，焊根处由缺口效应引起的应力集中导致局部循环塑性变形，并受到周围弹性区的约束，这种局部塑性循环对疲劳裂纹萌生与早期扩展的影响较大。因此，对接焊缝试件由于复杂接头引起的应力集中效应大大降低了疲劳寿命，是对接焊缝试件疲劳破坏的关键。

根据试验观测发现，各组试件疲劳断裂过程完全一致，如图 5-38 所示。裂纹首先在一侧焊根处形成肉眼不易发现的较小微裂纹，由于微裂纹处表面不平整，在强光束的照射下可发现微裂纹处的反光率略有不同。早期的微裂纹长度较短，之后微裂纹宽度逐渐变大，形成宏观裂纹，该阶段裂纹发展比较缓慢。然后微裂纹继续扩展，到微裂纹增长并发展至一定程度时，沿厚度方向可发现宏观裂纹变长，有效截面逐渐减小，待应力超过其极限强度时，试件发生破坏。

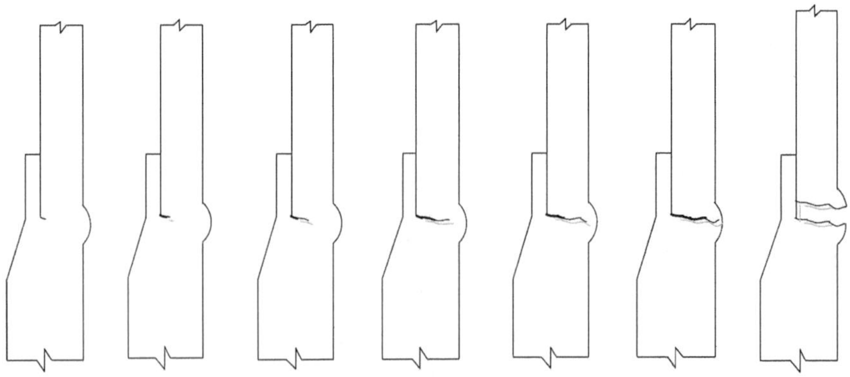

图 5-38 D 类焊接接头试件的疲劳过程

通过观察发现所有 D 类试件断裂位置均在焊缝中心处，裂纹起始于焊根处，沿厚度方向水平发展，且没有出现焊趾处破坏的现象。可见对于此类焊接接头，焊根处缺口效应大于焊趾处因几何突变引起的应力集中。瞬断区由于出现类似颈缩现象导致其表面不平整。

用线切割机将 D 类试件距断口处 5mm 处部位切下，将其浸入酒精溶液中并用超声波清洗仪清洗干净，如图 5-39 所示。小试件的断面分为 3 个部分：裂纹萌生区（Ⅰ）、裂纹扩展区［裂纹慢速扩展区（Ⅱ）+裂纹快速扩展区（Ⅲ）］和瞬断区（Ⅳ）。虽然在图 5-39 所示的宏观断面内可以发现较大的气孔缺陷，但疲劳源并没有在此处形成，而位于试件焊根处，再次证明 D 类对接焊缝试件的焊根为疲劳裂纹萌生和发展的关键部位。此类试件在焊根处存在明显缺口和较大应力集中，若缺口附近有铸造或焊接缺陷，则会在此处迅速成核并形成与缺口连通的疲劳源，随后延截面横向扩展。该类试件可能存在多个疲劳源，且裂纹萌生区的面积较小。

（a）D1

（b）D4

（c）D7

图 5-39　D 类焊接接头试件断面图

A、B 类试件主要的疲劳失效模式与 D 类试件一致：裂纹均在焊根处萌生，随后沿厚度方向扩展直至疲劳断裂，如图 5-40 所示，可见其薄弱部位均为 Q345 钢一侧的焊根处。

（a）A类

（b）B类

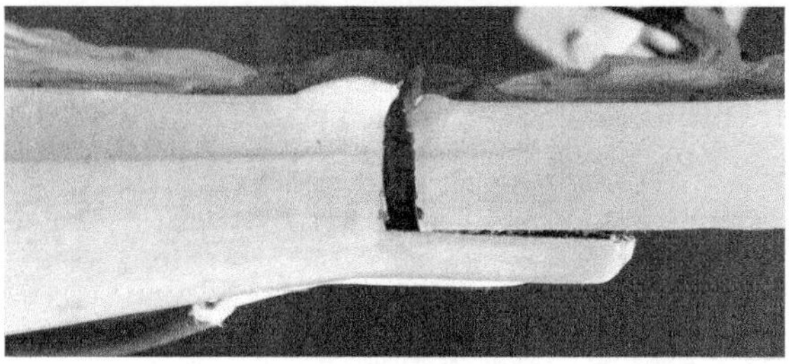
（c）D类

图 5-40　A、B 和 D 类试件的疲劳破坏情况

（2）疲劳断面分析

由图 5-41（a）可发现疲劳断面中部存在较多气孔缺陷，尽管该区域有较大的应力集中，但裂纹并没有在此萌生，而出现于焊接缺陷附近生。此处可观察到单独的球状颗粒，没有完全与母材熔合，且此处的焊接缺陷基本位于焊根表面处［图 5-41（b）中试件上部的边缘即为焊根处］。

（a）气孔　　（b）焊根附近的焊接缺陷

图 5-41　试件 D1 的 SEM 图

试件 D2 的断口形貌如图 5-42 所示，可发现疲劳源不在焊根表面，但离焊根表面较近，且试件疲劳源是由典型的焊接缺陷所引起。

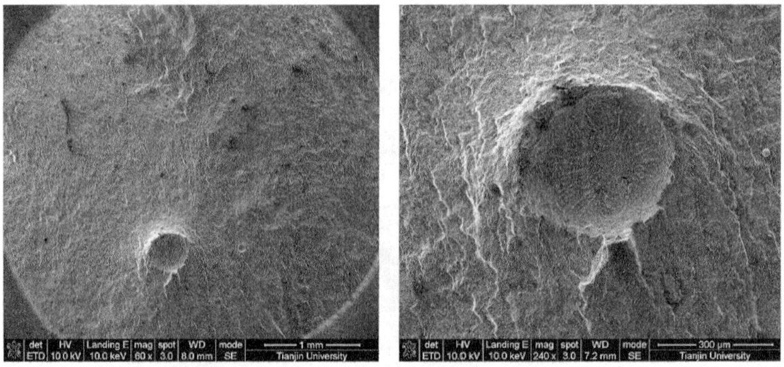

（a）60倍　　（b）240倍

图 5-42　试件 D2 的断口形貌

D 类试件由于构造原因在焊根处存在缺口，因此焊根处存在较大的缺口应力，会使附近区域的局部应力水平提高，若焊根处存在由焊接或铸造缺陷引起的应力集中，则会增大焊根处的缺口效应，使微裂纹尖端更容易形成塑性区，损伤累积逐步形成宏观裂纹；若在焊根附近而非焊根表面存在缺陷，则会存在两个应力集中的部分，由焊根处形成的微裂纹会有向缺陷处发展的趋势，同时会降低裂纹扩展消耗的能量。通常裂纹会从焊根处向缺陷处迅速发展形成贯通宏观裂纹，随后继续扩展。

在断面的快速扩展区可以观察到尺寸较小但比较均匀密集的韧窝（图 5-43），说明材料强度较高，塑性变形较小，属于脆性断裂破坏。

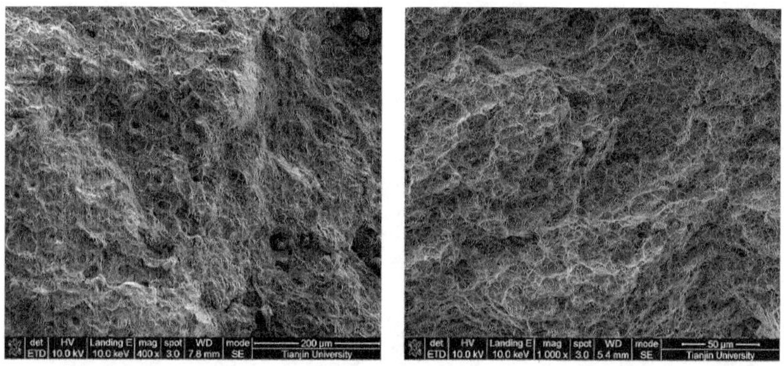

（a）试件D5　　（b）试件D6

图 5-43　快速扩展区的 SEM 图

（3）疲劳失效机理

铸钢节点与热轧钢管对接焊接时，铸钢钢管与热轧钢管的壁厚通常不相等，为了保证焊接质量常采用外加垫板或将铸钢加工出垫板，并保证足够的垫板长度。热轧钢与垫板之间仅在焊缝处熔合，未熔合部分形成了“先天”的缺口，这个由焊接接头构造产生的缝隙与构件的厚度方向垂直，由于缺口效应在缝隙的尖端会产生较大的应力集中。因此局部塑性变形只集中在缝隙的尖端位置，会在该区域产生不均匀塑性应变，从而使微裂纹开始萌生，与带缺口的标准试件等效。若焊根处存在铸造或焊接缺陷导致缺口效应变大，相当于应力集中增大，因此将加速宏观裂纹的形成；若焊根附近存在缺陷，焊根处裂纹萌生后，会向裂纹扩展时消耗能量最少的路径发展，因此也会缩短疲劳寿命，随后损伤逐渐累积，微裂纹发展为宏观裂纹，此为裂纹的萌生阶段。

与标准试件的疲劳相比，对接焊缝试件因应力集中直接在焊根缺口处形成滑移带，之后晶粒内滑移带上出现微观分离，最终形成与晶粒尺寸相当、可进一步扩展的微观裂纹。因此该阶段和焊根处的应力集中系数 K_t 直接相关，并且由于缺口的存在大大缩短了对接焊缝试件的疲劳寿命。

宏观裂纹形成后即进入扩展阶段，该阶段裂纹垂直于加载方向发展，也即沿着厚度方向发展，裂纹以拉伸方式扩展，此阶段的发展与材料裂纹扩展抗力有关。当裂纹扩展到临界尺寸时，裂纹尖端应力强度因子达到临界值，试件最终失效。扩展和瞬断阶段的机理与材料的疲劳相似。

5.2　疲劳强度分析

5.2.1　热点应力分析法

在焊接结构中，靠近焊缝端部缺口前沿的局部应力称为结构应力或几何应力，其值和整体几何尺寸有关。结构应力的最大值称为“热点应力”，“热点”一词表示最大结构应力循环荷载的局部效应，通常结构应力为热点处的表面应力，为膜应力σ_m和弯曲应力σ_b之和，包含焊缝几何应力集中和结构几何应力集中效应，但不包含缺口效应。

热点应力的通用计算方法是两点线性外插和三点非线性外插[13]，焊趾处热点应力外推法如图 5-44 所示。当应力梯度小时可采用两点线性外插，应力梯度较大时可采用三点非线性外插。

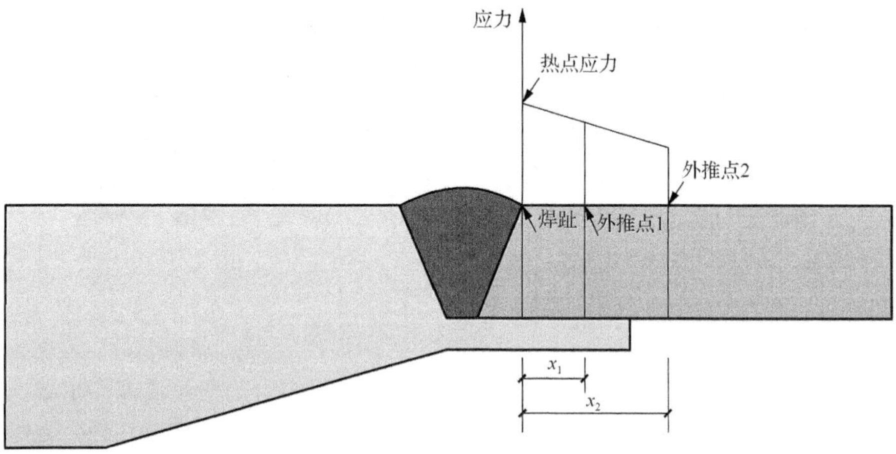

图 5-44　焊趾处热点应力外推法示意图

虽然名义应力分析法包含焊根处开裂的级别，但国际焊接学会（International Institute of Welding，IIW）和挪威船级社（DNV）的热点应力法中并没有给出适用于焊根处裂纹扩展的情况。IIW 指出热点应力法可以延伸至评估焊接接头非表面裂纹的疲劳断裂，如焊根处。在这种情况下结构表面的热点应力依然可作为该点应力基准。但此时用于计算的 *S-N* 曲线和热点应力集中系数与几何形状、尺寸参数有较大关系，并且只能在该参数范围内使用。因此，可根据疲劳数据提出适用于 A、B、D 三类焊接接头疲劳等级，为其疲劳分析提供参考依据。

使用有限元软件 ABAQUS 对 A、B、D 三类试件建立有限元模型。根据 DNV 规范的建议，单元类型选择二次单元 S8R，施加单位 1 的名义荷载。考虑到此类焊接接头较复杂，为了得到较为精确的热点应力，母材和焊缝的网格尺寸分别取 1mm 和 0.5mm，如图 5-45 所示。由图 5-45 可知，其热点位置均位于焊根处，与试验中试件疲劳裂纹萌生的部位相同。由于应力梯度较小，可采用 IIW 建议的 $0.4t$ 和 $1.0t$ 作为线性外推点。分别根据式（5-21）计算得出其热点应力集中系数 SCF_{hs}，因为有限元模型所施加的荷载为名义应力 1，因此热点处应力即为结构的热点应力集中系数 SCF_{hs}，见表 5-11。

$$\sigma_{hs} = 1.67\sigma_{0.4t} - 0.67\sigma_{1.0t} \tag{5-21}$$

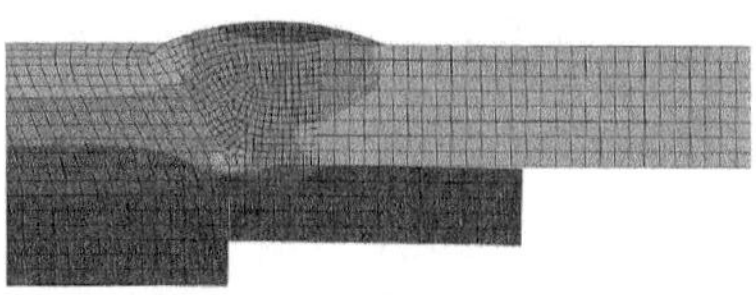

（a）A类

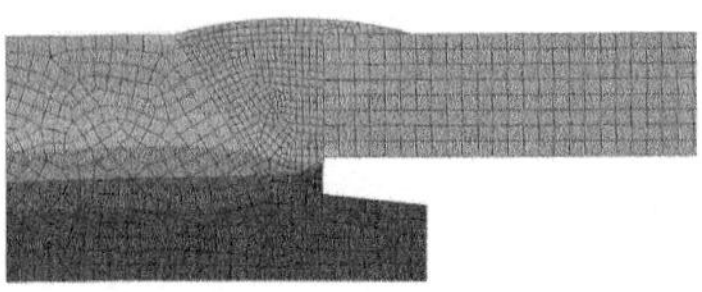

（b）B类

图 5-45　试件的网格和应力分布图

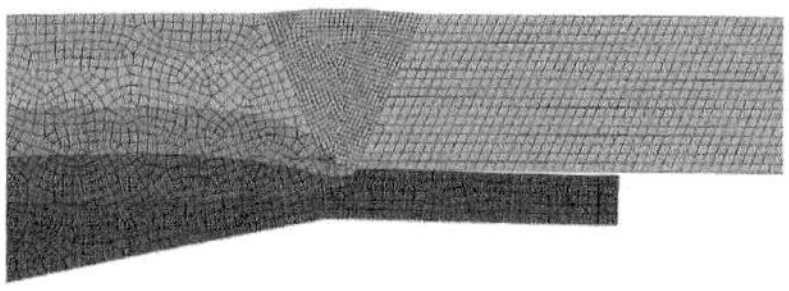

（c）D类

图 5-45（续）

表 5-11　据 A、B、D 三类接头的热点应力集中系数 SCF_{hs}

接头类型	外推点		SCF_{hs}
	0.4t	1.0t	
A	1.1204	1.0003	1.2005
B	1.1202	1.0062	1.1962
D	1.1064	1.0114	1.1698

结合环形对接焊缝疲劳试验结果和相关文献，将各组名义应力按式（5-22）转化为热点应力，并列至表 5-12。由于现行焊接结构疲劳设计标准对于未消除焊接残余应力的焊接件一般不考虑平均应力的影响，因此该处在进行疲劳分析时不再考虑其焊接残余应力和平均应力。

$$\sigma_{hs} = SCF_{hs}\sigma_{n} \tag{5-22}$$

式中，σ_{hs} 为热点应力；SCF_{hs} 为热点应力集中系数；σ_n 为名义应力。

分别按式(5-23)回归出这三类焊接接头关于热点应力的 S-N 曲线的参数，见表 5-13。

$$\lg N = \lg \overline{a} - m \lg \Delta\sigma_{hs} \tag{5-23}$$

表 5-12　A、B、D 类试件热点应力和疲劳寿命

A 类		B 类		D 类	
N/次	$\Delta\sigma_{hs}$/MPa	N/次	$\Delta\sigma_{hs}$/MPa	N/次	$\Delta\sigma_{hs}$/MPa
301541	178	163607	189	82633	253
212254	176	249710	189	161276	235
397850	168	273669	186	135094	227
105447	167	59628	183	232803	203
169692	159	243897	176	425093	195
494032	159	687006	172	900260	172
321586	150	381596	150	858954	162
1733558	148	182458	147	2000000	147
1241318	136	776626	142		
705791	135	320764	139		
		1254122	132		
		651047	131		

表 5-13 A、B、D 类试件$\Delta\sigma_{hs}$-N曲线的参数

类型	m	$\lg\bar{a}$
A	13.016	34.187
B	8.872	25.062
D	5.747	18.725

在 DNV 规范中只有 m=3 或 5 两种斜率，并且$\lg\bar{a}$也在小于 16 的范围内。但从表 5-13 可以看出，对于这 3 类裂纹萌生于焊根处的焊接接头，只有 D 类试件与上述参数范围接近，但仍与裂纹萌生于焊趾处的接头存在较大差异，规范中的参数不再适用。由回归得出 3 组参数仅适用于参数范围内的这 3 类焊接接头，可为实际工程疲劳评定分析提供一定参考。

5.2.2 有效缺口应力分析法

1. 缺口应力

实际的焊缝形状通常与设计形状存在较大偏差，而且焊趾处的尖锐拐角和焊缝根部的缝隙尖端往往给缺口应力分析造成一定困难。首先，焊缝的实际尺寸很难确定；其次，若采用弹性模型，在尖锐拐角和缝隙尖端处缺口应力将趋于无限大。因此可将焊缝简化为由一系列直线段和弧线段组成的轮廓，根据表面粗糙程度决定的界限准则确定一条平均轮廓线，如图 5-46 所示。其中缺口效应最重要几何参数为焊趾和焊根部位的缺口曲率半径ρ和缺口坡角θ[14]。

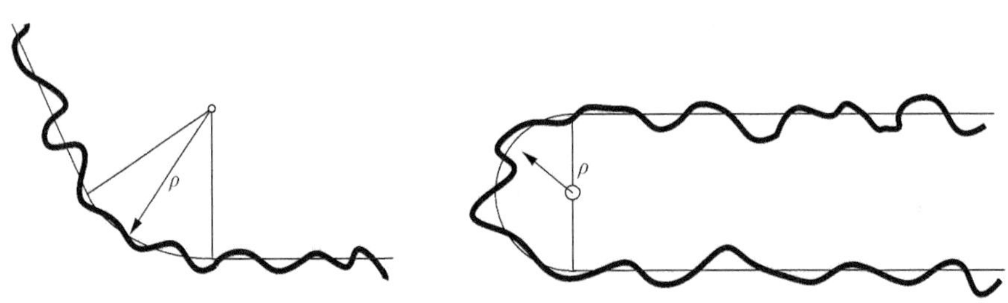

（a）焊趾　　（b）焊根

图 5-46 表面粗糙度与焊缝轮廓线的分析

采用局部缺口的应力或应变评定结构疲劳强度的方法称为局部应力或局部应变分析法。将构件的局部应力或应变与相应的材料强度值（无缺口试件测得）进行比较可对构件的强度做出评定。

结构应力没有考虑缺口应力的影响。因此，结构应力法不能全面评价焊接结构的疲劳行为。缺口应力是焊接接头应力集中区的峰值应力，包含膜应力σ_m、弯曲应力σ_b和非线性峰值应力σ_p。

对于非焊接构件的疲劳强度，缺口应力或应变评定方法是行之有效的，因此在已知

铸钢材料疲劳性能的基础上，可评价铸钢节点的疲劳强度。对于焊接接头，尽管存在材料不均匀性、微观缺陷、焊缝引起的几何尺寸偏差等难以确定的复杂因素，缺口应力或应变的分析法也是可以适用。

采用局部应力或应变评定焊接接头的疲劳强度时，可不计算局部应力或应变的平均值，也不计算应力梯度，而是直接计算一个包括焊趾或焊根微观结构特征影响的最大局部应力或应变。通过引入虚拟缺口半径来反映焊趾及焊根的缺口效应，通过具有相同缺口效应的简化模型分析结构的疲劳性能。因此，对于承受疲劳荷载的焊接接头，裂纹萌生的问题可根据缺口尖端应力或应变定量描述。

虚拟缺口曲率半径 ρ_f 定义为

$$\rho_f = \rho + s\rho^* \tag{5-24}$$

式中，ρ为实际缺口曲率半径；s 为约束系数；ρ^*为材料微观结构尺寸。

经研究表明，对于裂纹萌生于焊趾或焊根铸造组织的结构钢焊接接头，保守估计 ρ^*=0.4mm、s=2.5、ρ=0mm（即ρ_f=1.0mm）是合理的。因此，在对焊接接头进行疲劳分析时，IIW 将其简化为焊趾和焊根处虚拟缺口曲率半径ρ_f为 1.0mm 并承受面内荷载的模型。当板厚较小（t≤5mm）时，由于承载截面被缺口半径削弱的程度较大，此时缺口曲率半径应予以修正。

2. *有效缺口应力法*

IIW 在缺口应力法的基础上提出有效缺口应力法（effective notch stress method, ENSM），该方法是缺口应力法的一种简化。有效缺口应力基于材料的线弹性假设计算得到缺口根部应力。为了考虑缺口根部焊缝形状和非线性材料属性的影响，实际焊缝缺口被一个有效的虚拟半径代替。对于结构用钢和铝合金，有效缺口半径为 r=1.00mm。

有效缺口应力法的假设是材料处于线弹性阶段，不仅适用于从焊趾处失效的情况，而且适用于焊根处失效的情况。但是，该方法不适用于表面粗糙和有嵌入缺陷的情况，对于构件应力平行于焊缝或平行于焊根底部间隙的情况，该方法也不适用。

有效缺口应力集中参数能够通过参数公式、图表、有限元或边界元计算得到。有效缺口半径端部和真实缺口根部重合，如焊根间隙端部。在使用有限元法计算有效缺口应力时，在缺口表面及其法向使用一次单元时，单元尺寸不能超过 1/6 缺口半径，使用高阶单元时不超过 1/4 半径可以获得稳定的缺口应力。

IIW 还给出可供有效缺口应力法参考的 S-N 曲线级别，见表 5-14。FAT 表示疲劳寿命 200 万次时的应力范围，将 m、N 代入式（5-23）可得

$$\lg N = 13.585 - 3\lg \Delta\sigma_e \tag{5-25}$$

$$\Delta\sigma_e = \mathrm{SCF_e}\Delta\sigma_n \tag{5-26}$$

式中，$\mathrm{SCF_e}$为有效缺口应力集中系数；$\Delta\sigma_n$ 为名义应力范围。

表 5-14　IIW 中有效缺口应力法疲劳设计级别

焊缝缺口	描述	FAT
用有效缺口半径（1mm）代替焊趾和焊根缺口	缺口熔透，标准焊缝质量 $m=3$	225

因为有效缺口应力法采用的 *S-N* 曲线为规范统一的级别，因此只需要分析最危险点处状态即可。根据上述要求，通过有限元软件 ABAQUS 建立有限元模型，如图 5-47 所示。5.2.1 节中对无缺口的有限元模型进行计算，发现 A、B、D 三类构件的应力最大的点位于焊根处。铸钢节点环形对接焊缝通常采用多层焊缝，有根部封底焊道，可以直接在焊根处下方取半径为 1mm 的缺口作为潜在破坏危险点，分别位于铸钢 G20Mn5 一侧和 Q345 钢一侧。有限元分析时采用二次单元，在应力集中区域的网格尺寸取 0.25mm，其余部分网格尺寸取 1mm。

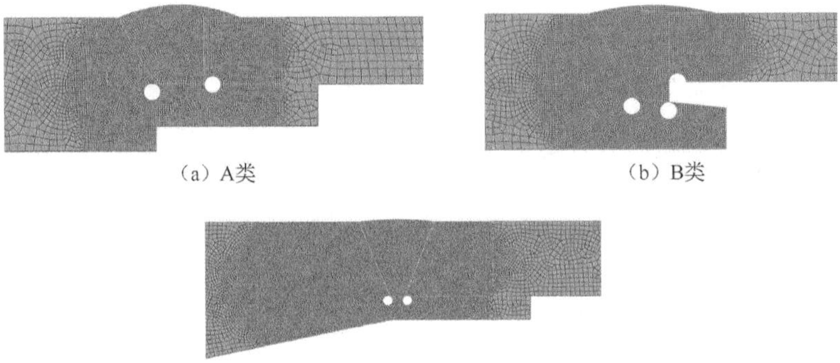

（a）A类　（b）B类

（c）D类

图 5-47　在有效缺口应力法下的有限元模型和网格划分

分别对这三类试件施加名义荷载，其应力分布和破坏情况如图 5-48 所示。结果显示 Q345 钢一侧的缺口应力大于铸钢一侧的缺口应力，即疲劳破坏先发生于 Q345 钢一侧的焊根处，这与试验破坏现象一致。根据有限元模型求得各接头的有效缺口应力集中系数 SCF_e，见表 5-15。可以看出，由于考虑了缺口效应，A、B、D 类试件的有效缺口应力集中系数均大于 5.2 节中各类热点应力集中系数。由模拟结果可见，本书所提出的 D 类试件具有较小的有效缺口应力集中系数，并具有较好的抗疲劳性能，A 类和 B 类试件的有效缺口应力集中系数较为接近，说明两者具有相近的疲劳寿命。

表 5-15　三类焊接接头的有效缺口应力集中系数 SCF_e

类型	A	B	D
SCF_e	3.8412	3.8559	2.5566

将表 5-15 中的 SCF_e 代入式（5-26）和式（5-27），可求得这三类焊接构件的疲劳寿命，并将其与实测寿命进行对比，如图 5-49 所示，图中实线表示有效缺口应力法得到的曲线，符号表示实测的疲劳数据。

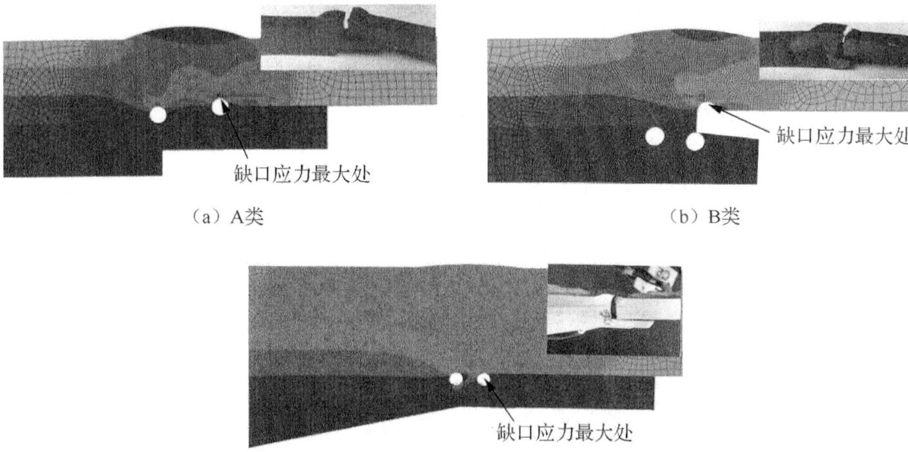

（a）A类　（b）B类

（c）D类

图 5-48　试件的应力分布和破坏情况

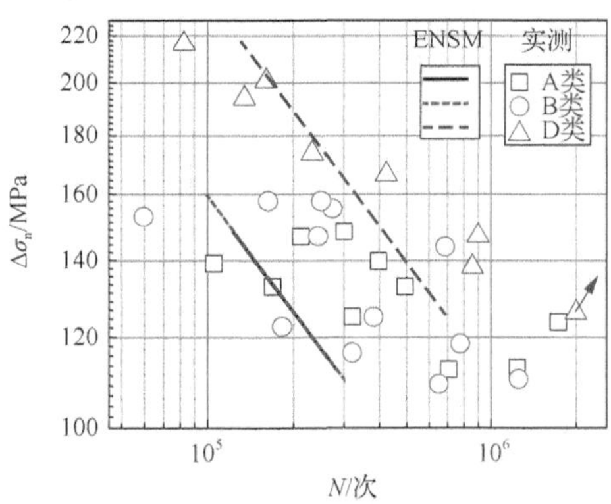

图 5-49　有效缺口应力法的计算寿命与实测寿命对比

由图 5-49 可知，对于 D 类试件，有效缺口应力法计算的疲劳寿命与试验值吻合相对较好，A 类和 B 类试件离散性相对较大。当应力较大时，会出现预测寿命大于实测寿命的现象，而规范给出的 *S-N* 曲线破坏可能性为 $P_f<0.1$。表明直接使用该方法预测的疲劳寿命会导致结果偏于危险，可能引起疲劳断裂事故。究其原因，此方法没有考虑平均应力和焊根处焊接残余应力的影响。由于焊根处的残余应力一般不易被消除，对于壁厚较小的焊接结构，焊接残余应力相对较小，但对于壁厚较大且为不等壁厚焊接的情况，焊接残余应力和平均应力对疲劳评估的影响不容忽略。

5.2.3　修正的有效缺口应力法

通过焊接残余应力和平均应力对有效缺口应力法进行修正，将其称为修正的有效缺口应力法（modified effective notch stress method，MENSM）。

1. 焊接残余应力的计算

因为焊根处的残余应力不易测量，为了得到较为安全的疲劳寿命，针对铸钢节点环形对接焊缝建立有限元模型，首先将实测表面残余应力与有限元结果对比，在验证模型模拟结果的可靠性后，即可通过该方法得到焊根处的残余应力。

考虑到只通过盲孔法对 D 类焊接接头的铸钢节点环形对接焊缝进行了残余应力测试，因此仅对D类焊接接头进行模拟验证。采用 ANSYS 建立有限元模型，考虑到高斯热源模型和双椭球热源模型不能模拟焊接过程中金属的熔融和填充，因此采用内生热率热源模型，内生热率热源模型的内部热生成以热生成强度来表示，其计算公式如式（5-27）所示。电弧热效率 η 取 0.8；电压 U 取 26V；电流 I 取 235A，单元类型选取 8 节点的六面体单元 Solid70。

$$q=\frac{\eta UI}{A_{\text{weld}}v\mathrm{d}t} \tag{5-27}$$

式中，q 为热生成强度；U 为电压；I 为电流；η 为电弧热效率，其值范围为 0.7～0.9；v 为焊接速度；dt 为每个荷载步的时间步长。

有限元模拟过程：先利用热分析功能确定整个焊接过程的温度场，然后将温度场的计算结果作为热载荷进行结构的力学分析。焊接过程利用“生死”单元技术模拟，通过逐段逐层激活单元并施加内生热模拟焊接，之后删除此内生热，激活下一单元并施加热源，如此循环。

使用间接耦合法对焊接过程进行模拟，两步分析均需施加边界条件。温度场分析施加恒温边界条件和热对流边界条件；应力场分析施加位移边界条件。位移边界条件以使构件不产生刚体位移，同时不限制由于加热和冷却导致的应力平衡和释放为原则。恒温边界条件和热对流边界条件为：焊接前预热温度 150℃，环境温度 20℃，对流换热系数 10W/（$\mathrm{m}^2\cdot\mathrm{K}$）。通过热力学计算整个焊接过程的温度场，然后将温度场的计算结果作为热载荷进行结构的力学分析，即可得到应力场的整个动态变化过程，如图 5-50 所示。

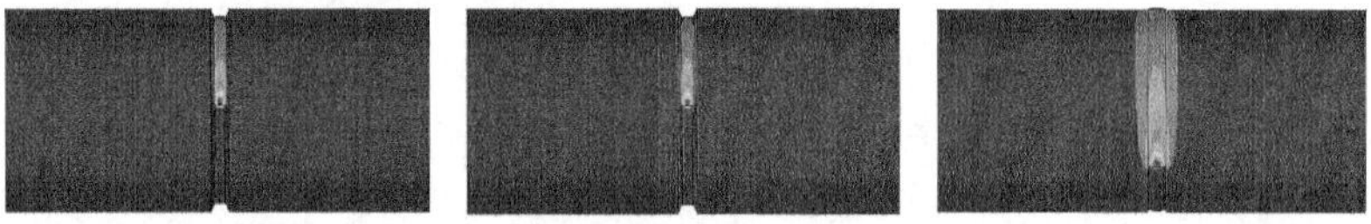

（a）8.0s　（b）176.0s　（c）344.0s

图 5-50　热源移动情况

从有限元结果中提取焊缝表面处残余应力，并与实测值[15]对比，如图 5-51 所示。可见内生热源法和实测值的吻合较好，可验证有限元模型的正确性。其他两组测点纵向残余应力规律相似，不再列出。将有限元模型沿焊根处一周的残余应力提出，如图 5-52 所示。偏安全地将危险点残余应力取为最大值 101MPa。用同样的方法求得 A 类和 B 类试件危险点处最大残余应力，分别为 239MPa 和 63MPa。B 类试件由于 Q345 侧焊根处约束较少，变形相对自由，因此残余应力相对较小。为了得到可用于指导设计的 S-N 曲线，可偏安全地认为加工后试件的残余应力等于加工前焊接钢管的残余应力。

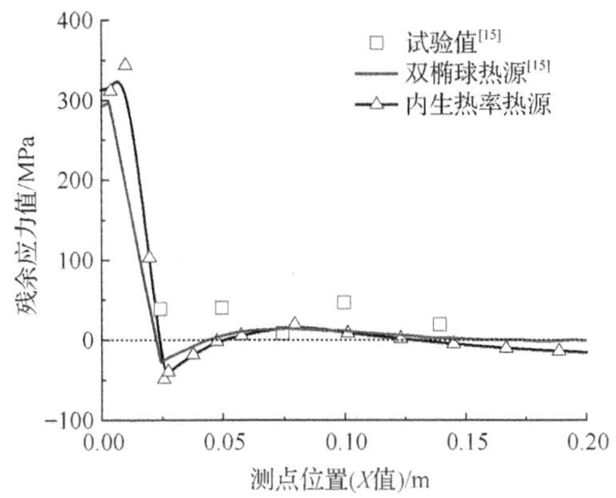

图 5-51　测点纵向残余应力对比

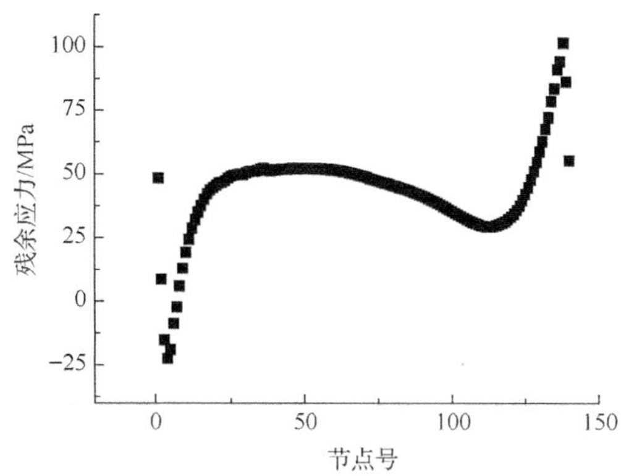

图 5-52　焊根处一周的焊接残余应力分布

2. 有效缺口应力法的修正

将修正平均应力的 Basquin 公式取对数后转化为

$$\lg N=\frac{1}{b}\lg\Delta\sigma-\frac{1}{b}\left[(b+1)\lg 2+\lg\left(\sigma_{\mathrm{f}}'-\sigma_{\mathrm{m}}'\right)\right] \tag{5-28}$$

联立式（5-25）和式（5-28），当 $\sigma_{\mathrm{m}}'=0$ 时可求得 $b=-1/3$ 和 $\sigma_{\mathrm{f}}'=14286\mathrm{MPa}$，$\sigma_{\mathrm{m}}$ 为残余应力和平均应力的叠加。因此可将式（5-28）转化为

$$\lg N=\lg\bar{a}-3\lg\Delta\sigma_e \tag{5-29}$$

式中，$\lg\bar{a}=2\lg 2+3\lg(14286-\sigma_{\mathrm{m}}')$。

将三类试件的疲劳寿命按式（5-29）进行计算，将其与有效缺口应力法、实测数据进行对比，如图 5-53 所示。

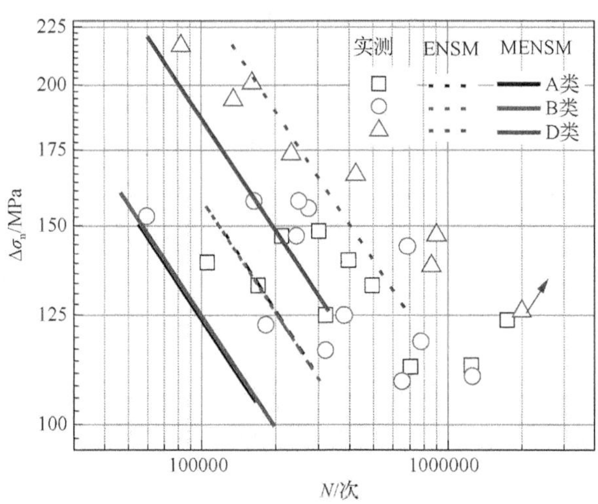

图 5-53　有效缺口应力法和修正的有效缺口应力法预测寿命对比

图 5-53 中符号表示试验值，虚线表示采用有效缺口应力法计算的曲线，实线表示

修正有效缺口应力法曲线，相同颜色代表相同类型的焊接接头。对于 A 类和 B 类两种试件，由于有效缺口应力集中系数近似，其 *S-N* 曲线基本重合。三类焊接接头疲劳数据均在通过修正的有效缺口应力法得到的曲线之上，说明该方法计算得到的疲劳寿命比较安全。与有效缺口应力法相比，修正的有效应力法能够提供偏于安全的寿命预测结果，能够在一定程度上评定实际工程的疲劳问题。

基于修正的有效缺口应力法得到的寿命预测值与实测值之间存在一定偏差。推测原因可能为修正的有效缺口应力法基于 IIW 提出的 *S-N* 曲线，该 *S-N* 曲线适用的钢材种类范围大，由于不同种类钢材的疲劳特性存在差异，因此 IIW 提出的 *S-N* 曲线本身可能存在一定误差；此外，对于铸钢与热轧钢两种不同材料金属进行焊接，其焊接接头处的受力情况比同种材料焊接更为复杂。

5.2.4 局部应变法

有效缺口应力法建立在材料线弹性分析基础上，然而缺口尖端应力往往超过材料屈服应力，为了更精细地评估缺口应力，需要建立考虑缺口区域弹塑性应力、应变的评估方法，称为局部应变法（local strain approach，LSA）。

对于低周疲劳问题，在裂纹萌生和裂纹扩展的初始阶段，一般认为局部应变是评价疲劳强度的决定因素，此处的局部应变实际上是一个应变与应力的混合概念。局部应变评定方法除用于低周疲劳问题外，也可用于高周疲劳评定，适合本书所涉及的荷载范围。

当缺口根部的局部应力不超过弹性极限时，缺口局部应变为

$$\varepsilon = \frac{\sigma_t}{E} = \frac{K_t \sigma_n}{E} = K_t \varepsilon_n \tag{5-30}$$

式（5-30）表示局部应变较名义应变增大了 K_t 倍，K_t 为弹性应力集中系数。将局部应变与名义应变之比定义为应变集中系数，即 $K_t=\varepsilon/\varepsilon_n$。在缺口根部处于弹性状态时，由式（5-30）得 $K_\varepsilon = K_t$。

结构在服役过程中，名义应力往往低于屈服应力，但局部应变可能高于屈服应变。因此，当结构整体处于弹性阶段时，缺口根部可能因产生塑性应变而形成塑性区。此时 $K_\sigma=\sigma/\sigma_n$，其中 K_σ 为弹塑性应力集中系数；σ 为局部应力；σ_n 为名义应力。

诺伊贝尔（Neuber）公式关于弹性应力集中系数 K_t 与弹塑性应力集中系数 K_σ、弹塑性应变集中系数 K_ε 之间的关系可用式（5-31）或式（5-32）表示，即

$$K_t^2 = K_\sigma K_\varepsilon = \frac{\sigma}{\sigma_n} \times \frac{\varepsilon}{\varepsilon_n} \tag{5-31}$$

$$\sigma\varepsilon = K_t^2 \varepsilon_n \sigma_n \tag{5-32}$$

式中，ε 为局部应变；ε_n 为名义应变。结构整体处于弹性状态，则有

$$\sigma\varepsilon = \frac{(K_t \sigma_n)^2}{E} \tag{5-33}$$

对于缺口在弹塑性状态下，材料的循环应力-应变关系可表示为

$$\varepsilon=\varepsilon_{\mathrm{e}}+\varepsilon_{\mathrm{p}}=\frac{\sigma}{E}+\left(\frac{\sigma}{k}\right)^{\frac{1}{n'}} \tag{5-34}$$

式中，k 为循环强度系数；n'为循环应变强化指数。

在疲劳设计中，通常将 K_{f} 代替 K_{t}，从而得

$$\sigma\varepsilon=\frac{(K_{\mathrm{f}}\sigma_{\mathrm{n}})^2}{E} \tag{5-35}$$

若名义应力σ_{n}已知，则式（5-35）右侧可视为常数，σ和ε的关系呈双曲线函数形式。将式（5-35）与式（5-34）联立，则双曲线与材料应力-应变曲线的交点可通过计算确定，两曲线交点即为局部应力σ和局部应变ε，也就是缺口应力最大点的应力和应变。

由式（5-31）可知弹塑性应力集中系数 K_σ 和弹塑性应变集中系数 K_ε计算公式，如式（5-36）和式（5-37）所示。将两式联立可得名义应力范围与名义应变范围关系式，见式（5-38）。

$$K_\sigma=\frac{\Delta\sigma}{\Delta\sigma_{\mathrm{n}}} \tag{5-36}$$

$$K_\varepsilon=\frac{\Delta\varepsilon}{\Delta\varepsilon_{\mathrm{n}}} \tag{5-37}$$

$$\Delta\sigma_{\mathrm{n}}=E\Delta\varepsilon_{\mathrm{n}} \tag{5-38}$$

式中，$\Delta\sigma$为局部应力范围；$\Delta\sigma_{\mathrm{n}}$为名义应力范围；$\Delta\varepsilon$为局部应变范围；$\Delta\varepsilon_{\mathrm{n}}$为名义应变范围。

将式（5-36）～式（5-38）代入式（5-31）后可得

$$K_{\mathrm{t}}\Delta\sigma_{\mathrm{n}}=(\Delta\sigma\Delta\varepsilon E)^{\frac{1}{2}} \tag{5-39}$$

用 K_{f} 代替 K_{t}，可得

$$\Delta\sigma\Delta\varepsilon=\frac{(K_{\mathrm{f}}\Delta\sigma_{\mathrm{n}})^2}{E} \tag{5-40}$$

利用倍增原理将式（5-34）转化为

$$\frac{\Delta\varepsilon}{2}=\frac{\Delta\sigma}{2E}+\left(\frac{\Delta\sigma}{2k}\right)^{\frac{1}{n'}} \tag{5-41}$$

此时，对于给定的应力范围$\Delta\sigma_{\mathrm{n}}$，式（5-40）右侧为常数，因此$\Delta\sigma$和$\Delta\varepsilon$也呈双曲线关系。同时$\Delta\sigma$和$\Delta\varepsilon$的变化又受到循环稳定的应力-应变滞回曲线的制约，因此将其与式（5-41）联立，可求得双曲线与循环应力-应变曲线的交点，即$\Delta\sigma$和$\Delta\varepsilon$。结合之前计

算出的σ和ε可确定平均应力σ_{m}，采用 Manson-Coffin 公式或已有的应变（应力）-寿命关系即可计算疲劳寿命。

通过上述分析，将局部应力和局部应变建立了函数联系。在疲劳设计过程中使用疲劳缺口系数 K_{f}代替 K_{t}，其中 K_{f}定义为无缺口试件疲劳强度（应力幅）与缺口试件疲劳强度的比值。K_{f}为大于 1 的系数，该系数与 K_{t}有关，应力集中系数 K_{t}越大，应力集中越强，疲劳寿命越短。试验结果表明，K_{f}一般小于应力集中系数 K_{t}，其原因为应力集中区域产生的循环塑性应变使峰值应力降低。

弹性应力集中系数 K_{t}只依赖于结构的几何形状，而疲劳缺口系数 K_{f}不仅与几何形状有关，还与材料特性有关。

由此可进一步定义缺口敏感系数

$$q=\frac{K_{\mathrm{f}}-1}{K_{\mathrm{t}}-1} \tag{5-42}$$

该敏感系数取值范围为 $0\leqslant q\leqslant 1$。当 $q=0$ 时，$K_{\mathrm{f}}=1$，即缺口效应对疲劳性能无影响；当 $q=1$ 时，$K_{\mathrm{f}}=K_{\mathrm{t}}$，即缺口效应对疲劳性能的影响较为显著。

K 与材料特性有关。通常材料强度提高时，q 增大；而晶粒度和材料性质不均匀性增大时，q 减小。不均匀性增大导致 q 减小的原因是材质不均匀性相当于内在的应力集中，在无外加应力集中效应时已经存在，该特性减少了材料对外加应力集中的敏感性。此外 q 还与缺口的曲率半径有关。缺口敏感系数还可以用 Neuber 公式表示，即

$$q=\frac{1}{1+\sqrt{\dfrac{A}{r}}} \tag{5-43}$$

或用佩雷尔洛松（Pererson）公式计算：

$$q=\frac{1}{1+\dfrac{a}{r}} \tag{5-44}$$

式中，r 为缺口半径；A 和 a 为材料参数，可计算为

$$a=0.0254\left(\frac{2068}{\sigma_{\mathrm{u}}}\right)^{1.8} \tag{5-45}$$

式中，σ_{u}为材料的极限强度。

将式（5-42）与式（5-44）联立，可得

$$K_{\mathrm{f}}=1+\frac{K_{\mathrm{t}}-1}{1+\dfrac{a}{r}} \tag{5-46}$$

在对接接头中缺口形状沿焊缝变化，应力集中系数 K_{t}和缺口半径 r 难以确定。一般认为，缺口半径越小，应力集中越大。当缺口半径趋近于 0 时，应力集中系数趋近于无穷大。但劳伦斯（Lawrence）根据观察提出：当缺口半径 r 等于 a 时，疲劳缺口系数 K_{f}

达到最大值。因此，Lawrence 建议提出一种考虑最危险情况的方法，即假设一个虚构的缺口半径，使其等于 a，通过将其代入式（5-46），可得 K_f 的最大值 $K_{f,max}$，利用此值算出的疲劳寿命偏于安全。

为了得到最危险的疲劳缺口系数，可令缺口半径等于式（5-45）中的 a。求解过程如图 5-54 所示。分析中，在焊缝两侧焊趾和焊根处分别建立圆形缺口模型以充分考虑焊缝的破坏位置，得到具体的疲劳缺口系数，再利用相应材料的应变-寿命关系曲线进行疲劳寿命预测。计算时可采用两侧母材的应变-寿命关系，也可采用焊接材料的应变-寿命关系，本书分别对上述两种情况进行了疲劳寿命计算。

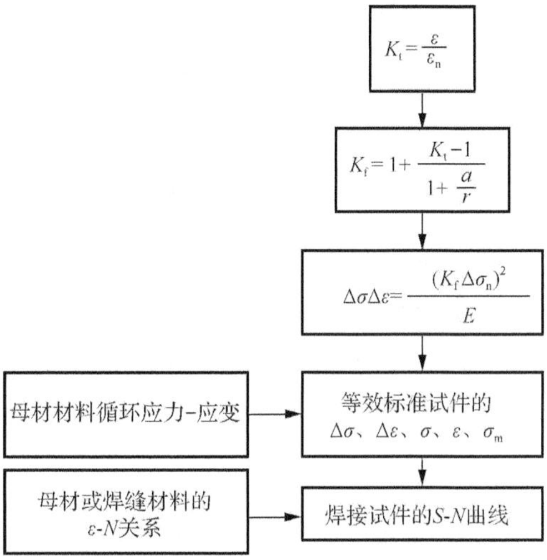

图 5-54 局部应变法求解过程

5.2.5 基于母材的局部应变法

文献[16]指出，可以近似采用母材的参数代替焊接部位参数进行疲劳验算。局部应变法的分析过程中若使用母材的材料参数，可将其称为基于母材的局部应变法（local strain approach based on base material，LSA-B）。

对于 D 类试件，由铸钢抗拉强度 σ_b 为 521.44MPa 可求得 a 为 0.30mm，热轧钢 Q345 的抗拉强度 σ_b 为 544.39MPa，可求得 a 为 0.28mm。对于 A 类和 B 类试件，由于文献没有提供 G20Mn5 和 Q345 的实测材料性能，根据其提供的力学性能参考范围，偏安全取其极限强度的较大值，得到的缺口半径为该类试件最不利情况，确定缺口半径 r=0.20mm。利用有限元软件 ABAQUS 建立模型，分别在各试件的焊根处建立缺口，网格类型选用二次单元 S8R。根据文献[16]的建议，缺口附近网格尺寸取缺口半径的 1/10，其计算结果如图 5-55 所示。

由于焊接接头试件由 2 种不同金属材料焊接而成，因此在疲劳计算时铸钢一侧的危险部位使用 G20Mn5 的材料参数，而热轧钢一侧的危险部位则使用 Q345 钢的材料参数。理论上应分别计算两侧的疲劳寿命并进行比较，寿命较小的危险点即为裂纹萌生位置，该点计算得到的寿命即焊接试件的疲劳寿命。

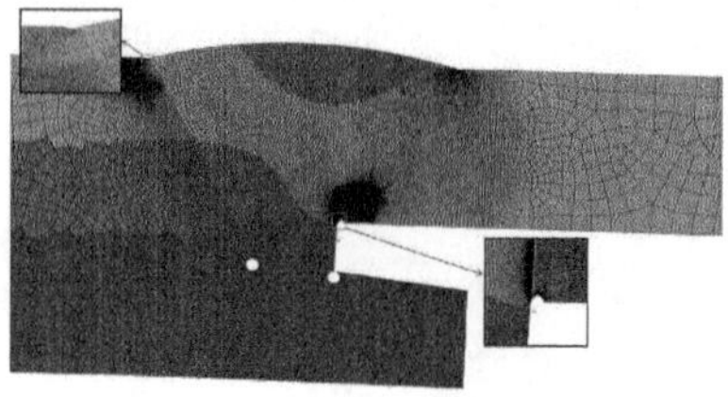

（a）A类焊接试件

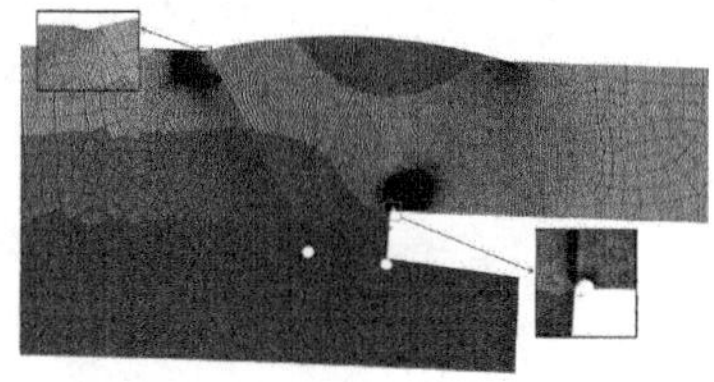

（b）B类焊接试件

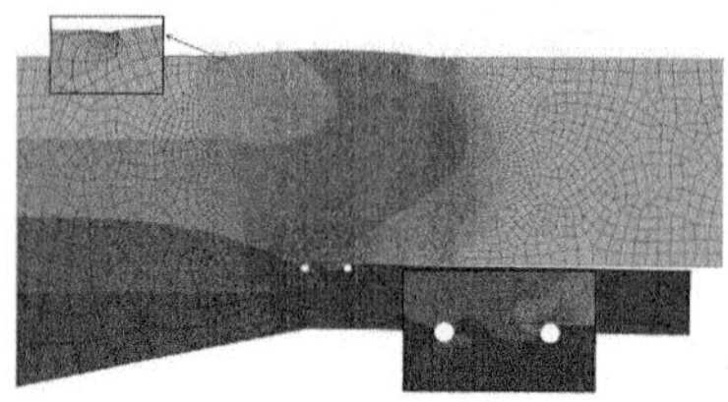

（c）D类焊接试件

图 5-55　局部应变法的有限元模型

因此，根据分析结果求得三类试件在焊趾和焊根处的弹性应力集中系数 K_t，并根据式（5-46）和 Lawrence 方法求得 K_f，将其最大值列入表 5-16。

表 5-16　三类试件的最大应力集中系数 K_t 和疲劳缺口系数 K_f

类型	G20Mn5 侧 K_t	Q345 侧 K_t	G20Mn5 侧 K_f	Q345 侧 K_f
A	2.906	5.202	1.953	3.101
B	2.576	4.941	1.788	2.971
D	2.057	3.931	1.523	2.458

考虑到 G20Mn5 的疲劳性能相较于 Q345 略差，因此尽管 G20Mn5 侧 K_t 计算结果较小，理论上也应取 G20Mn5 和 Q345 侧应力最大处分别进行分析。从图 5-55 可以看出 Q345 侧的焊根处应力最大，而 G20Mn5 侧的焊趾处应力最大，因此仅分析上述两个部位即可。

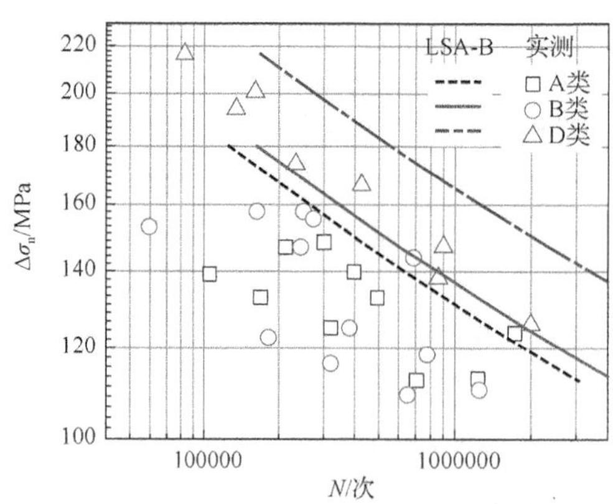

图 5-56　LSA-B 与实测寿命的对比

根据式（5-34）和式（5-35）可求得局部应力 σ 和局部应变 ε，根据式（5-40）和式（5-41）可求得应力范围 $\Delta\sigma$ 和应变范围 $\Delta\varepsilon$。疲劳寿命的计算可采用 Manson-Coffin 方程或已有的应变（应力）-寿命关系。将计算结果与试验值比较，如图 5-56 所示。可见基于母材的局部应变法计算结果能反映疲劳数据的大体趋势，但其预测结果偏于危险。

5.2.6　基于焊接材料的局部应变法

对接焊缝试件在焊接金属区或热影响区发生断裂均由焊接因素导致，因此可用焊接标准试件的试验结果结合局部应变法（LSA）评定对接焊缝试件的疲劳性能，其方法称为基于焊接材料的局部应变法（local strain approach based on welding material，LSA-W）。

基于焊接材料参数的局部应变法分析 G20Mn5 侧和 Q345 侧缺口，其三类试件在 Q345 侧缺口的 K_f 均大于 G20Mn5 侧缺口，但使用的材料参数均相同。因此，对于 A 类、B 类和 D 类试件，无论使用焊接材料还是母材的材料参数，Q345 侧的计算疲劳寿命均小于 G20Mn5 侧，即理论上试件在 Q345 侧先发生疲劳，该分析结果与试验现象相吻合。

由于 Q345 侧缺口引起的应力集中效应最显著，当使用相同焊接材料参数时，其疲劳寿命由 Q345 侧的缺口决定，因此采用基于焊接材料参数的局部应变法分析 Q345 侧缺口疲劳寿命，即可反映整个试件的疲劳寿命。将该寿命计算结果与实测数据对比，如图 5-57 所示。

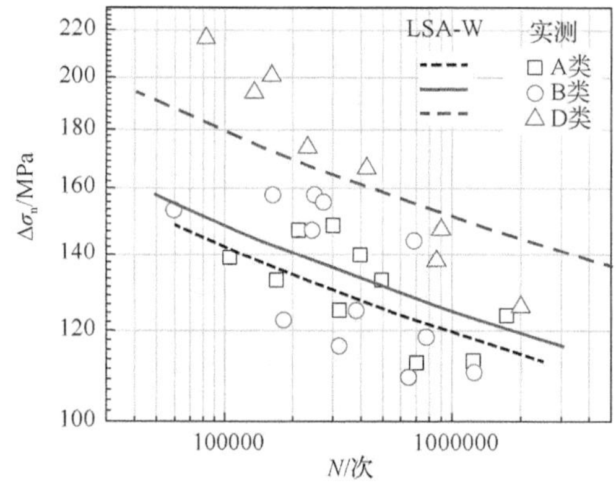

图 5-57　LSA-W 与实测寿命的对比

结合图 5-57，综合对比 A、B 和 D 类焊接试件，可见三类试件的实测数据均匀分布在基于焊接材料参数的局部应变法所计算曲线区域附近，说明该方法计算结果与实测数据吻合均较好、精确度高，且此方法的分析过程较为简便。因此，上述方法可用于分析环形对接焊缝的疲劳性能。

使用热点应力法时，由于规范[17-18]没有给出焊根处裂纹萌生所对应的 *S-N* 曲线，无法计算铸钢节点环形对接焊缝的疲劳寿命。因此，5.2.1 节回归出了 A、B 和 D 类焊接接头的热点应力 *S-N* 曲线，用于在疲劳分析时直接查阅。该方法便于使用，但仍需试验数据验证其可靠性。

使用有效缺口应力法时，可直接在潜在应力最大部位建立缺口，并使用 IIW 提供的 *S-N* 曲线进行疲劳分析，但铸钢节点环形对接焊中钢管壁厚较大，焊接残余应力对疲劳性能的影响不容忽略。然而有效缺口应力的 *S-N* 曲线并没有考虑焊接残余应力和平均应力的影响，其疲劳计算的结果偏于危险。通过考虑残余应力可得到修正的有效缺口应力法（modified effective notch stress method，MENSM），该方法能获得偏安全的疲劳寿命预测结果。

使用局部应变法时，首先需要在焊接接头焊趾和焊根处建立缺口，利有限元方法求解焊趾和焊根处缺口的应力集中系数 K_t，然后分别结合母材（铸钢 G20Mn5 和 Q345 钢）和焊缝的材料参数，分别计算对应危险部位的疲劳寿命。该疲劳分析方法可分为基于母材的局部应变法（LSA-B）和基于焊接材料的局部应变法（LSA-W）。

将利用 MENSM、LSA-B 和 LSA-W 法计算 A、B 和 D 类焊接接头试件的疲劳寿命并与实测值进行比较，如图 5-58 所示。图 5-58 中相同的颜色数据代表相同类型焊接接头试件，其中符号代表实测数据，点划线代表 MENSM 的结果，虚线代表 LSA-B 的结果，实线代表 LSA-W 的结果。

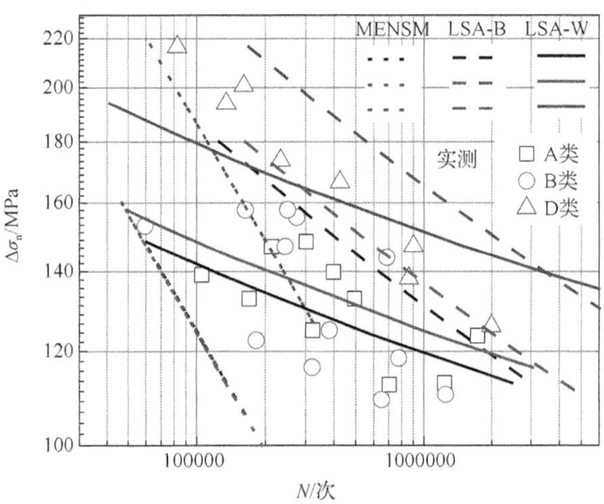

图 5-58　不同疲劳寿命分析方法对比

从图 5-58 中可看出，MENSM 的疲劳寿命计算结果与实测疲劳值相差较大。因为其使用的 *S-N* 曲线基于失效概率为 $P_f<0.1$ 的情况，而其他方法计算结果与实测数据均为基于疲劳失效概率 $P_f<0.5$ 的情况。MENSM 假设裂纹尖端处于弹性状态，未能精确反映裂纹真实应力。此外，IIW 提出的 *S-N* 曲线规定了统一斜率，未考虑材料的具体特征，因此尽管 MENSM 的计算结果偏于安全，但不能较好地预测该类对接焊缝的疲劳寿命。

LSA-B 和 LSA-W 均基于局部应变法并假设裂纹尖端进入弹塑性，该方法相较于 MENSM 更接近实际受力状态，因此其分析结果更加准确。

使用 LSA-B 分析时，首先需要确定对接焊缝试件最危险部位，通过分别评价 Q345 侧和 G20Mn5 侧缺口的疲劳寿命，将二者中较小值作为焊接试件的疲劳寿命。由于 LSA-B 分别计算了焊缝两侧不同母材的最不利情况，特别是考虑了疲劳性能较差的 G20Mn5 侧在应力较低情况下发生疲劳失效的可能，因此该方法分析过程较全面。对于本书涉及的 A、B 和 D 类试件，寿命最小部位均为 Q345 侧焊根处。LSA-B 可描述疲劳数据的大体走势，并在一定程度反映对接焊缝试件的疲劳寿命。但利用该方法计算的疲劳寿命与实测数据相差略大且结果偏于危险，其工作量相当于 LSA-W 的 2 倍，分析过程相对烦琐，因此在工程中的适用性较低。

使用焊接材料参数的 LSA-W 可直接对整个焊缝中应力最大的部位进行疲劳分析，该方法精确度较好。由图 5-15 中 LSA-Q 和 LSA-W 对比可知，实测疲劳数据均匀分布于 LSA-W 计算结果的两侧，精确度更高。LSA-W 使用焊接标准试件的循环应力-应变关系和疲劳参数，在一定程度上考虑了焊接残余应力和不同金属熔合的影响。根据对实际疲劳失效现象的观察发现，裂纹萌生于 Q345 钢一侧的焊根处并沿厚度方向贯穿焊缝，因此使用焊接标准试件的 LSA-W 可以更真实地反映对接焊缝疲劳失效状态，且分析过程相对简便，可满足工程应用要求。

5.3　铸钢材料环形对接焊缝疲劳性能的参数化分析

5.3.1　有限元模型

1. 参数选取

基于焊接材料的局部应变法简要流程如图 5-59 所示。在材料弹塑性疲劳特性参数确定的情况下，如果应力集中系数 K_t 可以确定，则根据 Lawrence 偏于保守的建议，可计算出疲劳缺口系数 K_f，进而求得名义应力、应变下的疲劳寿命。因此，K_t 为焊接接头疲劳性能的控制参量。影响 K_t 的因素主要分为焊接细节和构造尺寸。由于焊接细节与焊工操作有关，同一焊工在相同情况下焊接出的构件细节可能不尽不同，因此本书仅针对构造尺寸进行分析，为疲劳设计提供一定参考。构造尺寸常用的参数包括：壁厚 t、壁厚比 T/t 和径厚比 d/t，其中 d 和 t 分别为热轧钢管的外径和壁厚，T 为铸钢钢管壁厚，假定铸钢钢管的外径与热轧钢管外径相等。

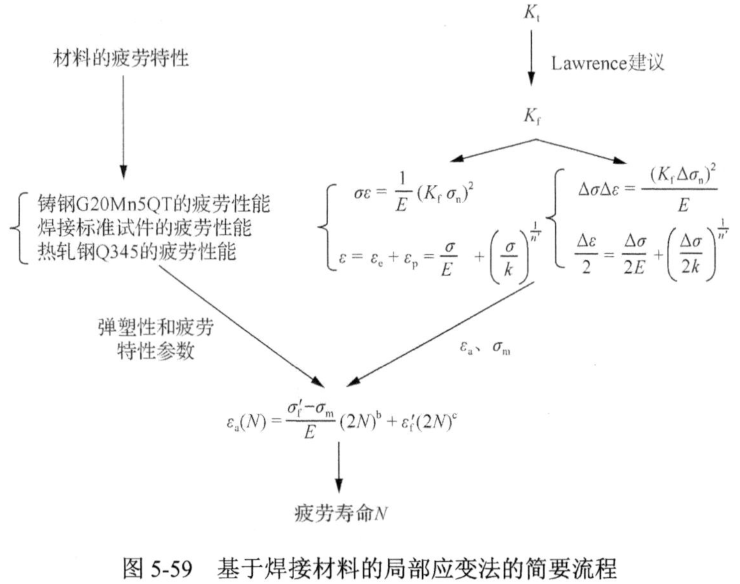

图 5-59　基于焊接材料的局部应变法的简要流程

根据统计分析，并结合文献[19]，确定焊接接头的构造尺寸参数范围如下：t 为 8～20mm；T/t 为 1.5～3；d/t 为 10～40。焊接细节根据《焊接手册》[8]中规定的常用范围选取，具体尺寸如图 5-60 所示。

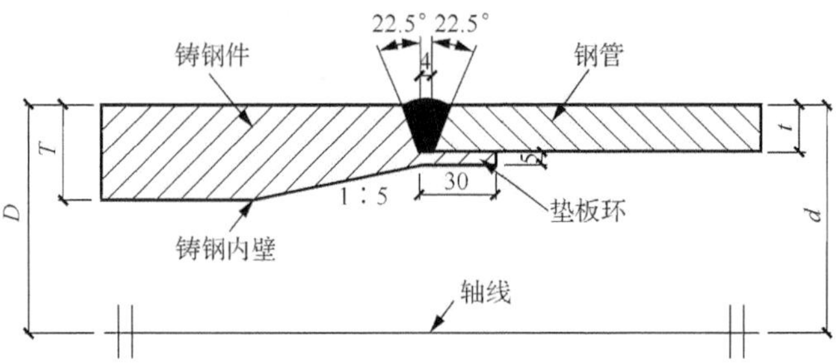

图 5-60 焊接接头中的参数

2. 有限元模型建立

用有限元软件 ANASYS 对图 5-61 所示的 G20Mn5 铸钢与 Q345 热轧钢管环形对接焊缝进行疲劳分析。根据分析结果发现，应力最大处位于 Q345 侧焊根处，因此在 Q345 侧焊根处建立缺口半径 r=0.28mm 的缺口。为获得较高的计算精度，采用 solid45 单元。材料参数的选取按实测数据确定。网格分为加密区和普通区，缺口附近加密区网格尺寸取 1/4 的缺口半径，以保证能够观察 K_f 变化的规律。由于钢管两侧采取对称约束，而端部完全约束，因此只需建立 1/4 钢管模型，网格划分和约束施加情况如图 5-36 所示。

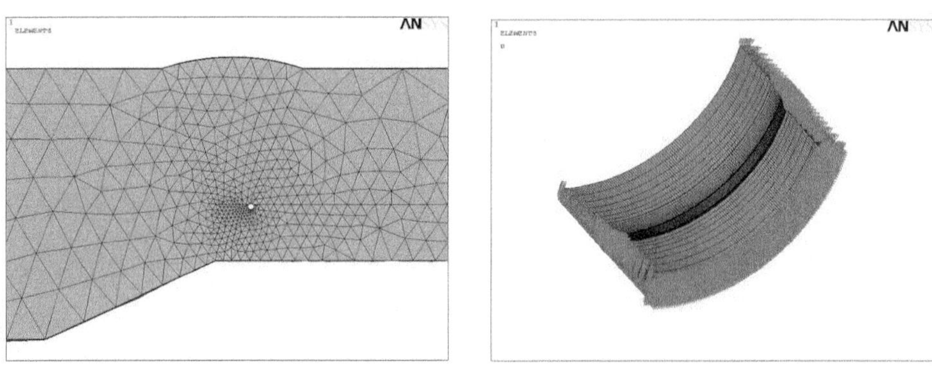

（a）网格尺寸划分　　（b）约束情况

图 5-61 有限元模型

5.3.2 环形对接焊缝的参数化分析

1. 壁厚 t 对疲劳寿命的影响

按照图 5-48 所示计算流程图，首先通过有限元得到参数范围内的应力集中系数 K_t，然后根据 Lawrence 建议并按照式（5-46）计算出疲劳缺口系数 K_f。当参数 d/t 和 T/t 为定值时，分析壁厚 t 对疲劳缺口系数 K_f 的影响。由于其变化规律相似，表 5-17 仅列出 6

组数据进行比较，并绘出了其变化规律，如图 5-62 所示。当 t=8mm 时，K_f 最小；当 t=20mm 时，K_f 最大。随着 t 的增大，K_f 逐渐增大，并可近似地认为 K_f 参数呈线性变化。当参数不同时，曲线在 t=12mm 和 16mm 附近略有波动，但基本不影响整体递增规律。当壁厚 t 从 8mm 增长至 20mm 时，K_f 的增长率为 17%～24%，可见壁厚 t 的变化对 K_f 的影响较大。

表 5-17　壁厚 t 对疲劳缺口系数 K_f 的影响

t/mm	d/t=10		d/t=20		d/t=40	
	T/t=2	T/t=3	T/t=2	T/t=3	T/t=2	T/t=3
8	2.068	1.983	2.072	2.004	2.438	2.191
12	2.200	1.992	2.275	2.012	2.666	2.465
16	2.206	2.126	2.377	2.198	2.683	2.537
20	2.424	2.351	2.565	2.448	2.889	2.604

根据有限元分析确定疲劳缺口系数 K_f 后，结合基于焊接材料的局部应变法，即可得到对应于该构造情况下的 S-N 曲线。图 5-63 列出了在 T/t=2.0、d/t=20 时不同壁厚所对应的 S-N 曲线。由图 5-63 可见，各 S-N 曲线基本保持平行，相同的名义应力幅下，壁厚较小的曲线所对应的疲劳寿命较大。因此，在设计焊接接头时应优先选择壁厚较小的钢管。

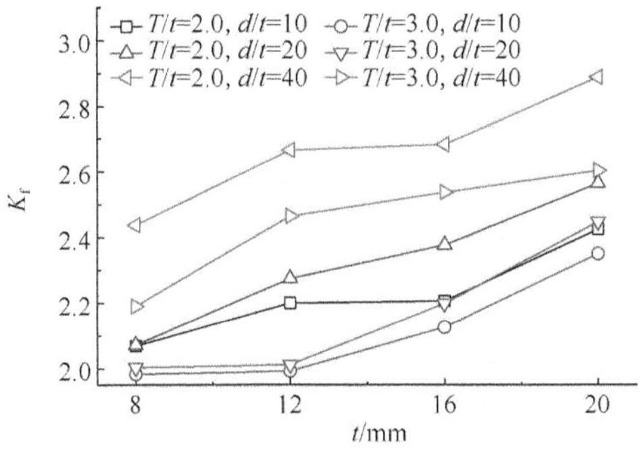

图 5-62　疲劳缺口系数 K_f 与壁厚 t 的关系

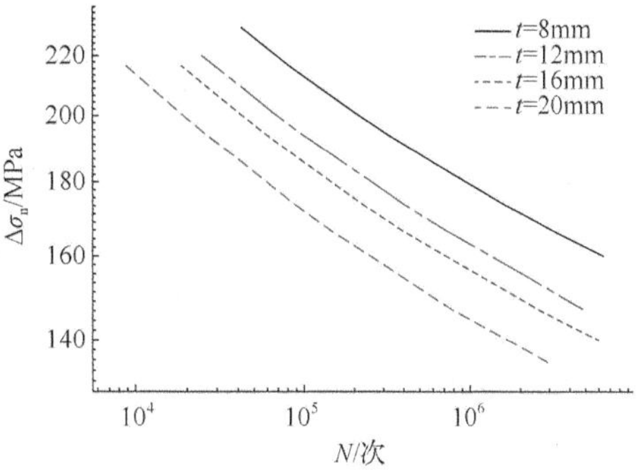

图 5-63　不同壁厚 t 对 S-N 曲线的影响

2. 壁厚比 T/t 对疲劳寿命的影响

按上述方法分析壁厚比 T/t 对疲劳缺口系数 K_f 的影响，并将 6 组计算结果列入表 5-18，其变化规律如图 5-64 所示。从图 5-64 中可知，随着 T/t 的增大，K_f 先增大后减小，并在 T/t=2.0 时达到峰值，曲线近似呈抛物线形状。在其他参数变化时，峰值大小略微有所改变。当壁厚比 T/t 由 1.5 增长到 2.0 时，K_f 增大 2%～7%；当壁厚比 T/t 由 2.0 增长到 3.0 时，K_f 减小 3%～11%。与其他参数相比，壁厚比 T/t 的变化对疲劳缺口系数 K_f 的影响相对较小。

表 5-18　壁厚比 T/t 对疲劳缺口系数 K_f 的影响

T/t	d/t=10		d/t=20		d/t=40	
	t=16mm	t=20mm	t=16mm	t=20mm	t=16mm	t=20mm
1.5	2.092	2.379	2.256	2.393	2.611	2.784
2.0	2.206	2.424	2.377	2.565	2.683	2.889
2.5	2.173	2.368	2.249	2.494	2.629	2.719
3.0	2.126	2.351	2.198	2.448	2.537	2.604

为了直观分析壁厚比 T/t 对焊接接头疲劳寿命的影响，采用局部应变法结合焊接材料参数，计算得到 t=16mm、d/t=20 时不同壁厚比 T/t 的 S-N 曲线，如图 5-65 所示。由图 5-65 可见，不同 T/t 所对应的 S-N 曲线变化范围较小，当 T/t=1.5 和 2.5 曲线的 K_f 接近时，S-N 曲线基本重合。在相同名义应力幅下，T/t=2.0 时所对应的疲劳寿命最小，因此，在对焊接接头进行疲劳设计时应尽量避免 T/t 接近 2.0，可有助于提高其疲劳性能。

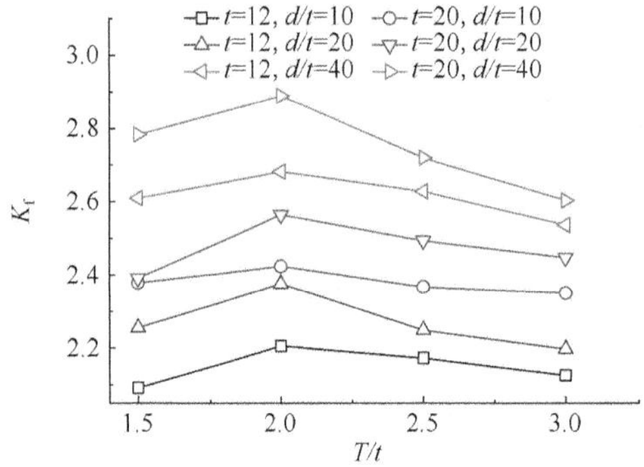

图 5-64　疲劳缺口系数 K_f 与壁厚比 T/t 的关系

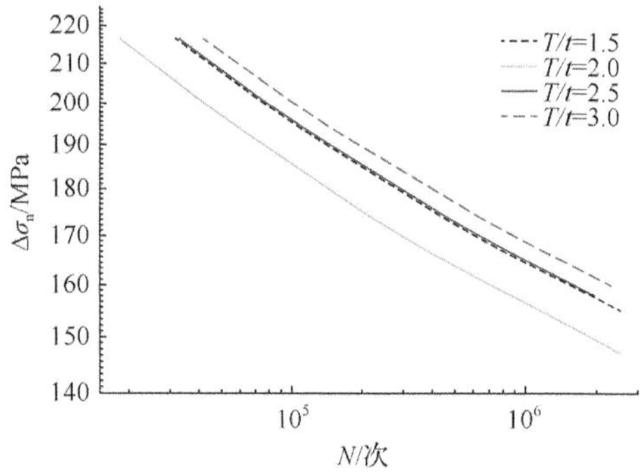

图 5-65　不同壁厚比 T/t 对 S-N 曲线的影响

3. 径厚比 d/t 对疲劳寿命的影响

通过有限元分析得出不同径厚比 d/t 下疲劳缺口系数 K_f，见表 5-19，其变化规律如图 5-66 所示。K_f 随 d/t 的增大近似呈线性增大，当径厚比 d/t 从 8mm 到 20mm 时，K_f 的增长率为 11%～22%，可见径厚比 d/t 的变化对 K_f 的影响较大。

表 5-19　径厚比 d/t 对疲劳缺口系数 K_f 的影响

d/t	T/t=2		T/t =2.5		T/t =3	
	t=16mm	t=20mm	t=16mm	t=20mm	t=16mm	t=20mm
10	2.200	2.424	2.173	2.368	2.126	2.351
20	2.377	2.565	2.249	2.494	2.198	2.448
30	2.522	2.789	2.467	2.674	2.453	2.578
40	2.683	2.889	2.629	2.719	2.537	2.604

利用局部应变法并结合焊接材料参数可计算出 t=16mm、T/t=2.0 时不同壁厚比 T/t 的 S-N 曲线，如图 5-67 所示。由结果可以发现，S-N 曲线相互平行，径厚比 d/t 较大的 S-N 曲线位于径厚比 d/t 较小的 S-N 曲线之下。相同的名义应力幅下，径厚比 d/t 越大，其疲劳寿命越小。因此，在进行焊接接头疲劳设计时应尽量减小径厚比 d/t。

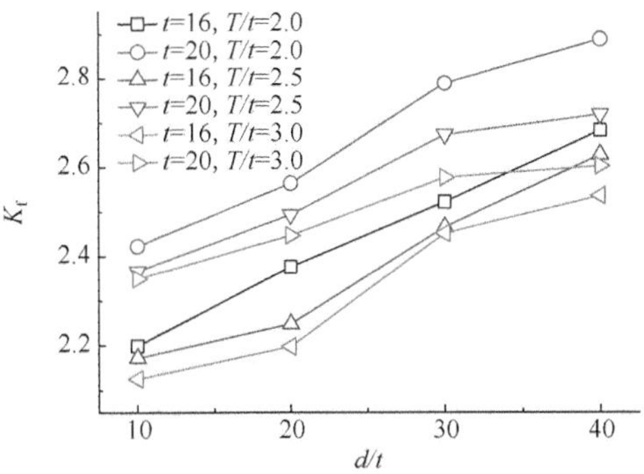

图 5-66　疲劳缺口系数 K_f 与径厚比 d/t 关系

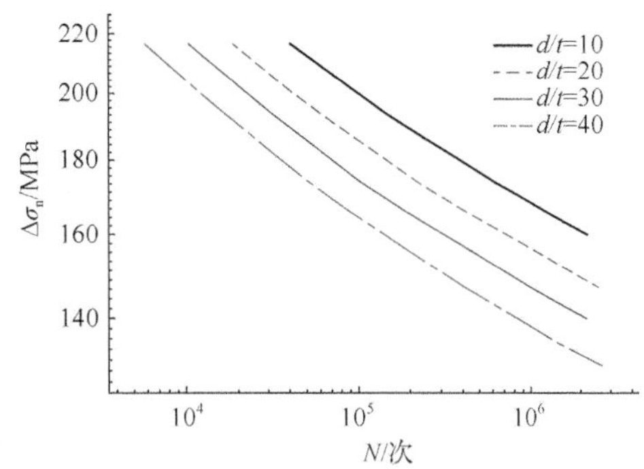

图 5-67　不同径厚比 d/t 对 S-N 曲线影响

5.3.3　改进的局部应变法

从图 5-63、图 5-65 和图 5-67 可以看出，不同疲劳缺口系数 K_f 下的 S-N 曲线基本相互平行。在常用参数范围内，K_f 的取值范围在 1.5～3.0 之间，且 S-N 曲线近似为直线。

用局部应变法结合焊接材料的参数可绘出 d/t=20、T/t=1.5、t=16mm 时环形对接焊缝的 S-N 曲线。此时 K_f 为 2.256，基本处于 K_f 取值的中间范围。将该参数下的 S-N 曲线进行线性回归，得到式（5-47），如图 5-68 所示。可见线性回归公式的置信率较高，能够较好地反映由局部应变法计算得到的 S-N 曲线。因此，可将其 S-N 曲线简化为直线，并用式（5-47）代替。

$$\lg N = -0.0762 \lg N + 2.6741, \quad R^2 = 0.995 \tag{5-47}$$

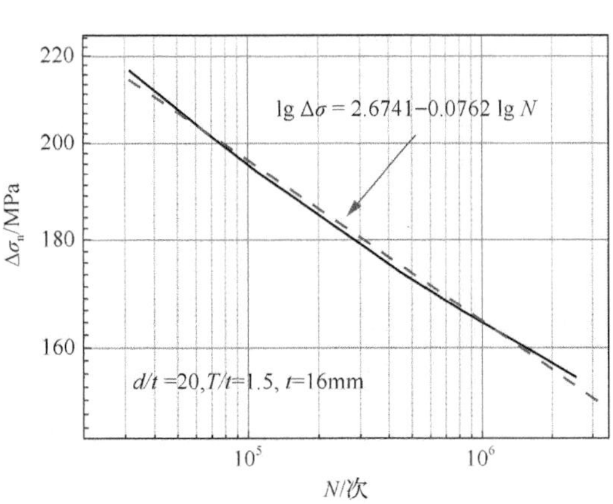

图 5-68　S-N 曲线的线性回归

利用基于焊接材料局部应变法计算不同构造尺寸的焊接接头的 *S-N* 曲线时，仅表现为疲劳缺口系数 K_f 的不同。只要构造尺寸的疲劳缺口系数 K_f 相同，其疲劳强度就相同，而不同疲劳缺口系数 K_f 之间存在比例关系。上述方法称为改进的局部应变法（improved local strain approach，ILSA），是对基于焊接材料局部应变法的简化。该方法与热点应力法类似，热点应力法采用的是危险点处热点应力集中系数 SCF_{hs}，而改进的局部应变法则采用危险部位的疲劳缺口系数 K_f。因此，可利用式（5-47）结合疲劳缺口系数得到其对应的 *S-N* 曲线，即

$$\lg(K\Delta\sigma) = -0.0762\lg N + 2.6741 \quad (5\text{-}48)$$

式中，K 为疲劳缺口系数比，$K=2.256/K_f$。

不同构造尺寸可通过有限元计算出对应的疲劳缺口系数 K_f。由于不同 K_f 间存在比例关系，因此 K 所对应的疲劳强度也具有比例关系。

改进的局部应变法仍然利用局部应变法中的缺口疲劳系数 K_f。根据本书所涉及的焊接材料参数，以及不同构造尺寸下 *S-N* 曲线的变化规律，对求解疲劳寿命的计算过程进行改进。表 5-20 列出了常用构造尺寸范围内疲劳缺口系数比 K 的取值，其他构造尺寸所对应的 K 值可通过线性插值确定。

表 5-20　疲劳缺口系数比 *K* 的取值

径厚比	*T/t*	*K*			
		8mm	12mm	16mm	20mm
d/t=10	1.5	1.469	1.023	1.079	0.948
	2.0	1.138	1.084	1.026	0.931
	2.5	1.067	1.133	1.038	0.953
	3.0	1.045	1.061	1.061	0.960
d/t=20	1.5	1.121	1.054	1.000	0.943
	2.0	1.089	0.992	0.949	0.880
	2.5	1.115	1.009	1.003	0.905
	3.0	1.126	1.121	1.026	0.922
d/t=30	1.5	1.089	0.909	0.912	0.860
	2.0	0.962	0.908	0.895	0.809
	2.5	1.098	0.994	0.915	0.844
	3.0	1.106	1.009	0.920	0.875
d/t=40	1.5	1.075	0.869	0.864	0.810
	2.0	0.925	0.846	0.841	0.781
	2.5	0.952	0.871	0.858	0.830
	3.0	1.030	0.915	0.889	0.867

5.3.4 改进的局部应变法的适用性

为了验证改进局部应变法的准确性，将参数 T/t=2.0、d/t=20、不同壁厚 t 下的局部应变法与改进局部应变法的计算结果进行对比，如图 5-69 所示。由图可见，改进局部应变法与局部应变法的计算结果吻合较好。对于 D 类焊接接头的环形对接焊缝，当构造尺寸不同时，基于改进的局部应变法均能准确地反映疲劳寿命的变化情况。此外，局部应变法的求解过程相对比较复杂，而改进的局部应变法可通过简单运算直接求得疲劳寿命，适用于工程实际应用。

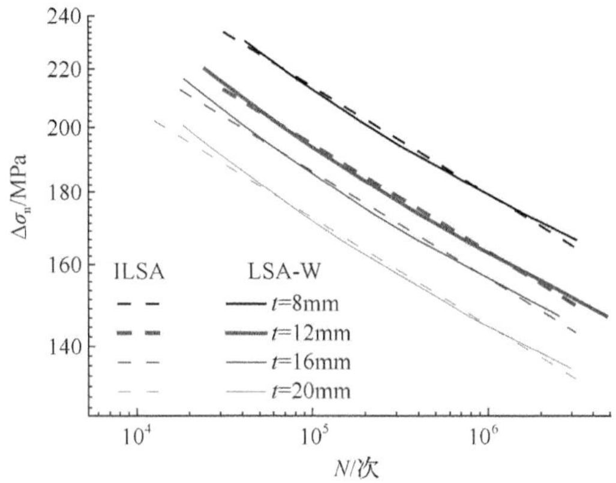

图 5-69 不同壁厚时局部应变法与改进的局部应变法对比

为了验证改进局部应变法的适用性，将 A、B 和 D 类对接焊缝试件的疲劳寿命实测值与基于焊接材料的局部应变法（LSA-W）和改进的局部应变法（ILSA）计算得到的预测值进行比较，如图 5-70 所示。由图 5-70 可见，改进的局部应变法与基于焊接材料的局部应变法所得曲线基本吻合，且试验数据均匀分布于该曲线的两侧。因此，对于不同焊接接头形式的铸钢节点环形对接焊缝，利用改进的布局应变法均可得到较为准确的寿命预测结果。

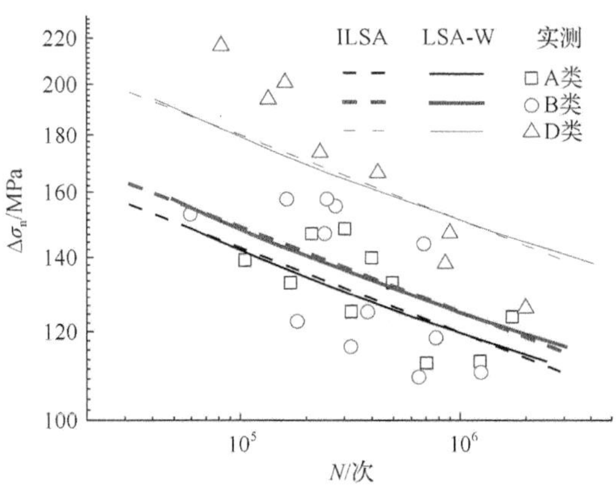

图 5-70 A、B 和 D 类焊接接头试件局部应变法与改进的局部应变法对比

参考文献

[1] 罗云蓉, 王清远, 刘永杰, 等. Q235, Q345 钢结构材料的低周疲劳性能[J]. 四川大学学报(工程科学版), 2012, 44(2): 169-175.

[2] Chen H, Grondin G Y, Driver R G. Characterization of fatigue properties of ASTM A709 high performance steel[J]. Journal of Constructional Steel Research, 2007, 63(6): 838-848.

[3] Ye D Y, Matsuoka S, Nagashima N, et al. The low-cycle fatigue, deformation and final fracture behaviour of an austenitic stainless steel[J]. Materials Science and Engineering: A, 2006, 415(1-2): 104-117.

[4] Callaghan M D, Humphries S R, Law M, et al. Energy-based approach for the evaluation of low cycle fatigue behaviour of 2. 25Cr–1Mo steel at elevated temperature[J]. Materials Science and Engineering: A, 2010, 527(21-22): 5619-5623.

[5] 郑修麟. 材料疲劳理论与工程应用[M]. 北京: 科学出版社, 2013.

[6] 赵少汴, 王忠保. 抗疲劳设计: 方法与数据[M]. 北京: 机械工业出版社, 1997.

[7] Yu Q, Zhang J, Jiang Y, et al. Effect of strain ratio on cyclic deformation and fatigue of extruded AZ61A magnesium alloy[J]. International Journal of Fatigue, 2012, 44: 225-233.

[8] 中国机械工程学会焊接学会. 焊接手册(第三卷): 焊接结构[M]. 3 版. 北京: 机械工业出版社, 2008.

[9] 中华人民共和国住房和城乡建设部. 钢结构设计标准: GB 50017—2017[S]. 北京: 中国建筑工业出版社, 2017.

[10] 邹会. 铸钢节点环形对接焊缝的疲劳性能试验研究[D]. 南京: 东南大学, 2014.

[11] 中国工程建设协会. 铸钢节点应用技术规程: CECS 235—2010[S]. 北京: 中国计划出版社, 2010.

[12] 全国钢标准化技术委员会(SAC/TC 183). 金属材料 疲劳试验 轴向力控制方法: GB/T 3075—2021[S]. 北京: 中国标准出版社, 2021.

[13] 周张义, 李芾. 基于表面外推法的热点应力法平板焊趾疲劳分析研究[J]. 铁道学报, 2009, 31(5): 90-96.

[14] Radaj D, Sonsino C M, Fricke W. Fatigue assessment of welded joints by local approaches[M]. Duxford: Woodhead publishing, 2006.

[15] 黄一哲. 钢结构焊接残余应力数值模拟及实验测定[D]. 天津: 天津大学, 2014.

[16] Beretta S, Bernasconi A, Carboni M. Fatigue assessment of root failures in HSLA steel welded joints: A comparison among local approaches[J]. International Journal of Fatigue, 2009, 31(1): 102-110.

[17] Det Norske Veritas. Fatigue design of offshore steel structures: DNV-RP-C203[S]. Norway: Det Norske Veritas, 2011.

[18] International Institute of Welding. Recommendations for fatigue design of welded joints and components: XIII-1965-03 XV-1127-03[S]. Paris: The registered company Springer Nature Switzerland AG, 2003.

[19] 韩庆华, 陈志钢, 芦燕, 等. 铸钢节点环形对接焊缝热点应力分析[J]. 建筑结构学报, 2011, 32(12): 250-256.

第 6 章　钢结构腐蚀疲劳与寿命预测

6.1　海洋环境下金属材料的腐蚀

海水作为腐蚀介质，其特性为含盐量大，其中最主要的盐类为氯化物，其次是硫酸盐。氯离子的含量约占总离子数的 55%，因此海水腐蚀的特点与氯离子的存在密切相关，并使得海水对于大多数金属结构具有较高的腐蚀活性，如对于铁、铸铁、铸钢、低合金钢和中合金钢来说，在海水中建立稳定的钝态是不可能的。对于含铬较高的合金钢来说，在海水中的钝态也并非完全稳定，因此可能会出现点蚀现象。在海水中服役的结构物外露，与海洋表面的部分与空气接触面积很大，同时不断受到海浪、强烈的自然对流现象，一般可认为海水外层氧的溶解度接近于饱和。

根据建筑材料在海洋环境中的服役腐蚀位置，将海洋环境分为五个不同的区带：海洋大气区、海水飞溅区、潮差区、海水全浸区和海泥区。其划分示意图如图 6-1 所示，腐蚀区带腐蚀主要特点见表 6-1。

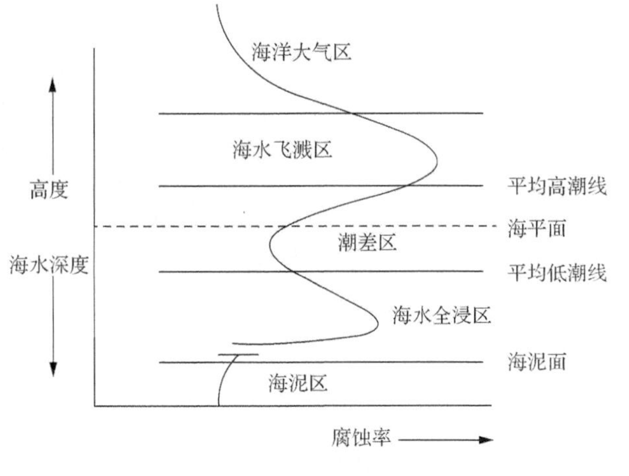

图 6-1　腐蚀区带划分示意图

表 6-1　腐蚀区带腐蚀主要特点

腐蚀区带	环境条件	腐蚀特点
海洋大气区	盐雾、雨量、湿度、温度、阳光辐射等	发生腐蚀、老化，部分环境存在霉菌腐蚀
海水飞溅区	潮湿、供养充分	受到海水飞溅、干湿交替作用，腐蚀严重
潮差区	遭受周期浸没，供氧充分	发生腐蚀及生物污损，腐蚀相对较轻

续表

腐蚀区带	环境条件	腐蚀特点
海水全浸区	含盐量、压力、溶解氧、水温、海生物、细菌等	发生腐蚀及生物污损，腐蚀速率随温度、海水深度等因素变化
海泥区	存在大量厌氧微生物（如硫酸盐还原菌）	发生典型的厌氧微生物腐蚀

6.1.1　全浸区海洋环境腐蚀

1. 试件制备

试验对象为 G20Mn5QT 铸钢母材试件和 G20Mn5QT 铸钢与 Q345D 热轧钢的对接焊缝试件。其中，对接焊缝坡口为 V 形坡口，焊接采用二氧化碳气体保护焊，焊机为 PADA-AUTO KRⅡ500 直流焊机。焊接母材分别为 G20Mn5QT 铸钢和 Q345D 热轧钢，焊丝采用 ER50-6 碳钢类实心焊丝，焊丝流程直径为 1.2mm。焊接流程示意图如图 6-2 所示。

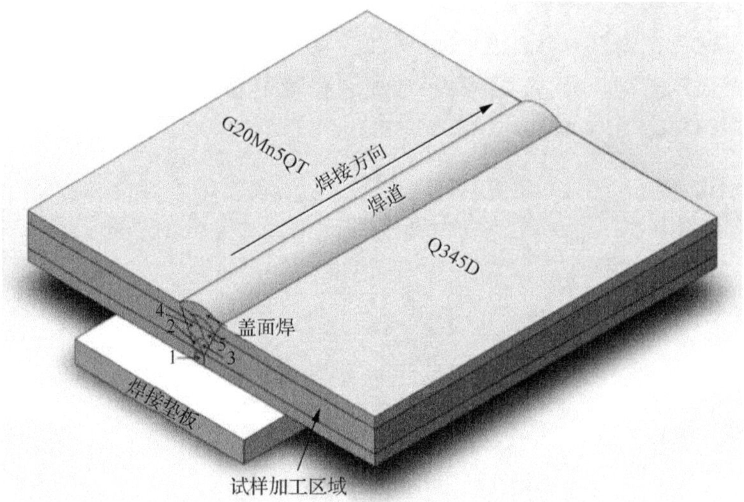

1～5—焊接顺序。

图 6-2　焊接流程示意图

G20Mn5QT 铸钢母材和对接焊缝试件尺寸如图 6-3 所示。完成焊接后，通过机加工处理掉焊根和盖面焊部分，对接焊缝坡口加工尺寸如图 6-4 所示，将焊接后的两段母材热影响区、焊接区作为暴露区进行腐蚀试验。

根据《金属实验室浸没腐蚀　测试标准指南》（*Standard Guide for Laboratory Immersion Corrosion Testing of Metals*，ASTM-G31-2002a）[1]要求，试验在室温条件（25℃）下进行，腐蚀溶液为质量分数 3.5%的 NaCl 溶液。G20Mn5QT 铸钢母材试件和对接焊缝试件的腐蚀试验暴露周期均为 1d、3d、5d、7d、9d、13d、17d 和 21d。

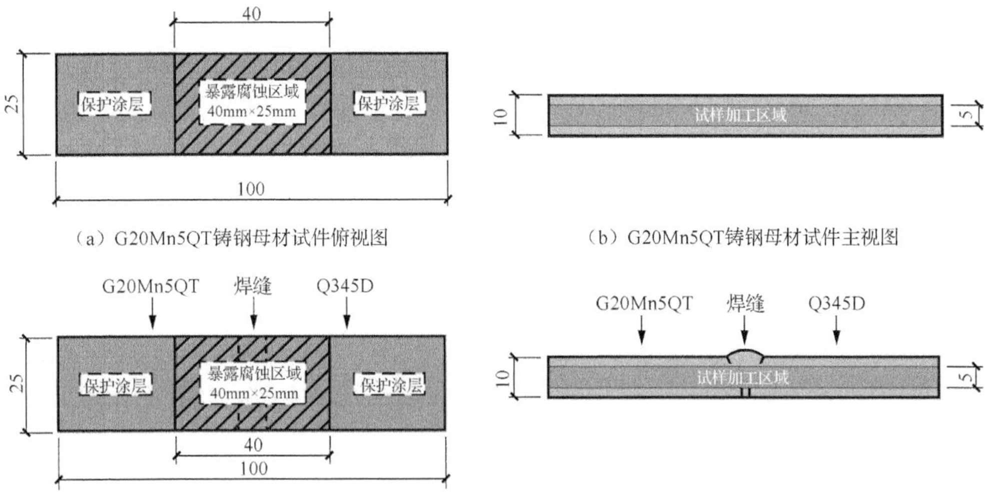

（a）G20Mn5QT铸钢母材试件俯视图　（b）G20Mn5QT铸钢母材试件主视图

（c）对接焊缝试件俯视图　（d）对接焊缝试件主视图

图 6-3　G20Mn5QT 铸钢母材和对接焊缝试件尺寸（单位：mm）

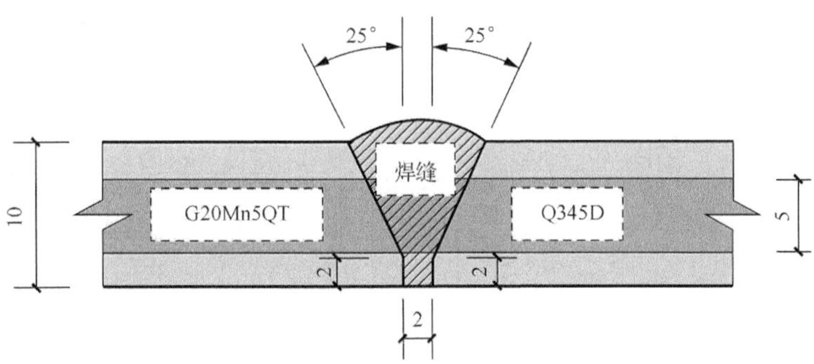

图 6-4　对接焊缝坡口加工尺寸（单位：mm）

2. 试验结果及分析

采用失重法对腐蚀性能进行评定，失重法能够直接量化由于腐蚀而损失的材料质量，无须经过腐蚀产物的化学组成分析和换算。失重法是根据试件在腐蚀前后的质量变化来评定腐蚀速率，为使各次试验及不同试件的数据能够互相比较，需采用单位时间内、单位面积上的质量变化为表示单位，即失重速率，单位为 $g/(m^2 \cdot h)$。

失重速率计算公式为

$$v_{loss} = \frac{W_0 - W_1}{A_S \cdot t} \tag{6-1}$$

式中，v_{loss} 为失重速率；W_0 为试件原始质量（g）；W_1 为试件清除腐蚀产物后的质量（g）；A_S 为试件暴露在腐蚀溶液中的表面积（m^2）；t 为试验周期（h）。

由于金属的腐蚀速率在腐蚀过程中并非恒速进行，也就是说，其瞬时腐蚀速度可能发生变化，因此失重法仅计算失重速率，并不适用于测定瞬时腐蚀速率。由于各种金属材料密度不同，失重速率的单位并不能表征其腐蚀的损耗深度。为此，需要将其失重速率换算成单位内的平均侵蚀深度。表征其平均侵蚀深度的腐蚀速率计算公式为

$$v=\frac{8.76\times10^{4}\times(W_0-W_1)}{t\rho A_{\mathrm{S}}} \tag{6-2}$$

式中，v 为表征平均侵蚀深度的腐蚀速率（mm/a）；W_0 为试件原始质量（g）；W_1 为试件清除腐蚀产物后的质量（g）；A_{S} 为试件暴露在腐蚀溶液中的表面积（cm^2）；ρ 为金属材料的密度（$\mathrm{g/cm}^3$）；t 为试验周期（h）。

不同侵蚀时间下 G20Mn5QT 铸钢试件和对接焊缝试件在不同腐蚀天数（1～21d）的平均失重质量和腐蚀速率曲线，如图 6-5 所示。

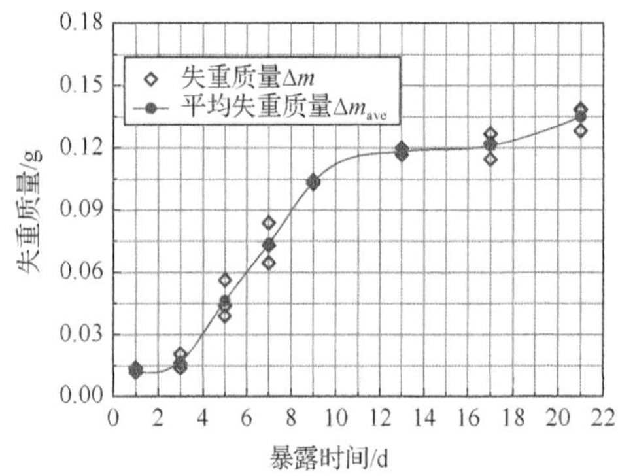

（a）G20Mn5QT铸钢腐蚀后的失重质量

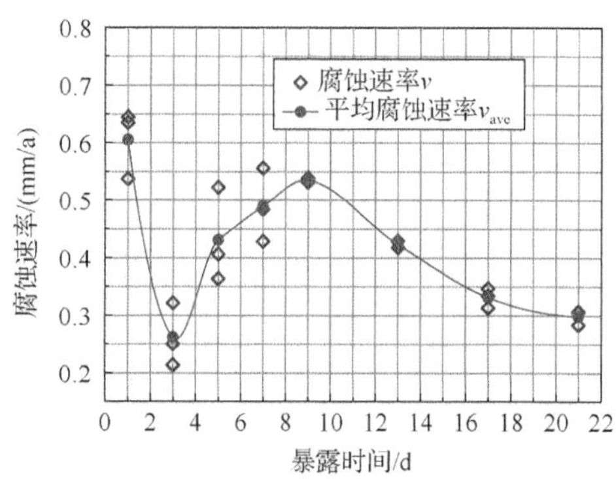

（b）G20Mn5QT铸钢的腐蚀速率

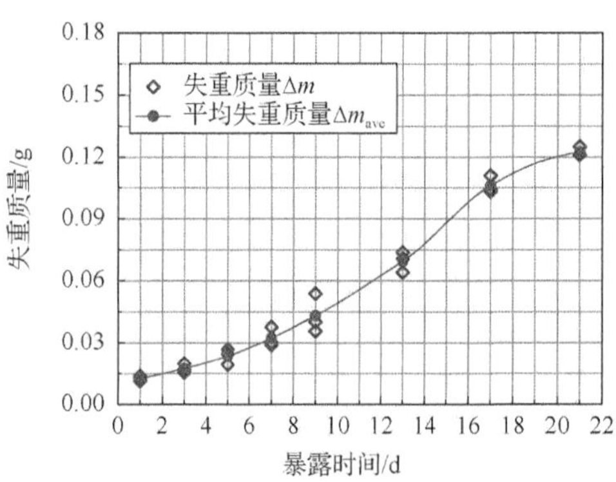

（c）焊接试样腐蚀后失重质量

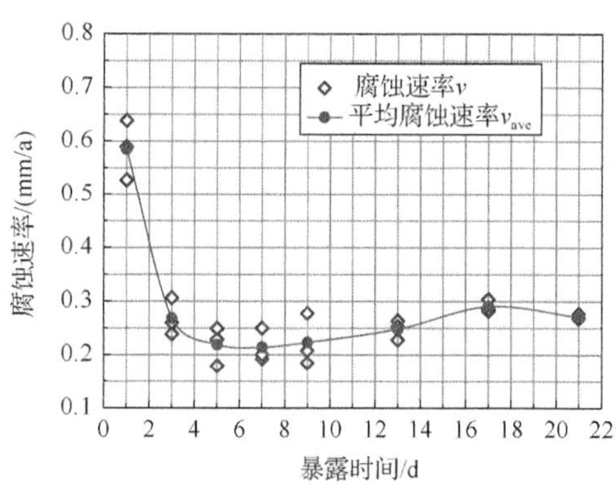

（d）焊接试样的腐蚀速率

图 6-5　铸钢母材对接焊缝试件腐蚀后的失重质量和腐蚀速率曲线

3. 腐蚀形貌电镜扫描结果及分析

（1）G20Mn5QT 铸钢母材试件的腐蚀形貌电镜扫描

G20Mn5QT 铸钢母材腐蚀形貌电镜扫描结果如图 6-6 所示。G20Mn5QT 铸钢母材在

腐蚀过程中产生的腐蚀坑为随机分布，其腐蚀坑有两种情况：一种是受到腐蚀溶液中氯离子侵蚀所致的点蚀；另一种是随着均匀腐蚀侵蚀深度的增加，暴露于表面附近微小、不规则铸造缺陷（气孔、夹杂等）经过扩张深挖所致。腐蚀表面在浸泡 3d 时出现均匀腐蚀，很少出现点蚀。随着点蚀的加深和扩大，在腐蚀表面上观察到的腐蚀坑变得更大。相邻的腐蚀坑相互影响形成不规则的腐蚀坑。当浸泡时间为 21d 时，在局部腐蚀表面很容易观察到腐蚀坑。这些腐蚀坑的深度和宽度不断加深和扩大。

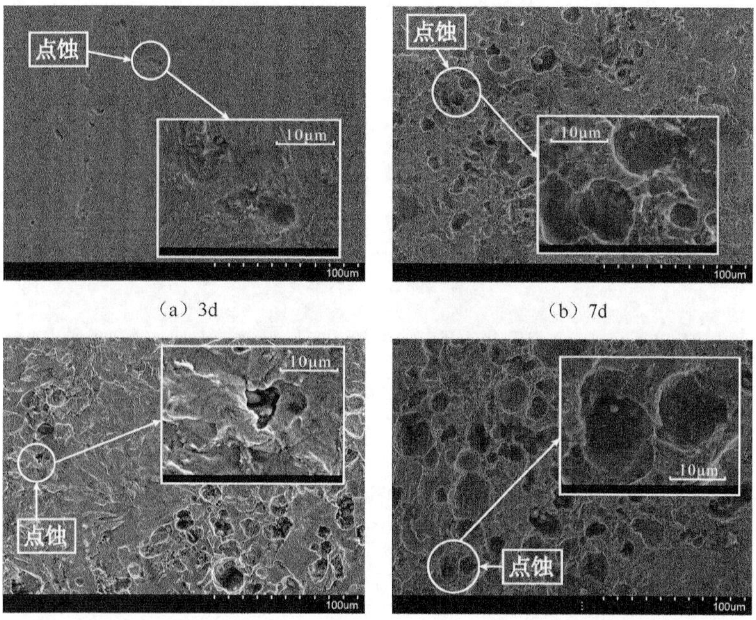

（a）3d　（b）7d　（c）13d　（d）21d

图 6-6　G20Mn5QT 铸钢母材腐蚀形貌电镜扫描结果

（2）G20Mn5QT 铸钢与 Q345D 热轧钢对接焊缝试件的腐蚀形貌电镜扫描

对接焊缝试件的腐蚀形貌分三个区域进行分析，包括 G20Mn5QT 铸钢母材一侧热影响区、Q345D 热轧钢一侧热影响区以及焊缝区。G20Mn5QT 铸钢母材一侧热影响区腐蚀形貌电镜扫描结果如图 6-7 所示。该区域腐蚀形貌一般以均匀腐蚀为主，其中也伴随点蚀现象的出现。腐蚀坑也有两种情况，一种是受腐蚀溶液中氯离子侵蚀所致的点蚀，另一种是随着均匀腐蚀侵蚀深度的增加暴露出来的表面附近微小的、不规则铸造缺陷（气孔、夹杂等）通过扩张深挖所致。如图 6-7（a）所示，7d 后的腐蚀形貌仍以均匀腐蚀为主，仅有少数的点蚀现象出现。从 9d 后的腐蚀形貌中可见一些略大的腐蚀坑出现于腐蚀表面，如图 6-7（b）所示。当腐蚀时间增长到 17d 和 21d 后，可以很清晰地看到深挖、扩张后的腐蚀坑和新形成的点蚀出现在腐蚀表面，但数量、密度上较未受到焊接热输入影响的铸钢母材略少，同时还可以观察到各局部腐蚀表面处出现了不同方向的腐蚀纹理，如图 6-7（c）、（d）所示。

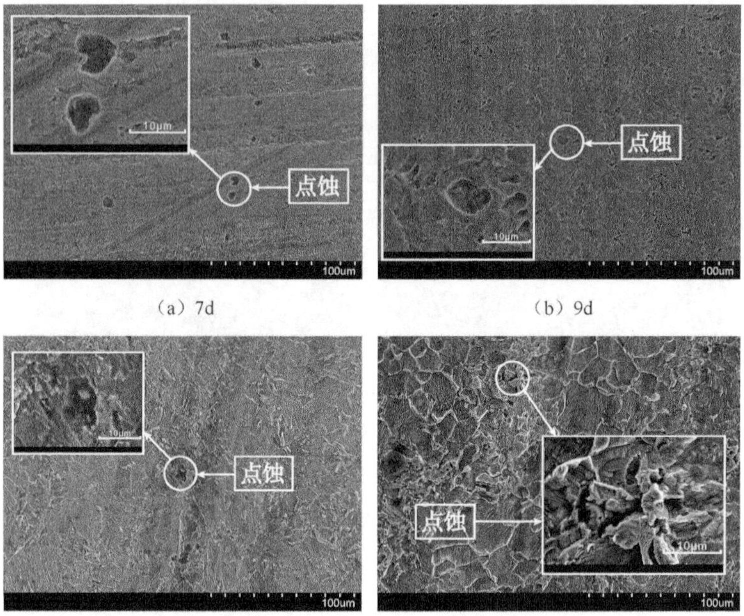

（a）7d （b）9d

（c）17d （d）21d

图 6-7 G20Mn5QT 铸钢母材一侧热影响区腐蚀形貌电镜扫描结果

Q345D 热轧钢母材一侧热影响区的腐蚀形貌电镜扫描结果如图 6-8 所示。腐蚀程度较铸钢一侧热影响区更为严重，此处的腐蚀形貌仍以均匀腐蚀为主。在腐蚀 7d 后，其腐蚀表面出现了少量点蚀现象，如图 6-8（a）所示。随着腐蚀时间的增加，在 17d 后的腐蚀形貌中可见不规则的蚀坑和新形成的点蚀出现在腐蚀表面。由于 Q345D 热轧钢内部几乎不存在缺陷，因此并未出现因内部缺陷通过扩张、深挖的不规则蚀坑。

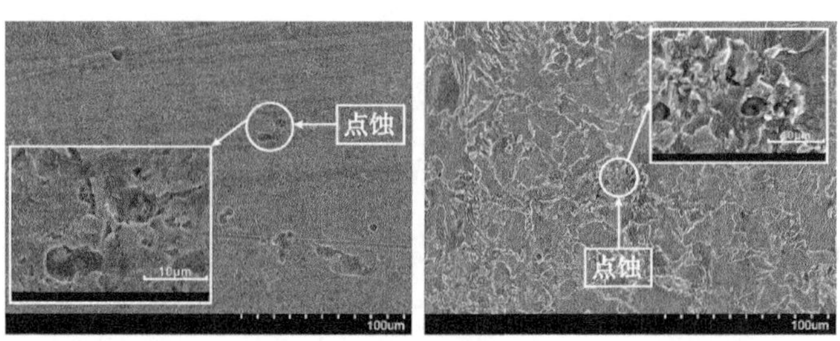

（a）7d （b）17d

图 6-8 Q345D 热轧钢母材一侧热影响区腐蚀形貌电镜扫描结果

焊缝区腐蚀形貌电镜扫描结果如图 6-9 所示。其腐蚀形貌以均匀腐蚀为主，随着腐蚀时间的增长，焊缝区的点蚀现象同样有两种形式，一种为小而密集的点蚀，该点蚀现象是由于腐蚀溶液中氯离子侵蚀所致，且蚀坑深挖现象明显，而扩张现象并不显著，如腐蚀 7d 后观察到的腐蚀形貌，如图 6-9（a）所示；另一种为不规则的点蚀，该点蚀现象是由表面附近随着均匀腐蚀暴露出来的较小焊接缺陷所引起，其形状由初始焊接缺陷决定，如腐蚀 17d 后观察到的腐蚀形貌，如图 6-9（b）所示。

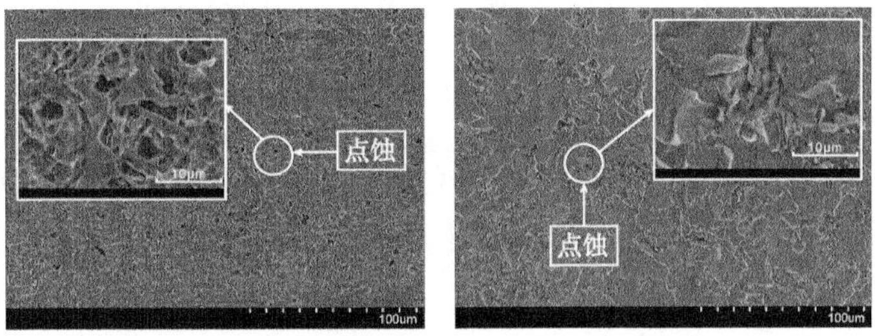

（a）7d后　　（b）17d后

图 6-9　焊缝区腐蚀形貌电镜扫描结果

在三个区域内对接焊缝试件的腐蚀形貌可总结为：在腐蚀 7d 左右并未出现明显点蚀，其在 7d 后腐蚀速率是最低的，可以理解为在腐蚀初期为均匀腐蚀阶段。而在腐蚀后期，出现点蚀但其深挖现象并不明显，从腐蚀速率也可以发现在 7d 后其速率略有增大，并逐渐趋于平稳。由于焊接过程中，焊接高热熔池的温度为 1000～1200℃，此温度已超过 G20Mn5QT 铸钢母材的淬火温度（900～940℃）和回火温度（610～660℃），同时也超过了 Q345D 钢的正火温度（900～940℃）。焊接产生的高热使得热影响区和焊缝区的珠光体、铁素体和回火索氏体的分布更为均匀、致密。因此，焊缝区的点蚀深挖现象并不明显，可以将其腐蚀形貌理解为均匀腐蚀、同时伴有点蚀的腐蚀形貌。

4. 腐蚀破坏机理分析

G20Mn5QT 铸钢母材和对接焊缝试件在质量分数为 3.5%的 NaCl 腐蚀溶液中的电化学反应主要为氧去极化反应。G20Mn5QT 铸钢母材的氧去极化反应可以总结为式（6-3）和式（6-4），即

$$Fe \longrightarrow Fe^{2+} + 2e^- \tag{6-3}$$

$$O_2 + 2H_2O + 4e^- \longrightarrow 4OH^- \text{（中性或碱性环境）} \tag{6-4}$$

在水和氧气的持续作用下，铁锈会继续产生，总反应为

$$4Fe + 3O_2 + 2H_2O \longrightarrow 4FeOOH \tag{6-5}$$

在海水环境下，由于氯离子浓度较高，氯离子对于钢材基体的催化作用如式（6-6）、式（6-7）和式（6-8）所示：

$$Fe + Cl^- \longrightarrow FeCl_{ad} + e \tag{6-6}$$

$$FeCl_{ad} \longrightarrow FeCl^+ + e \tag{6-7}$$

$$FeCl^+ \longrightarrow Fe^{2+} + Cl^- \tag{6-8}$$

G20Mn5QT铸钢母材和对接焊缝试件在质量分数为3.5%的NaCl腐蚀溶液中的腐蚀破坏机理，如图6-10所示。在腐蚀的最初阶段，腐蚀的主要方式为均匀腐蚀，其腐蚀产物主要有FeOOH、Fe_3O_4、$Fe(OH)_3$，附着在钝化膜上的腐蚀产物将与金属基体表面的钝化膜共同作用，造成腐蚀速率降低。随着腐蚀时间的增长，氧化膜在含有氯离子的溶液中保持稳态，氯离子也被吸附在钝化膜上，氯离子替代氧化膜上的氧原子，从而开始侵蚀金属基体并形成可溶性的腐蚀产物（$FeCl_2$）。此时，金属表面会被氯离子侵蚀而形成一个初始的微小点蚀。由于氯化物易于水解，当氢离子和氯离子结合时，其内部溶液的pH迅速下降，点蚀内溶液环境呈微酸性，随着腐蚀时间的延长，点蚀内部的金属基体被不断侵蚀，并持续释放出金属阳离子（Fe^{2+}）。为了使腐蚀坑内的溶液pH保持稳定，在腐蚀坑外的氯离子会源源不断地进入坑内，从而坑内的金属基体作为阳极进一步被水解，最终点蚀被深挖和扩张形成蚀坑。

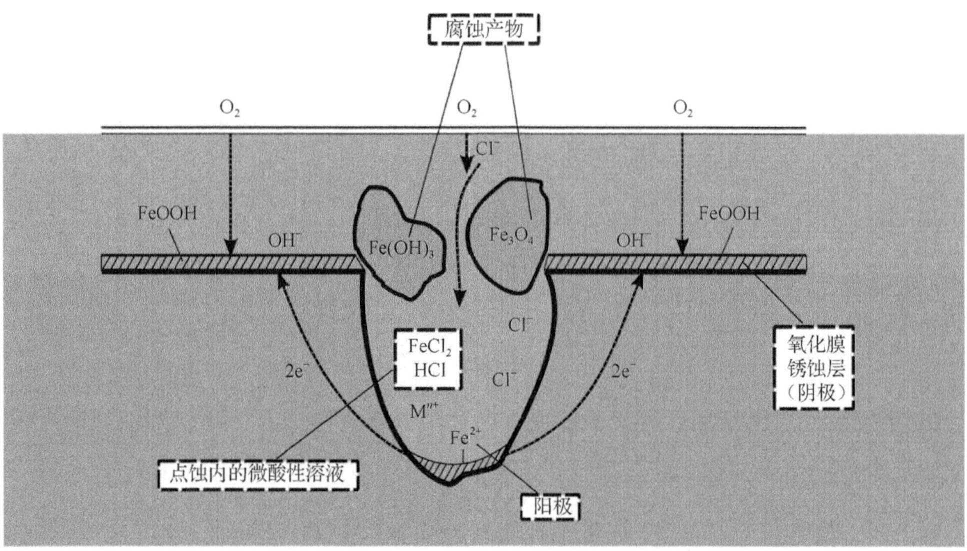

图6-10　G20Mn5QT铸钢母材和对接焊缝试件在质量分数为3.5%的NaCl腐蚀溶液中的腐蚀破坏机理

将G20Mn5QT铸钢母材试件及其对接焊缝试件腐蚀速率进行对比，如图6-11所示。结合腐蚀形貌分析，通过腐蚀破坏机理可将铸钢母材试件的腐蚀速率解释为：在经过第1d的腐蚀后，腐蚀形貌为均匀腐蚀，因此腐蚀速率最快，迅速形成表面的铁锈和氧化膜。通过之前的分析也可以得知，由于腐蚀产物（FeOOH，Fe_3O_4）的存在，腐蚀速率降低。因此在腐蚀3d后，腐蚀速率达到最低值。随着腐蚀溶液内的氯离子不断侵蚀、锈层破裂，点蚀现象随之出现，蚀坑中存在的微弱酸性环境会加速腐蚀，当点蚀开始大量出现时，由于在G20Mn5QT铸钢母材基体上，出现大量内部呈微酸性环境的点蚀坑，导致其腐蚀速率增加。随着腐蚀继续进行，当腐蚀坑继续扩张时，其开口半径也更大，坑内呈弱酸性的腐蚀溶液更容易与外部的溶液相中和，但同时金属基体也暴露得更充分，阳极溶解现象更为显著，因此腐蚀速率在 9d 左右达到再次达到高点。之后点蚀演化的腐蚀坑缓慢扩张，开口半径更大，蚀坑内微酸性被大量外部中性溶液侵入，不断重复氧化膜形成→氧化膜中的氧原子被氯离子挤掉→氯离子侵蚀导致金属阳极溶解的过程，腐蚀速率逐渐降低。

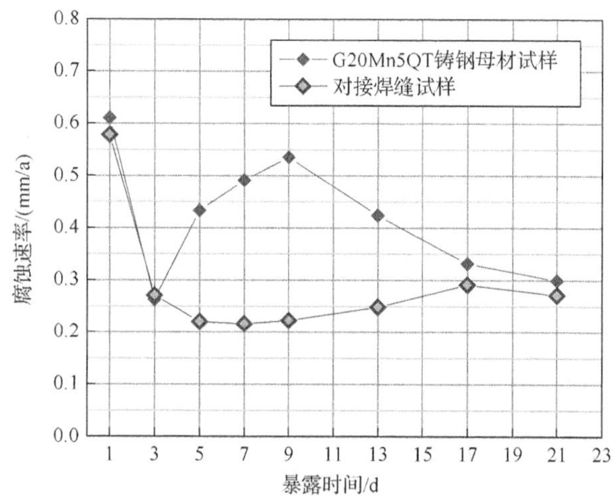

图 6-11　G20Mn5QT 铸钢母材及其对接焊缝试件的腐蚀速率对比

通过腐蚀破坏机理可对接焊缝试件的腐蚀速率进行解释：由于焊接试件处的焊缝在经历焊接电流（300～320A）和焊接电压（38～40V）的热输入后，金相组织结构较铸钢母材和 Q345D 母材有了较大改变，且由于焊接过程为多道焊接，每进行下一层焊道时会对上一层焊道再次加热，并在上一层焊道中形成更微小的晶粒。因此，焊缝区、热影响区的金相组织结构比 G20Mn5QT 铸钢母材分布更均匀，金属基体表面均匀腐蚀的持续时间更长，在进行了 7d 的腐蚀后，腐蚀速率达到最低。之后便逐渐趋于稳定。随着腐蚀时间的增加，氯离子不断侵蚀，局部钝化膜破裂，点蚀现象出现。该腐蚀坑中存在的微弱酸性环境会加速腐蚀，在腐蚀 7～9d 后腐蚀速率开始缓慢增大，此阶段可以解为腐蚀坑内微酸性环境加速腐蚀的过程，直至腐蚀 17d 时，其腐蚀速率重新达到高点后开始逐渐降低，上述为蚀坑增大后循环氧化膜形成→氧化膜中的氧原子被氯离子挤掉→氯离子侵蚀导致金属阳极溶解的过程。

5. 点蚀演化机理分析及蚀坑演化简化模型

在腐蚀的初始阶段，G20Mn5QT 铸钢母材试件表面局部会出现蚀坑，一般为分散的几个初始微小点蚀，其初始半径较小，如图 6-12（a）所示。随着这些微小点蚀向四周不断扩张［图 6-12（b）］，由于互相影响作用形成不规则的蚀坑，如图 6-12（c）所示。这些不规则微小的蚀坑如图 6-12（d）所示，同时还会出现随着腐蚀进行而产生新的微小点蚀现象，这些微小点蚀会重复之前的进程，最终也会继续影响不规则的蚀坑。

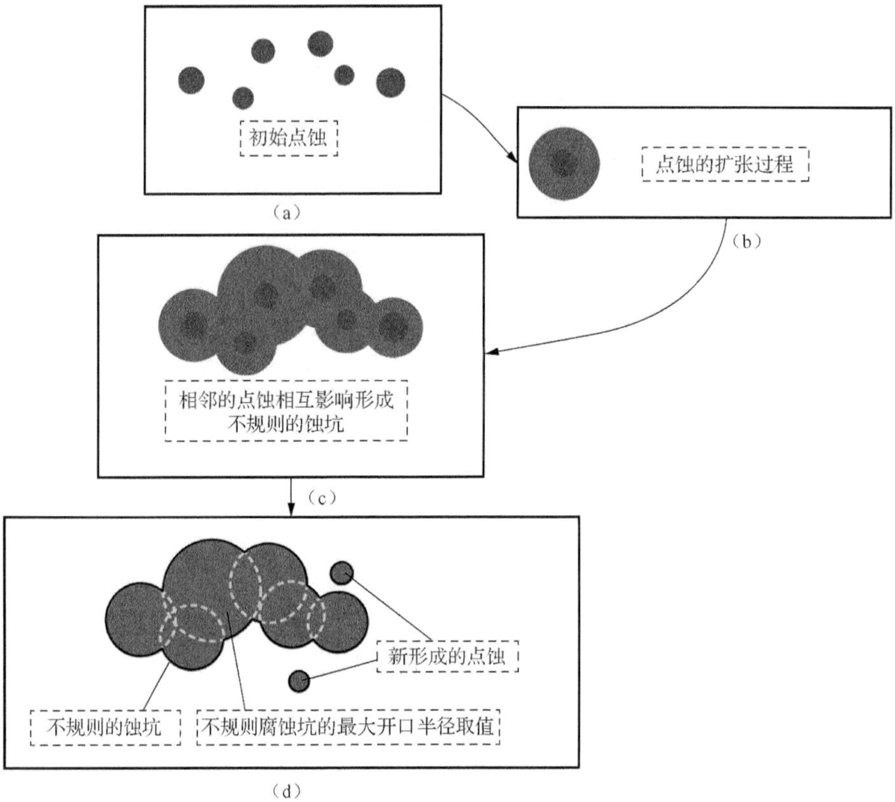

图 6-12 G20Mn5QT 铸钢母材试件点蚀演化简化模型

对接焊缝试件的点蚀演化简化模型如图 6-13 所示。在焊接区，初始的点蚀是由焊接缺陷和氯离子侵蚀引起，如图 6-13（a）所示，而由腐蚀溶液腐蚀引起的腐蚀较为密集。与 G20Mn5QT 铸钢不同的是，在经历较长时间均匀腐蚀后，这些微小的焊接缺陷逐渐暴露出来，引起不规则的点蚀形状，但同时也可以理解为若干个微小的圆形焊接缺陷构成，这些不规则的点蚀向四周逐渐扩张，如图 6-13（b）所示。之后相邻的腐蚀坑继续扩张、相互影响形成如图 6-13（c）所示的一个较大且不规则腐蚀坑。而新点蚀会继续在腐蚀过程中出现，如图 6-13（d）所示，重复之前的进程而形成更大的不规则蚀坑。

可以看到，微小初始点蚀出现在原始腐蚀表面。随着腐蚀时间的增加，这些点蚀不断扩张的过程即为其开口半径逐渐扩大的过程。相邻腐蚀坑互相影响形成不规则的坑。根据图 6-12 和图 6-13 所示的演化过程和图中所示蚀坑最大开口半径测量方法，不规则腐蚀坑可以划分为几个近似的圆形腐蚀坑，本书简化了不规则的腐蚀坑的开口半径，并对所有试件的腐蚀形貌结果图进行了统计分析。

腐蚀坑内最大开口半径与腐蚀时间的关系如图 6-14 所示。由图 6-14 可见，G20Mn5QT 铸钢试件的蚀坑最大开口半径随着浸泡时间的增加而增加。然而，对接焊缝试件（焊缝区和热影响区）腐蚀坑最大开口半径与腐蚀时间的关系并无明显规律性特征。这是因为在对接焊缝试件的腐蚀过程中，均匀腐蚀和点蚀同时发生。由于均匀腐蚀实际

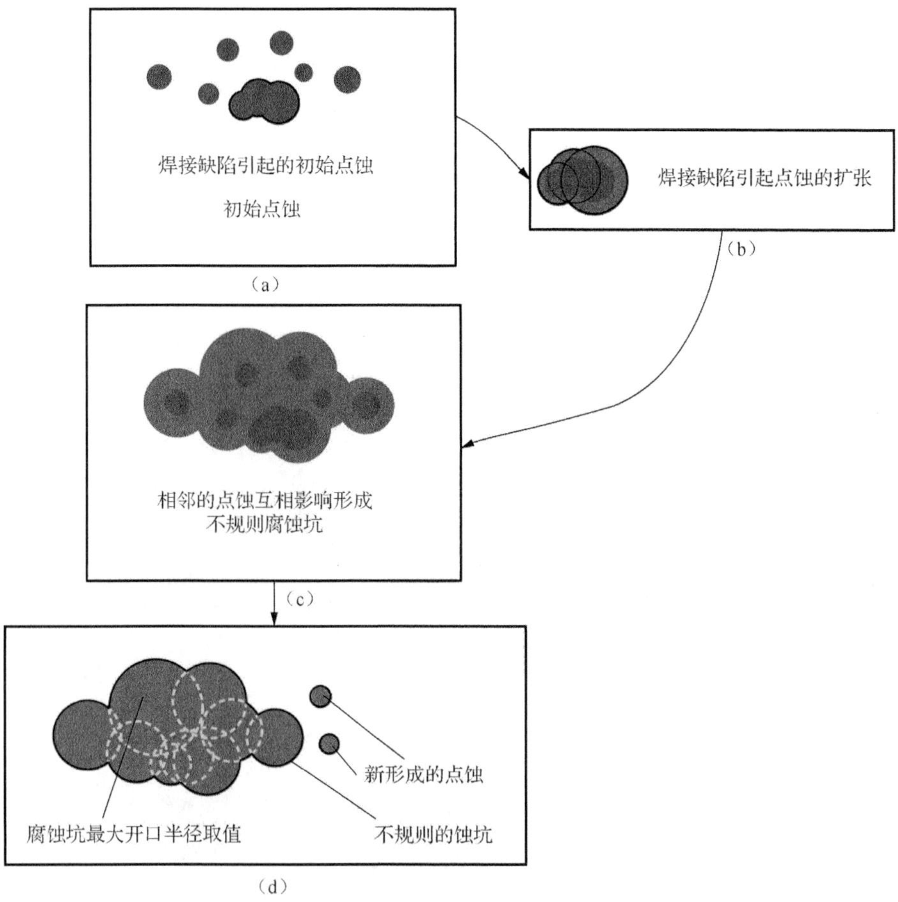

图 6-13　对接焊缝试件的点蚀演化简化模型

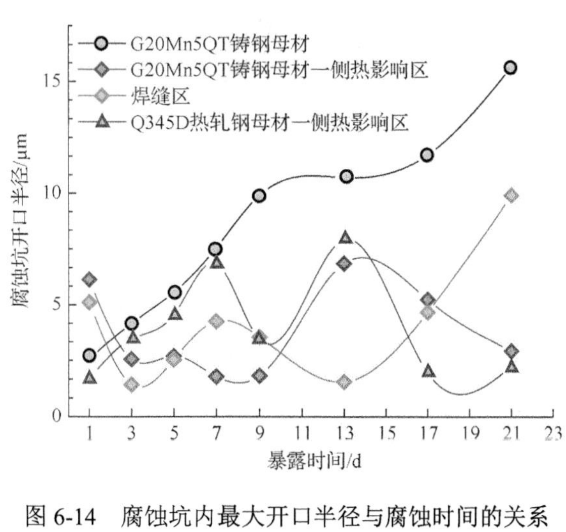

图 6-14　腐蚀坑内最大开口半径与腐蚀时间的关系

是不断侵蚀金属表面的过程，该侵蚀过程会影响点蚀演化进程，对于已经出现的腐蚀坑的深度可能会降低。这是由于点蚀可以简化成半椭圆形球体[2]，同时已有的点蚀开口半径也会相应减小。此外，在均匀腐蚀的腐蚀表面也会出现了新的腐蚀坑，这可能会导致腐蚀坑的半径增大。

6.1.2　潮差区海洋环境腐蚀

1. 试件制备

以 G20Mn5QT 铸钢与 Q355D 热轧钢对接焊缝试件为试验对象，其中焊接试件焊接方法与 6.1.1 节对接焊缝试件相同。沿焊接方向切取 60mm×15mm×5mm 的钢片作为试件，如图 6-15 所示。腐蚀试验腐蚀盒如图 6-16 所示，其尺寸为 400mm×120mm×60mm。

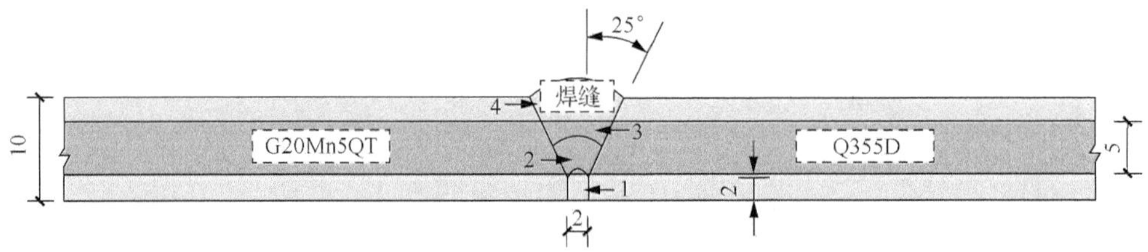

图 6-15　腐蚀试件尺寸示意图（尺寸单位：mm）

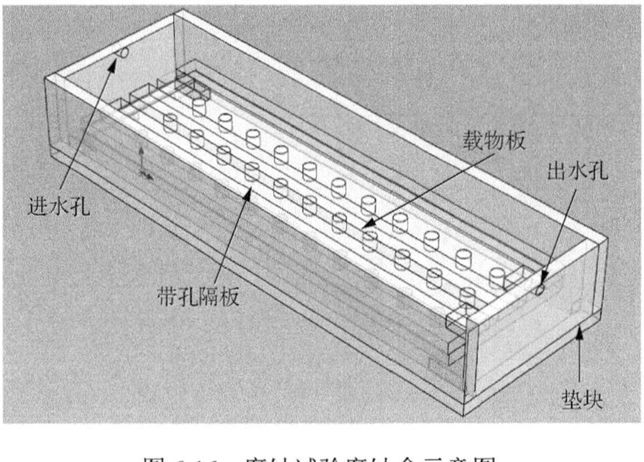

图 6-16　腐蚀试验腐蚀盒示意图

以 1h 为周期分别进行两种干湿交替时间比（k=2 和 k=5）的试验。其中，k=干燥时间/浸入时间。试验时间分别为 1d、3d、5d、7d、9d、13d、17d、21d，每组试验采用三组平行试件。

2. 试验结果及分析

采用与 6.1.1 节相同方法对腐蚀性能进行评定，不同干湿交替时间比下对接焊缝试件的平均失重质量曲线和平均腐蚀速率曲线，如图 6-17 所示。

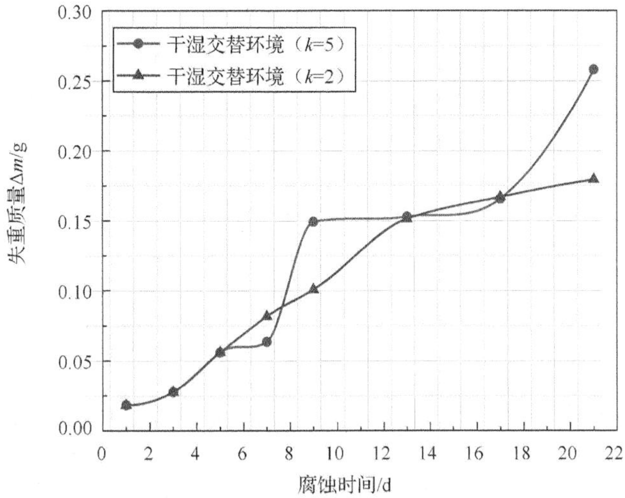

（a）试件平均失重质量曲线

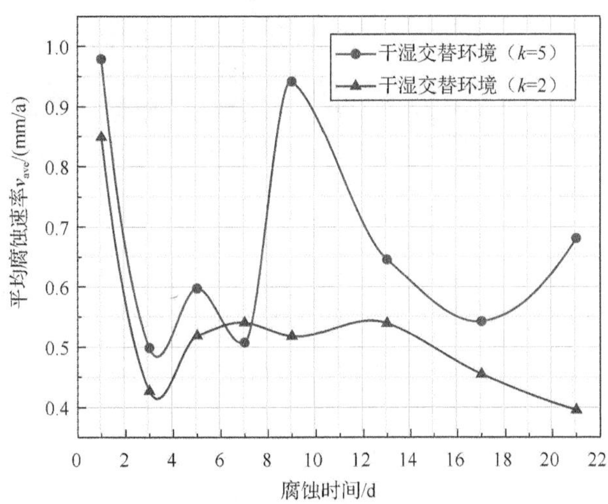

（b）试件平均腐蚀速率曲线

图 6-17 试件失重质量曲线与平均腐蚀速率曲线

3. k=2 下的腐蚀形貌电镜扫描结果及分析

（1）焊缝区

图 6-18 为试件在干湿交替比 k=2 时焊缝区经除锈后的腐蚀形貌，可以看出点蚀现象随着腐蚀天数的增加而逐渐显著。腐蚀 1d 时，试件表面以均匀腐蚀为主，并发现明显点蚀现象。在 500 倍下观察到少量蚀坑，蚀坑直径较大且深度较浅，最大蚀坑直径约为 20μm。进一步在 4000 倍下观察腐蚀 1d 后的试件，发现存在多处条状和块状的细小蚀坑。随着时间的推移，腐蚀坑变宽并加深，显示为规则的圆孔［图 6-18（b）］。腐蚀 17d 时，腐蚀试件表面存在许多不规则的蚀坑，不规则蚀坑是由于腐蚀过程中许多小蚀坑同时扩张后共同形成。腐蚀 21d 时，试件表面产生许多直径约 10μm 的蚀坑，同时在 4000 倍下观测到蚀坑在向宽度方向扩张的同时也沿深度方向扩张，使得试件腐蚀形貌呈蜂窝状。

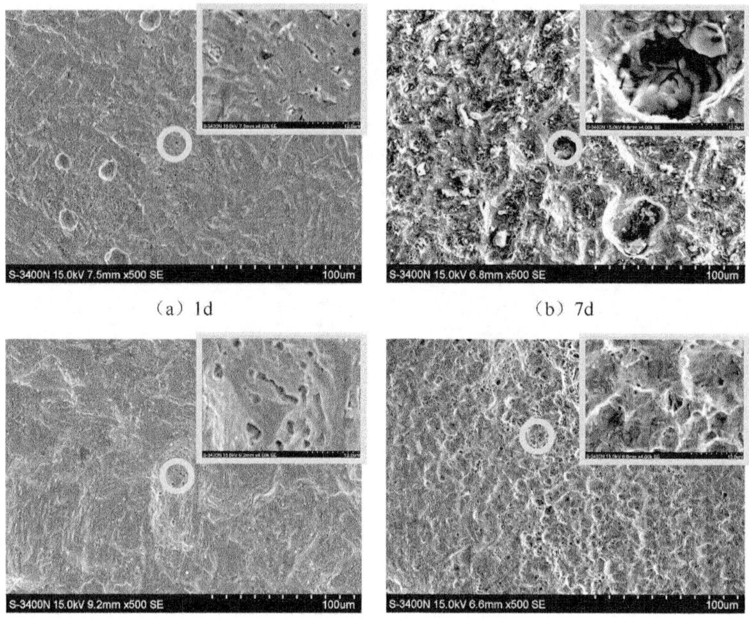

（a）1d （b）7d

（c）17d （d）21d

图 6-18 焊缝区腐蚀形貌

（2）热影响区

热影响区腐蚀形态略有不同（图 6-18）。在腐蚀表面观察到均匀的腐蚀；在 G20Mn5QT 铸钢一侧的腐蚀初期，由缺陷引起的点蚀很小，如图 6-18（a）所示。在腐蚀表面上观察到小而深的腐蚀坑。与焊缝区不同的是，该区域的腐蚀坑扩展不明显。腐蚀 17d 后，热影响区出现较大的腐蚀坑。如图 6-19（b）所示，随着腐蚀时间的延长，凹坑的规模和宽度增加，深度没有明显变化。Q355D 侧的热影响区比 G20Mn5QT 侧的热影响区更能观察到点蚀。用 500 倍扫描电子显微镜观察到腐蚀初期的主要腐蚀形态是均匀腐蚀；用 4000 倍扫描电子显微镜观察到少数小的腐蚀坑［图 6-20（a）］。随着表面和腐蚀性溶液之间的进一步接触，腐蚀坑会在一定程度上扩大和加深。在图 6-20（b）中可以清楚地观察到相邻腐蚀坑之间的相互作用。

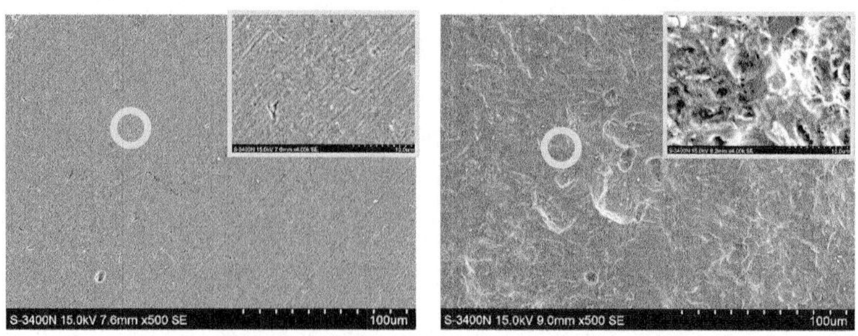

（a）1d （b）17d

图 6-19 G20Mn5QT 铸钢侧热影响区腐蚀形貌

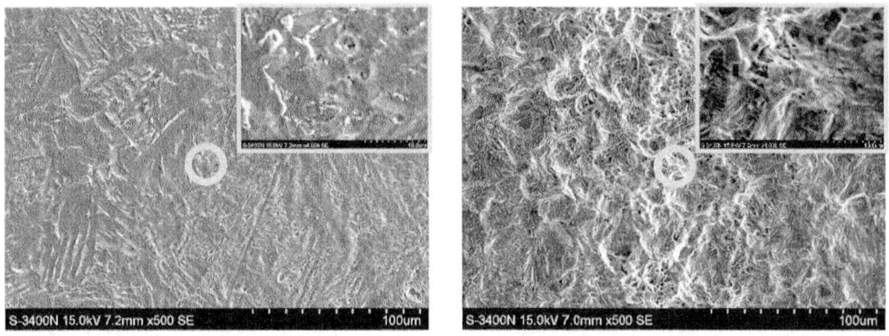

（a）3d　　（b）21d

图 6-20　Q355D 侧热影响区腐蚀形貌

（3）母材区

在 G20Mn5QT 铸钢一侧的母材的腐蚀形貌如图 6-21 所示。腐蚀 3d 后，母材出现了几个比热影响区小的腐蚀坑，如图 6-21（a）所示。随着时间的推移，铸造缺陷处的腐蚀坑变大，在宽度和深度上扩大［图 6-21（b）］。随着试验时间的增加，均匀腐蚀增加，母材产生沟状腐蚀形态，沟谷之间有许多小但深的坑［图 6-21（c）］。当腐蚀时间达到 21d 时，母材开始出现边缘清晰的巨大凹坑，大多呈规则圆形［图 6-21（d）］。少数凹坑相互连通，呈不规则凹坑生长趋势。相比之下，在整个 21d 的腐蚀过程中，Q355D 钢主要经历均匀腐蚀［图 6-22（a）～（b）］，没有观察到点蚀现象。图 6-23 为干湿交替比 k=5 时除锈后焊缝区腐蚀形貌，发现均匀腐蚀和点蚀存在于腐蚀全过程中。腐蚀 1d 后，基体出现少量尺寸约 10μm 的蚀坑，其位置随机分布。腐蚀 7d 时，基体表面腐蚀形貌呈节理状。腐蚀 13d 时，蚀坑尺寸增大。在腐蚀 21d 后，基体表面呈现蜂窝状腐蚀形貌，并观察到许多尺寸约 50μm 的大型蚀坑。

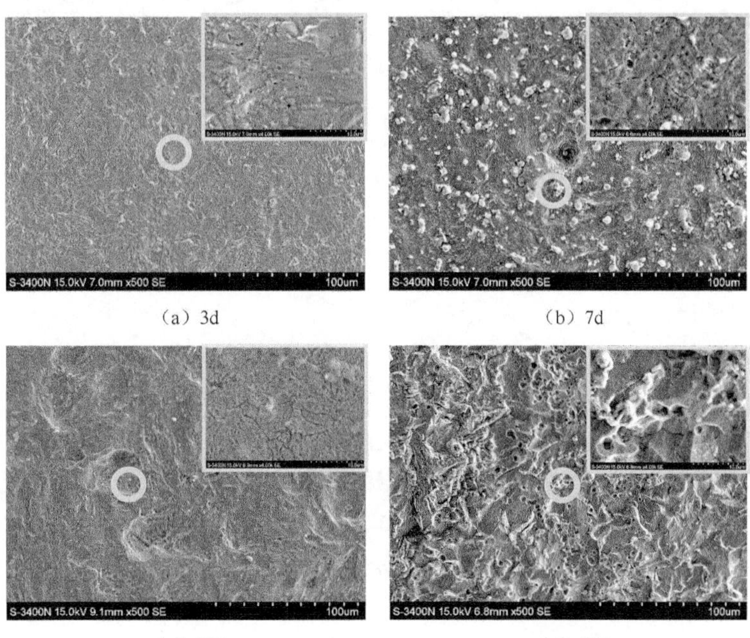

（a）3d　　（b）7d

（c）13d　　（d）21d

图 6-21　G20Mn5QT 铸钢母材区腐蚀形貌

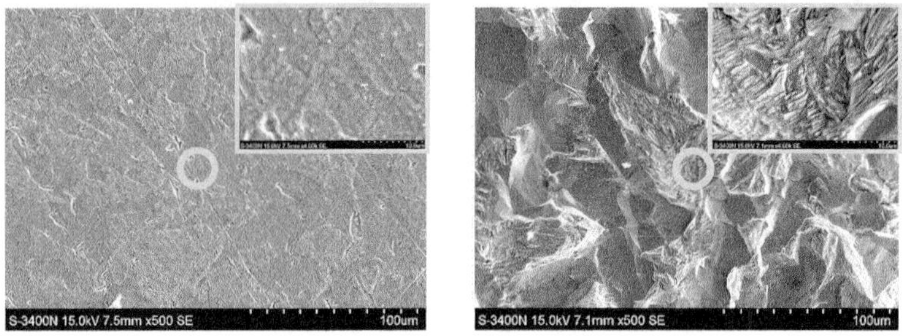

（a）1d　　（b）21d

图 6-22　Q355D 母材区腐蚀形貌

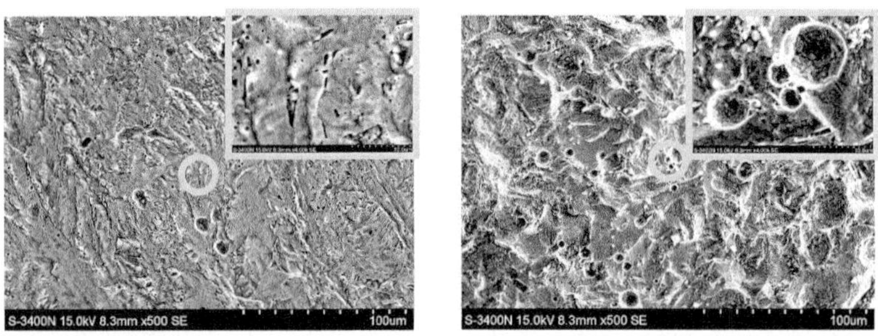

（a）1d　　（b）7d

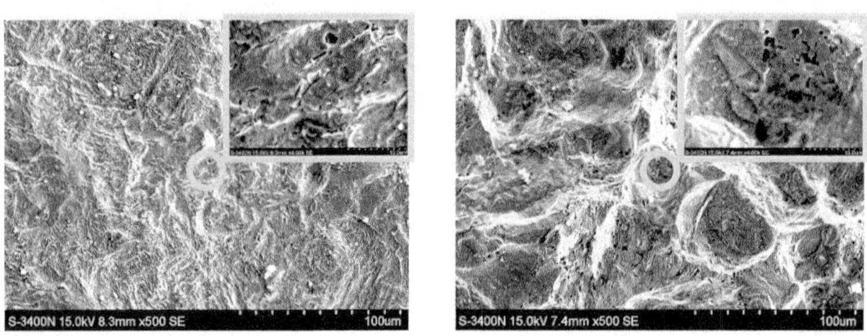

（c）13d　　（d）21d

图 6-23　焊缝区腐蚀形貌

（4）热影响区

图 6-24 和图 6-25 为试件在干湿交替比 k=5 时热影响区腐蚀形貌，与 k=2 时相比热影响区两侧的点蚀行为更为严重，在腐蚀 7d 时［图 6-24（a）］，可观察到形状不规则的大型蚀坑（约 80μm），经对比应为加工缺陷与氯离子侵蚀共同作用形成。腐蚀 21d 时，除了在缺陷处产生的小蚀坑外，还观察到点蚀扩张的现象，蚀坑呈圆孔状，尺寸较大但深度较浅，应为氯离子侵蚀基体所致。Q355D 侧热影响区中的腐蚀坑致密，如图 6-25（a）所示。经过长时间的干湿循环，腐蚀坑变得更深更宽。图 6-25（b）显示，在 500 倍扫描电镜下，局部腐蚀坑具有均匀的方向性，远小于 100 倍扫描电镜下 G20Mn5QT 侧热影响区中的腐蚀坑。

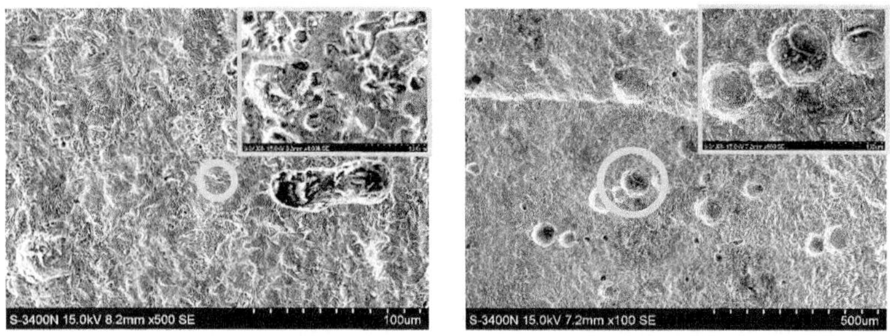

（a）7d　　（b）21d

图 6-24　G20Mn5QT 铸钢侧热影响区腐蚀形貌

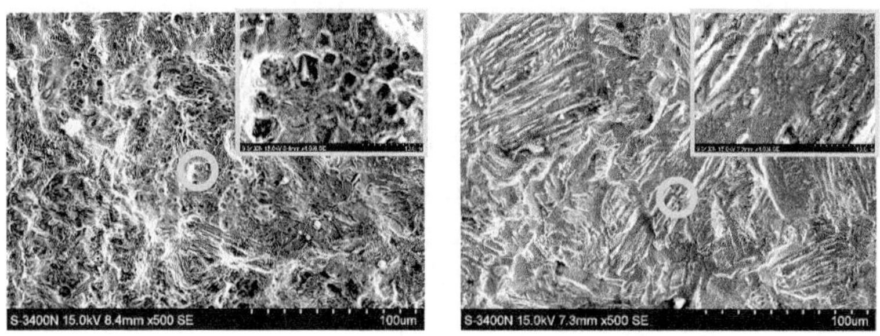

（a）7d　　（b）21d

图 6-25　Q355D 侧热影响区腐蚀形貌

（5）G20Mn5QT 铸钢母材区

图 6-26 为试件在干湿交替比 k=5 时 G20Mn5QT 铸钢母材区经除锈后的腐蚀形貌，可以看出：在 21d 的腐蚀全过程中点蚀起主要作用，且蚀坑数量和尺寸均随腐蚀天数的增加而增大。腐蚀 1d 时，可观察到试件表面出现不规则形状的蚀坑，且在高倍电镜下发现有小而深的蚀坑。腐蚀 7d 时，由于氯离子侵蚀作用明显增强，铸钢母材区腐蚀较严重部分未再发现晶间腐蚀现象。随着腐蚀天数的增加，蚀坑继续扩张，在腐蚀 17d 时，可在初期形成较大蚀坑底部观察到二次蚀坑的存在，这些蚀坑尺寸较小，但存在明显的深挖现象。腐蚀 21d 时，可以在 100 倍扫描电镜下观察到尺寸约为 100μm 的椭球形蚀坑。进一步在 500 倍电镜下观测该蚀坑，可以发现蚀坑是由多个小蚀坑扩张相连产生。当深挖到一定程度时，由于铸造缺陷的原因开始产生二次蚀坑。

（6）Q355D 母材区

图 6-27 为试件在干湿交替比 k=5 时 Q355D 母材区经除锈后的腐蚀形貌，可以看出：与 k=2 时腐蚀形貌类似，在 21d 腐蚀全过程中 Q355D 母材主要发生均匀腐蚀。腐蚀 7d 时，蚀坑数量最多，扩张现象最明显。此后蚀坑逐渐减少，点蚀表现出随机性和局部性。腐蚀 17d 时，蚀坑最大尺寸达到 30μm，通过 4000 倍下电镜可以发现，该蚀坑是由许多小蚀坑扩张而形成。在扩张的同时蚀坑向深处发展。腐蚀 21d 时，点蚀现象依旧存在。点蚀形貌整体上呈现节理状，但无尺寸较大蚀坑的腐蚀形貌。

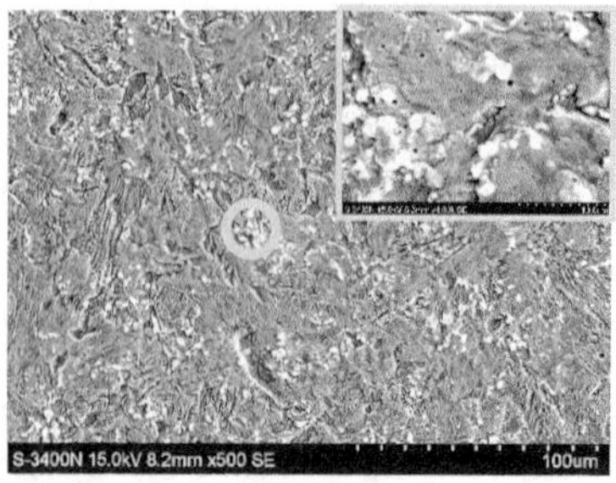

（a）1d

（b）7d

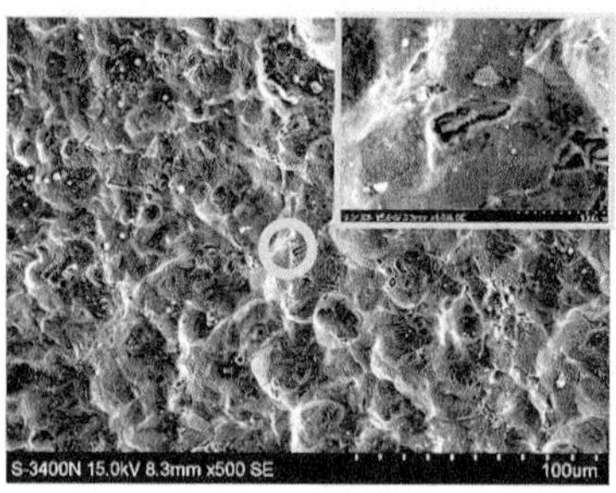

（c）17d

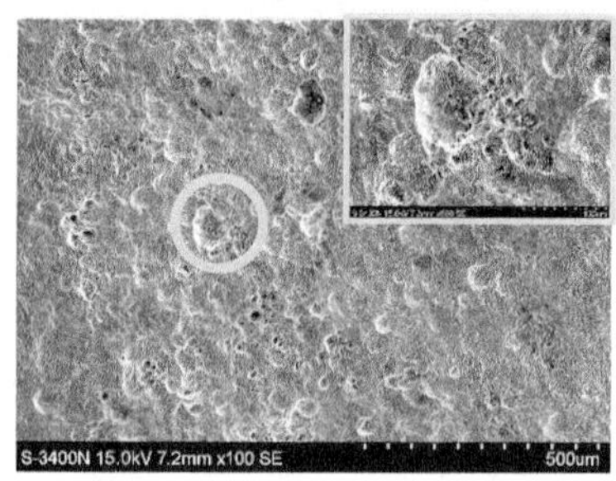

（d）21d

图 6-26　G20Mn5QT 铸钢母材区腐蚀形貌

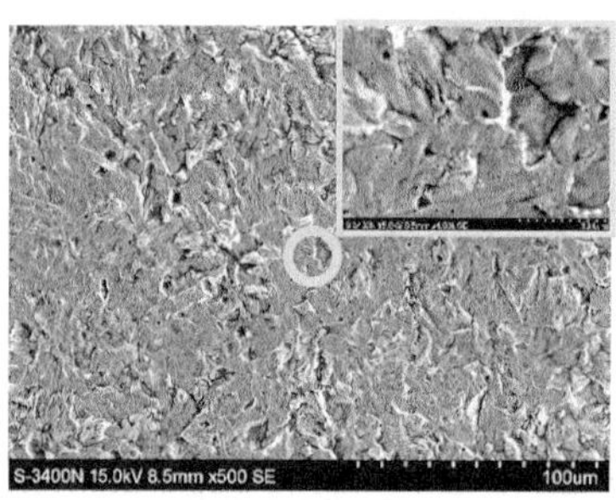

（a）1d

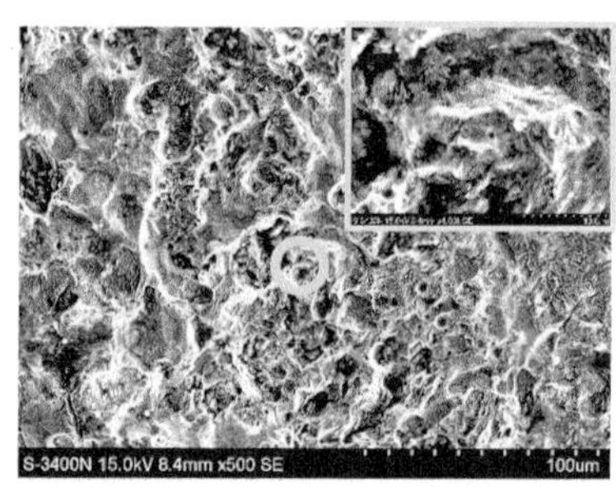

（b）7d

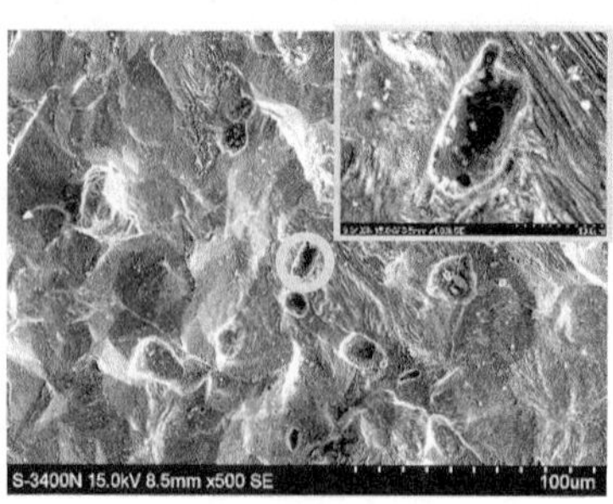

（c）17d

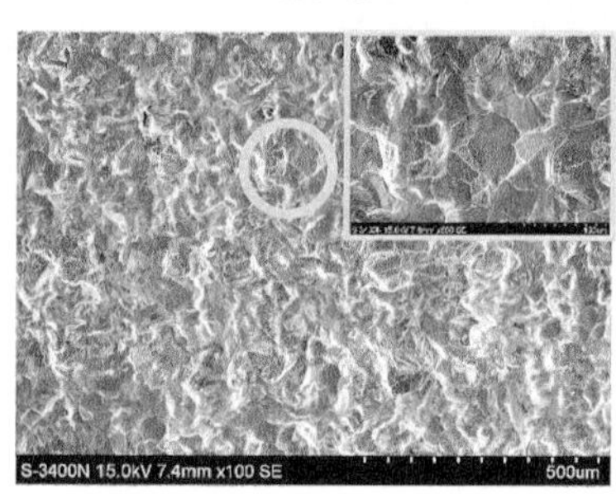

（d）21d

图 6-27　Q355D 母材区腐蚀形貌

综上所述，在 21d 的腐蚀试验 k=5 条件下可以观察到：Q355D 母材除发生均匀腐蚀外，在腐蚀 5d 后开始发生点蚀，此后 Q355D 母材区的腐蚀形貌表现为均匀腐蚀伴随点蚀的形貌特征。G20Mn5QT 铸钢母材在该条件下点蚀是其腐蚀主要原因。腐蚀 1～9d 的腐蚀形貌为均匀腐蚀伴有点蚀，且点蚀现象随腐蚀天数的增加逐渐明显。在腐蚀 9～17d 的试验中，氯离子侵蚀占主导地位，在试件表面观察到大量不规则且尺寸较大的蚀坑，其深度随腐蚀天数的增加而逐渐加深。当腐蚀到 17～21d 时，由于之前蚀坑的快速扩张，使得试件表面形成巨大的不规则蚀坑，蚀坑边界开始消失，试件表面形貌趋于平整。在第 21d 腐蚀试验时发现了由氯离子侵蚀产生的许多独立小蚀坑。焊缝区、G20Mn5QT 铸钢侧热影响区以及 Q355D 侧热影响区的腐蚀特征与 k=2 相类似。由于 k=5 干湿交替环境更为严苛，因此其加速腐蚀的特点更为明显。在腐蚀全过程中均可以观察到点蚀现象。腐蚀 1d 时，其腐蚀形貌特征为以均匀腐蚀为主伴随少量点蚀。此后，随着腐蚀天数的增加，氯离子的侵蚀作用更加明显，蚀坑也沿试件表面继续扩张形成不规则的蚀坑。腐蚀 9d 时，腐蚀边界消失后试件表面会再一次出现因氯离子侵蚀产生的独立小蚀坑，继续演化成为形状不规则的蚀坑。

4. 潮差区对接焊缝腐蚀机理分析

以 k=2 为例，根据腐蚀速率曲线可以将试件的腐蚀过程分为三个阶段：快速腐蚀阶段（腐蚀 1～3d）、缓慢腐蚀阶段（腐蚀 5～9d）和稳定腐蚀阶段（腐蚀 13～21d）。

腐蚀初期为快速腐蚀阶段，此时试件表面发生均匀腐蚀，生成的产物主要为 FeOOH、$Fe(OH)_3$ 和 Fe_3O_4，此时产生的蚀坑多位于加工缺陷处。在缓慢腐蚀阶段，由于锈层附着在试件表面形成一层致密的内锈层，阻碍了基体进一步氧化，故此阶段的腐蚀速率迅速下降。随着腐蚀天数的增长，腐蚀进入稳定阶段。干湿交替作用使得外锈层逐渐疏松，部分外锈层因腐蚀溶液的冲刷作用而脱落。此时裸露出的内锈层出现裂缝，使得氯离子通过疏松的外锈层开始侵蚀基体，从而进行扩张、深挖形成蚀坑。

与全浸区腐蚀环境相比焊接试件经过长时间的干湿交替腐蚀后，蚀坑数量明显增多，点蚀作用明显加强。如图 6-28 所示，在干燥阶段空气中的氧气接触到试件，加速了基体的氧化进程。同时残留在试件表面小水滴里富集了大量氯离子，氯离子进入试件表面小孔后，与 Fe^{2+} 生成水合物 $FeCl_2 \cdot 4H_2O$。$FeCl_2 \cdot 4H_2O$ 继续与腐蚀溶液中的溶解氧反应生成 $Fe(OH)_2$，此时试件表面形成初始锈层。

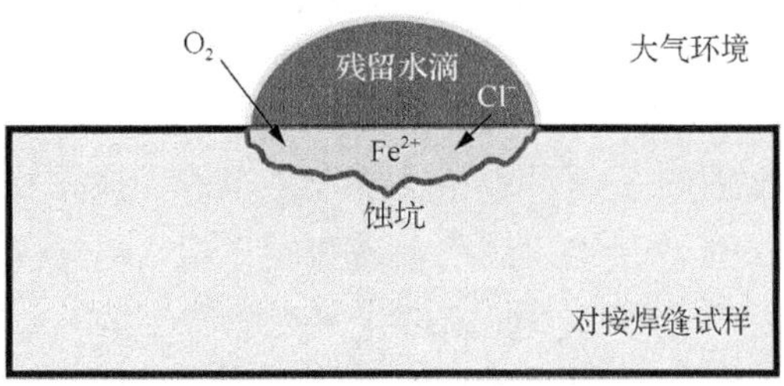

图 6-28　焊接试件在干湿交替环境腐蚀初期干燥时间内的腐蚀机理示意图

在缓慢腐蚀阶段（图 6-29），由于腐蚀产物发生变化，锈层中逐渐形成一层致密的黑色内锈层，阻碍了溶解氧和氯离子的进一步扩散，并导致点蚀扩张和深挖速度放缓，从腐蚀形貌上来看腐蚀 5～9d 的过程中，点蚀程度非常相似。

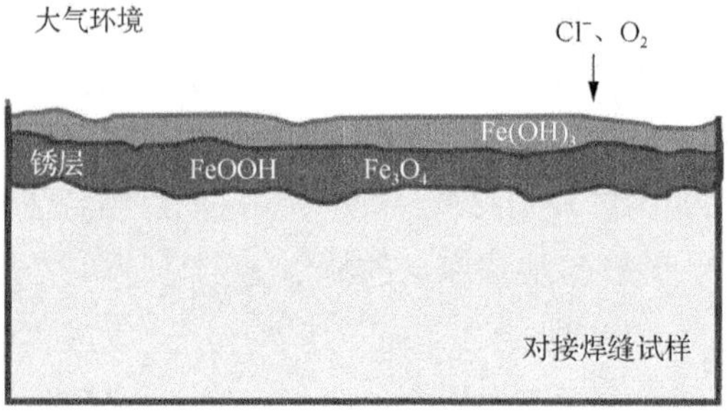

图 6-29 焊接试件在干湿交替环境腐蚀中期干燥时间内的腐蚀机理示意图

此后，经过多天的干湿交替腐蚀，试件表面锈层在腐蚀溶液的冲刷和干燥环境的风干作用下变得逐渐疏松，内锈层上开始产生裂纹。此时，当再次接触到腐蚀溶液时，溶解氧和氯离子可以穿过内锈层裂纹并继续和基体发生反应，引发二次不均匀点蚀。从腐蚀形貌上，腐蚀时间（13～21d）较长时可以观察到，在大量较大蚀坑底部观察到存在小而深的蚀坑，其腐蚀机理示意图如图 6-30 所示。

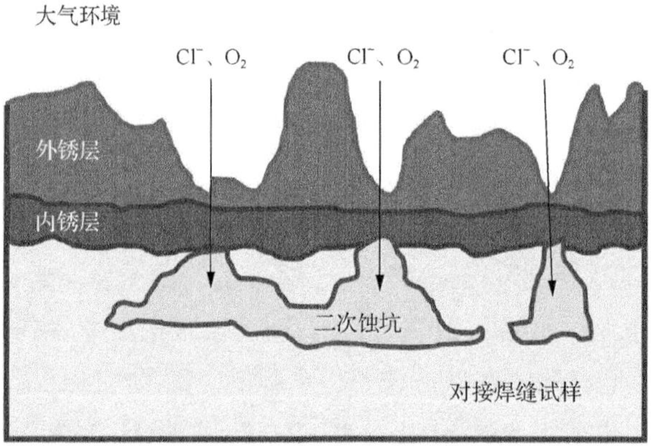

图 6-30 焊接试件在干湿交替环境腐蚀后期干燥时间内的腐蚀机理示意图

5. 干湿交替时间对比对接焊缝腐蚀性能的影响

由 G20Mn5QT 铸钢与 Q355D 对接焊缝试件在质量分数为 3.5%的 NaCl 腐蚀溶液的全浸试验证明，该焊接试件在模拟海水中主要发生氧的去极化反应。研究表明，碳钢在经历干湿交替变化时，干燥阶段受表面覆盖液膜的作用，氧的供应充分，且扩散更加容易，使得阴极氧的还原反应增强。因此碳钢在干湿交替作用下的腐蚀速率明显大于全浸条件。结合腐蚀速率曲线与电镜下试件腐蚀形貌结果可以看出，G20Mn5QT 铸钢母材及其对接焊缝试件在质量分数为 3.5%的 NaCl 腐蚀溶液干湿交替环境和全浸环境下均发生均匀腐蚀伴随点蚀。但在相同腐蚀天数下，干湿交替环境下的试件腐蚀程度更为严重，说明干湿交替环境仅影响试件的腐蚀速率而不改变其腐蚀机理。

从平均腐蚀速率曲线（图 6-31）和腐蚀形貌可以看出，干湿交替时间比越大，对试件的加速腐蚀作用越大。这是由于干燥时间的增长会造成试件表面液膜作用时间延长以及锈层厚度减小，腐蚀产物中 FeOOH 和氧的含量升高，Fe_3O_4 的含量降低，从而促进了基体的阳极溶解。

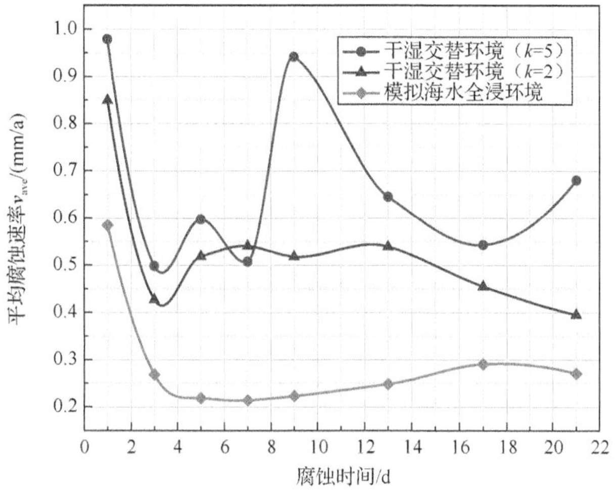

图 6-31　干湿交替环境下和全浸环境下的焊接试件平均腐蚀速率

在腐蚀初期（腐蚀 1～3d）时，k=5 条件下的平均腐蚀速率明显大于 k=2 条件下的平均腐蚀速率。虽然腐蚀进行到第 5d 后得到 k=5 条件下的平均腐蚀速率小于 k=2 条件对应的平均腐蚀速率，但在腐蚀进行至第 9d 时，k=5 条件下的平均腐蚀速率骤增达到高点。此时在电镜下观察到试件焊缝区的表面的腐蚀形貌呈沟壑状，且无较大尺寸蚀坑。随后在腐蚀继续的过程中再次发现点蚀现象。说明在腐蚀 1～5d 时，试件经历了“均匀腐蚀→锈层形成→外锈层脱落、内锈层产生裂纹→大规模点蚀扩张”的过程。此后，锈层与基体间产生的缝隙增大，致使均匀腐蚀起主导作用。在腐蚀 9d 后重新进行新一轮的腐蚀过程。

6.2　铸钢材料的腐蚀疲劳性能

6.2.1　铸钢材料腐蚀疲劳性能试验研究

1. 铸钢材料腐蚀疲劳试件制备

依据规范[3-9]要求，铸钢材料腐蚀疲劳试件尺寸进行设计，通过机械加工和表面抛光处理得到腐蚀疲劳标准试件，试件表面的粗糙度 R_a≤3.2，如图 6-32 所示。腐蚀疲劳试件的测试段长度为20mm，直径为5mm。在试件一端加工外螺纹用于与腐蚀溶液循环系统相匹配。

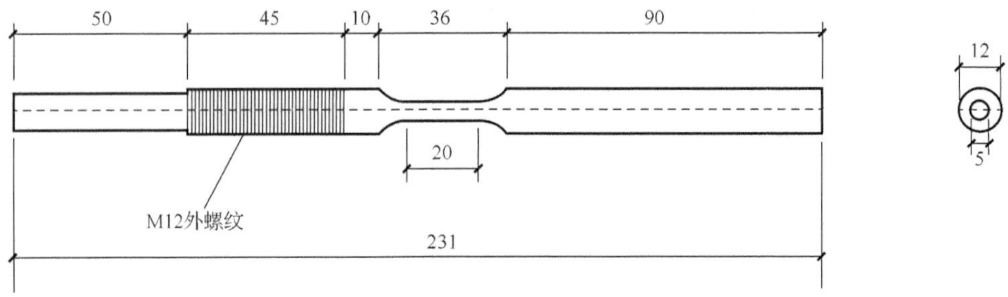

图 6-32 轴向标准疲劳试件尺寸示意图（单位：mm）

2. 铸钢材料腐蚀疲劳试验结果

腐蚀疲劳试验在常温环境下进行，为了模拟海洋工程环境下全浸区海水的腐蚀作用，腐蚀溶液采用质量分数为3.5%的 NaCl 溶液（溶液循环速度为460mL/min）。试验机为PWS-E100电液伺服动静万能试验机，加载波形为正弦波，加载频率为5Hz，加载制度包括应力比为-1 的 6 个应力幅值水平。G20Mn5QT 铸钢母材腐蚀疲劳试验示意图如图 6-33 所示。

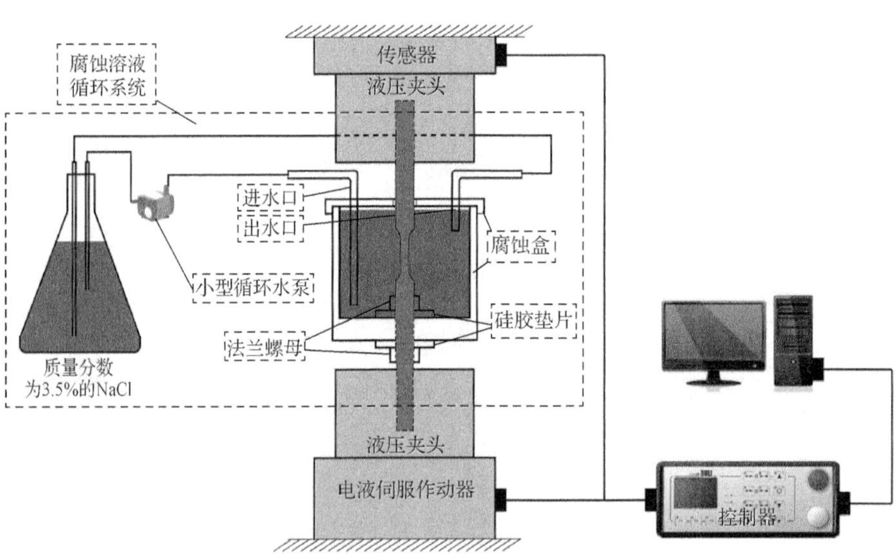

图 6-33 G20Mn5QT 铸钢母材腐蚀疲劳试验示意图

各试件实测腐蚀疲劳试验结果见表 6-2。

表 6-2 G20Mn5QT 铸钢母材腐蚀疲劳试验结果

试件编号	失效次数 $N_{c,cor}$/次	应力幅值 $S_{c,cor}$ /MPa
C_{cor}1-1	10053	280
C_{cor}1-2	14191	280
C_{cor}1-3	23721	280
C_{cor}1-4	35710	280
C_{cor}2-1	49973	240
C_{cor}2-2	94134	240
C_{cor}2-3	170940	240
C_{cor}3-1	171771	200
C_{cor}3-2	241446	200
C_{cor}3-3	243001	200
C_{cor}3-4	256708	200
C_{cor}4-1	332565	180
C_{cor}4-2	482769	180
C_{cor}4-3	541841	180
C_{cor}4-4	675013	180
C_{cor}5-1	1397554	140
C_{cor}5-2	1411627	140
C_{cor}5-3	1864879	140
C_{cor}6-1	2842079	100
C_{cor}6-2	2869171	100
C_{cor}6-3	4068438	100

注：试件编号 C 表示 G20Mn5QT 铸钢母材试件，下标 cor 代表此试件为在腐蚀溶液质量分数为 3.5%的 NaCl 溶液中进行的腐蚀疲劳标准试件。

6.2.2 铸钢材料焊接标准件腐蚀疲劳性能试验研究

1. 铸钢材料焊接试件制备

焊接疲劳标准试件首先将焊接钢管线沿径向方向进行线切割后加工成圆棒，然后按照图 6-34 的设计细节进行机加工并抛光表面制成，保证表面粗糙度为 R_a≤3.2。线切割时试件在焊接钢管线中的位置及焊接标准试件设计尺寸如图 6-34（a）所示。试件的尺寸设计应确保焊缝在试验段中间，且留有焊接热影响区和一部分 G20Mn5QT 铸钢母材与 Q345D 热轧钢母材，如图 6-34（b）所示。试件的加工标准与 6.2.1 节中铸钢母材标准试件保持一致。

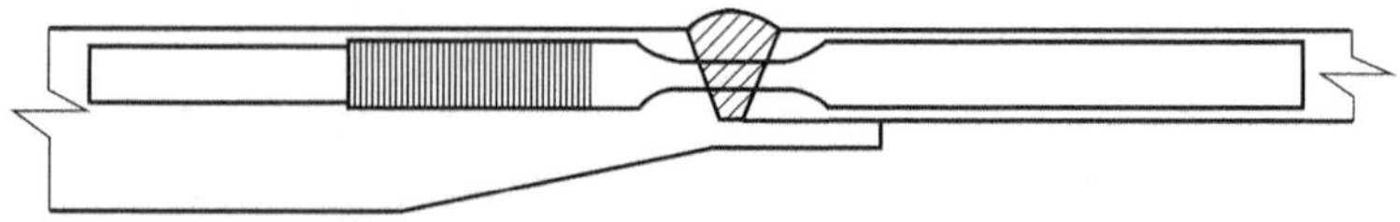

（a）线切割时试件在钢管线中的位置

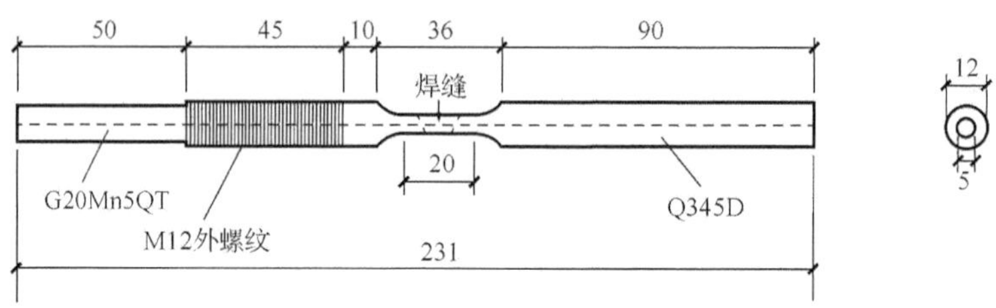

（b）焊接标准试件设计尺寸细节示意图

图 6-34 焊接标准试件加工详图（单位：mm）

2. 试验结果

铸钢材料焊接标准件腐蚀疲劳的试验条件与 6.2.1 节试验条件相同，G20Mn5QT 铸钢与 Q345D 热轧钢对接焊缝试件的腐蚀疲劳试验结果见表 6-3。

表 6-3 焊接标准试件腐蚀疲劳试验结果

试件编号	失效循环次数 $N_{w,cor}$/次	应力幅值 $S_{w,cor}$/MPa
$W_{cor}1$-1	83970	280
$W_{cor}1$-2	21184	280
$W_{cor}1$-3	29125	280
$W_{cor}2$-1	148556	240
$W_{cor}2$-2	134219	240
$W_{cor}2$-3	92367	240
$W_{cor}3$-1	300641	200
$W_{cor}3$-2	175043	200
$W_{cor}3$-3	225480	200
$W_{cor}4$-1	444517	180
$W_{cor}4$-2	397349	180
$W_{cor}4$-3	416672	180
$W_{cor}5$-1	891107	140
$W_{cor}5$-2	590007	140
$W_{cor}5$-3	695508	140
$W_{cor}6$-1	2103315	100
$W_{cor}6$-2	2538303	100
$W_{cor}6$-3	2065954	100

注：试件编号 W 表示此试件为 G20Mn5QT 铸钢与 Q345D 热轧钢对接焊缝试件，下标 cor 代表此试件为在腐蚀溶液质量分数为 3.5%的 NaCl 溶液中进行的腐蚀疲劳标准试件。

6.2.3 铸钢材料对接焊接接头腐蚀疲劳性能试验研究

1. 铸钢材料对接焊接接头试件制备

对接焊接接头试件为 G20Mn5QT 铸钢与 Q355D 热轧钢焊接制成。为保证焊接质量，对接焊接接头采用如图 6-35 所示的 V 形坡口。坡口形式参考《气焊、焊条电弧焊、气体保护焊和高能束焊的推荐坡口》（GB/T 985.1—2008）[9]，坡口处放置陶瓷垫板进行辅助焊接。

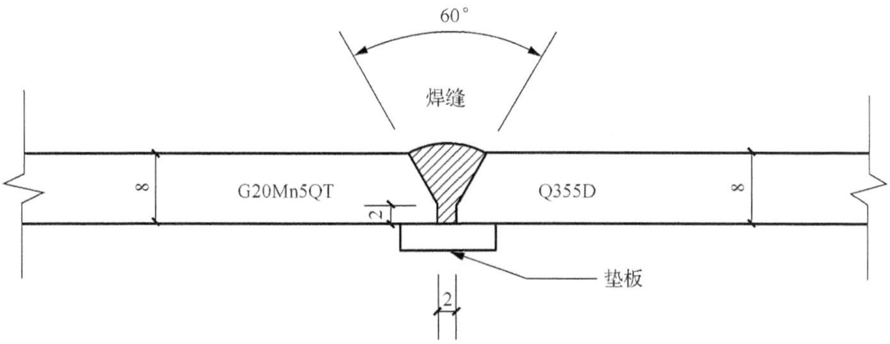

图 6-35 V 形坡口示意图（单位：mm）

采用 ESAB 气保焊机 OrigoMig5002cw 施焊，使用直径为 1.2mm 的 ER50-6 碳钢类药芯焊丝进行焊接，焊接保护气体为 CO_2。对接焊缝的焊接流程及焊接试件尺寸如图 6-36 所示。

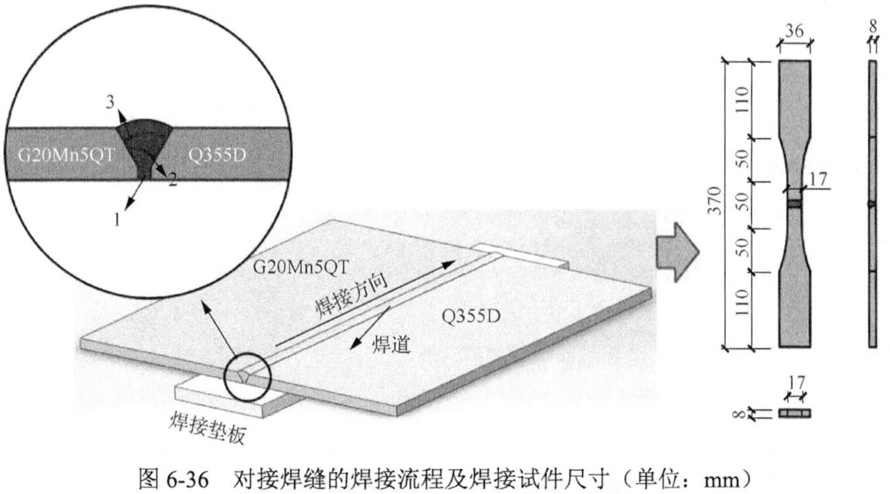

图 6-36 对接焊缝的焊接流程及焊接试件尺寸（单位：mm）

试验在常温环境（20℃±2℃）下进行，腐蚀溶液循环速率设定为 460mL/min，用以模拟海洋工程环境下全浸区海水的腐蚀作用。试验采用轴向力控制，加载波形为正弦波，加载频率为 5Hz，进行 5 个应力水平下应力比为 0.1 的腐蚀疲劳试验，每个应力水平开展 3 个平行试验。对接焊接接头腐蚀疲劳试验设定 5 个应力水平，分别为 300MPa、260MPa、220MPa、180MPa 和 130MPa。

2. 试验结果

通过腐蚀疲劳试验，得到对接焊接接头在质量分数为 3.5%的 NaCl 溶液中的腐蚀疲劳试验结果，见表 6-4。

表 6-4 对接焊接接头腐蚀疲劳试验结果

试件编号	应力水平 S_{BWJ}/MPa	失效循环次数 N_{BWJ}/次
BWJ1-1	300	118763
BWJ1-2	300	80592
BWJ1-3	300	70888
BWJ2-1	260	105050
BWJ2-2	260	193853
BWJ2-3	260	218248
BWJ3-1	220	213898
BWJ3-2	220	331457
BWJ3-3	220	146214
BWJ4-1	180	773008
BWJ4-2	180	493243
BWJ4-3	180	487307
BWJ4-4	180	554250
BWJ5-1	130	2088757
BWJ5-2	130	1591813
BWJ5-3	130	2000584

3. 宏观断口形貌分析

对接焊接接头的疲劳断口由疲劳源区（区域Ⅰ）、疲劳裂纹扩展区（区域Ⅱ）与瞬断区（区域Ⅲ）三部分组成。图 6-37 显示了不同应力水平下腐蚀疲劳断口试件的宏观形貌。结果表明，应力集中对断口形貌产生明显影响，使得疲劳弧线呈波浪形。在较大应力水平（>220MPa）下，瞬断区面积较大。随着疲劳加载的应力逐步减小，疲劳断口瞬断区面积随之减小。

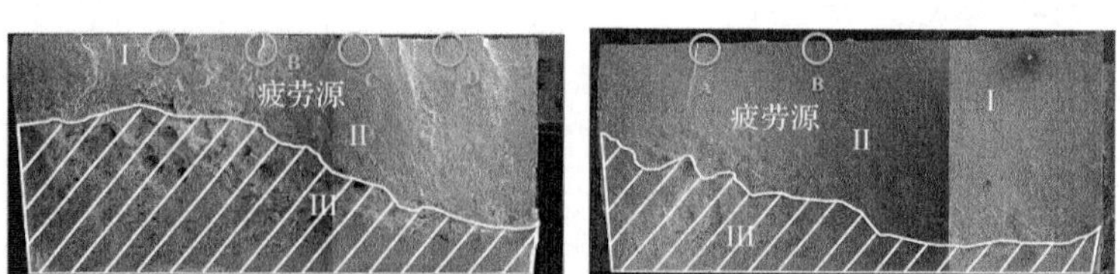

（a）BWJ2-3　　（b）BWJ5-2

图 6-37 不同应力水平下腐蚀疲劳断口试件的宏观形貌

在循环荷载作用下，断口表面不断碰撞挤压，导致疲劳断口形貌由粗糙向平滑转变。同时对断口宏观形貌进行分析发现，较大应力水平下疲劳源数量较多；较小应力水平或疲劳在平滑的表面上萌生时，疲劳源数量较少。

4. 微观断口形貌分析

（1）疲劳源区

在 300MPa 的应力水平下，疲劳源区同时发现了可致裂纹形核的蚀坑和焊接气孔，如图 6-38 所示。分析两者附近的微观形貌发现，裂纹扩展痕迹仅存在于焊接气孔附近，放射状条纹最终收敛于气孔处，焊接气孔是裂纹形核的主要原因，蚀坑尚不足以导致裂纹形核。同时，在试件外表面处发现了明显蚀坑，疲劳应力加速了腐蚀的作用。

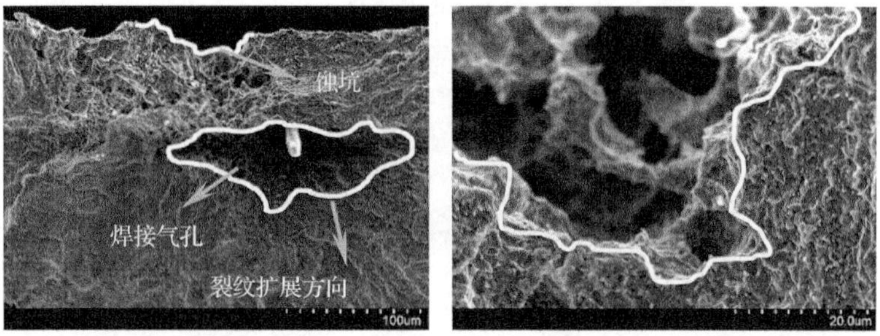

（a）疲劳源（BWJ1-1）　（b）外表面蚀坑（BWJ1-1）

图 6-38　300MPa 下断口疲劳源区微观形貌

应力水平为 260MPa 下的试件断口上出现多个疲劳源（图 6-39），施焊过程中焊接金属的飞溅、试件表面滑移、杂质与试件表面裂纹均有可能成为裂纹形核的原因。焊接金属的飞溅、杂质与试件表面裂纹这三者直接导致了应力集中，从而引发疲劳破坏。滑移则是由于往复加载将导致滑移带变得比基体更软，极易发生变形。同时由于外部腐蚀环境的影响，O_2 和 Cl^- 被吸附，促进了裂纹形核。

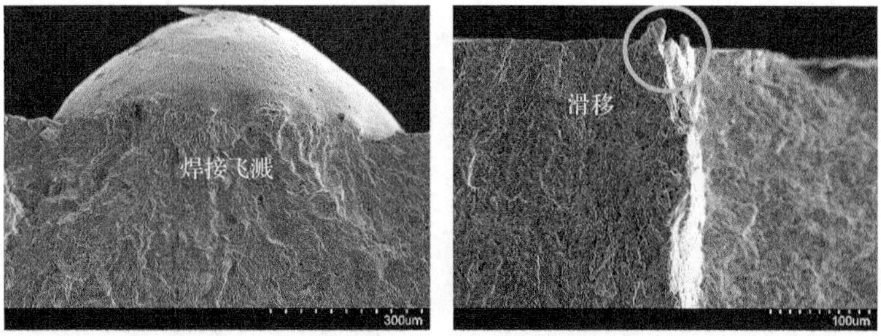

（a）疲劳源A（BWJ2-3）　（b）疲劳源B（BWJ2-3）

图 6-39　260MPa 下断口疲劳源区微观形貌

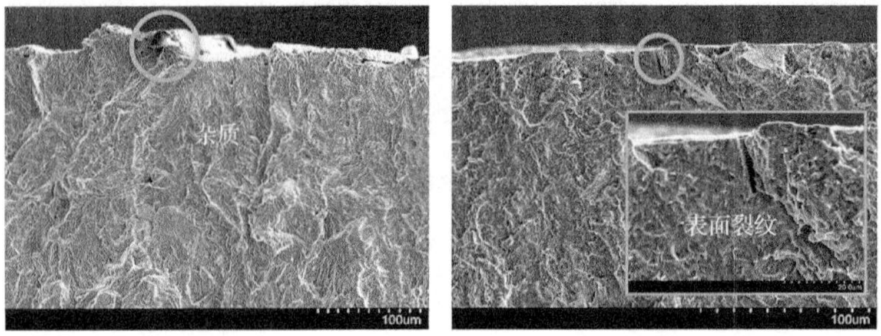

（c）疲劳源C（BWJ2-3）　（d）疲劳源D（BWJ2-3）

图 6-39（续）

从图 6-40 中可以看出，随着应力水平（≤220MPa）的不断降低，表面蚀坑逐步成为裂纹形核的主导因素，疲劳源处可观察到明显的蚀坑。在该应力水平下，蚀坑起到了表面微观缺口的作用，从而引发焊接接头表面应力集中。此外，蚀坑内介质的 pH 小于介质整体平均 pH，使得裂纹扩展速率增大。

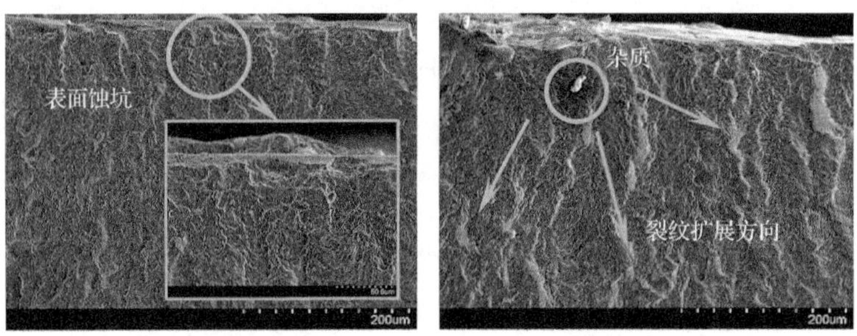

（a）疲劳源A（BWJ3-1）　（b）疲劳源B（BWJ3-1）

图 6-40　220MPa 下断口疲劳源区微观形貌

当应力水平为 180MPa 时，在 1000 倍镜头下蚀坑尺寸明显增长（图 6-41）。随着加载的不断进行，裂纹扩展过程中疲劳源处被侵蚀，较小的蚀坑不仅出现在试件外表面，同时还出现于断口表面。

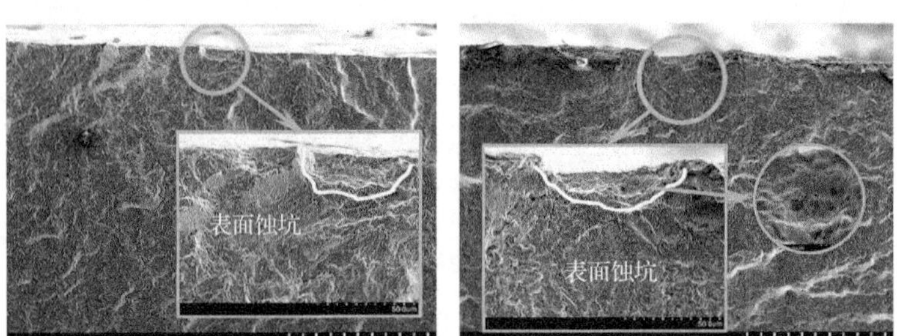

（a）疲劳源A（BWJ4-1）　（b）疲劳源B（BWJ4-1）

图 6-41　180MPa 下断口疲劳源区微观形貌

在应力水平 130MPa 下，在 400 倍镜头下发现了 150μm 左右的蚀坑（图 6-42），蚀坑尺寸相较于 180MPa 加载水平下的断口出现进一步增长。在对接焊缝试件腐蚀疲劳试验中，当应力水平小于 130MPa 时，内部铸造缺陷将不再导致裂纹形核，然而在对接焊接接头试件中［图 6-42（b）］，较大（>1mm）的铸造缺陷仍有可能成为疲劳裂纹源，引发对接焊接接头的疲劳断裂。

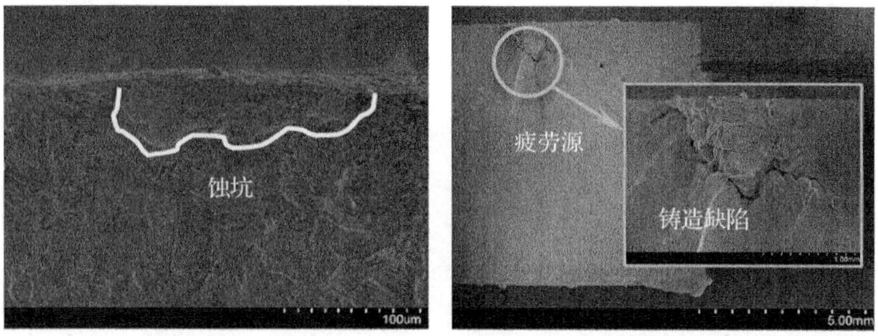

（a）疲劳源A（BWJ5-2）　（b）疲劳源（BWJ5-3）

图 6-42　130MPa 下断口疲劳源区微观形貌

（2）疲劳裂纹扩展区

图 6-43 显示了断口裂纹扩展区的微观形貌。在不同试件的裂纹扩展区均可发现明显的疲劳条带，其条纹基本上相互平行。同时，在次表面裂纹附近观察到少量的疲劳条带，然而该处裂纹并未进一步导致裂纹形核。

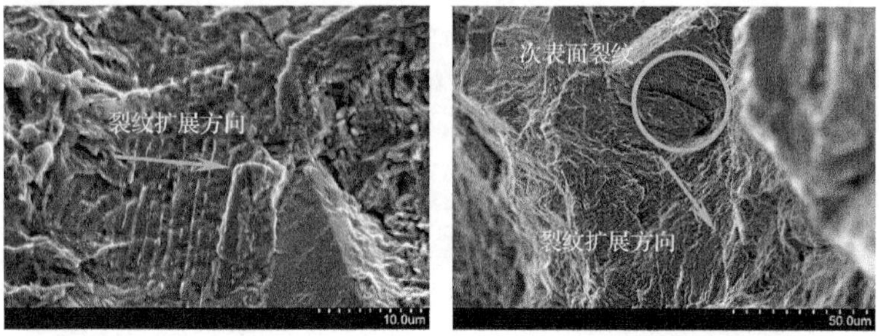

（a）疲劳条带　（b）次表面裂纹

图 6-43　对接焊接接头断口裂纹扩展区微观形貌

（3）瞬断区

不同应力水平下，瞬断区均可观察到明显的韧窝形貌或准解理与韧窝混合形貌（图 6-44）。此外，在腐蚀疲劳断口中还发现了第二相质点，表明焊接区域塑性相较于铸钢母材更差，其形成的韧窝尺寸也较浅。由 300MPa 下的断口试件瞬断区发现除了典型的韧窝形貌，还存在明显的轮胎压痕形貌，这是高应力水平下疲劳断裂的典型形貌。

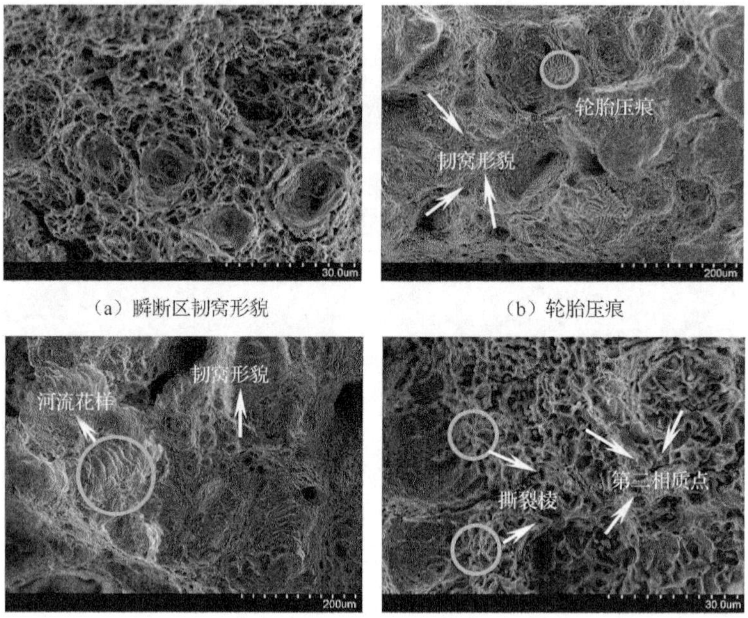

（a）瞬断区韧窝形貌　（b）轮胎压痕

（c）第二相质点　（d）准解理与韧窝混合形貌

图 6-44　对接焊接接头断口瞬断区微观形貌

6.2.4　铸钢材料非承载十字焊接接头腐蚀疲劳性能试验研究

1．铸钢材料非承载十字焊接接头试件制备

非承载十字焊接接头试件依照与对接焊接接头相同规程进行设计。非承载十字焊接接头不开坡口，其角焊缝示意图如图 6-45 所示，焊脚尺寸为 8mm。

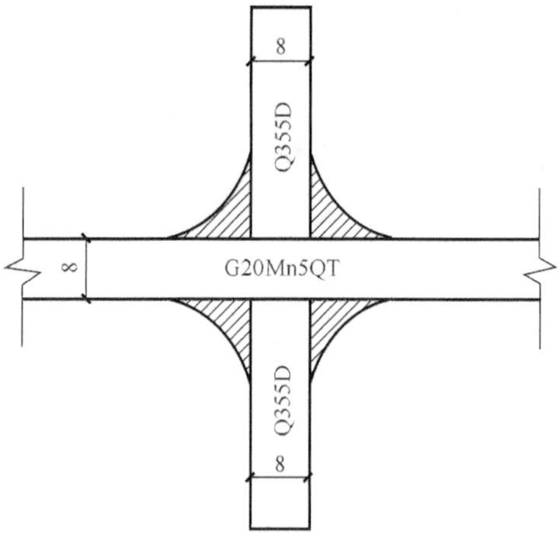

图 6-45　非承载十字焊接接头角焊缝示意图（单位：mm）

非承载十字焊接接头的角焊缝采用单层施焊。由于电弧的热作用，角焊缝成形后会导致工件焊接区域存在应力集中。因此在非承载十字焊接接头钢板焊接过程中，需按照特定顺序和方向进行焊接，以保证焊接工件的应力集中程度最小。非承载十字焊接接头钢板焊接流程如图 6-46 所示，图中虚线箭头表示图示钢板工件背面角焊缝的焊接方向，箭头处数字代表角焊缝施焊顺序。试件主体尺寸为 370mm×36mm×8mm，其表面粗糙度 $R_a \leqslant 3.2$。

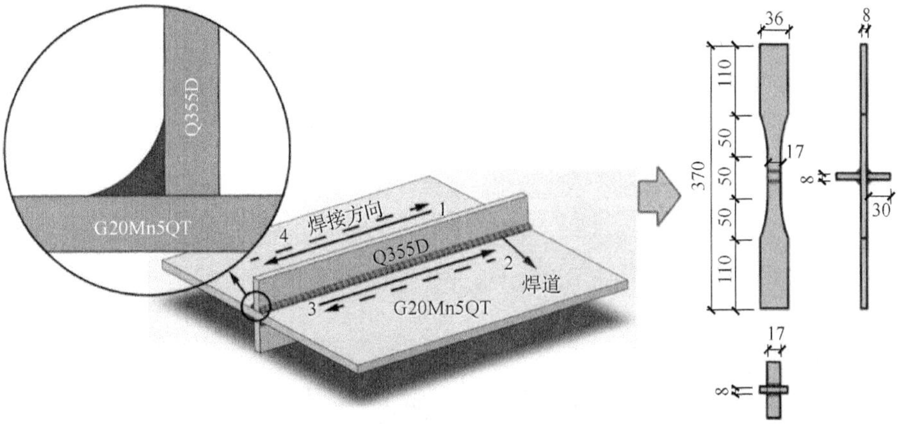

图 6-46　非承载十字焊接接头角焊缝焊接流程示意图（单位：mm）

非承载十字焊接接头腐蚀疲劳试验方法与对接焊接接头腐蚀疲劳一致，非承载十字焊接接头腐蚀疲劳试验选取的 5 个应力水平分别为 250MPa、210MPa、170MPa、130MPa 和 90MPa。

2. 试验结果

通过腐蚀疲劳试验，得到模拟海水环境下 G20Mn5QT 铸钢与 Q355D 热轧钢非承载十字焊接接头疲劳试验结果，见表 6-5。

表 6-5　非承载十字焊接接头疲劳试验结果

试件编号	应力水平 S_{CJN}/MPa	失效循环次数 N_{CJN}/次
CJN1-1	250	101351
CJN1-2	250	268160
CJN1-3	250	143253
CJN2-1	210	414010
CJN2-2	210	231344
CJN2-3	210	258449
CJN3-1	170	447484
CJN3-2	170	742085
CJN3-3	170	659494
CJN4-1	130	986052
CJN4-2	130	1268313
CJN4-3	130	1503147
CJN5-1	90	2993013
CJN5-2	90	2555084
CJN5-3	90	4291923

3. 宏观断口形貌分析

对非承载十字焊接接头腐蚀疲劳断口试件进行 SEM 分析发现，与对接焊接接头试件类似，非承载十字焊接接头宏观形貌由疲劳源区（区域Ⅰ）、疲劳裂纹扩展区（区域Ⅱ）与瞬断区（区域Ⅲ）三部分组成。非承载十字焊接接头宏观断口形貌如图 6-47 所示，随着应力水平的降低，非承载十字焊接接头瞬断区面积不断减小。瞬断区所在区域逐渐向断口角部集中，裂纹由断面某一角部扩展至对角。

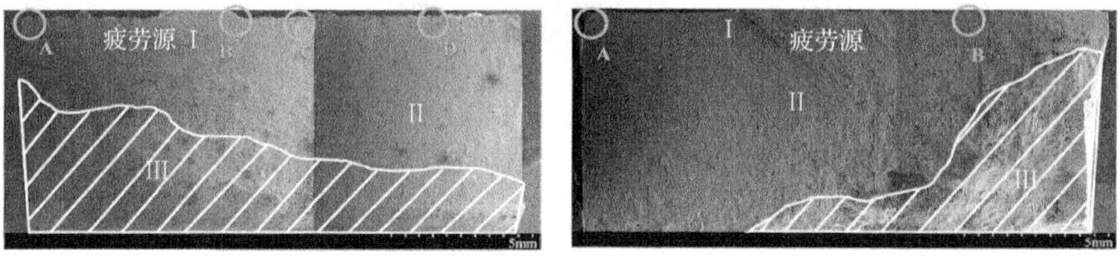

（a）CJN2-1 （b）CJN5-3

图 6-47 非承载十字焊接接头宏观断口形貌

4. 微观断口形貌分析

当焊接接头承受轴向拉伸荷载时，应力沿试件横截面均匀分布，导致裂纹萌生位置变化较大，疲劳裂纹大多从试件表面萌生。

（1）疲劳源区

非承载十字焊接接头试件在 250MPa 加载水平下，杂质（疲劳源 A）与次表面焊接气孔（疲劳源 C）是导致试件裂纹成核的主要原因，二者形成的不连续区域引发了疲劳裂纹的萌生（图 6-48）。另外，在断口表面还观察到由较为明显蚀坑（疲劳源 B）引发的疲劳断裂，而较小的内部铸造缺陷未能引发疲劳裂纹，试件的疲劳源均从表面开始萌生。

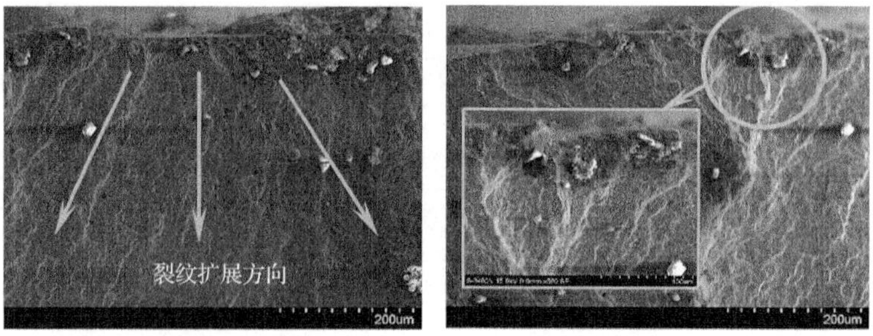

（a）疲劳源A（CJN1-2） （b）疲劳源B（CJN1-2）

图 6-48 250MPa 下断口疲劳源区微观形貌

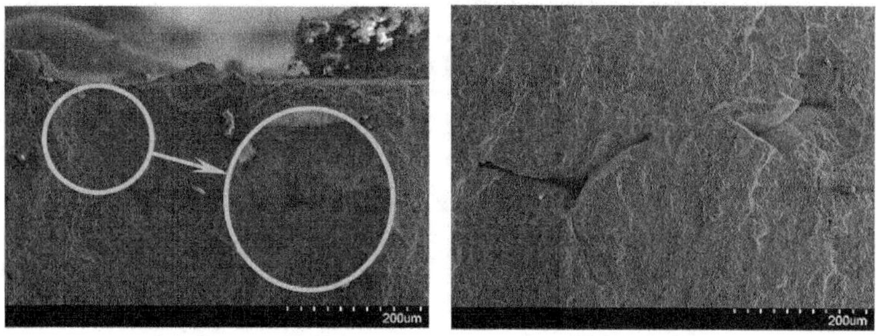

（c）疲劳源C（CJN1-2）　　（d）内部铸造缺陷（CJN1-2）

图 6-48（续）

由图 6-49 显示的微观断裂形貌表明，在 210MPa 下试件角部应力集中（疲劳源 A）、焊接飞溅（疲劳源 B）与位错（疲劳源 C）为裂纹成核的主要原因。内部铸造缺陷未造成非承载十字焊接接头断口处的应力集中。此外在 210MPa 加载水平下，试件（CJN2-2）角焊缝焊趾处的应力集中引发了疲劳源萌生，进而导致试件断裂。

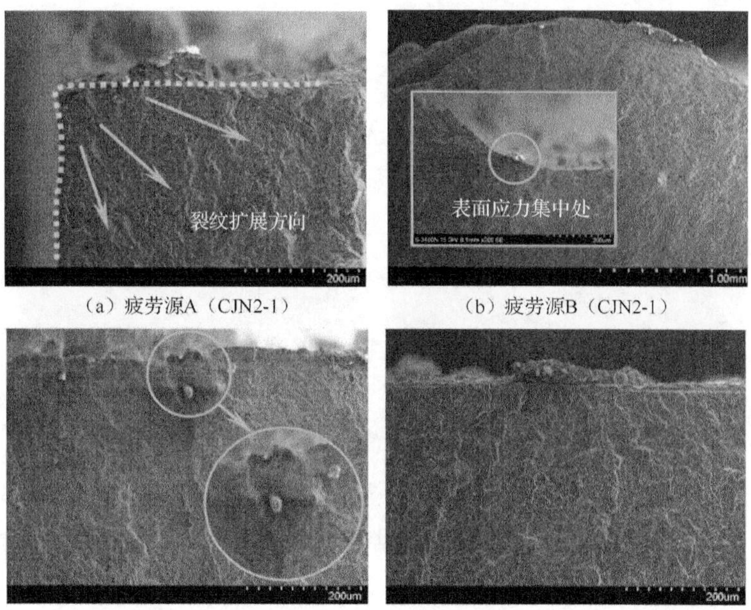

（a）疲劳源A（CJN2-1）　　（b）疲劳源B（CJN2-1）

（c）疲劳源C（CJN2-1）　　（d）焊趾处应力集中（CJN2-2）

图 6-49　210MPa 下断口疲劳源区微观断裂形貌

在 170MPa 加载水平下的试件断口上发现了多个疲劳源（图 6-50），腐蚀（疲劳源 A、疲劳源 D）在疲劳源的形成过程中起主导作用。与内部铸造缺陷不同的是，表面附近的铸造缺陷（疲劳源 B）将会导致裂纹成核。

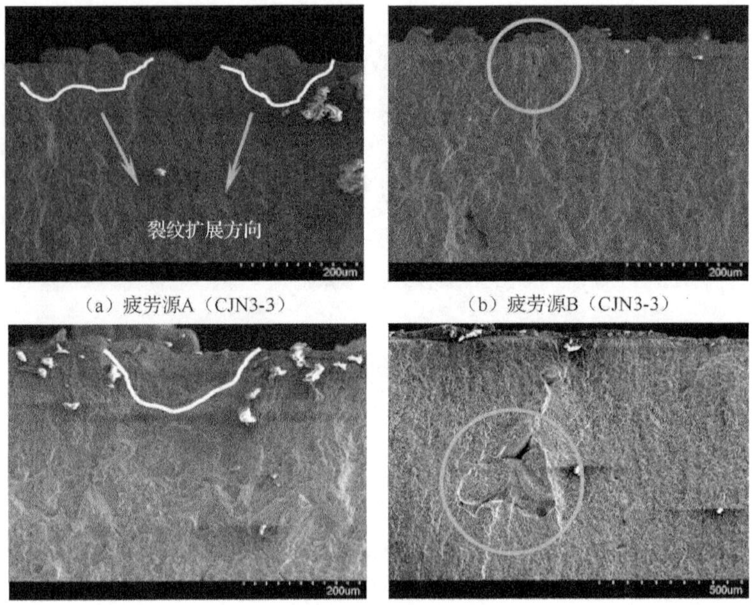

（a）疲劳源A（CJN3-3）　（b）疲劳源B（CJN3-3）

（c）疲劳源D（CJN3-3）　（d）内部铸造缺陷（CJN3-1）

图 6-50　170MPa 下断口疲劳源区微观形貌

当应力水平小于 130MPa 时，表面蚀坑已成为导致裂纹成核的主要驱动因素，从图 6-51（a）中可以看出，当表面蚀坑和表面附近缺陷同时存在时，蚀坑为该处的疲劳源，而缺陷未导致疲劳断裂的产生。

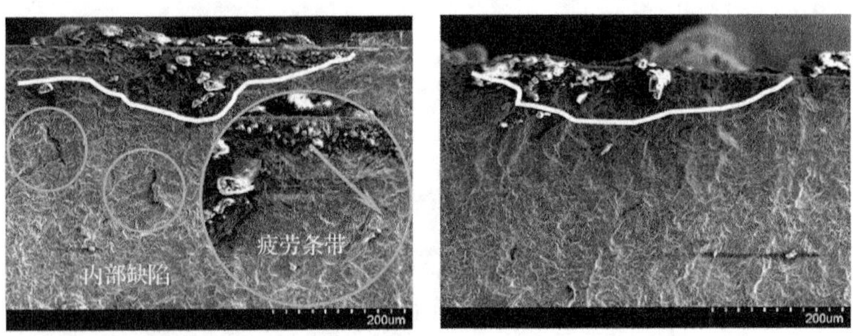

（a）疲劳源A（CJN4-2）　（b）疲劳源B（CJN4-2）

图 6-51　130MPa 下断口疲劳源区微观形貌

当应力水平为 90MPa 时，疲劳源的数量与大应力水平下的断口试件相比较少，试件的角部也被严重腐蚀。在角部应力集中和腐蚀的共同作用下，疲劳源 A［图 6-52（a）］成为引发试件 CJN90-3 断裂的直接原因。同时，在试件断口表面焊趾处发现了大量疲劳条带，尽管该疲劳条带没有成为导致试件发生疲劳破坏的疲劳源，但焊趾处应力集中对非承载十字焊接接头试件的腐蚀疲劳寿命产生了较大影响。

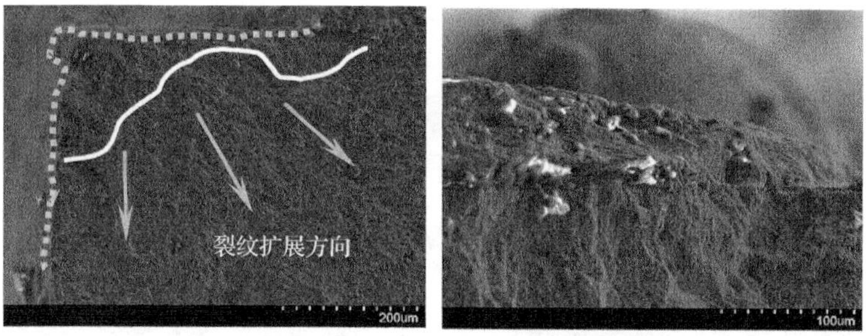

（a）疲劳源A（CJN5-3）　　（b）焊趾处疲劳条带（CJN5-3）

图 6-52　90MPa 下断口疲劳源区微观形貌

（2）疲劳裂纹扩展区

图 6-53 显示了非承载十字焊接接头腐蚀疲劳试件断口裂纹扩展区微观形貌。由于晶粒取向、晶界等因素的影响，疲劳条带的扩展方向可能发生改变，并沿不同表面分布。此外，由于疲劳源位置的不同将导致疲劳条带沿不同方向扩展。随着循环荷载的进行，不同方向的疲劳条带逐渐交汇或不断扩展直至试件断裂。在较大应力水平下，疲劳条带间距较大，该间距沿裂纹扩展方向逐渐增大。不同应力水平下，试件裂纹扩展区均观察到清晰的疲劳条带。通过对断口进一步放大观察发现，部分非承载十字焊接接头试件疲劳条带较为杂乱。在 250MPa 加载水平下对接焊接接头试件断口中可发现轮胎压痕形貌。

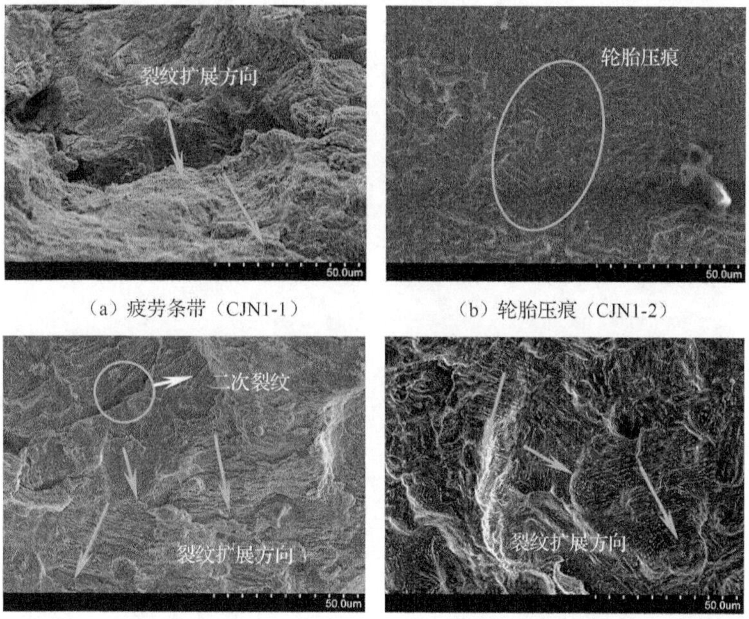

（a）疲劳条带（CJN1-1）　　（b）轮胎压痕（CJN1-2）

（c）疲劳条带（CJN3-3）　　（d）疲劳条带（CJN4-2）

图 6-53　非承载十字焊接接头腐蚀疲劳试件断口裂纹扩展区微观形貌

（3）瞬断区

非承载十字焊接接头瞬断区微观形貌以呈现静载瞬时特征的韧窝为主，同时可见准解理与韧窝混合形貌。不同应力水平下非承载十字焊接接头断口瞬断区微观形貌如图 6-54 所示。断口韧窝均为尺寸各异的等轴韧窝。韧窝分布特点主要为较大韧窝周围环绕有较小尺寸的韧窝，或者为等轴韧窝均匀分布。由图 6-54（a）、（c）可知，第二相质点存在于非承载十字焊接接头断口瞬断区，该形貌对韧窝形核具有十分重要的作用。当应力水平逐渐降低时，韧窝尺寸随之减小。在同一疲劳失效断口中，相较于邻近裂纹扩展区处的韧窝尺寸，裂纹末端韧窝的尺寸随着试件开裂而逐渐增大［图 6-54（b）］。部分断口试件在由裂纹扩展区（区域Ⅱ）过渡至瞬断区（区域Ⅲ）部位出现少量的疲劳条带，瞬断区呈现混合形貌特征［图 6-54（d）］。

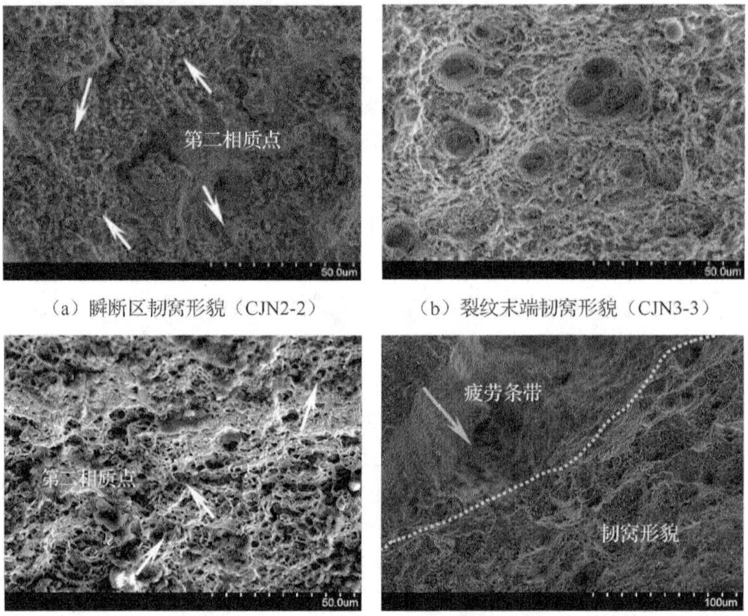

（a）瞬断区韧窝形貌（CJN2-2）　（b）裂纹末端韧窝形貌（CJN3-3）

（c）瞬断区韧窝形貌（CJN5-1）　（d）瞬断区混合形貌（CJN2-3）

图 6-54　非承载十字焊接接头断口瞬断区微观形貌

6.2.5　铸钢材料承载十字焊接接头腐蚀疲劳性能试验研究

1. 试件制备

承载十字焊接接头试件的形式与非承载十字焊接接头试件类似，但与非承载十字焊接接头不同的是，承载十字焊接接头承受的荷载通过角焊缝传递。承载十字焊接接头的加工工艺与非承载十字焊接接头一致，仅在焊接接头形式上有所不同。其角焊缝示意图如图 6-55 所示，焊脚尺寸为 8mm。承载十字焊接接头钢板焊接工件及试件切割加工示意图如图 6-56 所示。

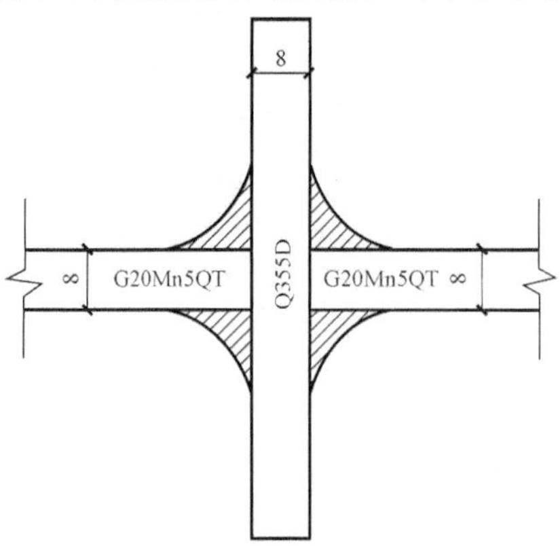

图 6-55　承载十字焊接接头角焊缝示意图（单位：mm）

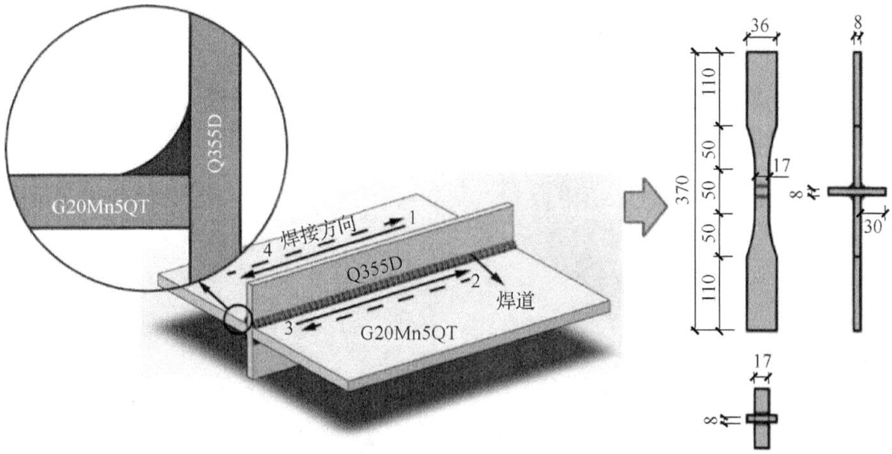

图 6-56　承载十字焊接接头钢板焊接工件及试件切割加工示意图（单位：mm）

承载十字焊接接头腐蚀疲劳试验选取的 5 个应力水平，分别为 240MPa、200MPa、160MPa、120MPa 和 80MPa，每组应力水平下开展 3 个平行试验。

2. 试验结果

本节对承载十字焊接接头试件开展了模拟海水环境下质量分数为 3.5%的 NaCl 溶液的腐蚀疲劳试验，得到五组不同应力水平下的（S_{CJ}，N_{CJ}）数据值，其具体数值见表 6-6。

表 6-6　承载十字焊接接头腐蚀疲劳试验结果

试件编号	应力水平 S_{CJ}/MPa	失效循环次数 N_{CJ}/次
CJ1-1		60333
CJ1-2	240	55738
CJ1-3		95727
CJ2-1		135765
CJ2-2	200	76881
CJ2-3		118082
CJ3-1		292373
CJ3-2	160	272940
CJ3-3		358611
CJ4-1		495622
CJ4-2	120	834796
CJ4-3		744338
CJ5-1		3888429
CJ5-2	80	3554842
CJ5-3		3482823

3. 宏观断口形貌分析

承载十字焊接接头腐蚀疲劳试验共计完成 15 个试件的应力循环加载，其中 10 个试件断裂于焊趾处，5 个试件断裂于焊根处。当试件的断裂发生在焊趾处时，其腐蚀疲劳试件断口宏观形貌呈现典型的疲劳断口特征（图 6-57），即包含三个区域：疲劳源区（Ⅰ）、疲劳裂纹扩展区（Ⅱ）与瞬断区（Ⅲ）。

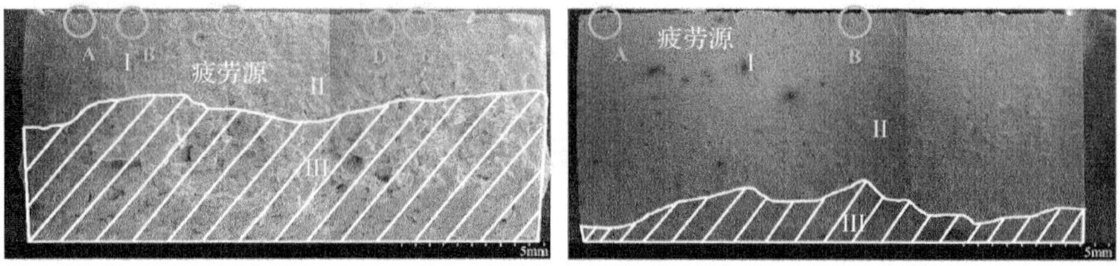

（a）CJ1-1　　（b）CJ5-3

图 6-57　承载十字焊接接头宏观断口形貌（焊趾处断裂）

当试件断裂发生于焊根处时，裂纹由焊根处萌生并沿 45° 方向断裂，其本质为焊缝材料在循环应力作用下发生疲劳破坏，疲劳源区、疲劳裂纹扩展区与瞬断区均位于焊缝断裂面。如图 6-58 所示，当应力水平不断减小时，焊缝处断裂面逐渐趋于平滑，且区域Ⅲ面积逐渐减小。其主要特征与断裂于焊趾处的宏观断口形貌一致。

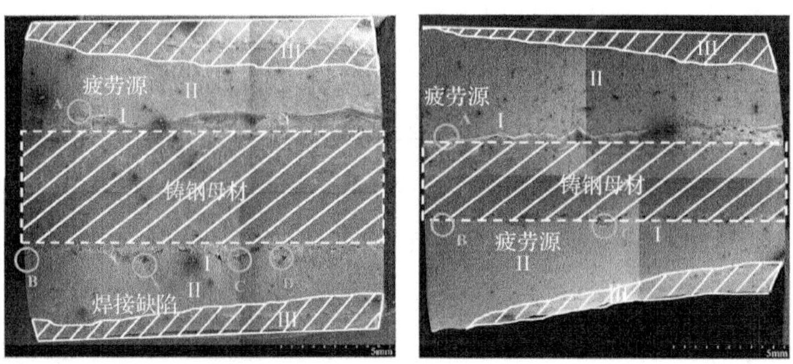

（a）CJ1-3　　（b）CJ4-2

图 6-58　承载十字焊接接头宏观断口形貌（焊根处断裂）

4. 微观断口形貌分析

（1）疲劳源区

在最大试验应力水平 240MPa 下承载十字焊接接头普遍经历 5×10^4～1×10^5 次循环后发生断裂破坏，其中第 1、2 根平行试件在焊趾处发生断裂。当试件在焊趾处发生断裂时，试件表面附近较大的铸造缺陷［图 6-59（a）］、试件表面蚀坑［图 6-59（b）］、杂质［图 6-59（c）］是引发承载十字焊接接头发生疲劳断裂的主要原因。在焊缝焊趾处应力集中与铸造缺陷的共同作用下，试件 CJ1-2 在 55738 次即发生断裂，为 240MPa 应力水平下疲劳寿命最短的焊接接头试件。可见，应力集中和铸造缺陷的共同作用加速了试件的疲劳破坏进程。

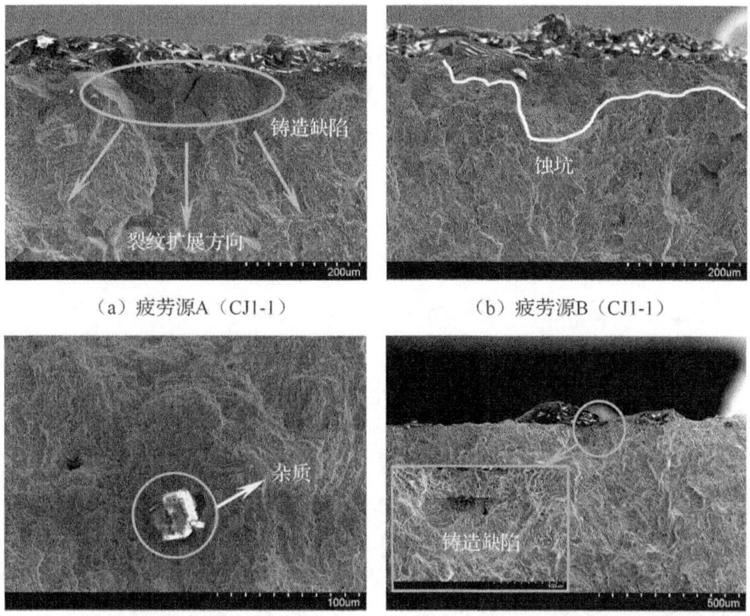

（a）疲劳源A（CJ1-1）　（b）疲劳源B（CJ1-1）

（c）疲劳源（CJ1-2）　（d）疲劳源（CJ1-2）

图 6-59　240MPa 下断口疲劳源区微观形貌

200MPa 下引发承载十字焊接接头试件腐蚀疲劳破坏的原因较多，试件表面蚀坑［图 6-60（a）］、焊趾处应力集中［图 6-60（b）］、铸造缺陷［图 6-60（c）］、位错［图 6-60（d）］均为导致试件裂纹成核的原因。在该应力水平下，腐蚀疲劳试件断口疲

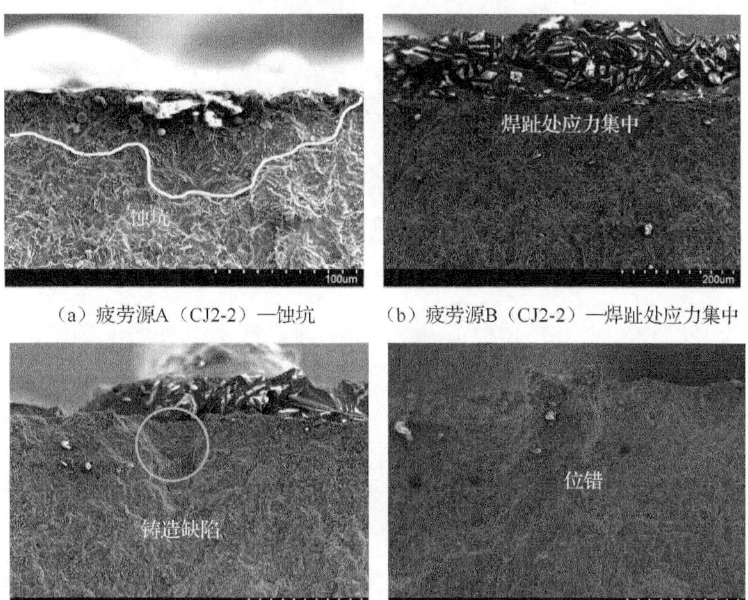

（a）疲劳源A（CJ2-2）—蚀坑　（b）疲劳源B（CJ2-2）—焊趾处应力集中

（c）疲劳源D（CJ2-2）—铸造缺陷　（d）位错（CJ2-1）

图 6-60　200MPa 下断口疲劳源区微观形貌

劳源处发现缩松缺陷。在铸造过程中，若金属结晶温度范围较大，在铸件表面硬化其内部尚存在液固两相共存区域。随着凝固过程不断推进，固相不断增多并相互接触，从而在铸件内部形成较多的封闭区域。固态封闭区域内部液态流动的金属液将不断凝固冷却，当封闭区域以外的流动金属液无法进一步补充时，即形成缩松。缩松表现为众多分散的小缩孔，与铸造过程中产生的气孔类似。缩松在试件表面引发应力集中，从而导致试件疲劳断裂。

当应力为160MPa时，承载十字焊接接头3个试件全部在焊根处发生疲劳断裂，由于角焊缝在焊接过程中容易存在较多缺陷，例如焊接过程中产生的气孔［图6-61（a）］、杂质［图6-61（b）］及偏析［图6-61（c）］使得承载十字焊接接头试件在焊根处发生应力集中，因此裂纹源萌生于焊缝根部，随即从焊缝内部开始扩展直至焊缝发生断裂。

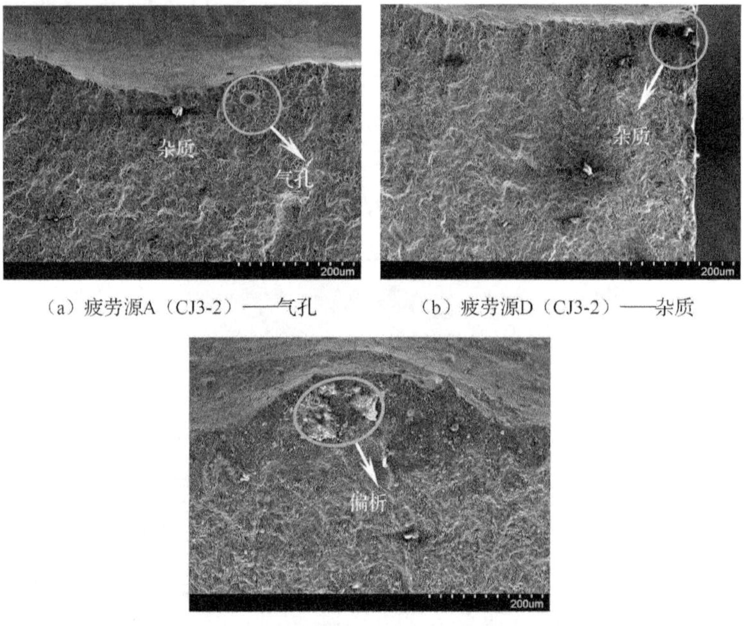

（a）疲劳源A（CJ3-2）——气孔　（b）疲劳源D（CJ3-2）——杂质

（c）偏析（CJ3-1）

图6-61　160MPa下断口疲劳源区微观形貌

当应力为120MPa时（图6-62），承载十字焊接接头试件表面蚀坑尺寸不断增大、深度不断增加，表面蚀坑随腐蚀时间的增长逐步呈深挖趋势。试件CJ4-3角部在腐蚀溶液的作用下侵蚀严重，由于试件棱角处易产生应力集中，在应力集中处腐蚀更为严重。除此之外，该试件疲劳源A处还存在明显的铸造缺陷。在上述3种因素共同作用下，疲劳源A成为促使CJ4-3疲劳断裂的重要原因。在该应力水平下，铸造缺陷仍为导致裂纹成核的主要原因。

与对接焊接接头、非承载十字焊接接头试件类似，在最小应力水平80MPa（图6-63）下，引发承载十字焊接接头试件断裂的主要原因为表面蚀坑。腐蚀易在缺陷处形成并不断扩展，最后形成大而深的腐蚀坑。试件表面疲劳源与较大应力水平下相比数量较少。

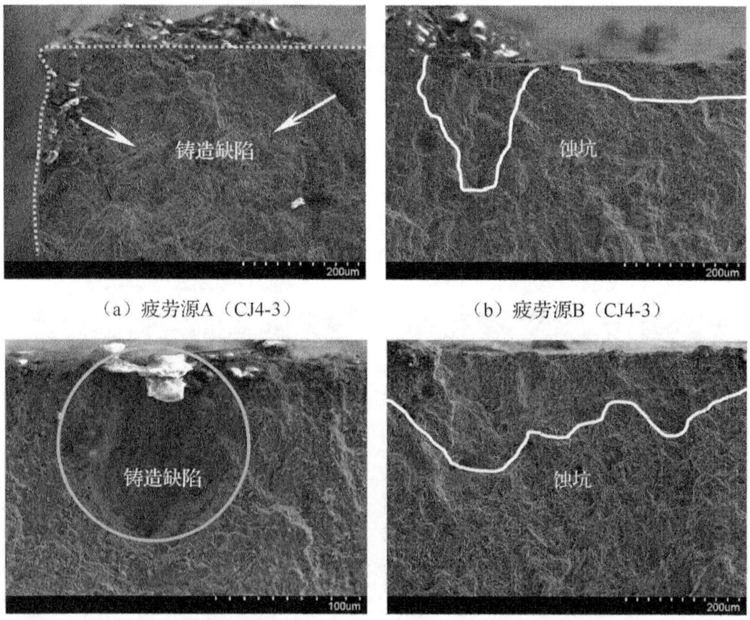

（a）疲劳源A（CJ4-3）　（b）疲劳源B（CJ4-3）

（c）疲劳源C（CJ4-3）　（d）疲劳源D（CJ4-3）

图 6-62　120MPa 下断口疲劳源区微观形貌

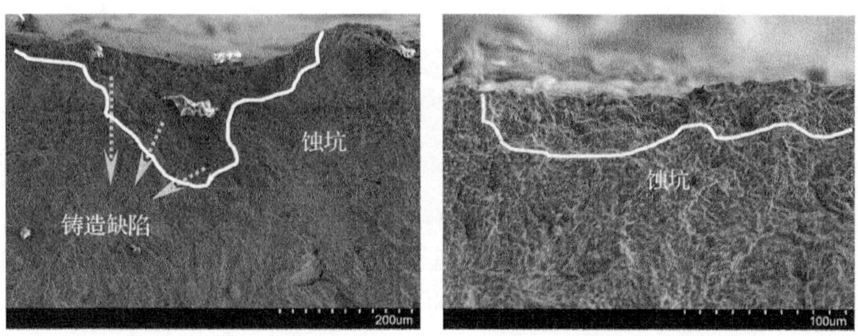

（a）疲劳源A（CJ5-3）　（b）疲劳源B（CJ5-3）

图 6-63　80MPa 下断口疲劳源区微观形貌

此外，在 240MPa 加载水平下试件 CJ1-3 于焊根处发生疲劳断裂，在 120MPa 加载水平下试件 CJ4-2 在焊根处发生疲劳断裂。当试件在焊根处发生断裂时，疲劳源多萌生自焊接裂纹［图 6-64（a)]、焊接气孔［图 6-64（c)］等焊接缺陷处。焊接裂纹是在焊接过程中由焊接热应力作用产生的微小撕裂。焊接气孔是在焊接过程中由于气体侵入且难以逸出所形成。角焊缝根部的气孔在焊接过程中极易出现且难以避免。由于焊接根部气孔的存在，使得角焊缝根部较大的应力集中更为严重，直接影响了承载十字焊接接头的疲劳寿命。

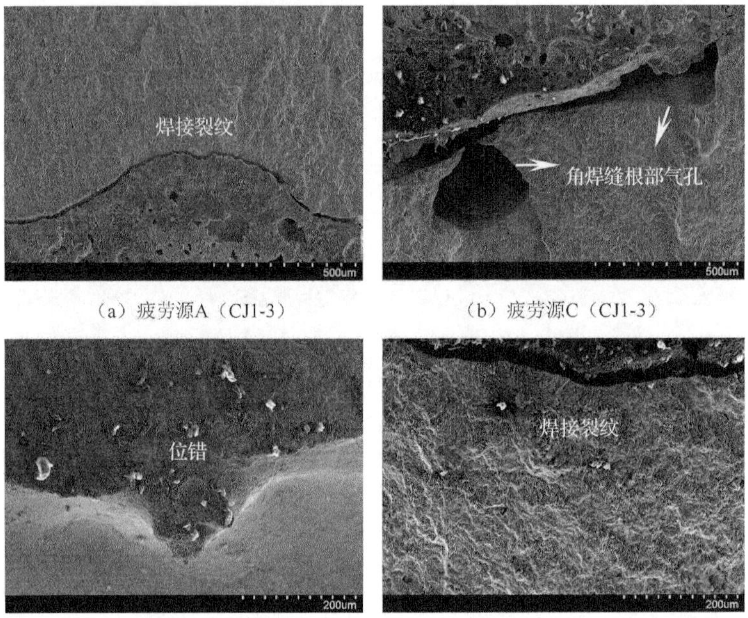

（a）疲劳源A（CJ1-3）　（b）疲劳源C（CJ1-3）

（c）疲劳源A（CJ4-2）　（d）疲劳源B（CJ4-2）

图 6-64　承载十字焊接接头焊根处断裂试件疲劳源区微观形貌

（2）疲劳裂纹扩展区

承载十字焊接接头断口疲劳裂纹扩展区发现了较小的内部铸造缺陷［图 6-65（a）］。与对接焊接接头试件 BWJ5-3 中较大的铸造缺陷相比，较小的内部缺陷将不再导致疲劳断裂。通常情况下疲劳起始裂纹与缺陷的尺寸成正比。此外，与对接焊接接头试件和非承载十字焊接接头一致，疲劳条带［图 6-65（b）］仍是疲劳裂纹扩展阶段的典型形貌。在疲劳裂纹扩展过程中，第二相质点的存在对疲劳条带扩展产生了一定影响。图 6-65（b）中裂纹遇到了较大的第二相质点并绕过其继续扩展，第二相质点对裂纹产生了阻碍作用，在颗粒处疲劳条带转变为裂纹扩展的相反方向。

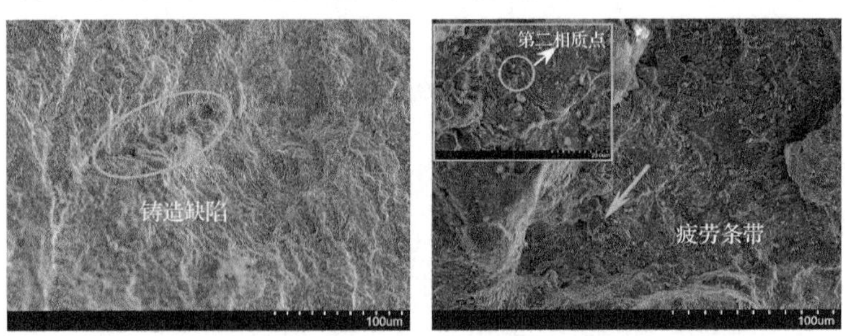

（a）铸造缺陷（CJ2-1）　（b）疲劳条带（CJ4-1）

图 6-65　承载十字焊接接头断口裂纹扩展区微观形貌

（3）瞬断区

不同断裂位置（焊趾处、焊根处）下承载十字焊接接头瞬断区同样以韧窝形貌为主。

对于焊趾处断裂的腐蚀疲劳失效试件（图 6-66），其断口瞬断区韧窝形貌主要呈现为较大尺寸韧窝周围环绕有小尺寸韧窝的特征，韧窝底部较为粗糙且韧窝尺寸随应力水平的降低而减小；对于焊根处断裂的腐蚀疲劳失效试件（图 6-67），其断口瞬断区韧窝小而密集，相对于断裂于焊趾处的腐蚀疲劳失效试件，其韧窝较为平滑且尺寸不随应力水平的变化而发生显著改变。

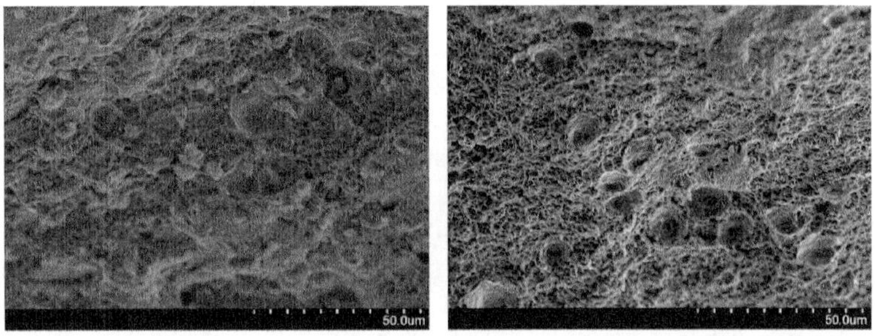

（a）CJ1-1　　（b）CJ1-2

图 6-66　承载十字焊接接头焊趾处断裂试件瞬断区韧窝形貌

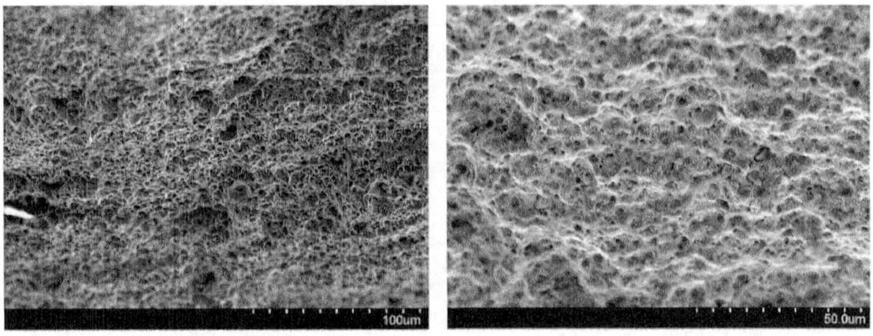

（a）CJ1-3　　（b）CJ3-1

图 6-67　承载十字焊接接头焊根处断裂试件瞬断区韧窝形貌

6.3　腐蚀疲劳寿命预测

6.3.1　腐蚀疲劳寿命预测方法

1. Basquin 及 Stromeyer 寿命-应力曲线模型

在金属材料腐蚀疲劳寿命评估方面，目前各国规范普遍采用名义应力分析法。该方法需要确定恒幅荷载作用下各类构造细节的 S-N 曲线。

早期疲劳 S-N 曲线为沃勒（Wöhler）公式（1870 年）：

$$\lg N = a_0 - b_0 \cdot S \tag{6-9}$$

式中，N 为疲劳失效寿命次数；S 为应力幅值；a_0、b_0 为常数。

上述方程能很好地描述曲线的平均值，但不能反映疲劳 S-N 曲线的渐进和弯曲特征。这是由于 Wöhler 曲线（以 S 和 $\lg N$ 为坐标）给出的是拐点附近直线结果。例如在低周疲劳区（$N<5\times10^4$）和高周疲劳区（$N>1\times10^6$），其疲劳应力-寿命曲线均为直线形式。

利用式（6-9）同时描述疲劳应力-寿命曲线的弯曲和直线部分较为困难。传统 S-N 曲线不能显示明显的弯曲形状，主要是由于采用一般回归方法仅能将下降区间和水平区间拟合起来，造成两部分区间存在明显的拐点。

为了描述疲劳 S-N 曲线的弯曲特性，Basquin 做出如下修正：

$$\lg N = a_0 - b_0 \lg S \tag{6-10}$$

当 $A_0 = \mathrm{e}^{a_0}$，$C_0 = 1/b_0$ 时，式（6-10）又可以写为

$$S = (A_0 / N)^{C_0} \tag{6-11}$$

此曲线与 Wöhler 曲线所表现的直线区段有所不同。虽然该方程形式简洁明了，但并不能很好地描述疲劳极限。为此，Stromeyer 在 Basquin 基础上进一步修正，得到如下曲线方程：

$$\lg N = a_0 - b_0 \lg(S - S_0) \tag{6-12}$$

式中，S_0 为疲劳极限。Stromeyer 公式与 Basquin 公式的主要区别在于其考虑了金属材料的疲劳极限。

2. 基于三参数威布尔（Weibull）分布的疲劳应力-寿命曲线模型

（1）Weibull 分布

为方便分析运算，工程中常用解析形式的理论频率函数（概率密度函数）表示给定应力范围幅值下疲劳寿命的母体分布。目前除了普遍使用的正态分布和对数正态分布以外，Weibull 分布模型也是一种可以评价疲劳寿命数据样本的分布形式。根据概率论中关于极值分布的理论分析，Weibull 分布属于一类极小值的随机分布，因此适用于模拟与“强度”和“寿命”有关的随机变量。此外，Weibull 分布模型是一种连续分布模型，理论上适用于疲劳寿命的分布，可应用于各类金属材料的疲劳失效数据分析。

标准的 Weibull 分布模型有双参数和三参数两种形式。双参数 Weibull 分布包含形状参数β和尺度参数δ，其累积分布函数为

$$F_2(x;\beta,\delta) = 1 - \exp\left[-\left(\frac{x}{\delta}\right)^{\beta}\right] \tag{6-13}$$

在双参数基础上，Weibull 模型进一步加入位置参数λ，则构成三参数 Weibull 分布模型，其累积分布函数为

$$\begin{cases} F_3(x;\beta,\delta,\lambda) = 1 - \exp\left[-\left(\dfrac{x-\lambda}{\delta}\right)^{\beta}\right] \\ x \geqslant \lambda;\ -\infty < \lambda < +\infty,\ \delta > 0,\ \beta > 0 \end{cases} \tag{6-14}$$

式中，F_3（$x;\beta,\delta,\lambda$）表示事件 $X \leqslant x$ 发生的概率。

当位置参数λ为0时，式（6-14）表示的三参数 Weibull 分布模型可退化为式（6-13）表示的双参数 Weibull 模型。当形状参数β小于 1 时，由概率密度分布函数性质可知，其失效概率是减函数，适用于对早期失效模型进行建模；当形状参数β大于 1 时，失效概率为增函数，适用于对经历损伤失效模型进行建模。

其中样本均值μ为

$$\mu = \lambda + \delta \cdot \Gamma\left(1+\frac{1}{\beta}\right) \tag{6-15}$$

其方差为

$$\sigma^2 = \delta_2 \cdot \left[\Gamma\left(1+\frac{2}{\beta}\right) - \Gamma^2\left(1+\frac{1}{\beta}\right)\right] \tag{6-16}$$

样本百分位数为

$$x_p = \lambda + \delta \cdot [-\ln(1-P)]^{\frac{1}{\beta}},\quad 0 \leqslant P \leqslant 1 \tag{6-17}$$

式中，百分比概率为 P。

对于 Weibull 分布模型，有以下两个重要特点。

① 在尺度和位置方面保持稳定，即

$$X \sim W(\lambda,\delta,\beta) \Leftrightarrow \frac{X-a}{b} \sim W\left(\frac{\lambda-a}{b},\frac{\delta}{b},\beta\right) \tag{6-18}$$

其中新的位置和尺度参数根据旧参数和变换常数 a 和 b 确定。也就是说，如果一个模型服从 Weibull 分布，其通过位置和比例变换后仍服从 Weibull 分布，但位置和尺度参数发生相应改变。

② 在最小值运算中保持稳定，也就是说当随机变量 X_i；i=1,2,⋯,m 是独立恒等分布时：

$$X_i \sim W(\lambda,\delta,\beta) \Rightarrow \min(X_1,X_2,\cdots,X_m) \sim W(\lambda,\delta m^{-\frac{1}{\beta}},\beta) \tag{6-19}$$

如果一个样本集合中的随机变量是恒等分布且独立的 Weibull 随机变量，则其最小值也为 Weibull 随机变量。累积分布函数的最小值函数 $F_{\min}(x)$可以写为

$$F_{\min}(x) = 1-[1-F(x)]^m \tag{6-20}$$

将累积分布函数 $F(x)$代入式（6-20）有

$$F_{\min}(x) = 1-\left\{1-\left(1-\exp\left[-\left(\frac{x-\lambda}{\delta}\right)\right]\right)\right\}^m = 1-\exp\left[-\left(\frac{x-\lambda}{\delta m^{-\frac{1}{\beta}}}\right)^\beta\right] \tag{6-21}$$

（2）基于三参数 Weibull 分布模型的应力-疲劳寿命曲线推导

在 Wöhler 疲劳领域中，给定失效循环次数 N 和对应应力幅值 S 的累积分布函数 $E(N\,|\,S)$ 与给定应力幅值 S 和对应失效循环次数 N 的累积分布函数 $F(N\,|\,S)$ 是相容的，如图 6-68 所示。

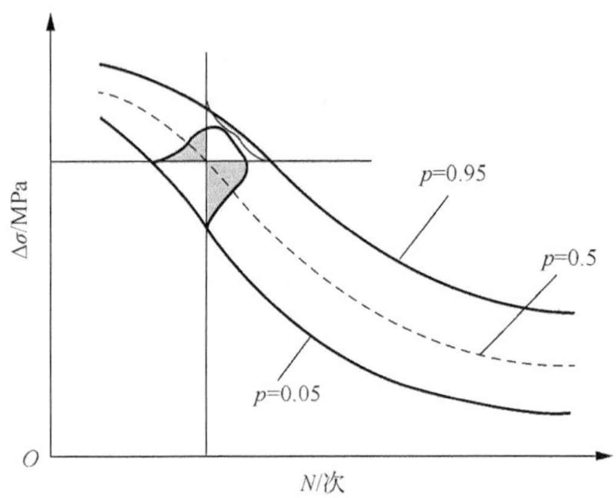

图 6-68 疲劳数据样本 S-N 的相容性条件示意图

上述累积分布函数关系可以写成如下形式：

$$Q(N,S)=E(N\,|\,S)=F(S\,|\,N)=q_{\min}(N,S) \tag{6-22}$$

式中，$q_{\min}(N,S)$为按照最小值运算原则的累积分布函数，其函数形式为

$$q_{\min}\left(\frac{N-\mu_1(S)}{S_1(S)}\right)=q_{\min}\left(\frac{S-\mu_2(N)}{S_2(N)}\right) \tag{6-23}$$

式中，$\mu_1(S)$、$S_1(S)$、$\mu_2(N)$、$S_2(N)$ 是给定的 N、S 位置参数和尺度参数，N、S 可写成如下函数形式：

$$\frac{N-\mu_1(S)}{S_1(S)}=\frac{S-\mu_2(N)}{S_2(N)} \tag{6-24}$$

式（6-24）存在通解，其中三参数 Weibull 分布的疲劳应力-寿命模型可写成：

$$Q(N,S)=q_{\min}\left[\frac{(N-B)(S-C)-\lambda}{\delta}\right] \tag{6-25}$$

而样本函数 x 可写成：

$$x=(N-B)(S-C) \tag{6-26}$$

将式（6-26）代入式（6-14），则基于三参数 Weibull 分布模型的疲劳应力-寿命曲线方程可写成

$$\begin{cases} Q(N,S)=1-\exp\left\{-\left[\dfrac{(N-B)(S-C)-\lambda}{\delta}\right]^{\beta}\right\} \\ (N-B)(S-C)\geqslant\lambda \end{cases} \tag{6-27}$$

式中，B 为疲劳失效寿命 N 的修正参数；C 为应力幅值 S 的修正参数。

式（6-27）可表示为自然对数的 Weibull 分布模型：

$$\begin{cases} Q(N,S)=1-\exp\left\{-\left[\dfrac{(\ln N-B)(\ln S-C)-\lambda}{\delta}\right]^{\beta}\right\} \\ (\ln N-B)(\ln S-C)\geqslant\lambda \end{cases} \tag{6-28}$$

式中，$Q(S, N)$为失效概率，样本函数为 $x=(\ln N-B)(\ln S-C)$。

（3）参数估计方法

基于三参数 Weibull 分布的疲劳应力–寿命曲线拟合式（6-28）需要分为以下两步。

① 估计疲劳寿命 N 的修正参数 B 和应力幅值 S 的修正参数 C。

对于给定失效循环次数 N 和对应应力幅值 S 的累积分布函数 $E(N|S)$，由于其服从 Weibull 分布，有

$$E[\ln N\,|\,(\ln S-C)]=B+\frac{\mu}{\ln S-C} \tag{6-29}$$

若需回归 B、C 和 μ 值，则如下函数应取最小值：

$$R=\sum_{i=1}^{n}\left(\ln N_i-B-\frac{\mu}{\ln S_i-C}\right)^2 \tag{6-30}$$

式中，n 为是样本容量；N_i 为是第 i 个样本的疲劳失效循环次数；S_i 为是与 N_i 对应的应力幅值。

由于式（6-30）为非线性函数，因此需要定义 B、C 和 μ 的初始值，以避免在参数估计时遇到难以收敛的问题。通过三个水平的应力幅值（如前三个应力幅值）(S_i，$i=1$，2，3)，得到相应 $\ln N_i$ 的均值 μ_i 以及 B、C 和 μ，使得回归曲线（6-29）通过该均值点，利用包含三个方程的方程组求解得到 B、C 和 μ 的初值，如下式：

$$\mu_i=\frac{1}{n}\sum_{i=1}^{n}\ln N_i=B+\frac{\mu}{\ln S_i-C},\quad i=1,2,3 \tag{6-31}$$

在确定初值后可利用 MATLAB 求解式（6-40）函数最小值，得到对应的 B、C 和 μ 等参数。

② 估计 Weibull 分布三参数。

考虑到最小二乘法和极大似然法等参数估计方法的复杂性，且对 Weibull 模型的三参数进行估计时需要进行初始选定和大量迭代，因此本书采用概率权重矩（probability weighted moment，PWM）算法，对 Weibull 三参数进行估计。

三参数[10]的概率权重矩函数可写为

$$M_{p,r,s}=\sum_{i-0}^{p}\binom{p}{i}\lambda^{p-i}\delta^{i}\sum_{k-0}^{r}\binom{r}{k}(-1)^{k}\frac{\Gamma\left(1+\frac{1}{\beta}\right)}{(s+k+1)^{1+\frac{1}{\beta}}},\beta>0 \tag{6-32}$$

式中，p，r，$s\in\mathbb{N}$，当 p=1，s=0 时 $M_{1,r,0}$ 的表达式有

$$M_{1,r,0}=\frac{\lambda}{r+1}+\delta\cdot\Gamma\left(1+\frac{1}{\beta}\right)\sum_{k=0}^{r}\frac{(-1)^{k}\binom{r}{k}}{(k+1)^{1+\frac{1}{\beta}}},\beta>0 \tag{6-33}$$

其中伽马函数为

$$\Gamma(z)=\int_{0}^{\infty}x^{z-1}\mathrm{e}^{-x}\mathrm{d}x,\quad z>0 \tag{6-34}$$

式（6-35）～式（6-48）将基于前三个概率权重矩函数对三参数 Weibull 分布模型的三参数进行估计。

当 r=0 时，结合式（6-15）可见 $M_{1,r,0}$ 为三参数 Weibull 分布模型中的均值，则

$$M_{1,0,0}=\lambda+\delta\cdot\Gamma\Gamma\left(1+\frac{1}{\beta}\right)=\mu \tag{6-35}$$

$$M_{1,1,0}=\frac{\lambda}{2}+\left(1-\frac{1}{2^{1+\frac{1}{\beta}}}\right)\cdot\delta\cdot\Gamma\left(1+\frac{1}{\beta}\right) \tag{6-36}$$

$$M_{1,2,0}=\frac{\lambda}{3}+\left(1-\frac{1}{2^{1+\frac{1}{\beta}}}+\frac{1}{3^{1+\frac{1}{\beta}}}\right)\cdot\delta\cdot\Gamma\left(1+\frac{1}{\beta}\right) \tag{6-37}$$

联立式（6-35）和式（6-36），可得关于形状参数 β 和尺度参数 δ 关于 $M_{1,1,0}$ 和 $M_{1,0,0}$ 的表达式为

$$2M_{1,1,0}-M_{1,0,0}=\left(1-2^{-\frac{1}{\beta}}\right)\cdot\delta\cdot\Gamma\left(1+\frac{1}{\beta}\right) \tag{6-38}$$

类似地，联立式（6-35）和式（6-37）可得关于形状参数 β 和尺度参数 δ 关于 $M_{1,2,0}$ 和 $M_{1,0,0}$ 的表达式，即

$$3M_{1,2,0}-M_{1,0,0}=\left(2-3\cdot2^{-\frac{1}{\beta}}+3^{-\frac{1}{\beta}}\right)\cdot\delta\cdot\Gamma\left(1+\frac{1}{\beta}\right) \tag{6-39}$$

将式（6-38）和式（6-39）进行联立，可得形状参数 β 关于 $M_{1,0,0}$、$M_{1,1,0}$ 和 $M_{1,2,0}$ 的表达式：

$$\frac{3M_{1,2,0}-M_{1,0,0}}{2M_{1,1,0}-M_{1,0,0}}=\frac{\left(2-3\cdot 2^{-\frac{1}{\beta}}+3^{-\frac{1}{\beta}}\right)}{\left(1-2^{-\frac{1}{\beta}}\right)} \tag{6-40}$$

将式（6-40）代入式（6-38），可得尺度参数 δ 关于 $M_{1,0,0}$、$M_{1,1,0}$ 的表达式：

$$\delta=\frac{2M_{1,1,0}-M_{1,0,0}}{\left(1-2^{-\frac{1}{\beta}}\right)\cdot\Gamma\left(1+\frac{1}{\beta}\right)} \tag{6-41}$$

将式（6-40）和式（6-41）求得的形状参数 β 和尺度参数 δ 代入式（6-35），可求得位置参数 λ 为

$$\lambda=M_{1,0,0}-\delta\Gamma\left(1+\frac{1}{\beta}\right) \tag{6-42}$$

此外，关于 Weibull 模型的形状参数 β 还有可按下式进行求解：

$$\beta=\left(7.8590c+2.9554c^2\right)^{-1} \tag{6-43}$$

其中 c 可按下式计算：

$$c=\frac{2M_{1,1,0}-M_{1,0,0}}{3M_{1,2,0}-M_{1,0,0}}-\frac{\ln 2}{\ln 3} \tag{6-44}$$

将式（6-30）求得的 B、C 值代入 $x=(N-B)(S-C)$，并将样本数据 N_i、S_i 代入样本函数，则有

$$x_i=(\ln N_i-B)(\ln S_i-C) \tag{6-45}$$

将样本函数按从小到大进行排序，有 $x_1 \leqslant x_2 \cdots \leqslant x_n$。

概率权重矩函数 $M_{1,r,0}$ 的估计值可按下式求解：

$$M_{1,r,0}=\frac{1}{n}\sum_{i=0}^{n}\frac{(i-1)(i-2)\cdots(i-r)}{(n-1)(n-2)\cdots(n-r)}x_i,\quad r=1,2 \tag{6-46}$$

则 $M_{1,0,0}$、$M_{1,1,0}$ 和 $M_{1,2,0}$ 的表达式分别为

$$M_{1,0,0}=\frac{1}{n}\sum_{i=1}^{n}x_i \tag{6-47}$$

$$M_{1,1,0}=\frac{1}{n(n-1)}\sum_{i=1}^{n}(i-1)x_i \tag{6-48}$$

$$M_{1,2,0}=\frac{1}{n(n-1)(n-2)}\sum_{i=1}^{n}(i-1)(i-2)x_i \tag{6-49}$$

将通过式（6-47）、式（6-48）和式（6-49）求得的估计值分别代入表达式（6-39）、式（6-43）和式（6-44），可求得两种方法的形状参数β，进一步将该形状参数代入式（6-40）和式（6-41）可求得尺度参数δ和位置参数λ。

6.3.2 铸钢材料腐蚀疲劳寿命预测

分别采用Stromeyer寿命-应力曲线模型和基于三参数Weibull分布模型的寿命-应力曲线模型对6.2.1节铸钢材料腐蚀疲劳试验数据进行寿命预测，如图6-69所示。

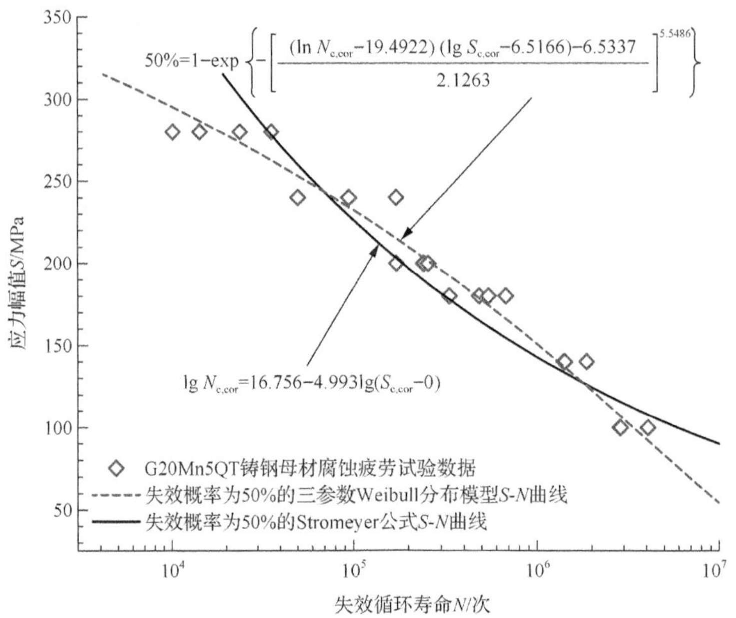

图6-69 G20Mn5QT铸钢母材腐蚀疲劳应力幅值与失效循环次数拟合对比曲线

结果显示，基于Stromeyer公式S-N曲线公式的拟合结果在较大应力幅值下（$S_{c,cor}$>280MPa）其拟合结果中失效循环次数较大，在小应力幅值下（140MPa>$S_{c,cor}$>200MPa）其拟合结果中失效循环次数偏小，在应力幅值$S_{c,cor}$<100MPa时，其失效循环次数偏大。而基于三参数Weibull分布模型的腐蚀疲劳S-N曲线，在各个应力幅值下均有良好的拟合度。

分别求出在失效概率为5%、50%、95%下的疲劳S-N曲线，如图6-70所示，考虑失效概率的三参数Weibull分布模型S-N曲线能够很好地拟合G20Mn5QT铸钢母材试件在蚀溶液质量分数为3.5%的NaCl溶液中的腐蚀疲劳性能。

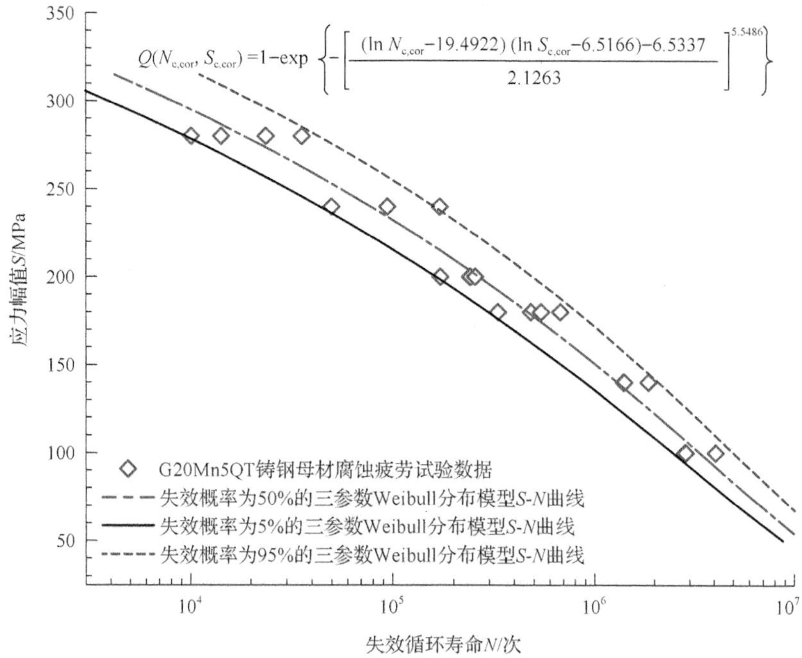

图 6-70　不同失效概率下 G20Mn5QT 铸钢母材三参数 Weibull 分布模型腐蚀疲劳 *S-N* 曲线

6.3.3　铸钢材料焊接标准件腐蚀疲劳寿命预测

分别采用Stromeyer寿命-应力曲线模型和基于三参数Weibull分布模型的寿命-应力曲线模型对 6.2.2 节对接焊缝腐蚀疲劳试验数据进行疲劳寿命预测，如图 6-71 所示。

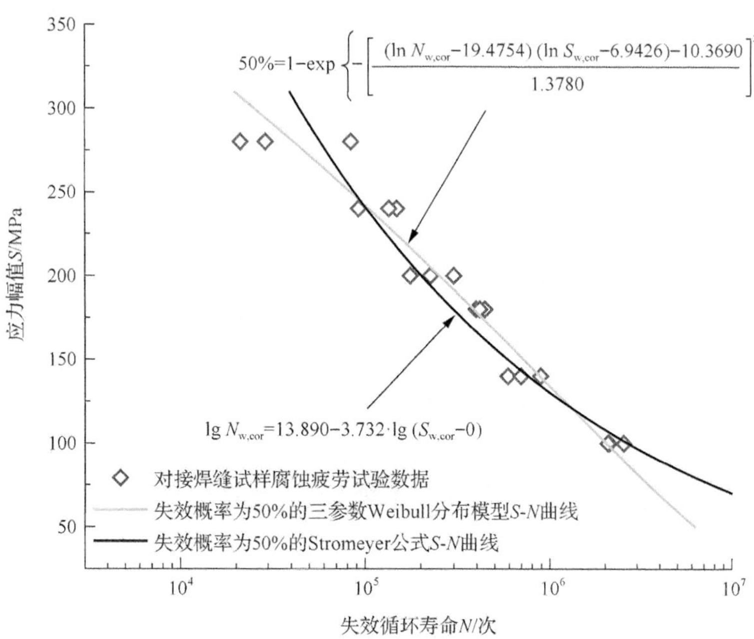

图 6-71　焊接标准件腐蚀疲劳应力幅值与失效循环次数拟合对比曲线

结果显示，基于 Stromeyer 公式的 *S-N* 曲线公式在较大应力幅值下（$S_{w,cor}$>280MPa）其拟合结果中失效循环次数较大，在小应力幅值下（140MPa>$S_{w,cor}$>200MPa）其拟合结果中的失效循环次数偏小，而在应力幅值 $S_{w,cor}$<100MPa 时，其失效循环次数偏大。基于三参数 Weibull 分布模型的腐蚀疲劳 *S-N* 曲线的拟合度在各个应力幅值下均有良好的拟合度。

分别求出在失效概率为 5%、50%、95%下的疲劳 *S-N* 曲线，如图 6-72 所示，考虑失效概率的三参数 Weibull 分布模型 *S-N* 曲线能够很好地拟合对接焊缝试件在蚀溶液为质量分数 3.5%的 NaCl 溶液中的疲劳性能。

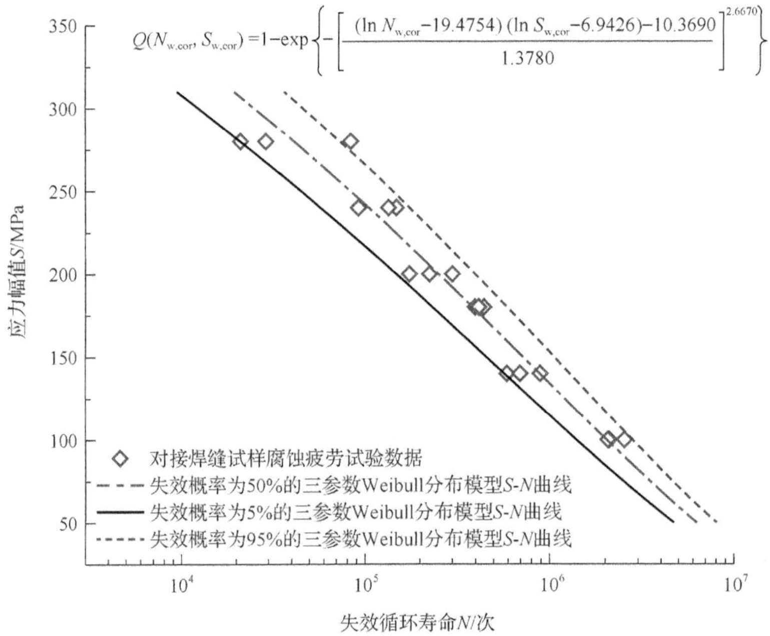

图 6-72　不同失效概率下焊接标准件三参数 Weibull 分布腐蚀疲劳 *S-N* 曲线

6.3.4　铸钢材料对接焊接接头腐蚀疲劳寿命预测

分别采用 Stromeyer 寿命-应力曲线模型和基于三参数 Weibull 分布的寿命-应力曲线模型对 6.2.3 节腐蚀疲劳试验数据，进行疲劳寿命预测，如图 6-73 所示。

分别求出失效概率为 5%、50%和 95%条件下基于三参数 Weibull 分布模型的对接焊接接头腐蚀疲劳 *S-N* 曲线（图 6-74），试验数据均被失效概率为 5%与 95%的曲线所包络，表明基于三参数 Weibull 分布模型可以有效预测接焊接接头在模拟海水环境下的腐蚀疲劳寿命。

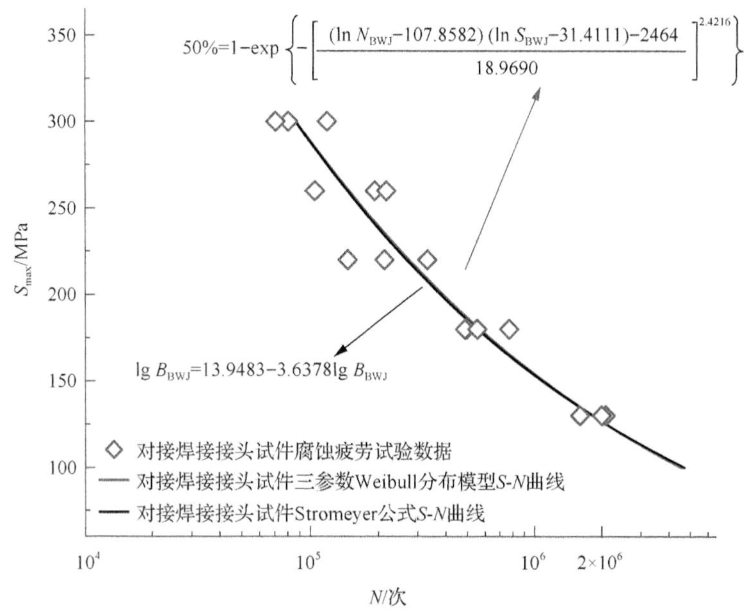

图 6-73 对接焊接接头腐蚀疲劳应力幅值与失效循环次数拟合对比曲线

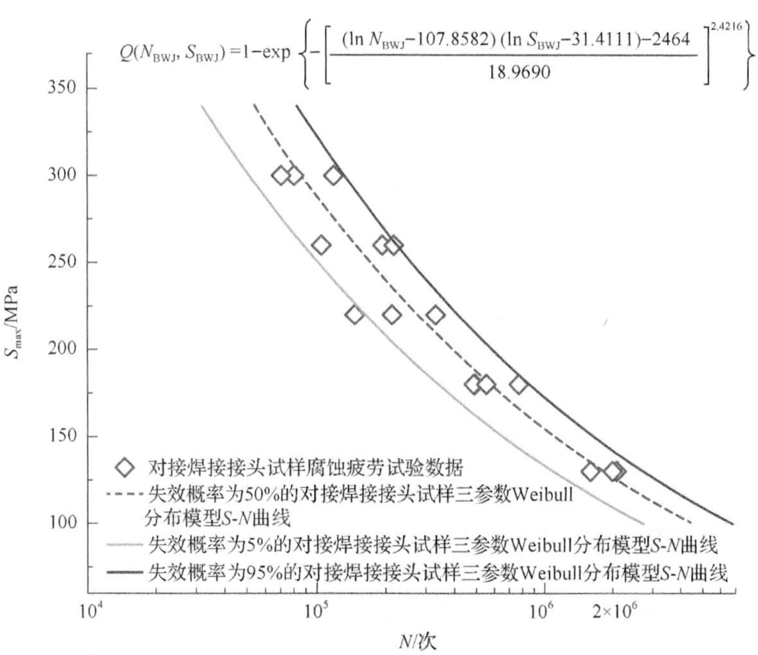

图 6-74 不同失效概率下对接焊接接头试件三参数 Weibull 分布腐蚀疲劳 *S-N* 曲线

将对接焊接接头试件与对接焊缝标准试件的三参数 Weibull 分布模型进行对比（图 6-75），发现两者拟合趋势有所不同。

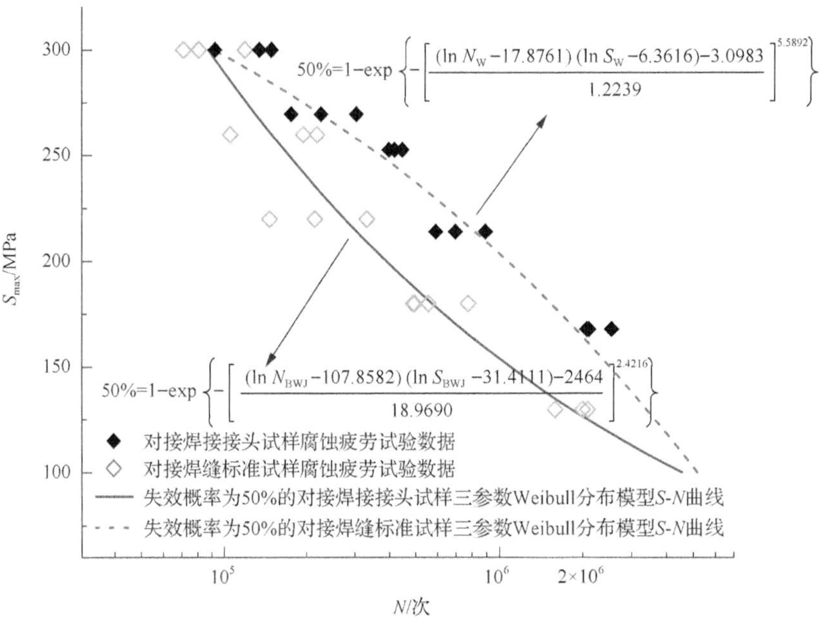

图 6-75　对接焊接接头与对接焊缝标准试件三参数 Weibull 分布腐蚀疲劳 *S-N* 曲线对比

对接焊缝标准试件排除了焊接引起的大部分缺陷（焊根与焊趾），腐蚀溶液可直接作用于光滑试件表面。尽管在腐蚀疲劳初期，以铸造缺陷为主的材料缺陷成为裂纹成核的主要因素，减小应力水平可使试件的腐蚀疲劳寿命明显延长，但腐蚀对疲劳寿命的影响不容忽视；在腐蚀疲劳试验的中后期，腐蚀对试件的疲劳起主导作用，随着腐蚀时间的不断增长（失效循环次数超过 2×10^6），腐蚀作用越来越明显，进一步减小应力水平对延长试件的疲劳寿命的作用较小，对接焊缝标准试件三参数 Weibull 分布拟合曲线表现为上凸形。与对接焊缝标准试件不同的是，对接焊接接头试件存在焊缝缺陷，在腐蚀疲劳试验初期和中期，焊接缺陷是影响其疲劳寿命的主要因素，并伴有少量腐蚀作用的影响，*S-N* 曲线斜率较大，在这一阶段随着应力水平逐渐降低，试件疲劳失效次数的增大幅度并不显著；在试验后期，腐蚀同样成为影响其疲劳寿命的主要因素，*S-N* 曲线斜率逐渐减小，对接焊接接头试件三参数 Weibull 分布拟合曲线为下凹形。

虽然对接焊接接头试件在各个应力水平下的疲劳寿命均小于对接焊缝标准试件，但是在应力水平较小（≤220MPa）时，随着应力的不断降低，对接焊接接头试件的疲劳寿命明显增长，腐蚀对疲劳寿命的影响不断增大。在该情况下，应力水平稍有降低即导致焊接接头的疲劳性能显著提高。在工程结构服役过程中，在小应力水平下采用降低疲劳荷载的措施可以显著提高结构或构件的抗疲劳性能，降低结构失效概率。在大应力水平（>220MPa）下，对接焊接接头相较于对接焊缝发生突发性断裂的可能性更大，这对于工程结构的服役较为不利。

6.3.5　非承载十字焊接接头腐蚀疲劳寿命预测

分别采用Stromeyer寿命-应力曲线模型和基于三参数Weibull分布的寿命-应力曲线模型对6.2.4节非承载十字焊接接头腐蚀疲劳试验数据进行腐蚀疲劳寿命预测，如图6-76所示。

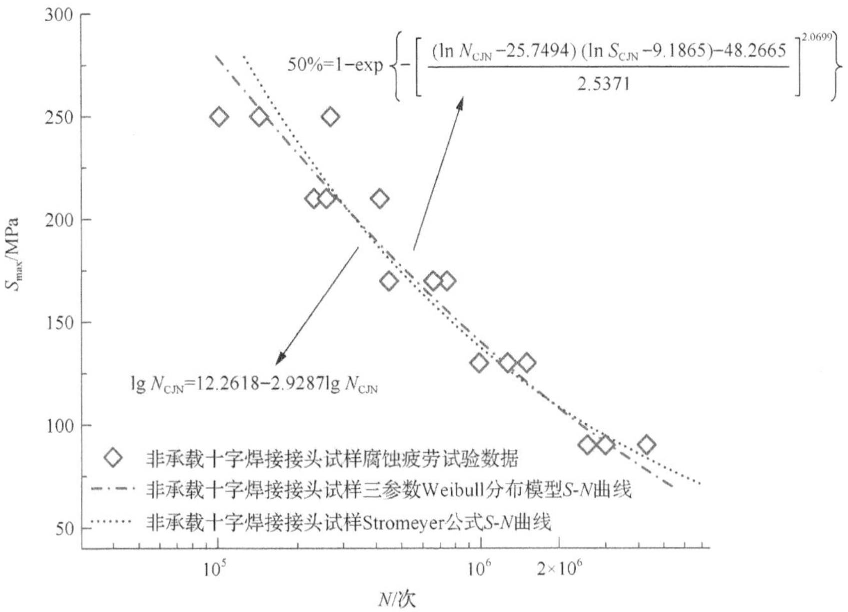

图 6-76　非承载十字焊接接头腐蚀疲劳应力幅值与失效循环次数拟合对比曲线

失效概率为 5%、50%和 95%下基于三参数 Weibull 分布模型的非承载十字焊接接头腐蚀疲劳 S-N 曲线如图 6-77 所示。结果显示，试验数据均被失效概率为 5%与 95%的曲线所包络，表明基于三参数 Weibull 分布模型对非承载十字焊接接头在模拟海水环境下的腐蚀疲劳寿命预测结果良好。

将非承载十字焊接接头与对接焊接接头三参数 Weibull 分布模型 S-N 曲线进行对比可知，非承载十字焊接接头试件腐蚀疲劳寿命整体小于对接焊接接头试件（图 6-78）。在应力水平为 200～275MPa 之间，两曲线近乎重合，该应力水平区间内，对接焊接接头试件与非承载十字焊接接头试件经历 10^5～4×10^5 次循环后发生腐蚀疲劳破坏。此时，导致试件发生腐蚀疲劳破坏的主要原因为焊接缺陷与铸造缺陷，非承载十字焊接接头试件与对接焊接接头试件的腐蚀疲劳性能较为接近。随后两者腐蚀疲劳性能差异不断增大。当应力水平为 100MPa 时，对接焊接接头试件腐蚀疲劳失效循环次数拟合值 N_{BWJ} 与非承载十字焊接接头试件腐蚀疲劳失效循环次数拟合值 N_{CJN} 的差值接近 2×10^6 次。该结果同样体现了非承载十字焊接接头试件焊趾处应力集中效应对其腐蚀疲劳性能的影响：即在应力水平较小时（<130MPa），焊趾处显著的应力集中效应加速了非承载十字焊接接头试件的疲劳破坏，其曲线斜率明显大于对接焊接接头试件，对接焊接接头试件腐蚀疲劳 S-N 曲线形状趋于平缓。在该种情况下，非承载十字焊接接头试件腐蚀疲劳性能低于

对接焊接接头试件。由此表明，在非承载十字焊接接头实际服役过程中，可考虑对角焊缝焊趾进行磨削、超声冲击处理等特殊处理，以削弱焊趾处的应力集中效应，从而提高非承载十字焊接接头腐蚀疲劳寿命。

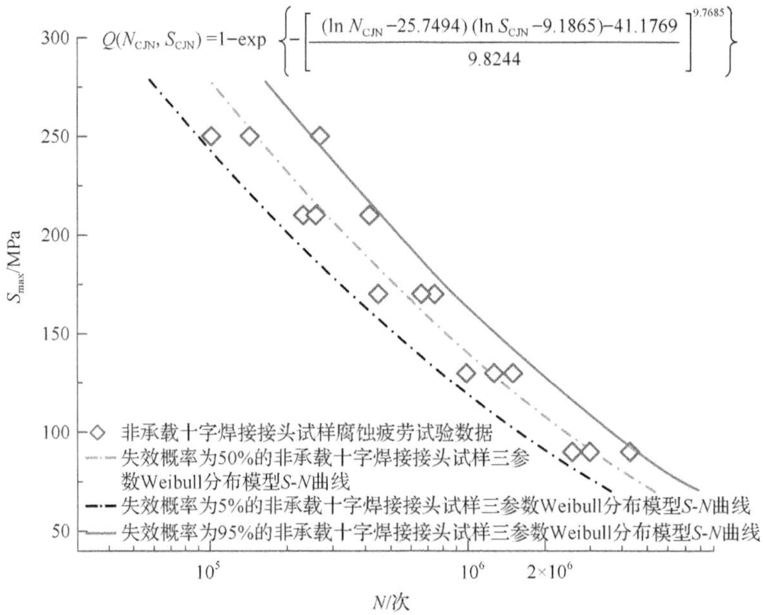

图 6-77 不同失效概率下非承载十字焊接接头试件三参数 Weibull 分布模型腐蚀疲劳 *S-N* 曲线

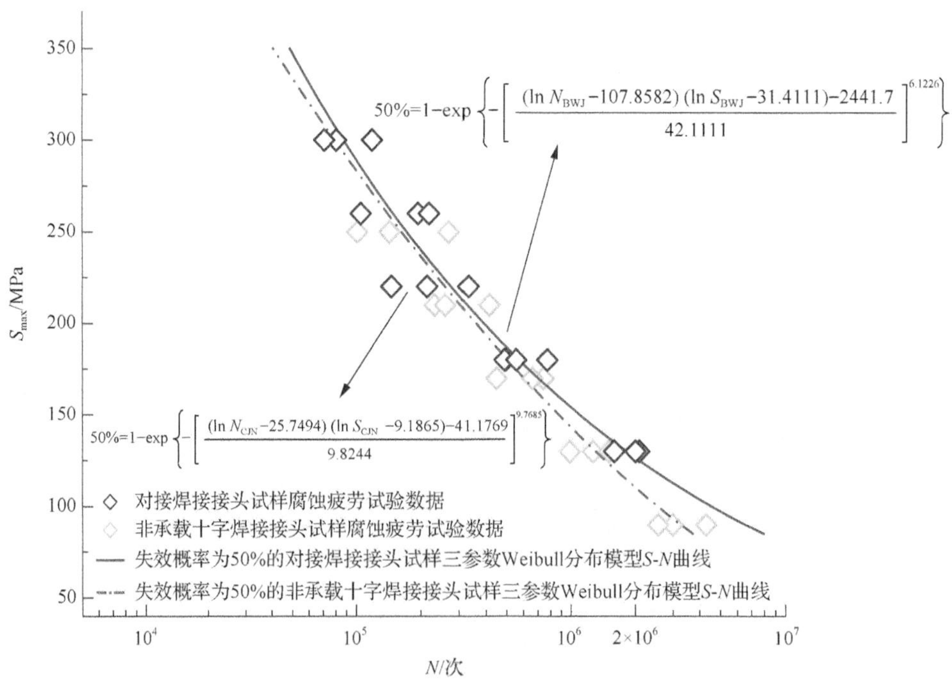

图 6-78 非承载十字焊接接头与对接焊接接头试件三参数 Weibull 分布模型腐蚀疲劳 *S-N* 曲线

基于三参数 Weibull 分布的腐蚀疲劳 *S-N* 曲线模型可以对非承载十字焊接接头试件腐蚀疲劳性能进行有效评估。三参数 Weibull 分布模型曲线充分反映了腐蚀与焊趾应力集中对非承载十字焊接接头试件腐蚀疲劳性能的影响，且寿命预测结果精准，而 Stromeyer 公式虽能对非承载十字焊接接头试件腐蚀疲劳寿命进行较为准确的预测，但无法对其腐蚀疲劳性能进行充分诠释。

6.3.6 承载十字焊接接头腐蚀疲劳寿命预测

分别采用Stromeyer寿命-应力曲线模型和基于三参数Weibull分布的寿命-应力曲线模型对 6.2.5 节承载十字焊接接头的腐蚀疲劳寿命进行预测，如图 6-79 所示。

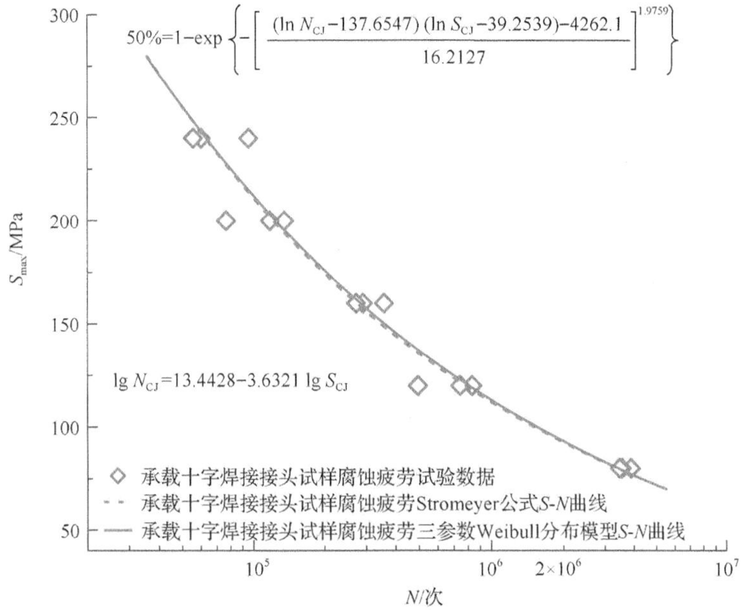

图 6-79 承载十字焊接接头腐蚀疲劳应力幅值与失效循环次数拟合对比曲线

分别求出失效概率为 5%、50%和 95%条件下基于三参数 Weibull 分布模型的承载十字焊接接头腐蚀疲劳 *S-N* 曲线，如图 6-80 所示。由图 6-80 可见，试验数据点均被失效概率 5%与失效概率 95%的 *S-N* 曲线所包络。基于三参数 Weibull 分布的腐蚀疲劳 *S-N* 曲线对承载十字焊接接头在模拟海水环境下的腐蚀疲劳性能拟合效果良好。

综上所述，基于三参数 Weibull 分布的腐蚀疲劳 *S-N* 曲线适用于上述三种焊接接头的疲劳寿命预测。该方法预测性能优越，拟合结果精准，可成为铸钢焊接接头腐蚀疲劳寿命评估的有力工具。在铸钢节点疲劳设计过程中，基于三参数 Weibull 分布的腐蚀疲劳 *S-N* 曲线可为设计人员提供有效参考，可根据节点焊接形式与服役状态的不同选用相应的 *S-N* 曲线进行抗疲劳设计，从而避免了大量且成本高昂的疲劳试验。

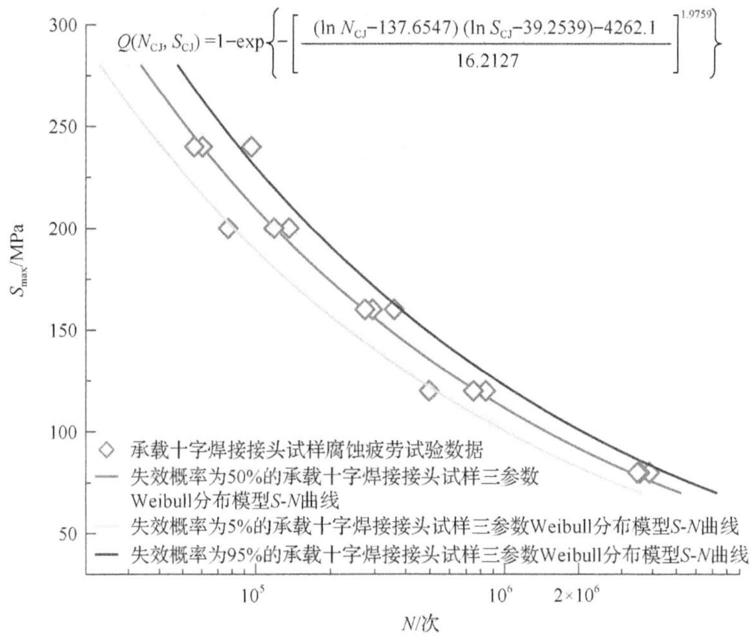

图 6-80　不同失效概率下承载十字焊接接头试件三参数 Weibull 分布腐蚀疲劳 *S-N* 曲线

参考文献

[1] American Society of Testing Materials. Standard guide for laboratory immersion corrosion testing of metals: ASTM G31-12a[S]. West Conshohocken: American Standard, 2004.

[2] 黄小光. 腐蚀疲劳点蚀演化与裂纹扩展机理研究[D]. 上海: 上海交通大学, 2013.

[3] 中国航空工业第一集团公司. 金属材料轴向等幅低循环疲劳试验方法: GB/T 15248—2008[S]. 北京: 中国标准出版社, 2008.

[4] 全国钢标准化技术委员会(SAC/TC 183). 金属材料 疲劳试验 轴向力控制方法: GB/T 3075—2021[S]. 北京: 中国标准出版社, 2021.

[5] 全国钢标准化技术委员会. 金属和合金的腐蚀 腐蚀疲劳试验 第 1 部分: 循环失效试验: GB/T 20120. 1—2006[S]. 北京: 中国标准出版社, 2006.

[6] British Standards Institute. Metallic materials-Fatigue testing-Fatigue crack growth method: BS ISO 12108—2018[S]. London: British Standard, 2018.

[7] American Society of Testing Materials. Standard practice for conducting force controlled constant amplitude axial fatigue tests of metallic materials: ASTM E466-15[S]. West Conshohocken: American Standard, 2015.

[8] American Society of Testing Materials. Standard practice for strain-controlled fatigue testing: ASTM E606—92[S]. West Conshohocken: American Standard, 2015.

[9] 全国焊接标准化技术委员会. 气焊、焊条电弧焊、气体保护焊和高能束焊的推荐坡口: GB/T 985. 1—2008[S]. 北京: 中国标准出版社, 2008.

[10] Castillo E, Fernández-Canteli A. A unified statistical methodology for modeling fatigue damage[M]. Berlin: Springer, 2009.

第 7 章　钢结构多轴疲劳与寿命预测

7.1　Q235B 焊接标准件多轴疲劳试验研究

开展金属材料的多轴疲劳试验是研究其多轴循环应力-应变特性、疲劳开裂模式和破坏机理的基本方法，也可为疲劳损伤模型、寿命预测方法和循环本构方程等理论的建立提供必要的数据支撑。

7.1.1　焊接标准件多轴疲劳试验设计

1. 焊接接头标准试件制备

试件母材为 Q235B 碳素结构钢，焊接材料选用 ER50-6 型焊丝，直径为 2.5mm。钢材及焊丝的化学成分见表 7-1。

表 7-1　Q235B 钢材及 ER50-6 焊丝化学成分

材料	质量百分数%									
	C	Mn	Si	S	P	Ni	Cr	Mo	V	Cu
Q235B	0.130	0.460	0.130	0.022	0.025					
ER50-6	0.073	1.480	0.850	0.019	0.012	0.028	0.048	0.006	0.001	0.100

疲劳试件的尺寸参考《薄壁管状试件应变控制轴向扭转疲劳试验标准规程》(ASTM E2207-15)（Standard Practice for Strain-Controlled Axial-Torsional Fatigue Testing with Thin-Walled Tubular Specimens）[1]进行设计，细部尺寸如图 7-1 所示，试件成品如图 7-2 所示。加载前在圆管试件两端填塞柱状金属堵头以便夹具夹持。选用壁厚较小的圆管试件进行拉压-扭转疲劳试验，可以减小圆管截面上剪应力沿径向的变化梯度，近似认为试件截面的正应力及剪应力呈均匀分布，故可将工作区段上的应力状态简化为平面问题进行后续力学分析。

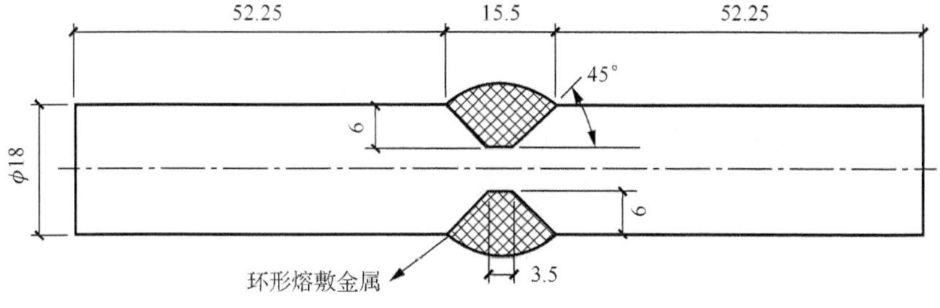

（a）焊接圆棒试件

图 7-1　疲劳试件尺寸详图（单位：mm）

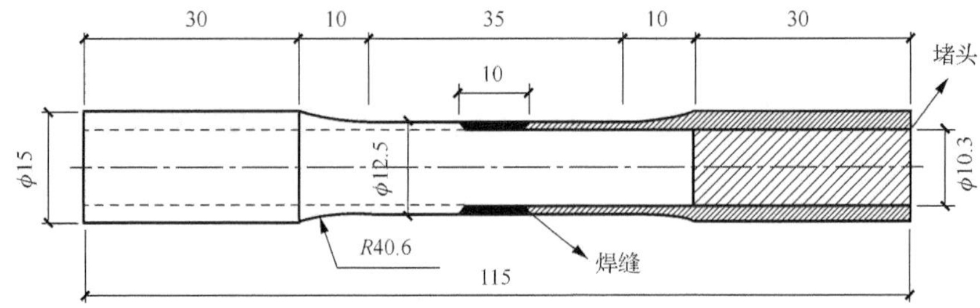

（b）薄壁圆管试件

图 7-1（续）

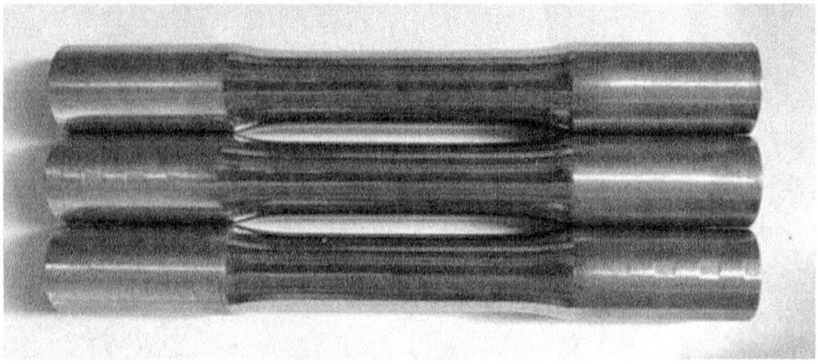

图 7-2 Q235B 焊接接头标准试件

通过 Q235B 焊接试件的单向拉伸和扭转试验，可得到其轴向及切向的力学性能参数，见表 7-2。

表 7-2 Q235B 焊接试件单向力学性能参数

弹性模量 E	剪切模量 G	拉伸屈服强度 σ_y	拉伸极限强度 σ_u
185GPa	74.1GPa	283MPa	428MPa

2. *疲劳试验加载制度*

为研究 Q235B 焊接接头标准试件在不同加载路径下的多轴力学响应及疲劳性能，疲劳加载方案考虑了 5 种影响路径形式的因素，包括轴向应变幅值 $\Delta\varepsilon/2$、轴向与切向应变分量的相位差 φ、切向与轴向应变幅比值 λ、最小与最大应变分量比值 R_ε/R_γ 以及加载波形。其中轴向应变幅值 $\Delta\varepsilon/2$ 取 0.2%、0.3%、0.4%及 0.5%，应变分量的相位差 φ 取 0°和 90°，切向与轴向应变幅比值 λ 取 1 和 $\sqrt{3}$，最小与最大正应变分量比值 R_ε 取−1 和−0.5（最小与最大剪应变分量比 R_γ 也取相同值），加载波形选用正弦波和三角波。

基于正交试验原理，采用 $L_{16}(4^1\times2^{12})$型正交试验表对上述不同取值下的影响因素进行均匀布置，共组合得到 16 组多轴加载工况（表 7-3），并形成 5 类加载路径图，包括直线形比例路径、菱形、方形、椭圆和圆形非比例路径（图 7-3）。为保证试件加载稳定且减小能量耗散，设置恒定的轴向应变加载率为 0.006/s，各工况的加载频率依据不同正应变幅值 $\Delta\varepsilon/2$ 取 0.300Hz、0.375Hz、0.500Hz 和 0.750Hz 共 4 个水平。

表 7-3　疲劳试验加载工况

编号	(Δε/2) /%	φ	λ	R_ε	R_γ	加载波形	加载频率/Hz
M1	0.2	0°	1	−1.0	−1.0	三角波	0.750
M2		0°	$\sqrt{3}$	−0.5	−0.5	正弦波	
M3		90°	1	−1.0	−1.0	三角波	
M4		90°	$\sqrt{3}$	−0.5	−0.5	正弦波	
M5	0.3	0°	1	−1.0	−0.5	正弦波	0.500
M6		0°	$\sqrt{3}$	−0.5	−1.0	三角波	
M7		90°	1	−1.0	−0.5	正弦波	
M8		90°	$\sqrt{3}$	−0.5	−1.0	三角波	
M9	0.4	0°	1	−0.5	−0.5	三角波	0.375
M10		0°	$\sqrt{3}$	−1.0	−1.0	正弦波	
M11		90°	1	−0.5	−0.5	三角波	
M12		90°	$\sqrt{3}$	−1.0	−1.0	正弦波	
M13	0.5	0°	1	−0.5	−1.0	正弦波	0.300
M14		0°	$\sqrt{3}$	−1.0	−0.5	三角波	
M15		90°	1	−0.5	−1.0	正弦波	
M16		90°	$\sqrt{3}$	−1.0	−0.5	三角波	

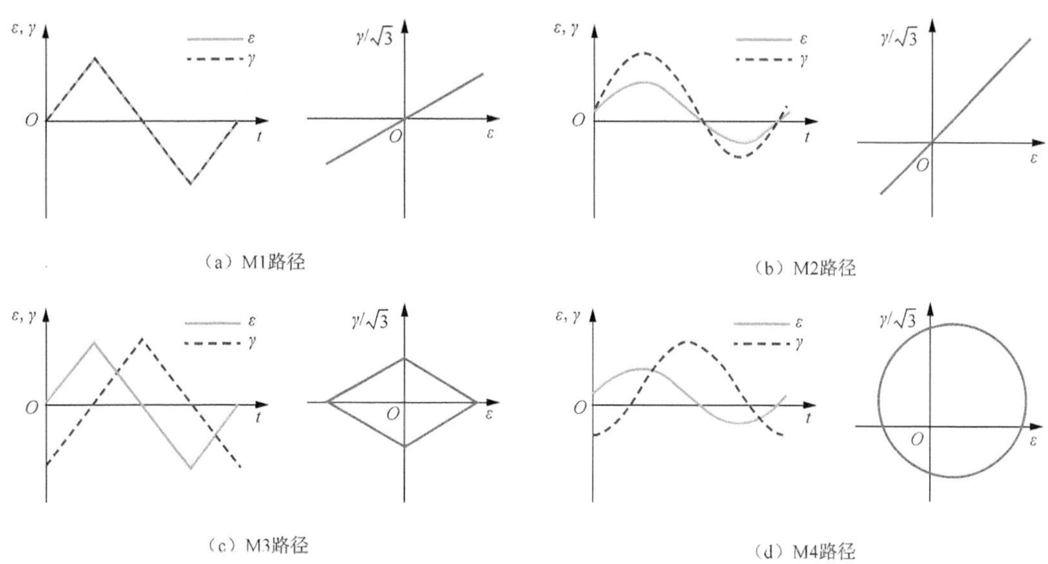

图 7-3　多轴应变分量及加载路径示意图

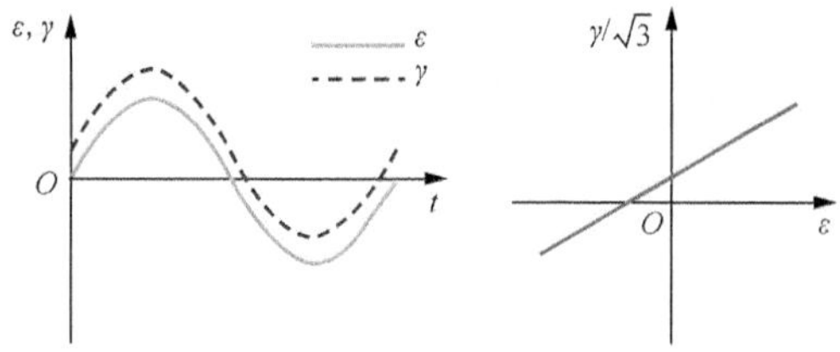

（e）M5路径

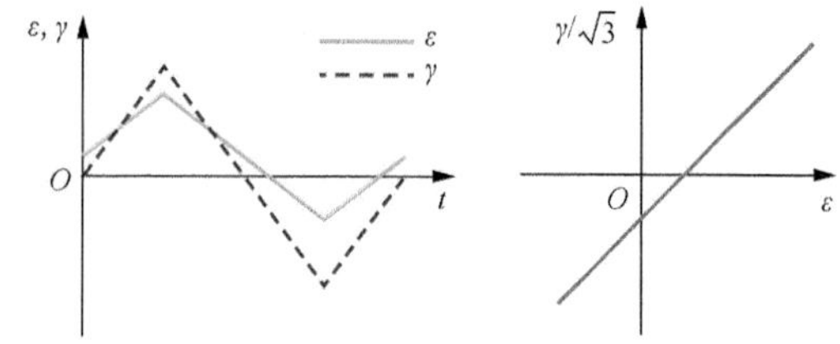

（f）M6路径

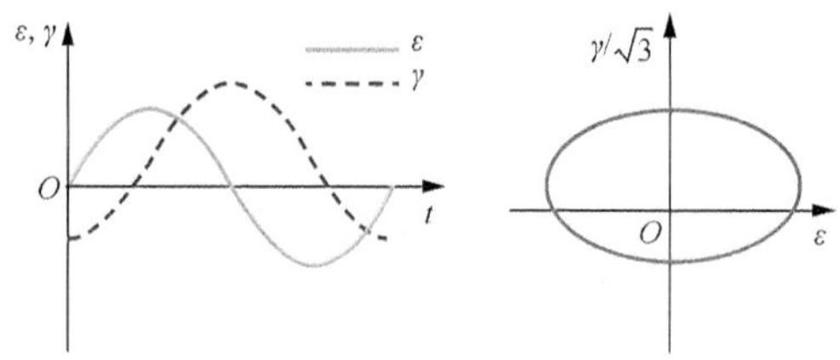

（g）M7路径

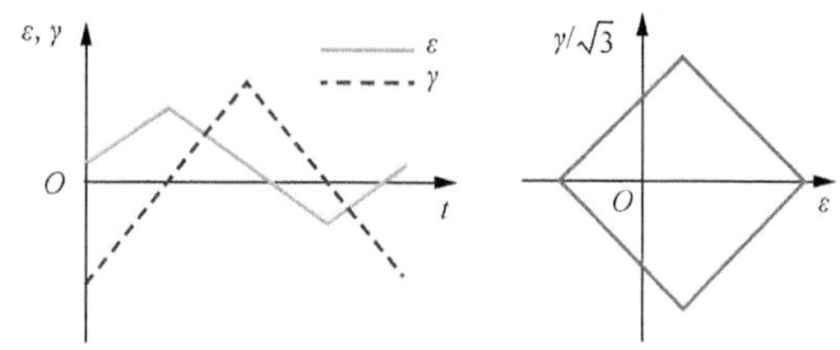

（h）M8路径

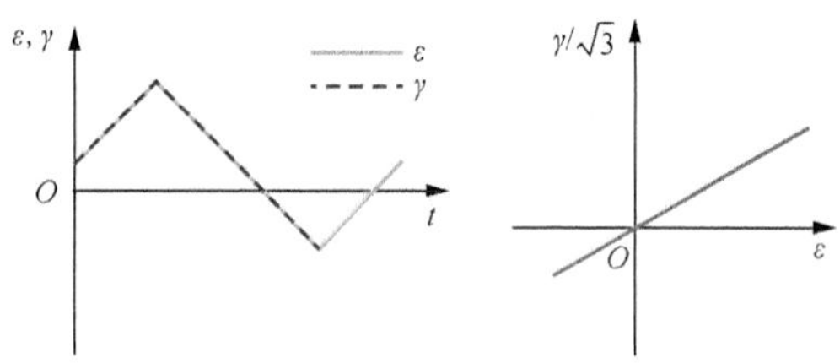

（i）M9路径

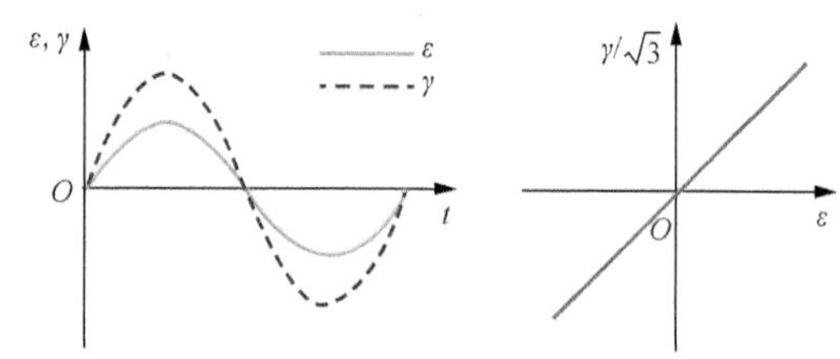

（j）M10路径

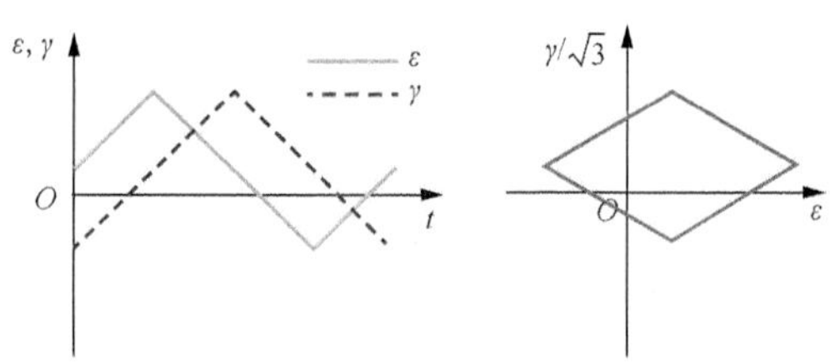

（k）M11路径

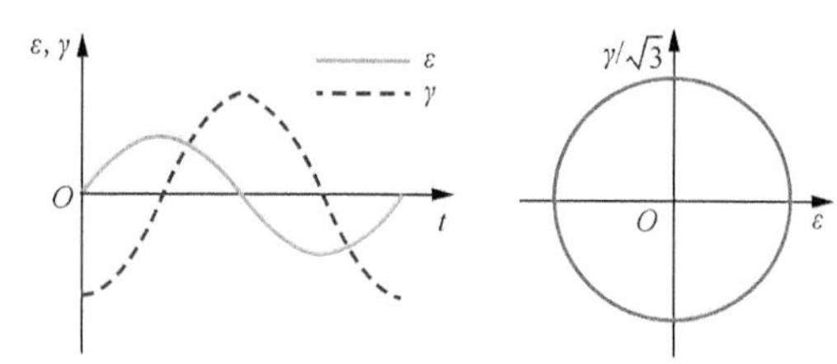

（l）M12路径

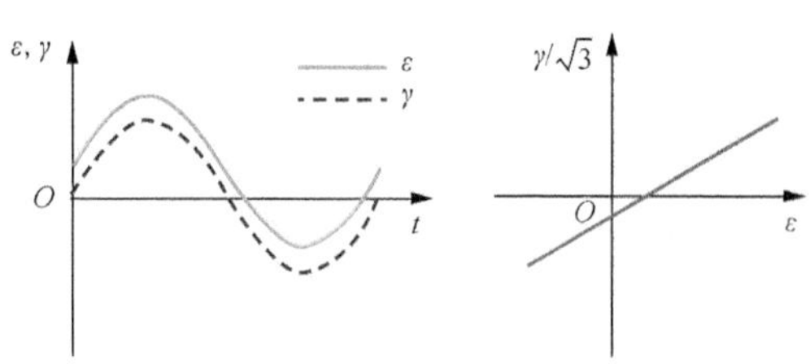

（m）M13路径

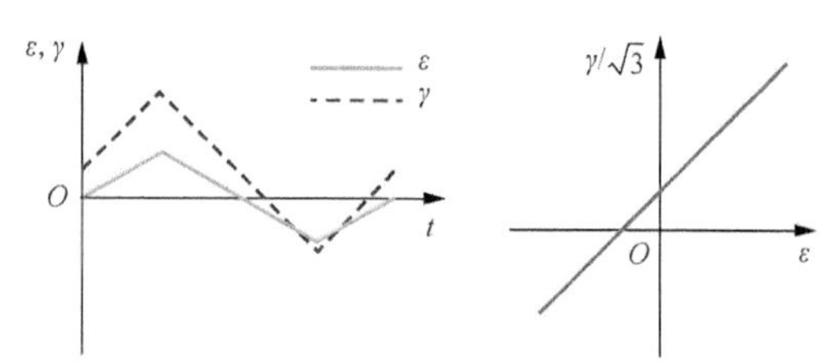

（n）M14路径

图 7-3（续）

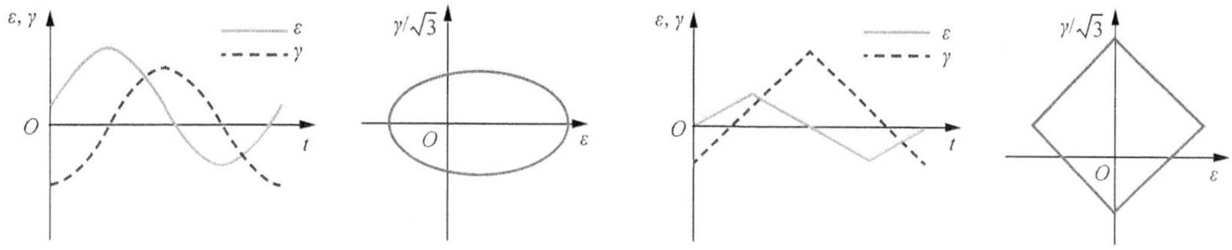

（o）M15路径　　（p）M16路径

图 7-3（续）

7.1.2　多轴疲劳试验结果

1. 循环应力-应变曲线

基于 Ramberg-Osgood 弹塑性应力-应变方程，可拟合得到 Q235 焊接接头标准试件在单轴扭转、多轴比例及非比例路径下的循环等效应力-应变曲线，如图 7-4 所示。其中 Ramberg-Osgood 方程的表达式为

$$\frac{\Delta\varepsilon_{\mathrm{eq}}}{2}=\frac{\Delta\sigma_{\mathrm{eq}}}{2E}+\left(\frac{\Delta\sigma_{\mathrm{eq}}}{2K'}\right)^{\frac{1}{n'}} \tag{7-1}$$

式中，$\Delta\varepsilon_{\mathrm{eq}}$和 $\Delta\sigma_{\mathrm{eq}}$分别为等效应变和应力范围，由式（7-2）和式（7-3）计算；等效应变幅和应力幅在数值上分别等于 $\varepsilon\text{-}\gamma/\sqrt{3}$ 和$\sigma-\sqrt{3}\,\tau$ 坐标系下加载路径外接圆的半径；K'为循环强度系数；n'为循环应变硬化指数，由循环加载试验数据拟合得到。

$$\frac{\Delta\varepsilon_{\mathrm{eq}}}{2}=\left(\sqrt{\left(\frac{\Delta\varepsilon}{2}\right)^2+\frac{1}{3}\left(\frac{\Delta\gamma}{2}\right)^2}\right)_{\max} \tag{7-2}$$

$$\frac{\Delta\sigma_{\mathrm{eq}}}{2}=\left(\sqrt{\left(\frac{\Delta\sigma}{2}\right)^2+3\left(\frac{\Delta\tau}{2}\right)^2}\right)_{\max} \tag{7-3}$$

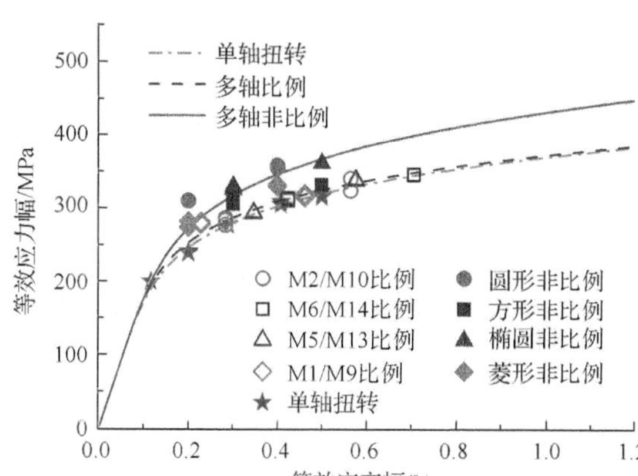

图 7-4　Q235B 焊接接头标准试件的单轴及多轴等效循环应力-应变曲线

由图 7-4 可以看出，单轴扭转与多轴比例路径下的等效循环应力-应变曲线较为接近，多轴非比例路径下的循环本构曲线明显高于多轴比例的本构曲线。由此说明 Q235B 焊接接头标准试件存在显著的非比例附加强化效应，强化程度与非比例路径的形状相关。

图 7-5 列举了相同形状非比例路径在不同应变幅下的循环滞回曲线，其中灰色轮廓线代表与当前路径相对应的比例加载滞回曲线。对于存在平均应变（R_ε/R_γ=−0.5）的多轴加载路径，将其轴向与切向滞回曲线的中心平移至应变为零点处以便于分析。由图 7-5 可以看到，在相同加载路径下，不同应变幅的滞回曲线形状较为相近。相同应变幅下非比例加载的滞回曲线相较于比例路径发生了逆时针旋转，表现出显著的非比例强化特征；而相同加载路径下高应变幅的滞回曲线较低应变幅发生了顺时针旋转，说明是由材料在高应变区发生塑性流动时应力缓慢增长造成。

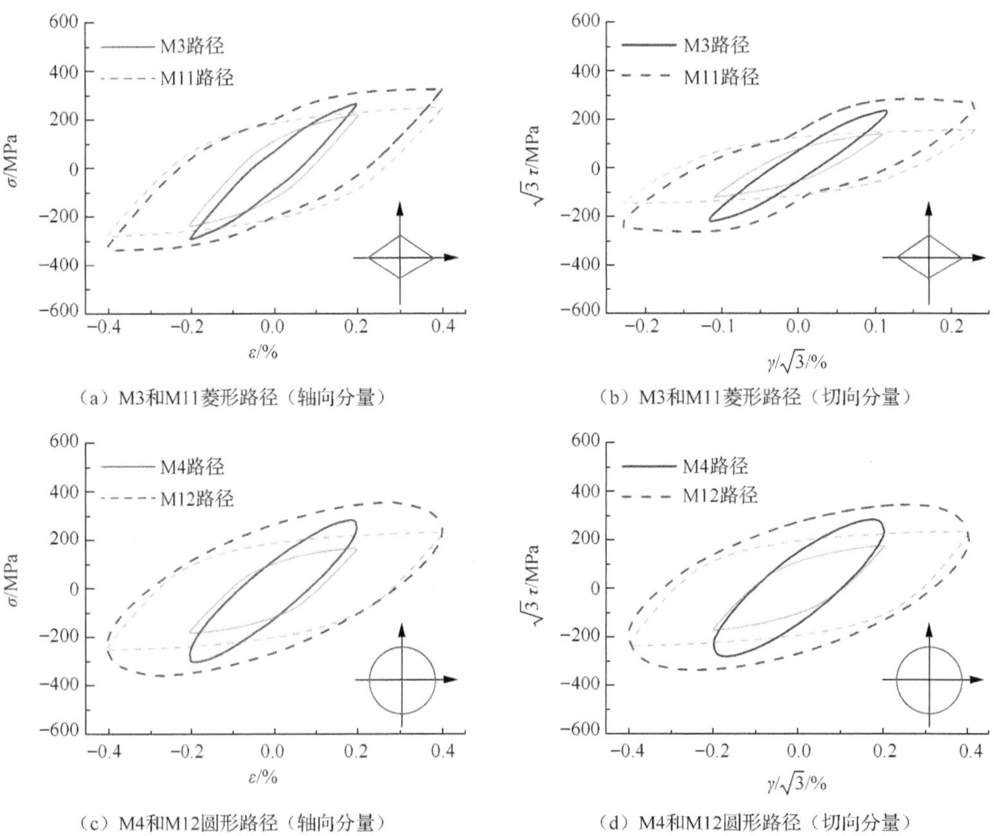

（a）M3和M11菱形路径（轴向分量）　（b）M3和M11菱形路径（切向分量）

（c）M4和M12圆形路径（轴向分量）　（d）M4和M12圆形路径（切向分量）

图 7-5　相同形状加载路径在不同应变幅下的循环应力-应变曲线

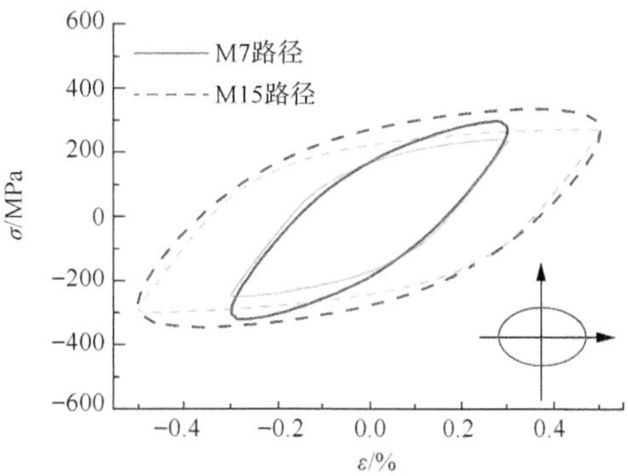

（e）M7和M15椭圆形路径（轴向分量）

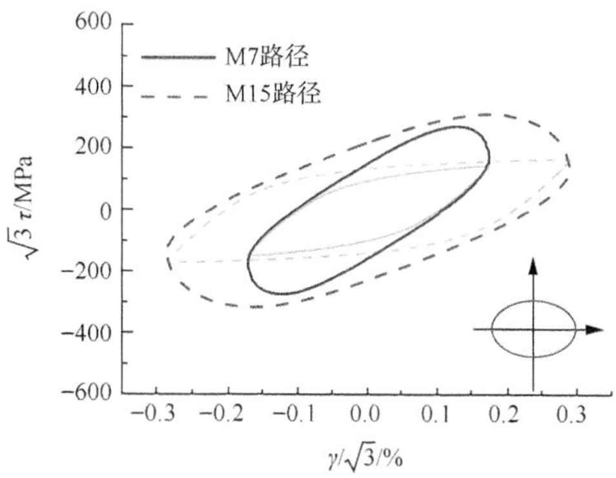

（f）M7和M15椭圆形路径（切向分量）

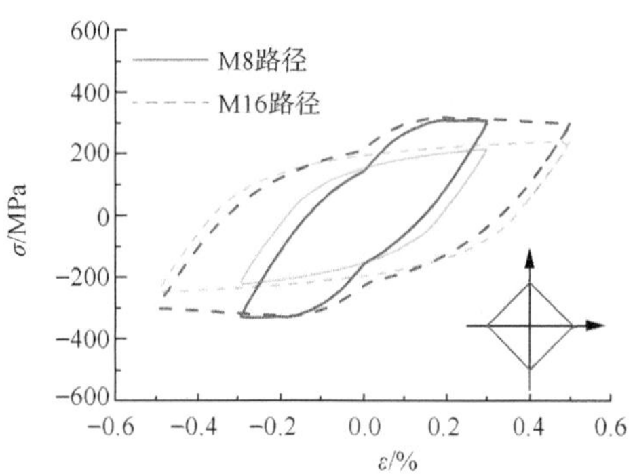

（g）M8和M16方形路径（轴向分量）

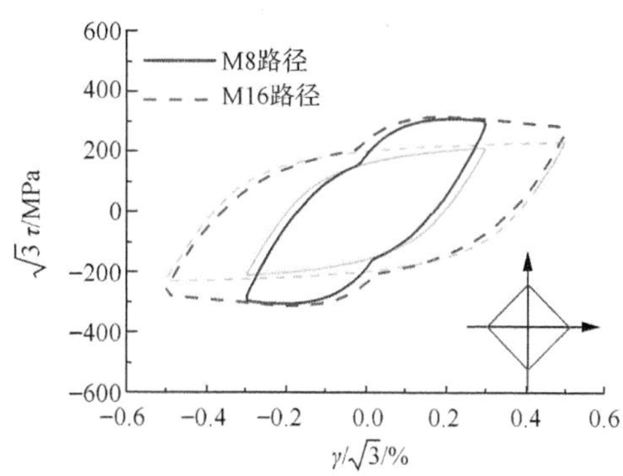

（h）M8和M16方形路径（切向分量）

图 7-5（续）

2. 疲劳性能

Q235B 焊接接头标准试件的单轴扭转和多轴疲劳试验分别测试了 9 组和 34 组，试验的主要参数及疲劳寿命结果详见表 7-4 及表 7-5。

表 7-4　Q235B 焊接接头标准试件单轴扭转疲劳试验主要参数及疲劳寿命结果

编号	$\Delta\varepsilon/2$/%	$\Delta\gamma/2$/%	$\Delta\varepsilon_{eq}/2$/%	$\Delta\sigma/2$/MPa	$\Delta\tau/2$/MPa	$\Delta\gamma_{max}/2$/%	N_f
U1-a	0	0.200	0.115	0	114.94	0.200	$>10^5$
U2-a	0	0.346	0.200	0	137.41	0.346	28275
U2-b					138.29		20695
U3-a	0	0.500	0.289	0	159.37	0.500	4222
U3-b					160.43		4638
U4-a	0	0.707	0.408	0	175.28	0.707	3113
U4-b					177.51		3447
U5-a	0	0.866	0.500	0	183.41	0.866	2553
U5-b					181.24		1226

表 7-5 Q235B 焊接接头标准试件多轴疲劳试验主要参数及疲劳寿命结果

编号	$\Delta\varepsilon/2/\%$	$\Delta\gamma/2/\%$	$\Delta\varepsilon_{eq}/2/\%$	$\Delta\sigma/2/\text{MPa}$	$\Delta\tau/2/\text{MPa}$	$\Delta\gamma_{max}/2/\%$	$\sigma_{n,max}/\text{MPa}$	N_f
M1-a	0.200	0.190	0.228	241.20	78.47	0.340	119.47	11926
M1-b				244.33	79.04		121.89	14855
M2-a	0.200	0.346	0.283	194.30	113.01	0.448	92.23	9364
M2-b				201.81	116.31		104.08	6765
M2-c				197.74	116.20		100.93	11849
M3-a	0.200	0.200	0.200	280.64	132.62	0.271	163.69	9305
M3-b				272.56	126.90		164.26	7243
M4-a	0.200	0.346	0.200	308.70	172.49	0.352	298.78	3574
M4-b				308.75	172.08		299.35	4309
M5-a	0.300	0.300	0.346	250.31	86.07	0.524	123.56	3253
M5-b				251.58	86.43		125.14	3698
M6-a	0.300	0.519	0.424	222.08	124.30	0.673	113.14	2424
M6-b				224.12	125.28		116.46	2880
M7-a	0.300	0.300	0.300	328.51	168.00	0.418	264.99	1203
M7-b				323.71	163.79		253.10	1461
M7-c				325.48	165.34		255.44	1286
M8-a	0.300	0.519	0.300	310.29	171.75	0.519	299.28	1119
M8-b				310.34	169.90		307.71	1588
M8-c				304.56	169.00		304.45	1152
M9-a	0.400	0.400	0.462	275.16	91.81	0.700	131.48	1409
M9-b				271.08	92.34		130.97	1622
M9-c				270.79	90.98		132.85	1101
M10-a	0.400	0.690	0.566	241.94	136.82	0.905	116.99	841
M10-b				232.68	128.67		119.24	995
M11-a	0.400	0.400	0.400	328.05	156.69	0.568	234.53	787
M11-b				330.88	157.58		236.01	753
M12-a	0.400	0.690	0.400	353.34	192.76	0.693	352.77	366
M12-b				356.91	196.11		354.34	383
M13-a	0.500	0.500	0.577	290.78	98.92	0.882	137.35	961
M13-b				289.69	98.31		143.17	733
M14-a	0.500	0.866	0.707	250.13	136.75	1.126	127.34	787
M14-b				248.91	137.09		125.32	607
M15-a	0.500	0.500	0.500	360.04	192.21	0.714	281.62	253
M16-a	0.500	0.866	0.500	330.04	185.39	0.866	325.96	193

表 7.4 和表 7.5 中，$\Delta\varepsilon/2$ 与 $\Delta\gamma/2$ 分别为引伸计控制的正应变幅和剪应变幅值，$\Delta\sigma/2$ 与 $\Delta\tau/2$ 分别为稳定循环加载时（约 $0.5N_f$）试件截面上均匀分布的轴向和切向应力幅值。$\Delta\varepsilon_{eq}/2$ 为等效应变幅，按式（7-2）计算。$\Delta\gamma_{max}$ 为最大剪应变范围，$\sigma_{n,max}$ 为具有最大剪应变幅平面上的最大法向正应力，N_f 为多轴疲劳寿命试验值。为确定 $\Delta\gamma_{max}$，按式（7-4）计算任一加载周期内单元体内各平面上的剪应变值 $\gamma_\theta(t)$，并生成 θ-t 为坐标的剪应变数组；接着依次搜索每一个 θ 角平面上的剪应变幅值，即可确定最大值剪应变幅值 $\Delta\gamma_{max}$。此外，基于上述方法并采用任意平面上应力分量的计算公式可求解得到 $\sigma_{n,max}$，并可进一步确定临界面的方位角。

$$\gamma_\theta(t) = -(1+\nu_{eff})\varepsilon(t)\sin 2\theta_t + \gamma(t)\cos 2\theta_t \tag{7-4}$$

式中，ν_{eff} 为等效泊松比，由式（7-5）计算；$\varepsilon(t)$ 和 $\gamma(t)$ 分别为引伸计控制的轴向正应变和剪应变；θ_t 为正应变平面法向量与试件轴向夹角，取逆时针旋转为正。

$$\nu_{eff} = \frac{\nu_p(1-\nu_e)(\Delta\varepsilon+\Delta\gamma)+(\nu_e-\nu_p)(\Delta\varepsilon_e+\Delta\gamma_e)}{(1-\nu_e)(\Delta\varepsilon+\Delta\gamma)+(\nu_e-\nu_p)(\Delta\varepsilon_e+\Delta\gamma_e)} \tag{7-5}$$

式中，ν_e 和 ν_p 分别为弹性和塑性泊松比，分别取为 0.3 和 0.5；$\Delta\varepsilon_e$ 和 $\Delta\gamma_e$ 分别为轴向和切向弹性应变范围，分别由式（7-6）和式（7-7）计算，其中 E 和 G 为材料的弹性模量和剪切模量，取值见表 7-2。

$$\Delta\varepsilon_e = \frac{\Delta\sigma}{E} \tag{7-6}$$

$$\Delta\gamma_e = \frac{\Delta\tau}{G} \tag{7-7}$$

图 7-6 列出了 Q235B 焊接接头标准试件在单轴扭转、多轴比例和非比例加载下基于 Manson-Coffin 方程的弹性 $\Delta\varepsilon_e/2$ 和塑性等效应变幅 $\Delta\varepsilon_p/2$ 与多轴疲劳寿命 N_f 关系曲线。Manson-Coffin 方程的表达式见式（7-8）。

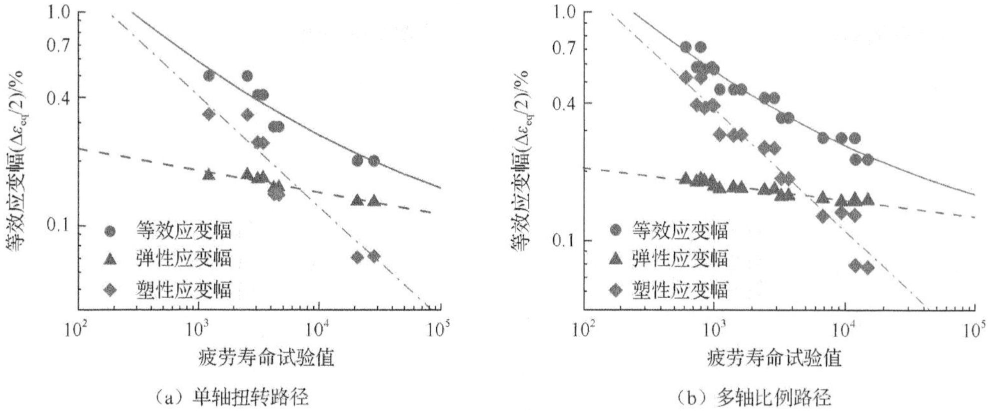

图 7-6　弹性与塑性等效应变幅与疲劳寿命关系曲线

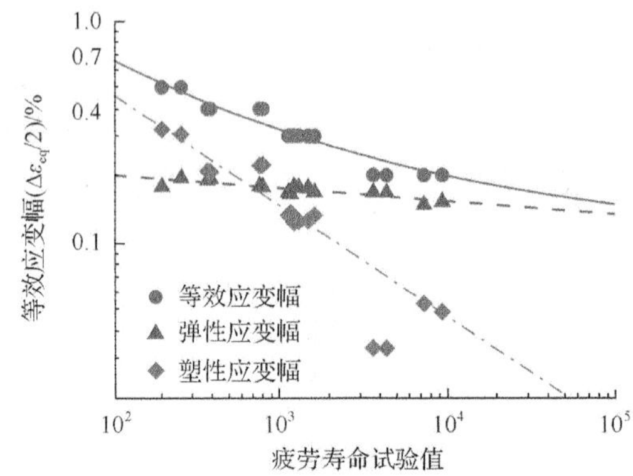

（c）多轴非比例路径

图 7-6（续）

$$\frac{\Delta\varepsilon}{2}=\frac{\Delta\varepsilon_{e}}{2}+\frac{\Delta\varepsilon_{p}}{2}=\frac{\sigma_{f}'}{E}(2N_{f})^{b}+\varepsilon_{f}'(2N_{f})^{c} \tag{7-8}$$

式中，$\Delta\varepsilon_p$为塑性应变范围；σ_f'和ε_f'分别为疲劳强度系数和疲劳延性系数；b和c分别为疲劳强度指数和疲劳延性指数，Q235B 焊接接头标准试件的 Manson-Coffin 方程材料参数见表 7-6。

表 7-6　Q235B 焊接接头标准试件的 Manson-Coffin 方程材料参数

加载路径	σ_f' /MPa	ε_f'	b	c
单轴扭转	728.1	0.2145	−0.103	−0.522
多轴比例	563.5	0.2200	−0.071	−0.534
多轴非比例	505.6	0.0649	−0.059	−0.500

图 7-7 对比了在单轴与多轴加载路径下 Q235B 焊接接头标准试件以等效应变幅$\Delta\varepsilon_{eq}/2$为损伤参量的疲劳寿命N_f分布情况，其中点划线和虚线分别代表在多轴比例和非比例路径下的 Manson-Coffin 曲线。

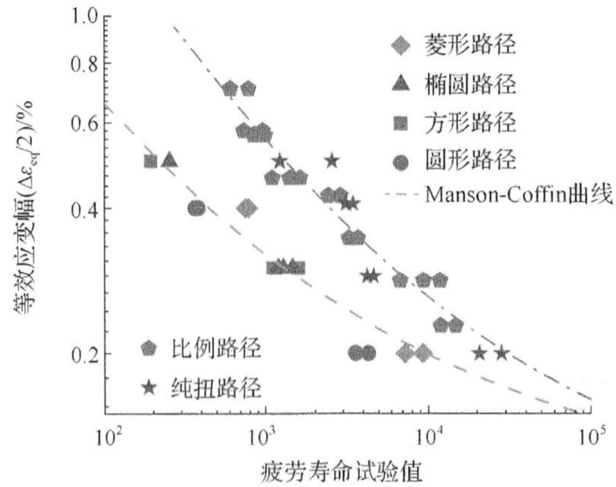

图 7-7　等效应变幅与疲劳寿命关系曲线

由图 7-7 可以看出，Q235B 焊接接头标准试件在单轴扭转与多轴比例路径下疲劳寿命-等效应变幅曲线的分布较为接近。在相同等效应变幅下，单轴扭转和多轴比例路径造成的疲劳损伤显著小于非比例路径；多轴非比例路径中，疲劳损伤程度依次为：圆形路径＞方形路径＞椭圆路径＞菱形路径，该损伤程度与 Q235B 焊接试件的非比例附加强化规律一致，说明 Q235B 焊接试件多轴疲劳损伤与非比例度呈正相关性。由图 7-7 也可得知，以等效应变幅作为多轴比例与非比例疲劳的损伤参量将出现明显离散结果，且该等效参量仅适用于确定单轴扭转及多轴比例路径下材料的疲劳性能，尚无法区分不同形状多轴非比例路径对疲劳寿命的影响。由此说明，多轴非比例加载的疲劳破坏机理与单轴及多轴比例路径存在差异，需要提出能反映多轴非比例路径影响的疲劳损伤参量计算方法。

7.2　多轴疲劳寿命预测方法

7.2.1　基于加权平均临界面模型

临界面准则是计算疲劳损伤参量有效且广泛认可的方法，而合理确定临界面方位是开展多轴疲劳寿命评估的前提。由于材料特性及荷载条件会影响疲劳裂纹的方向，采用临界面模型时也应考虑该因素的影响。传统的临界面模型以最大剪应变/应力、最大主应变/应力或最大损伤参量值所在平面作为临界参考面进行疲劳寿命评估。选取最大剪应变/应力平面的方法适用于延性金属，而选取最大主应变/应力适用于脆性金属材料。目前无论何种形式的临界面模型仅考虑单一损伤平面对疲劳寿命的贡献，忽略了其他材料平面上正应变或剪应变的分布特征，因此尚不能完全反映加载路径对疲劳损伤的影响。

1. 基于加权平均临界面模型的损伤参量计算方法

（1）临界面方位确定方法

通过引入 Chen 等[2]关于加权平均临界面概念来考虑全平面疲劳损伤的影响，并在此基础上建立多轴疲劳损伤参量的计算方法。该理论认为临界面方位应由所有经历最大剪应变平面的加权平均值确定，其中基于剪切破坏模式的加权函数 $\omega(t_i)$为

$$\omega\left(t_i\right)=\frac{\gamma_{t_i}-\gamma_{\min}}{\gamma_{\max}-\gamma_{\min}} \tag{7-9}$$

式中，$\omega\left(t_i\right)$为加载周期内任一时刻平面方位角的权重系数；γ_{t_i}为任一时刻的剪应变值；$\gamma_{\max}$及$\gamma_{\min}$为全周期内最大和最小剪应变值。

对全周期内每一时刻的临界面方位$\omega\left(t_i\right)$进行加权平均，则新的临界面方位角为

$$\bar{\theta}=\frac{1}{W}\sum_{i=1}^{n}\theta\left(t_i\right)\cdot\omega\left(t_i\right) \tag{7-10}$$

式中，$\theta\left(t_i\right)$为瞬时最大剪应变平面的方位角；W为所有权重值$\omega\left(t_i\right)$之和。

（2）疲劳损伤参量计算方法

通常情况下疲劳裂纹将沿着特定方向的平面进行萌生和扩展。事实上，临界面模型正是基于对疲劳破坏过程的观测，通过将实际裂纹断面模型化为临界面来计算疲劳损伤。因此，无论是基于应力、应变项或应变能的临界面法，在确定损伤参量时均以临界面自身作为参考面。然而 Lu 等[3]认为仅计算临界面上的损伤参量不能完全反映疲劳寿命降低的影响，需要额外考虑与之相垂直平面上疲劳损伤的贡献。Lu 等[4]假定当单元体的临界面上受到法向和切向内力时，相应的变形会同时引发临界面和与之相垂直平面上的疲劳损伤，如图 7-8 所示。上述假定可解释为材料的轴向变形通常伴随着横向变形产生。

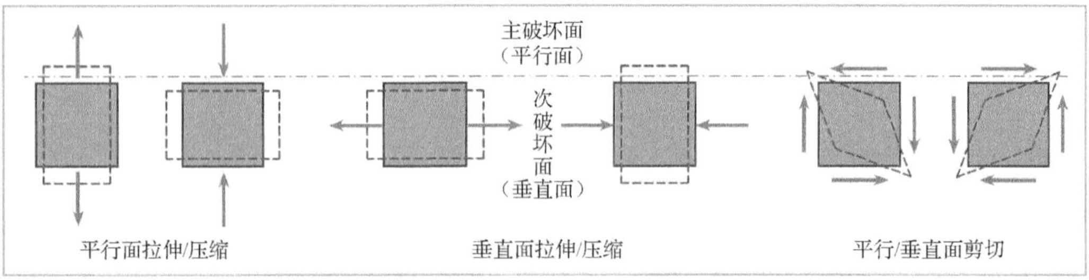

图 7-8　临界面及其垂直面的形变状态

本书基于加权临界面和双平面疲劳损伤的概念，提出了一种以应变能密度为损伤参量 FP 的加权临界面模型，同时考虑了加权临界面和与之相垂直平面上应变能参数对疲劳损伤的影响，即

$$\mathrm{FP}=S_0\left(\frac{\Delta\gamma_{\max}}{2}\tau_{\max}+\frac{\Delta\varepsilon_{\mathrm{n}}}{2}\sigma_{\mathrm{n,max}}+\frac{\Delta\varepsilon_{\mathrm{no}}}{2}\sigma_{\mathrm{no,max}}\right) \tag{7-11}$$

式中，$\Delta\gamma_{\max}$ 和 $\tau_{\max}$ 分别是加权平均化临界面上的最大剪应变范围和最大剪应力；$\Delta\varepsilon_{\mathrm{n}}$ 和 $\sigma_{\mathrm{n,max}}$ 分别为该临界面上的正应变范围和最大正应力；$\Delta\varepsilon_{\mathrm{no}}$ 和 $\sigma_{\mathrm{no,max}}$ 分别为与加权临界面相垂直面上的正应变范围和最大正应力；S_0 为材料系数，通过单轴疲劳试验数据拟合确定，该系数反映材料微观组织形式对疲劳性能的影响。

2. 考虑非比例强化的损伤参量计算方法

相同应变幅值下比例与非比例路径的疲劳性能存在明显差异。事实上，对于堆垛层错能低、位错间距大的金属材料，经历非比例路径时会表现出附加强化效应以及疲劳性能显著降低的现象。从宏观角度讲，多轴非比例加载会导致材料产生附加强化效应，相较于比例加载其在循环周期内吸收的应变能更多，进而降低材料的疲劳性能；从微观角度讲，金属在承受非比例加载时，最大剪应变或主应变平面持续变化，引发材料内部多滑移系的开动。由于塑性变形是位错滑移运动的结果，多向滑移系的开动将导致位错之间相互交叠、缠绕和阻碍，这是造成非比例附加强化效应的主要原因。同时，微观层面的位错滑移与宏观层面的剪切变形存在紧密联系。因此，本书基于多轴加载路径下最大剪应变的分布特征和变化规律，提出能反映非比例附加强化效应的路径因子计算方法。此外，在针对缺乏多轴循环应力-应变关系的材料进行寿命预测时，通过将非比例度路径因子引入多轴疲劳损伤参量，建立考虑附加强化效应的损伤参量计算方法。

（1）多轴加载路径最大剪应变分布规律

Itoh 等[5]针对 304 不锈钢材料开展了多轴疲劳试验，研究了非比例路径下材料的循环力学响应及疲劳性能。由于不同形状的加载路径会造成宏观层面剪应变分布差异，从而导致微观层面位错滑移及附加强化程度明显不同，最终影响金属材料的多轴疲劳性能。因此，本节基于已有 304 不锈钢材料在多轴加载路径（图 7-9）下的疲劳试验结果，得出单元体内最大剪应变的分布特性与疲劳损伤对应关系，以确定非比例加载路径对多轴疲劳寿命影响的关键因素。

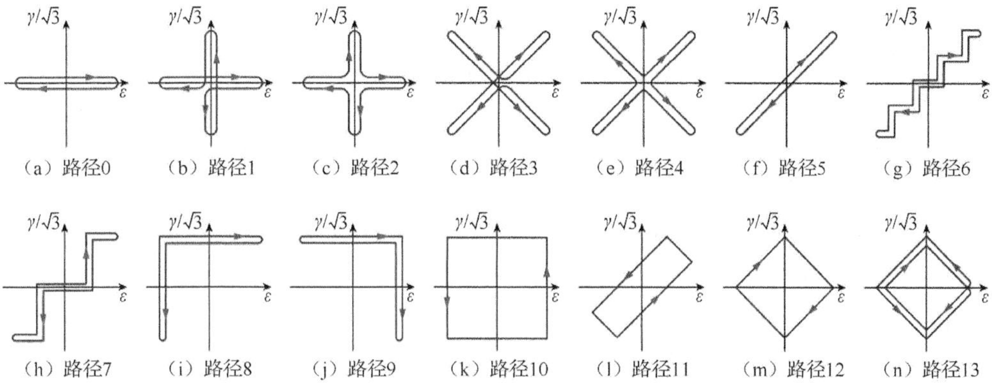

图 7-9　多轴疲劳试验加载路径图

此外，Shamsaei 等[6]同样针对 304L 不锈钢材料开展了多轴疲劳试验，并进一步研究了非比例路径下材料的附加强化效应及多轴疲劳性能。疲劳试验的等效应变幅包含 0.34%和 0.70%两种加载水平；多轴加载除了采用比例（in phase，IP）及非比例圆形路径（out of phase，OP）外，还包括 1° 顺次增量（fully reversed with 1° increments，FRI）和随机增量（fully reversed random，FRR）的完全对称加载路径。FRI 和 FRR 复合路径均由 360 个具有相同等效应变幅但应变分量比不同的比例路径组成，且所有比例路径为完全对称加载，如图 7-10 所示。其中，FRI 路径起始于单轴拉-压循环，然后顺次沿着以 1° 为增量旋转的直线路径进行加载，如图 7-10（a）所示；FRR 以类似方式沿着直线路径加载，区别在于每一步的比例路径为随机增量旋转，并形成与 FRI 相同形状的路径，如图 7-10（b）所示。

基于上述疲劳试验结果分析可知，对于存在非比例强化效应的材料，应变单元体上相对剪应变幅值γ_{rel}、最大剪应变分布范围及其旋转方式与多轴疲劳损伤程度密切相关。具体可简述为以下规律：

1）多轴疲劳损伤程度与相对剪应变幅值γ_{rel} 相关。瞬时最大剪应变$\gamma_{max}(t)$所占其应变峰值（即 $\max[\gamma_{max}(t)]$）的比例越高，则该路径下疲劳寿命下降程度越显著。

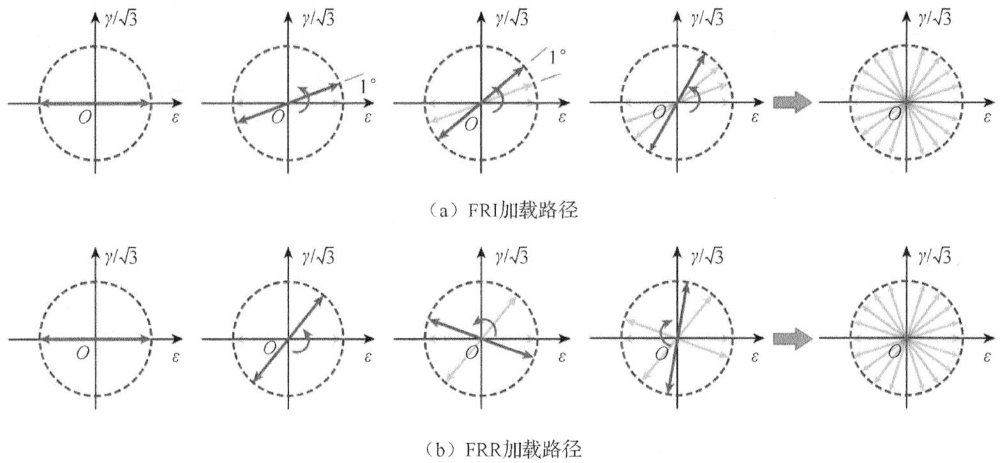

图 7-10 FRI/FRR 加载路径图

2）多轴疲劳损伤程度与最大剪应变的分布范围相关。最大剪应变$\gamma_{max}(t)$经旋转后分布的平面范围 $\theta_c(t)$越大，则该路径下疲劳寿命降低程度越明显。

3）多轴疲劳损伤程度与最大剪应变的旋转方式相关。对于最大剪应变$\gamma_{max}(t)$及其旋转角 $\theta_c(t)$相同的加载路径，当剪应变以非连续方式旋转时，该路径导致的多轴疲劳损伤高于以顺次连续变化的路径。

（2）考虑附加强化的损伤参量计算方法

基于上述剪应变分布规律与疲劳损伤的关系，本书提出一种可反映多轴加载路径对疲劳损伤影响的非比例路径因子，其计算公式表示为

$$f_{np}=\frac{\int_0^T \gamma_{max}(t)\cdot\left|\sin\left[2\left(\theta_c(t)-\theta_{c,\gamma}\right)\right]\right|\cdot\alpha_r dt}{\max\left[\gamma_{max}(t)\right]\cdot F_{circular}} \tag{7-12}$$

式中，$\theta_{c,\gamma}$为加载周期内最大剪应变峰值（即 $\max[\gamma_{max}(t)]$）所在平面的方位角；α_r定义为最大剪应变$\gamma_{max}(t)$的转动参数，当$\gamma_{max}(t)$作恒定方向的连续旋转时，α_r取 1.0；当$\gamma_{max}(t)$作跳跃旋转时，α_r取 $\sin(\varphi)$，其中 φ 为相邻最大剪应变方位角的变化值。此外，对于$\gamma_{max}(t)$发生跳跃旋转的路径在按照式（7-12）确定路径因子时，除转动参数α_r外，其余各参数仍通过具有相同最大γ_θ分布所对应的连续旋转路径计算得出。

$F_{circular}$为路径因子的归一化系数，其计算公式为

$$F_{circular}=\frac{\int_0^T \gamma_{max,cir}(t)\cdot\left|\sin\left[2\left(\theta_{c,cir}(t)-\theta_{c,\gamma}\right)\right]\right|\cdot dt}{\max\left[\gamma_{max,cir}(t)\right]} \tag{7-13}$$

式中，$\gamma_{max,cir}(t)$为圆形路径下的瞬时最大剪应变；$\theta_{c,cir}(t)$为$\gamma_{max,cir}(t)$所在平面的方位角。

将式（7-13）的路径因子引入式（7-11）的多轴损伤参量，可进一步建立基于应变能密度并考虑非比例强化效应的加权平均临界面寿命预测模型，即

$$\mathrm{FP}=S\left(1+f_{\mathrm{np}}\right)\left(\frac{\Delta\gamma_{\max}}{2}\tau_{\max}+\frac{\Delta\varepsilon_{\mathrm{n}}}{2}\sigma_{\mathrm{n},\max}+\frac{\Delta\varepsilon_{\mathrm{no}}}{2}\sigma_{\mathrm{no},\max}\right) \tag{7-14}$$

3. 基于加权平均临界面模型

为建立式（7-14）损伤参量中应变能项与疲劳寿命 N_{f} 的函数关系，在此引入应变幅与疲劳寿命方程，即 Manson-Coffin 公式，表达式为

$$\frac{\Delta\varepsilon}{2}=\frac{\Delta\varepsilon_{\mathrm{e}}}{2}+\frac{\Delta\varepsilon_{\mathrm{p}}}{2}=\frac{\sigma_{\mathrm{f}}'}{E}\left(2N_{\mathrm{f}}\right)^{b}+\varepsilon_{\mathrm{f}}'\left(2N_{\mathrm{f}}\right)^{c} \tag{7-15}$$

式中，$\Delta\varepsilon$ 为正应变范围；$\Delta\varepsilon_{\mathrm{e}}$ 与 $\Delta\varepsilon_{\mathrm{p}}$ 分别为 $\Delta\varepsilon$ 的弹性和塑性部分；σ_{f}'、$\varepsilon_{\mathrm{f}}'$、$b$、$c$ 为疲劳参数，通过单轴疲劳试验数据进行拟合。

由式（7-15）可得弹性应变幅与疲劳寿命的函数关系，即

$$\frac{\Delta\varepsilon_{\mathrm{e}}}{2}=\frac{\sigma_{\mathrm{f}}'}{E}\left(2N_{\mathrm{f}}\right)^{b} \tag{7-16}$$

将式（7-16）中弹性模量 E 移至等式左端并与弹性应变范围 $\Delta\varepsilon_{\mathrm{e}}$ 相乘，可得

$$\frac{\Delta\sigma}{2}=\sigma_{\mathrm{f}}'\left(2N_{\mathrm{f}}\right)^{b} \tag{7-17}$$

为建立剪应变和正应变的等量关系，图 7-11 列举了单轴状态下的应变和应力莫尔圆。图 7-11（a）中，假设 A 点（$\varepsilon_{\mathrm{n}}, \gamma_{\max}/2$）和 B 点（$\varepsilon_{\mathrm{no}}, -\gamma_{\max}/2$）分别代表加权平均化临界面（1 平面）和垂直面（2 平面）上的应变状态；类似地，在图 7-11（b）中，设 A 点（$\sigma_{\mathrm{n}}, \tau_{\max}$）和 B 点（$\sigma_{\mathrm{no}}, -\tau_{\max}$）分别代表 1 平面和 2 平面上的应力状态。

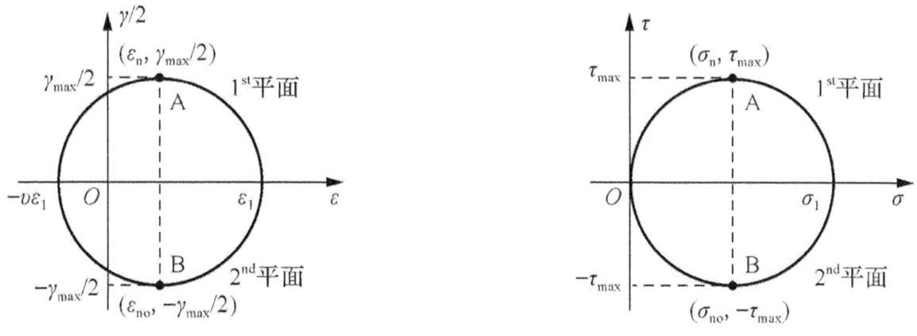

（a）应变莫尔圆 （b）应力莫尔圆

图 7-11 单轴荷载状态下的应变和应力莫尔圆

由图 7-11 的几何性质可知，1 平面上 0.5 倍的最大剪应变（$\gamma_{\max}/2$）在数量上等于应变莫尔圆的半径，因此最大剪应变幅 $\Delta\gamma_{\max}/2$ 可表示为

$$\frac{\Delta\gamma_{\max}}{2}=\frac{\Delta\varepsilon_{1}-(-\nu\Delta\varepsilon_{1})}{2}=(1+\nu)\frac{\Delta\varepsilon_{1}}{2} \tag{7-18}$$

同样地，1 平面上的法向应变范围 $\Delta\varepsilon_{\mathrm{n}}$ 可表示为

$$\Delta\varepsilon_{\mathrm{n}}=\Delta\varepsilon_{\mathrm{no}}=\frac{\Delta\varepsilon_{1}+(-\nu\Delta\varepsilon_{1})}{2}=(1-\nu)\frac{\Delta\varepsilon_{1}}{2} \tag{7-19}$$

将式(7-15)代入式(7-18)和式(7-19)，分别得到加权临界面上最大剪应变幅 $\Delta\gamma_{\max}/2$ 以及对应正应变幅 $\Delta\varepsilon_{\mathrm{n}}/2$ 与疲劳寿命 N_{f} 函数关系，即

$$\frac{\Delta\gamma_{\max}}{2}=\left(1+\nu_{\mathrm{e}}\right)\frac{\sigma_{\mathrm{f}}'}{E}\left(2N_{\mathrm{f}}\right)^{b}+\left(1+\nu_{\mathrm{p}}\right)\varepsilon_{\mathrm{f}}'\left(2N_{\mathrm{f}}\right)^{c} \tag{7-20}$$

$$\frac{\Delta\varepsilon_{\mathrm{n}}}{2}=\frac{\Delta\varepsilon_{\mathrm{no}}}{2}=\frac{\left(1-\nu_{\mathrm{e}}\right)}{2}\frac{\sigma_{\mathrm{f}}'}{E}\left(2N_{\mathrm{f}}\right)^{b}+\frac{\left(1-\nu_{\mathrm{p}}\right)}{2}\varepsilon_{\mathrm{f}}'\left(2N_{\mathrm{f}}\right)^{c} \tag{7-21}$$

式中，ν_{e} 和 ν_{p} 分别为弹性和塑性泊松比，在此分别取 0.3 和 0.5。

此外，由应变莫尔圆可知垂直面（2 平面）与加权临界面（1 平面）上的法向应变幅相等，则 $\Delta\varepsilon_{\mathrm{no}}/2$ 与 N_{f} 的函数关系如式（7-21）所示。

由应力莫尔圆中的几何关系可知，加权临界面上的法向应力范围 $\Delta\sigma_{\mathrm{n}}$、垂直面上的法向应力范围 $\Delta\sigma_{\mathrm{no}}$ 和切向应力范围 $\Delta\tau_{\mathrm{n}}$ 三者相等，其等量关系式为

$$\Delta\sigma_{\mathrm{n}}=\Delta\sigma_{\mathrm{no}}=\Delta\tau_{\mathrm{n}}=\frac{\Delta\sigma}{2} \tag{7-22}$$

加权临界面和垂直面上的应力分量表达式如式（7-23）～式（7-25）所示。

$$\sigma_{\mathrm{no,max}}=\frac{\Delta\sigma_{\mathrm{no}}}{2} \tag{7-23}$$

$$\sigma_{\mathrm{n,max}}=\frac{\Delta\sigma_{\mathrm{n}}}{2} \tag{7-24}$$

$$\tau_{\max}=\frac{\Delta\tau_{\mathrm{n}}}{2} \tag{7-25}$$

因此，基于式（7-21）、式（7-22）及式（7-23）～式（7-25），式（7-14）中疲劳损伤参量的各分量可表示为式（7-26）～式（7-27）。

$$\frac{\Delta\gamma_{\max}}{2}\tau_{\max}=\frac{\left(1+\nu_{\mathrm{e}}\right)}{2}\frac{\sigma_{\mathrm{f}}'^{2}}{E}\left(2N_{\mathrm{f}}\right)^{2b}+\frac{\left(1+\nu_{\mathrm{p}}\right)}{2}\varepsilon_{\mathrm{f}}'\sigma_{\mathrm{f}}'\left(2N_{\mathrm{f}}\right)^{b+c} \tag{7-26}$$

$$\frac{\Delta\varepsilon_{\mathrm{n}}}{2}\sigma_{\mathrm{n,max}}=\frac{\left(1-\nu_{\mathrm{e}}\right)}{4}\frac{\sigma_{\mathrm{f}}'^{2}}{E}\left(2N_{\mathrm{f}}\right)^{2b}+\frac{\left(1-\nu_{\mathrm{p}}\right)}{4}\varepsilon_{\mathrm{f}}'\sigma_{\mathrm{f}}'\left(2N_{\mathrm{f}}\right)^{b+c} \tag{7-27}$$

$$\frac{\Delta\varepsilon_{\mathrm{no}}}{2}\sigma_{\mathrm{no,max}}=\frac{\left(1-\nu_{\mathrm{e}}\right)}{4}\frac{\sigma_{\mathrm{f}}'^{2}}{E}\left(2N_{\mathrm{f}}\right)^{2b}+\frac{\left(1-\nu_{\mathrm{p}}\right)}{4}\varepsilon_{\mathrm{f}}'\sigma_{\mathrm{f}}'\left(2N_{\mathrm{f}}\right)^{b+c} \tag{7-28}$$

将式（7-26）～式（7-28）代入式（7-14），可得到多轴损伤参量 FP 与疲劳寿命 N_f 的函数关系式，如式（7-29）所示。

$$S\left(1+f_{\mathrm{np}}\right)\left(\frac{\Delta\gamma_{\max}}{2}\tau_{\max}+\frac{\Delta\varepsilon_{\mathrm{n}}}{2}\sigma_{\mathrm{n,max}}+\frac{\Delta\varepsilon_{\mathrm{no}}}{2}\sigma_{\mathrm{no,max}}\right)=\frac{\sigma_{\mathrm{f}}'^{2}}{E}\left(2N_{\mathrm{f}}\right)^{2b}+\varepsilon_{\mathrm{f}}'\sigma_{\mathrm{f}}'\left(2N_{\mathrm{f}}\right)^{b+c} \tag{7-29}$$

值得注意的是，当采用式（7-29）进行疲劳寿命评估时，对于非比例路径需通过加权平均临界面的方法计算疲劳损伤参量，而对于比例路径则不需要考虑加权临界面的作用；材料参数 S 通过单轴路径下损伤参量-疲劳寿命关系曲线确定，即多轴损伤参量应同时适用于单轴疲劳的寿命预测。

7.2.2　Q235B 焊接标准件多轴疲劳寿命预测

采用本书提出的多轴疲劳寿命预测模型对 Q235B 焊接接头标准试件的单轴及多轴试验数据进行寿命评估，并与史密斯-沃森-托佩尔（Smith-Watson-Topper，SWT）模型[7]、坎迪尔-布朗-米勒（Kandil-Brown-Miller，KBM）模型[8]及法特米-索奇（Fatemi-Socie，FS）模型[9]等经典临界面法的预测结果进行对比，寿命预测结果如图 7-12 所示。其中 SWT 模型、KBM 模型和 FS 模型的疲劳寿命计算公式分别为式（7-30）～式（7-32）。

$$\sigma_{\mathrm{n,max}}\frac{\Delta\varepsilon_{1}}{2}=\frac{\sigma_{\mathrm{f}}'^{2}}{E}\left(2N_{\mathrm{f}}\right)^{2b}+\sigma_{\mathrm{f}}'\varepsilon_{\mathrm{f}}'\left(2N_{\mathrm{f}}\right)^{b+c} \tag{7-30}$$

$$\frac{\Delta\gamma_{\max}}{2}+S^{*}\Delta\varepsilon_{\mathrm{n}}=\left[1+\nu_{\mathrm{e}}+\left(1-\nu_{\mathrm{e}}\right)S^{*}\right]\frac{\sigma_{\mathrm{f}}'}{E}\left(2N_{\mathrm{f}}\right)^{b}+\left[1+\nu_{\mathrm{p}}+\left(1-\nu_{\mathrm{p}}\right)S^{*}\right]\varepsilon_{\mathrm{f}}'\left(2N_{\mathrm{f}}\right)^{c} \tag{7-31}$$

$$\frac{\Delta\gamma_{\max}}{2}\left(1+k\frac{\sigma_{\mathrm{n,max}}}{f_{\mathrm{y}}}\right)=\left[\left(1+\nu_{\mathrm{e}}\right)\frac{\sigma_{\mathrm{f}}'}{E}\left(2N_{\mathrm{f}}\right)^{b}+\left(1+\nu_{\mathrm{p}}\right)\varepsilon_{\mathrm{f}}'\left(2N_{\mathrm{f}}\right)^{c}\right]\left[1+k\frac{\sigma_{\mathrm{f}}'}{2f_{\mathrm{y}}}\left(2N_{\mathrm{f}}\right)^{b}\right] \tag{7-32}$$

式中，S^{*} 和 k 均为材料参数，取值为 1.0。

图 7-12 中虚线和实线分别代表 2 倍和 3 倍误差分散带。图 7-12（a）显示了 SWT 模型的疲劳寿命预测结果，可以看到多数预测结果分布在 3 倍误差带内，其中 SWT 损伤参量高估了单轴扭转和多轴非比例路径的疲劳寿命，而对多轴比例路径的寿命预测结果较为保守。由该结果表明，基于拉伸型裂纹模式的 SWT 模型不适用于 Q235B 焊接试件在单轴扭转及多轴非比例路径下的疲劳寿命预测。图 7-12（b）为 KBM 模型的寿命预测结果，可以看到多数预测结果分布在 2 倍误差带内，个别单轴扭转及多轴非比例数据点位于 3 倍误差带以外。由预测结果得知，对 Q235B 焊接接头标准试件进行寿命评估时，采用剪切破坏模式的 KBM 模型优于 SWT 模型。但是 KBM 损伤参量普遍高估了单轴扭转和 $\lambda=1$ 的非比例数据点，而对 $\lambda=\sqrt{3}$ 的非比例数据给出了保守预测结果。图 7-12（c）列举了 FS 模型的预测结果，可以看到多数预测结果分布在 2 倍误差带内。

相比于 KBM 模型，尽管 FS 模型提高了非比例数据的预测精度，但该模型尚不能有效反映单轴和多轴加载路径与疲劳寿命的对应关系。图 7-12（d）可以看到对于单轴和多轴加载的疲劳寿命预测结果，本书提出的加权临界面模型损伤参量可较好地评估 Q235B 焊接接头标准试件的疲劳性能。

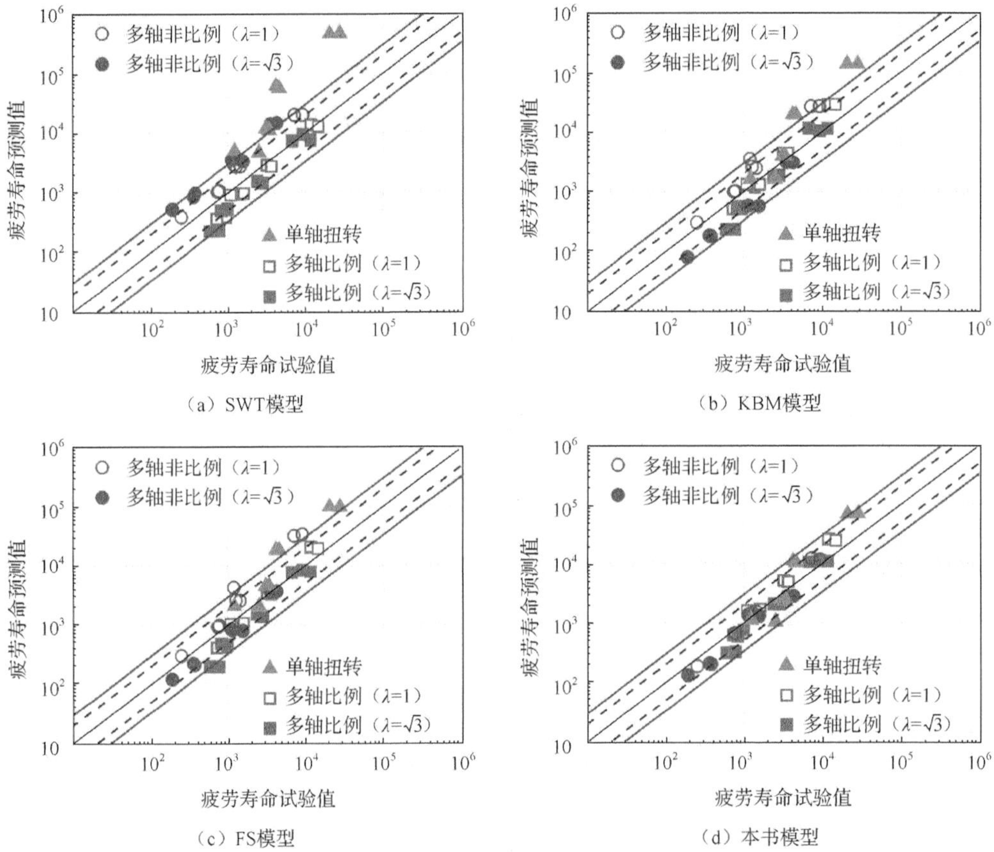

图 7-12　Q235B 焊接接头标准试件的单轴及多轴疲劳寿命预测对比图

为进一步比较上述 4 种临界面模型的寿命预测结果，在此引入误差准则公式考查各模型对 Q235B 焊接试件的寿命预测精度。误差准则 $E(s)$的表达式见式（7-33），其含义为寿命预测点分布于 s 倍误差带内的数量百分比，则低误差因子分散带内的数据点占比越高代表寿命预测模型具有较高预测精度。

$$E(s)=\frac{\frac{1}{s}\leqslant\frac{N_{\mathrm{p}}}{N_{\mathrm{t}}}\leqslant s\ \text{范围内的预测数据个数}}{\text{预测数据的总个数}} \tag{7-33}$$

式中，s 为误差因子；N_{p} 和 N_{t} 分别为预测寿命和试验寿命值。

基于式（7-33）计算的 2 倍和 3 倍预测误差结果见表 7-7 和表 7-8。

表 7-7　单轴扭转及多轴比例路径下疲劳寿命预测误差

误差	单轴扭转及多轴比例加载路径			
	SWT 模型	KBM 模型	FS 模型	本书模型
E (2)	0.615	0.731	0.654	0.692
E (3)	0.692	0.769	0.769	0.923

表 7-8　多轴非比例路径下疲劳寿命预测误差

误差	多轴非比例加载路径			
	SWT 模型	KBM 模型	FS 模型	本书模型
E (2)	0.250	0.563	0.750	1.000
E (3)	0.750	0.938	0.813	1.000

由表 7-7 可见，采用 KBM 模型计算的单轴扭转和多轴比例数据在 2 倍误差分散带内的占比为 73.1%，略大于其他临界面模型的预测精度；然而通过式（7-29）计算的寿命预测值在 3 倍误差带内的占比为 92.3%。由表 7-8 可见，采用本书所提出的临界面模型对非比例路径数据进行寿命预测，其计算结果在 2 倍误差带内的百分比已达到 100%。由此表明，上述基于加权平均的临界面模型可用于预测 Q235B 焊接接头标准试件的疲劳寿命预测。

7.3　Q235B 焊接节点多轴疲劳试验研究

7.3.1　焊接节点多轴疲劳试验设计

1. 焊接节点试件制备

采用管板焊接试件开展多轴拉压-扭转疲劳试验研究。试件的母材为 Q235B 碳素结构钢，焊接选用 TIG-50 型焊丝，直径为 1.6mm。钢材及焊丝的化学成分见表 7-9。

表 7-9　Q235B 钢材及 TIG-50 焊丝化学成分

材料	质量百分数%									
	C	Mn	Si	S	P	Ni	Cr	Mo	V	Cu
Q235B	0.160	0.470	0.150	0.029	0.019					
TIG-50	0.071	1.410	0.824	0.007	0.014	0.007	0.010	0.009	0.016	0.038

管板焊接疲劳试件的长度约为 225mm，其中紧邻焊缝约 1mm 区域为直线段，其外径 21mm，内径为 16mm，壁厚为 2.5mm。焊接试件采用全熔透的角接与对接组合焊缝形式，外部焊脚尺寸为 3.5mm，试件尺寸如图 7-13 所示。管板焊接试件成品及其焊接细节如图 7-14 所示。

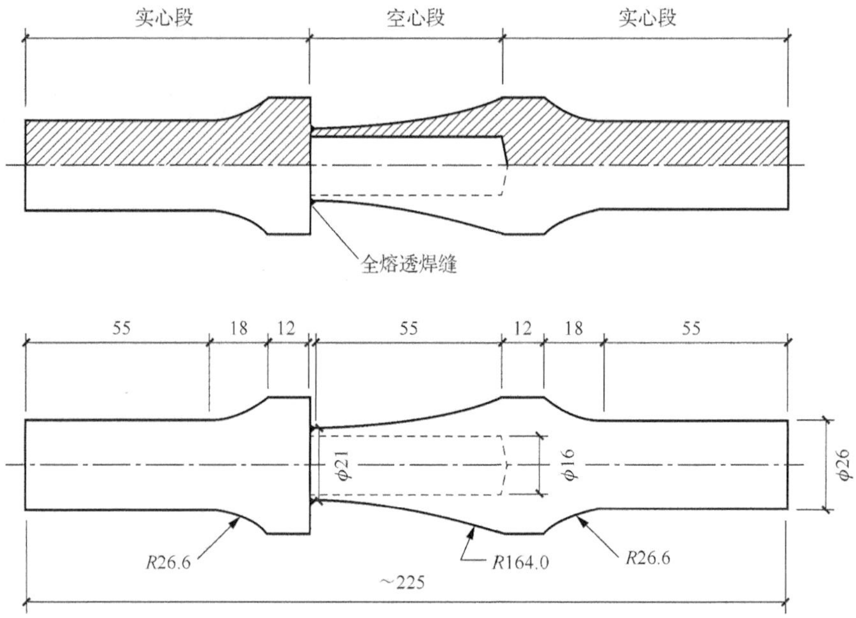

图 7-13　管板焊接疲劳试件尺寸（单位：mm）

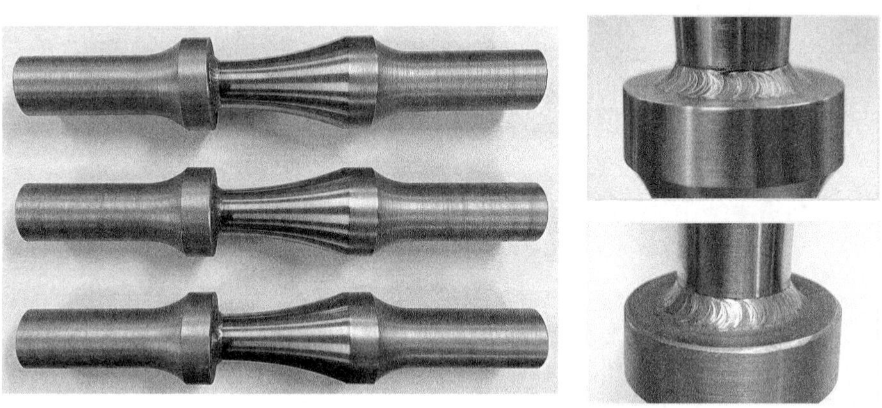

图 7-14　管板焊接试件成品及其焊缝细节

2. 疲劳试验加载制度

Q235B 焊接节点疲劳试验加载方案考虑 4 种影响路径形状的因素，包括等效应力幅值 $\Delta\sigma_{eq}$、轴向与切向应力分量的相位差 φ、轴向与切向应力幅比值 λ 以及加载波形。其中等效应力幅值 $\Delta\sigma_{eq}$ 取 290MPa 和 330MPa，应力分量的相位差 φ 取 45° 和 90°，轴向与切向应力幅比值 λ 取 1 和 $\sqrt{3}$，加载波形选用正弦波和三角波。由上述参量组合的多轴疲劳试验加载工况见表 7-10，其中编号 P 和 M 分别代表多轴比例及非比例路径。为避免焊接试件在循环加载过程出现不必要的能量耗散，所有疲劳试验的加载频率为 0.5Hz。

表 7-10　多轴比例及非比例疲劳试验加载工况

<table>
<tr><th>序号</th><th>路径编号</th><th>$\Delta\sigma_{eq}$/MPa</th><th>$\Delta\sigma$/MPa</th><th>$\Delta\tau$/MPa</th><th>φ</th><th>λ</th><th>R</th><th>加载波形</th></tr>
<tr><td>1</td><td>P1</td><td>330</td><td>233.35</td><td>134.72</td><td>0°</td><td>$\sqrt{3}$</td><td>−1</td><td>三角波</td></tr>
<tr><td>2</td><td>P2</td><td>330</td><td>165.00</td><td>165.00</td><td>0°</td><td>1</td><td>−1</td><td>三角波</td></tr>
<tr><td>3</td><td rowspan="2">M1</td><td>290</td><td>290.00</td><td>167.43</td><td rowspan="2"></td><td rowspan="2">$\sqrt{3}$</td><td rowspan="2">−1</td><td rowspan="2">三角波</td></tr>
<tr><td>4</td><td>330</td><td>330.00</td><td>190.53</td></tr>
<tr><td>5</td><td rowspan="2">M2</td><td>290</td><td>290</td><td>167.43</td><td rowspan="2"></td><td rowspan="2">$\sqrt{3}$</td><td rowspan="2">−1</td><td rowspan="2">三角波</td></tr>
<tr><td>6</td><td>330</td><td>330.00</td><td>190.53</td></tr>
<tr><td>7</td><td>M3</td><td>330</td><td>233.35</td><td>134.72</td><td></td><td>$\sqrt{3}$</td><td>−1</td><td>三角波</td></tr>
<tr><td>8</td><td>M4</td><td>330</td><td>233.35</td><td>134.72</td><td></td><td>$\sqrt{3}$</td><td>−1</td><td>三角波</td></tr>
<tr><td>9</td><td>M5</td><td>330</td><td>233.35</td><td>134.72</td><td></td><td>$\sqrt{3}$</td><td>−1</td><td></td></tr>
<tr><td>10</td><td rowspan="2">M6</td><td>290</td><td>205.07</td><td>118.39</td><td rowspan="2"></td><td rowspan="2">$\sqrt{3}$</td><td rowspan="2">−1</td><td rowspan="2"></td></tr>
<tr><td>11</td><td>330</td><td>233.35</td><td>134.72</td></tr>
<tr><td>12</td><td rowspan="2">M7</td><td>290</td><td>167.44</td><td>167.44</td><td rowspan="2">90°</td><td rowspan="2">1</td><td rowspan="2">−1</td><td rowspan="2">正弦波</td></tr>
<tr><td>13</td><td>330</td><td>190.53</td><td>190.53</td></tr>
<tr><td>14</td><td rowspan="2">M8</td><td>290</td><td>221.96</td><td>128.15</td><td rowspan="2">45°</td><td rowspan="2">$\sqrt{3}$</td><td rowspan="2">−1</td><td rowspan="2">正弦波</td></tr>
<tr><td>15</td><td>330</td><td>252.57</td><td>145.82</td></tr>
<tr><td>16</td><td rowspan="2">M9</td><td>290</td><td>290.00</td><td>167.43</td><td rowspan="2">90°</td><td rowspan="2">$\sqrt{3}$</td><td rowspan="2">−1</td><td rowspan="2">三角波</td></tr>
<tr><td>17</td><td>330</td><td>330.00</td><td>190.53</td></tr>
<tr><td>18</td><td rowspan="2">M10</td><td>290</td><td>290.00</td><td>167.43</td><td rowspan="2">90°</td><td rowspan="2">$\sqrt{3}$</td><td rowspan="2">−1</td><td rowspan="2">正弦波</td></tr>
<tr><td>19</td><td>330</td><td>330.00</td><td>190.53</td></tr>
</table>

注：P 代表多轴比例加载；M 代表多轴非比例加载。

管板焊接节点的多轴非比例加载路径如图 7-15 所示。

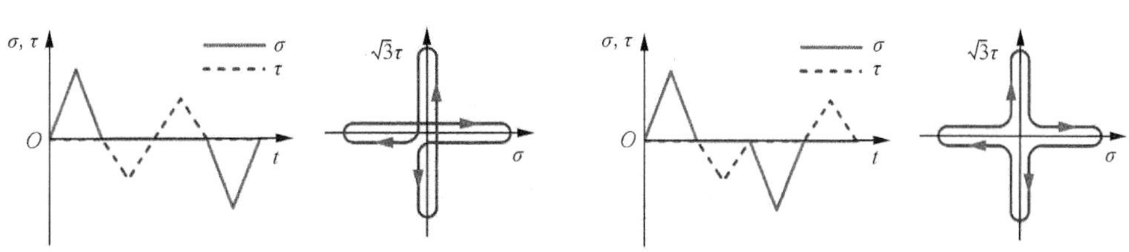

（a）M1路径　　（b）M2路径

图 7-15　多轴非比例加载路径

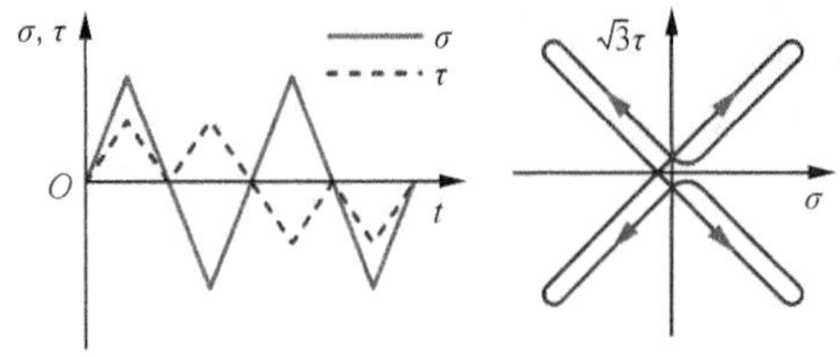

（c）M3路径

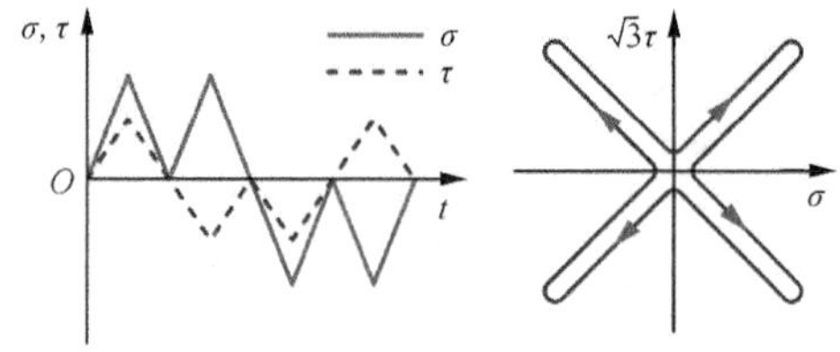

（d）M4路径

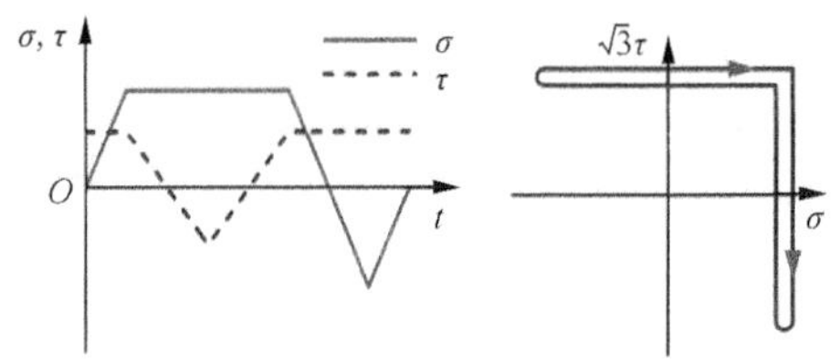

（e）M5路径

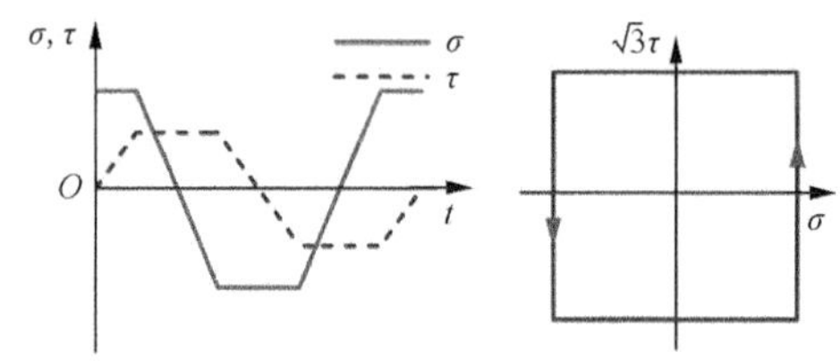

（f）M6路径

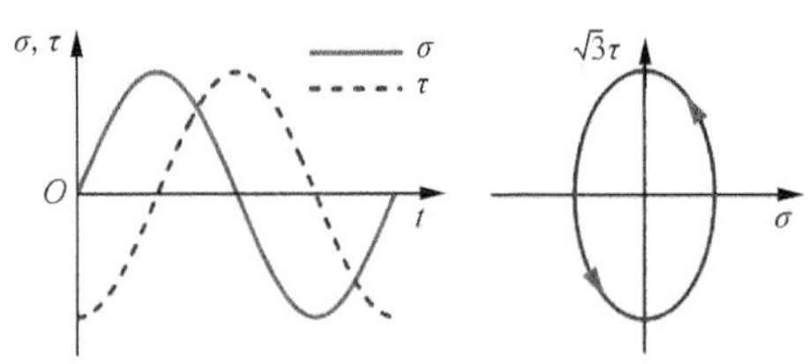

（g）M7路径

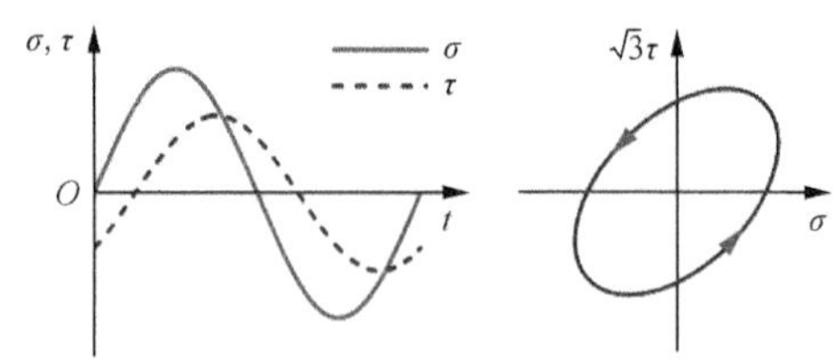

（h）M8路径

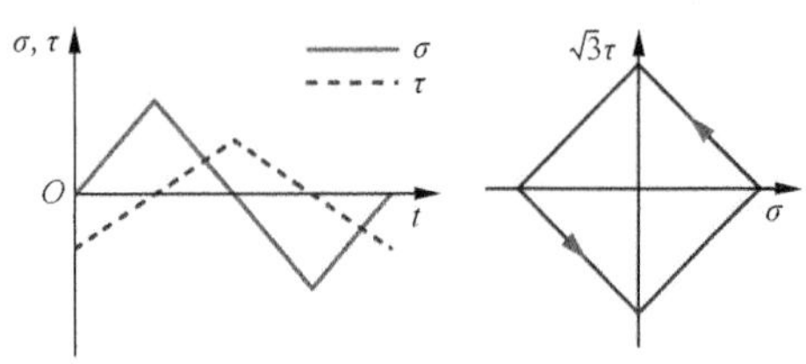

（i）M9路径

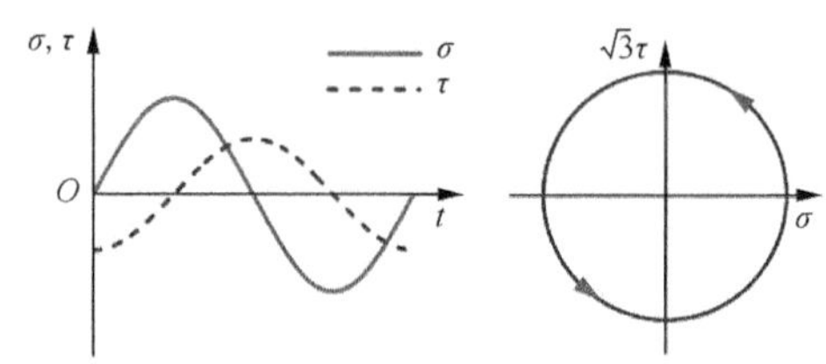

（j）M10路径

图 7-15（续）

7.3.2　多轴疲劳试验结果

1. 多轴循环力学响应

图 7-16 和图 7-17 分别绘制了比例和非比例路径下轴向位移幅值 $\Delta\delta/2$ 及扭转角幅值 $\Delta\phi/2$ 随循环加载历程的变化趋势。图中横坐标为当前循环次数占试件完全断裂时总循环次数的百分比。

由图 7-16 可以看到，焊接节点的多轴比例加载历程可分为稳定循环、刚度退化及失效破坏三个阶段。在循环加载初期，焊接节点的轴向和扭转向变形迅速增加，当加载次数达到总加载历程的 8%～10%时，试件的位移和转角幅值开始趋于恒定，此时节点进入稳定循环状态，如图 7-16（a）中①阶段所示；当循环加载次数达到 90%的总次数时，轴向位移幅值先于扭转角开始缓慢增加，试件出现刚度缓慢退化的现象，如图 7-16（a）中②阶段，表明在该阶段已形成影响轴向刚度的疲劳裂纹；随后位移幅值曲线的斜率快速增大，扭转角幅值也开始增加，直至试件完全断裂破坏，如图 7-16（a）中③阶段。其中管板焊接节点在刚度退化后的较短时间内迅速进入失效破坏阶段，两阶段无明显界线。

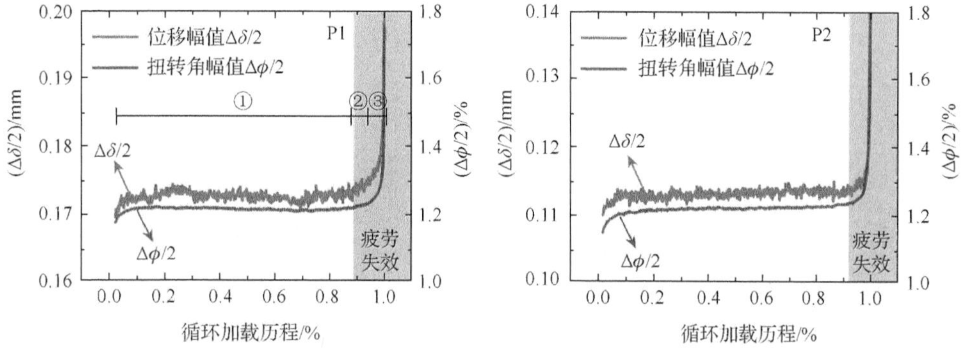

（a）P1路径　（b）P2路径

图 7-16　比例加载下试件轴向位移及扭转角幅值随加载变化趋势（$\Delta\sigma_{eq}/2$=330MPa）

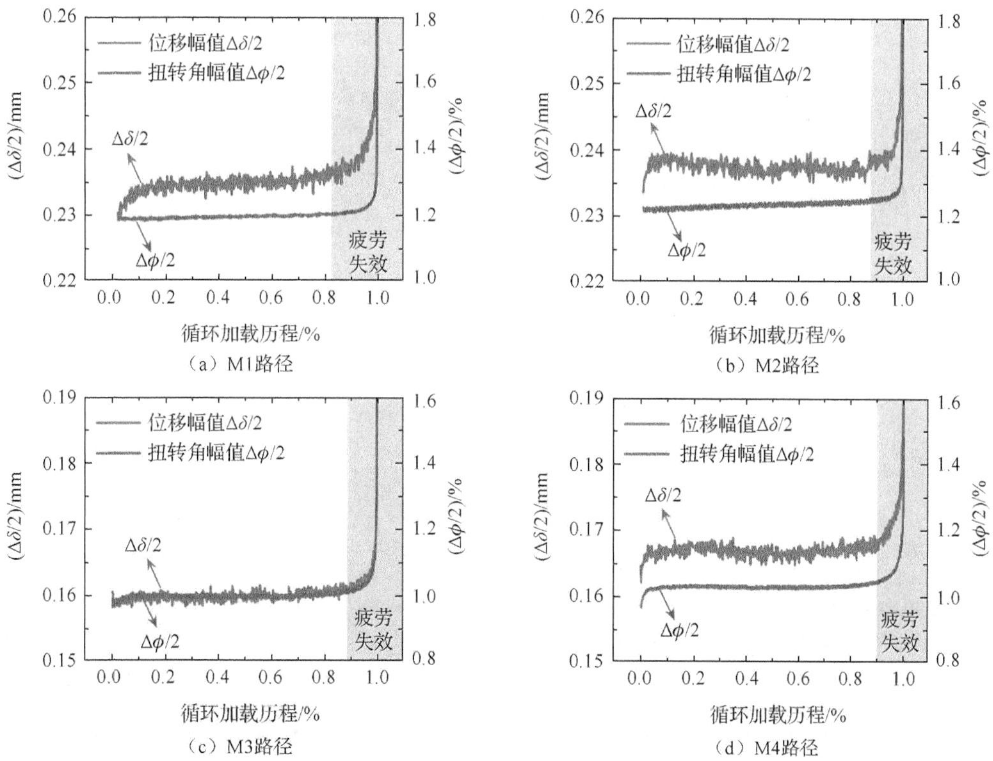

（a）M1路径　（b）M2路径

（c）M3路径　（d）M4路径

图 7-17　非比例加载下轴向位移及扭转角幅值随加载变化趋势（$\Delta\sigma_{eq}/2$=330MPa）

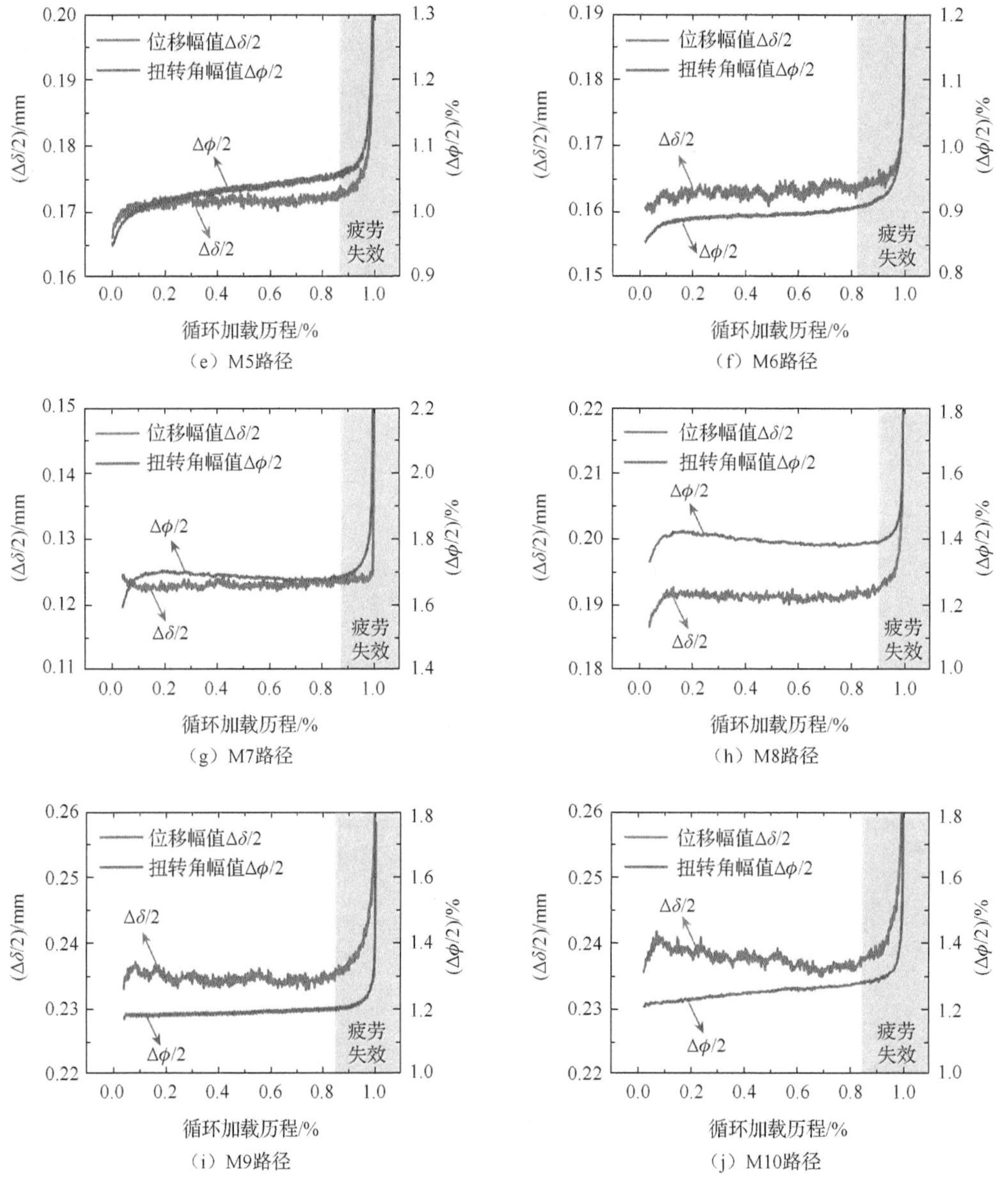

图 7-17（续）

由图 7-17 所示的位移及转角幅值曲线可见，非比例加载下焊接管板试件同样经历了稳定循环、刚度退化及失效破坏三个阶段。与比例加载不同的是，稳定循环阶段个别路径的位移或扭转角幅值不再维持恒定。循环加载初期，试件在 M1、M2 路径下的扭转角幅值以及 M5、M6 路径下的位移幅值均未显著增大，M7 路径下位移幅出现先下降后缓慢增加的趋势，表明材料出现短暂的循环硬化。当循环次数达到约 10%的总加载次数时，各路径下焊接试件进入稳定循环状态。其中，M2、M5、M6、M9 和 M10 路径下的扭转角幅值在稳定循环时持续增加，M7 和 M8 的扭转角幅值以及 M2 和 M10 路径的位移幅值呈下降趋势。由此表明，对于具有非比例强化特征的 Q235B 焊接金属，在循环加载时也存在循环软化（包括硬化）的现象；当加载次数达到约 80%～90%的总循环次数时，各路径下焊接试件开始进入刚度退化阶段。其中，M7 路径下试件的轴向刚度发生退化的时刻滞后于扭转刚度，而 M3～M6 路径的轴向及扭转刚度同时发生退化，其余路径表现出轴向刚度先于扭转刚度退化的情况。可以看到，由于非比例加载下材料内部最大剪应力方向的旋转及多滑移系的开动，导致疲劳裂纹对试件刚度的影响规律较比例路径更为复杂，表明非比例路径下拉-扭荷载的交互作用较为显著。

此外由图 7-17 显示的加载-变形规律可知，循环加载末期刚度退化阶段试件轴向及扭转方向的变形持续增大，随后的失效破坏阶段的时间极短，此阶段疲劳裂纹对焊接试件刚度和承载力的影响较大。

为考察焊接试件在拉-扭多轴加载下的力学响应，根据试验机记录的荷载-位移/转角数据，列举了其在多轴比例及非比例循环加载初期（$t<0.05N_f$）、中期（$t=0.05N_f$）及末期（$t>0.95N_f$）的轴向力 F-位移δ和扭矩 T-扭转角ϕ滞回曲线。为便于分析，将所有路径的滞回曲线中心平移至位移δ或扭转角ϕ零点处。

由图 7-18 可以看到稳定加载时（$0.5N_f$）的拉压与扭转方向滞回曲线关于坐标原点对称，滞回环随加载历程作顺时针旋转，同时面积逐渐增大，表明试件在循环加载下出现刚度退化特性。此外，尽管 P1 和 P2 的轴向与切向应力幅之比不同，但该路径在对应加载阶段的滞回曲线形状保持一致。由此表明，多轴比例路径下应力分量幅值比（表现为路径斜率）的改变不影响焊接节点的塑性变形规律。

图 7-19 绘制了 M1～M10 路径下焊接试件在拉压和扭转方向滞回曲线。可以看到除 M9 路径的滞回曲线与比例路径相似外，其余非比例路径的滞回环均出现一定程度畸变，其形状与加载路径相关。例如，由于 M1 和 M2 路径的轴向应力在正向加、卸载后存在加载空程，此时试件轴力为 0 但弹性位移持续收缩，表现为滞回曲线的卸载段和反向加载段出现平移错位，其扭转方向滞回曲线与之同理；M3 和 M4 路径的轴向与切向应力存在两次正、负加载，其中正、负向应力交替加载表现为滞回环的重叠，而同方向应力连续加载表现为滞回环的联接；M5 和 M6 路径存在加载持荷，此时试件的外力不变而塑性变形持续增大，表现为滞回环在持荷方向一端出现平直段。

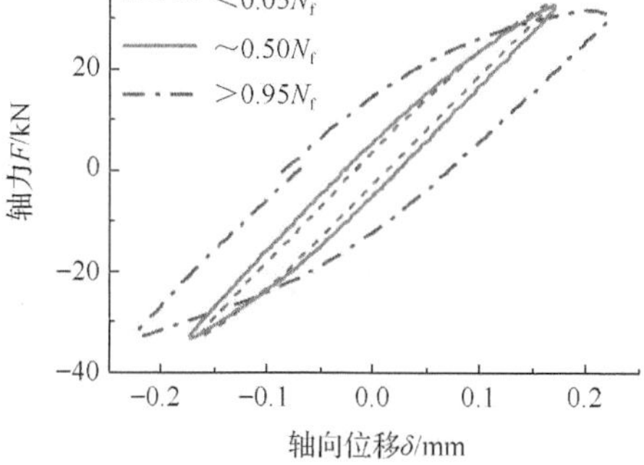

（a）P1路径F-δ曲线

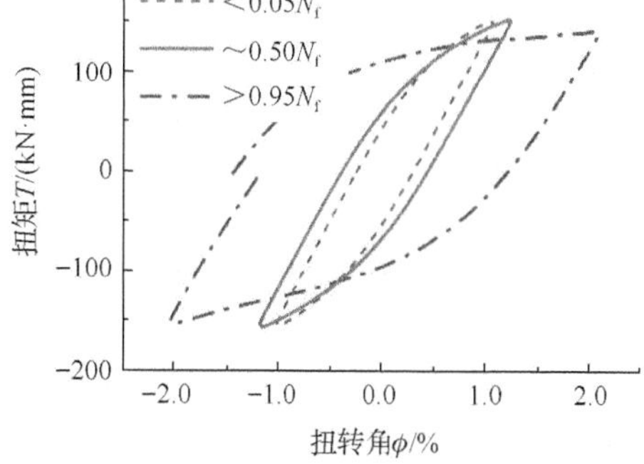

（b）P1路径T-ϕ曲线

图 7-18　比例加载下焊接试件的拉压和扭转分量滞回曲线（$\Delta\sigma_{eq}/2$=330MPa）

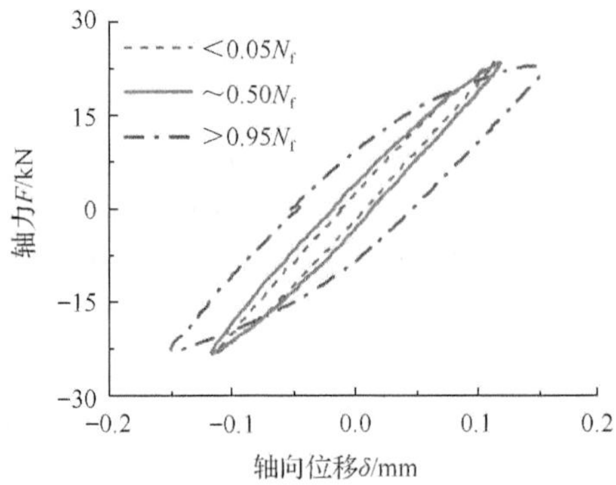

（c）P2路径F-δ曲线

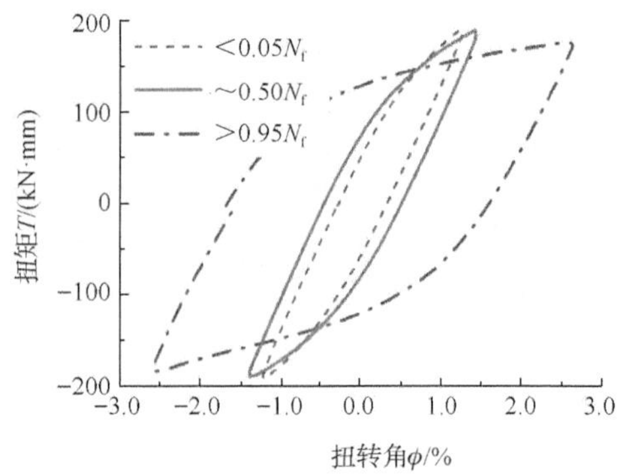

（d）P2路径T-ϕ曲线

图 7-18（续）

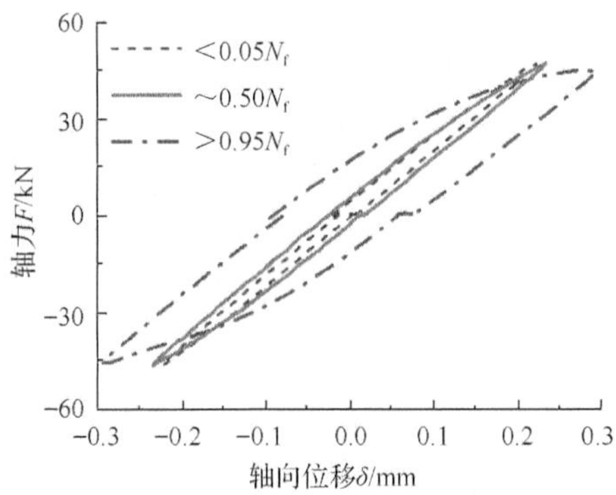

（a）M1路径F-δ曲线

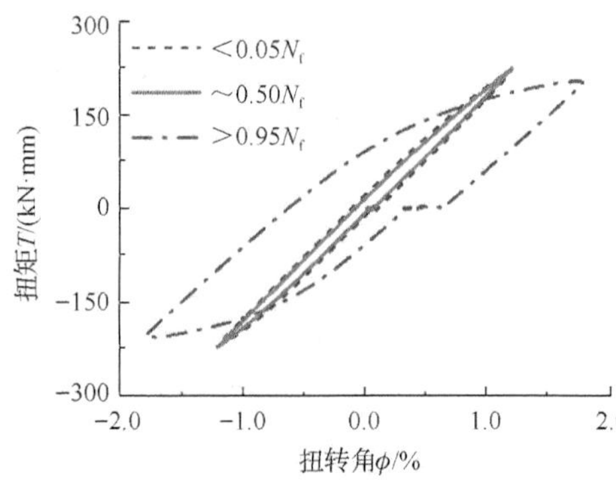

（b）M1路径T-ϕ曲线

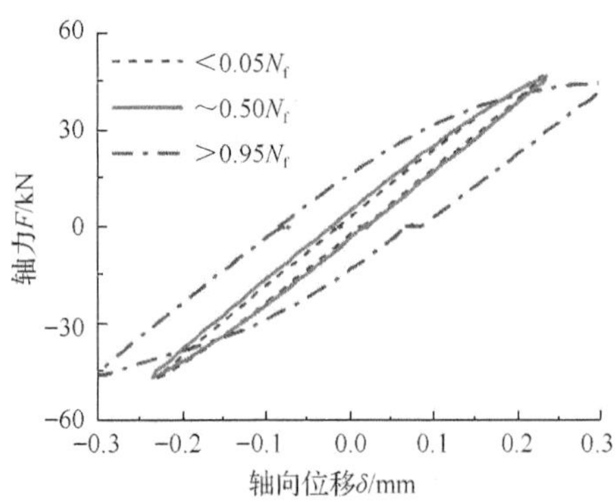

（c）M2路径F-δ曲线

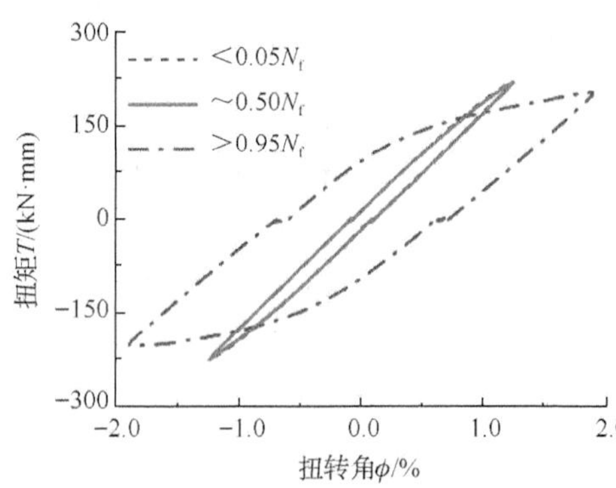

（d）M2路径T-ϕ曲线

图 7-19 非比例加载下焊接试件的拉压和扭转分量滞回曲线（$\Delta\sigma_{eq}/2$=330MPa）

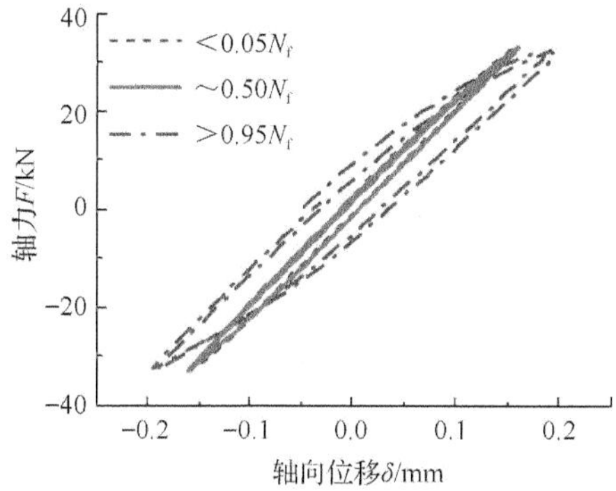

（e）M3路径F-δ曲线

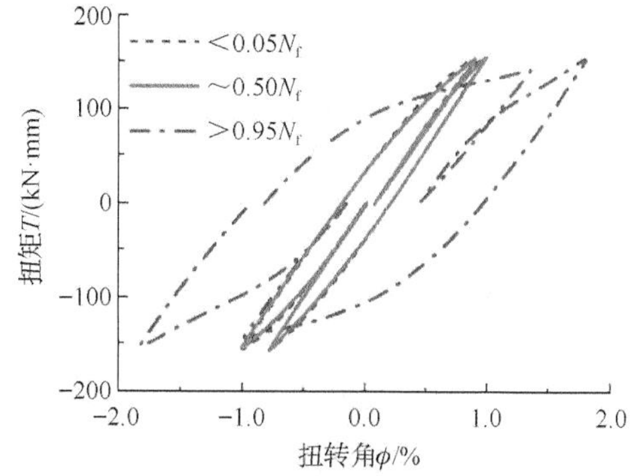

（f）M3路径T-ϕ曲线

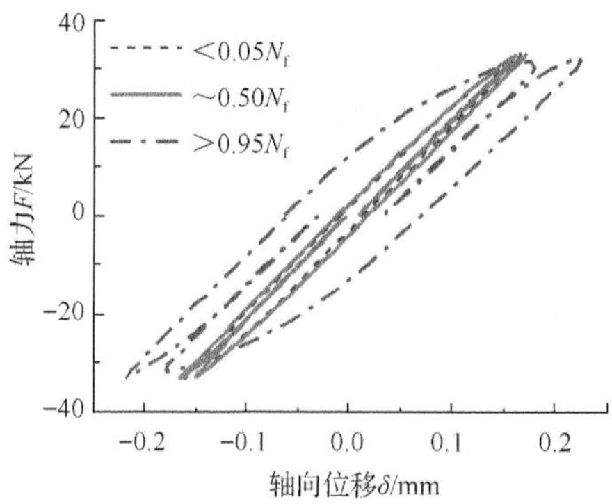

（g）M4路径F-δ曲线

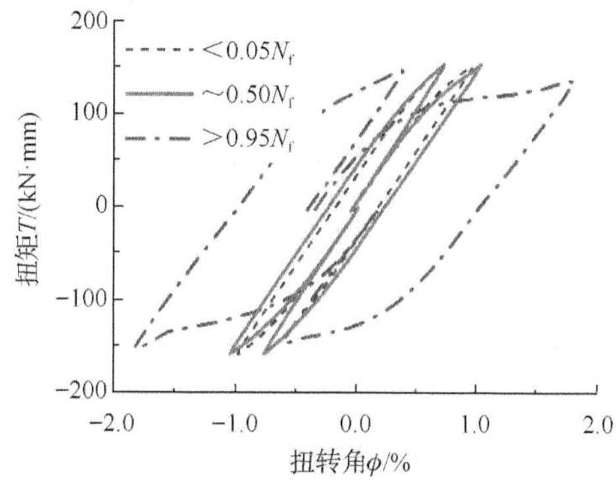

（h）M4路径T-ϕ曲线

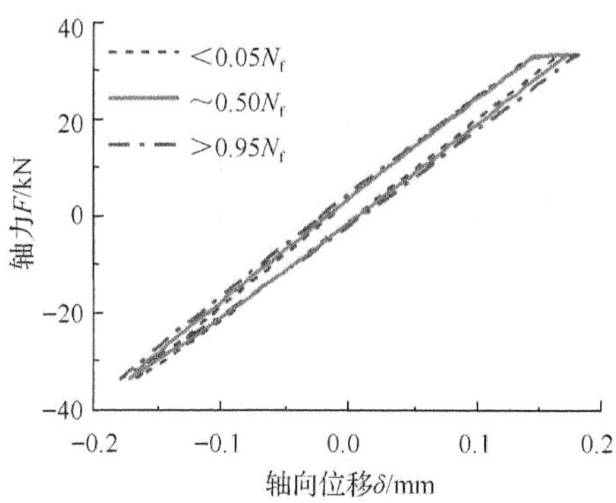

（i）M5路径F-δ曲线

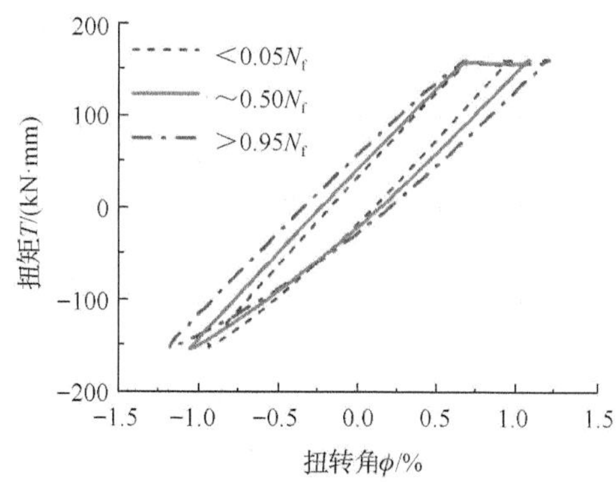

（j）M5路径T-ϕ曲线

图 7-19（续）

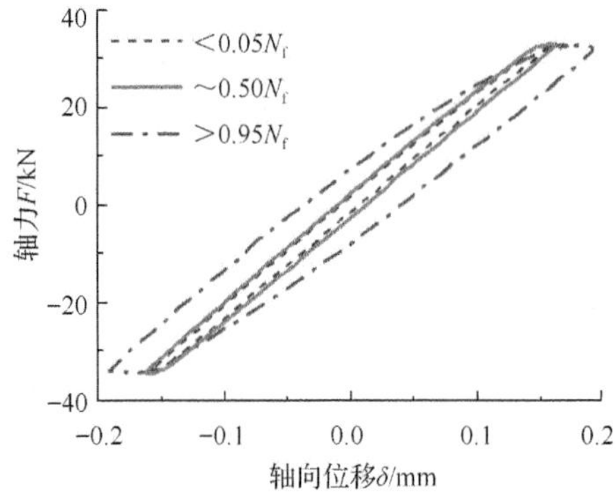

（k）M6路径F-δ曲线

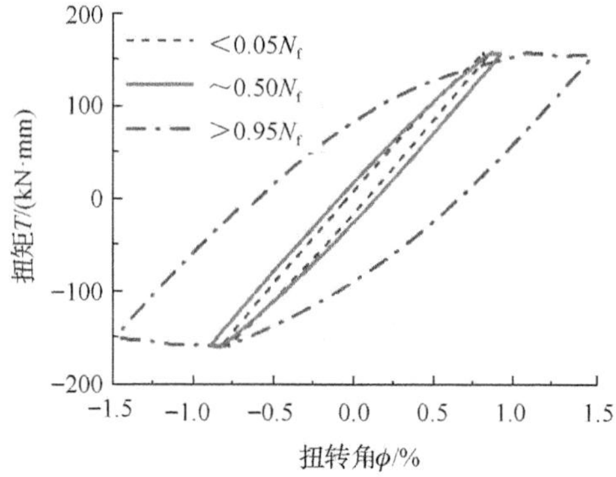

（l）M6路径T-ϕ曲线

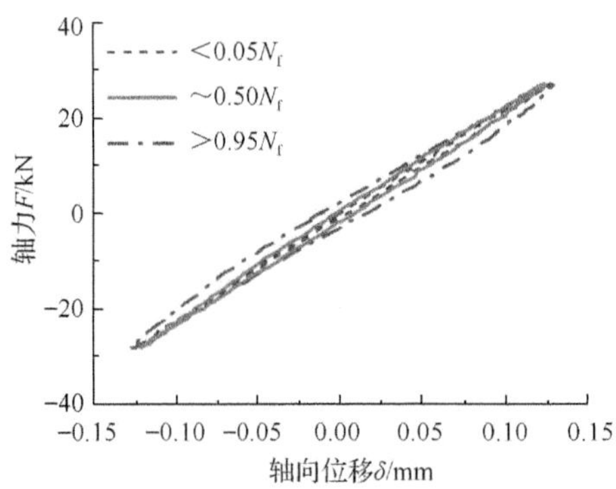

（m）M7路径F-δ曲线

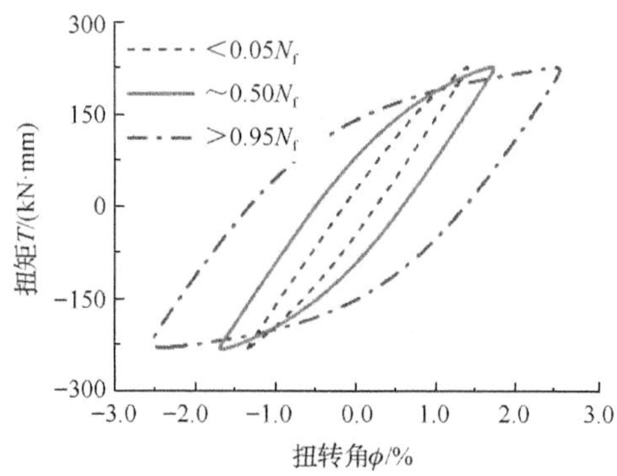

（n）M7路径T-ϕ曲线

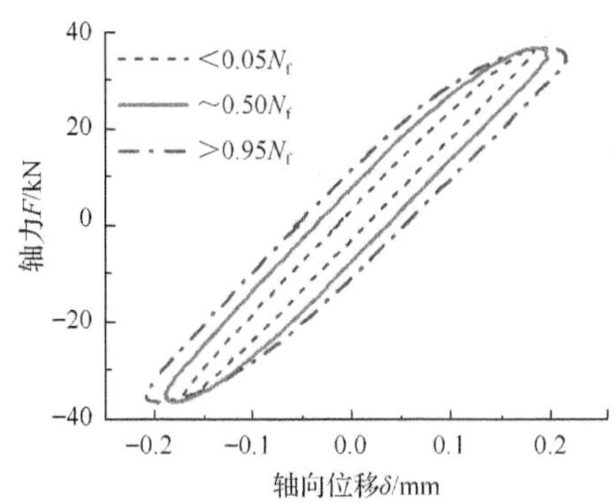

（o）M8路径F-δ曲线

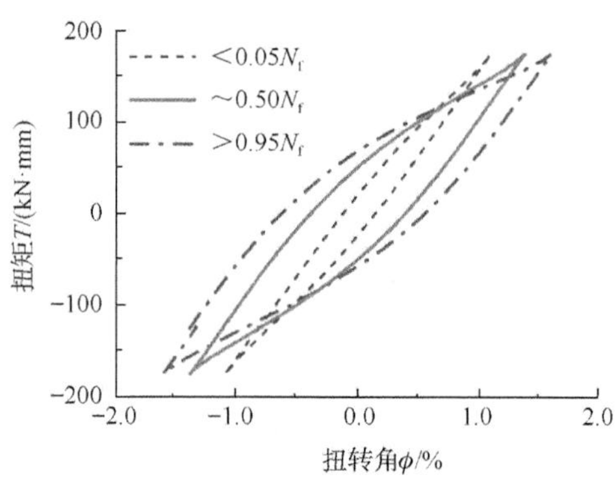

（p）M8路径T-ϕ曲线

图 7-19（续）

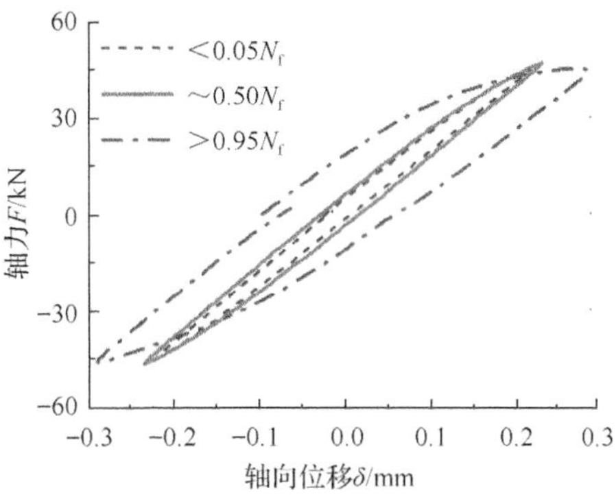

（q）M9路径F-δ曲线

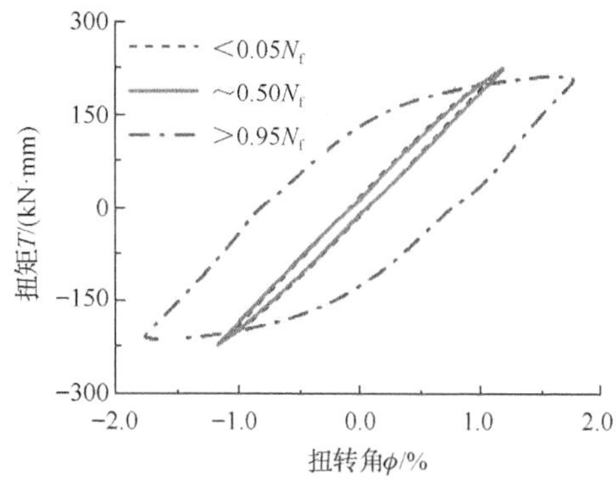

（r）M9路径T-ϕ曲线

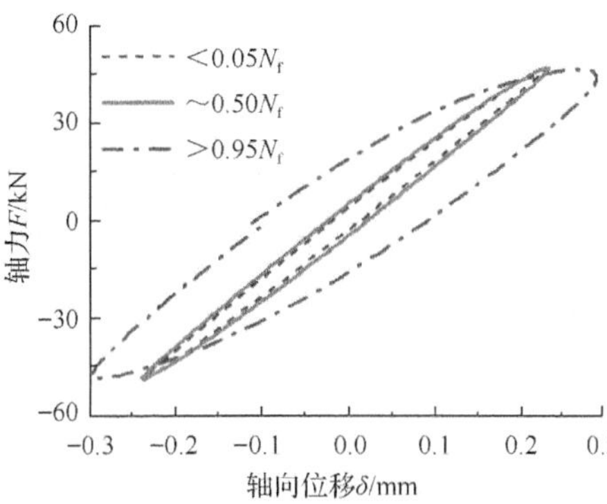

（s）M10路径F-δ曲线

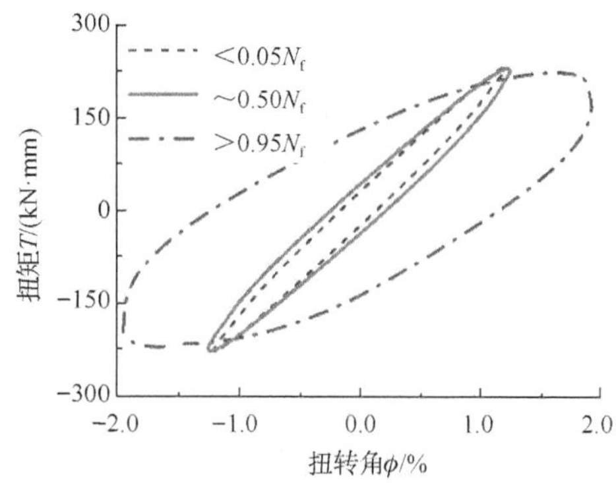

（t）M10路径T-ϕ曲线

图 7-19（续）

2. 疲劳性能

Q235B 管板焊接节点的多轴疲劳试验共测试了 42 组，试验测得的主要参数及试件的疲劳寿命结果详见表 7-11。

表 7-11　管板焊接节点多轴疲劳试验结果

序号	路径编号	试件编号	($\Delta\sigma_{eq}/2$) / MPa	($\Delta\sigma/2$) / MPa	($\Delta\tau/2$) / MPa	($\Delta\delta/2$) / mm	($\Delta\phi/2$) / %	N_f/周次
1	P1	a	316.91	226.80	128.52	0.173	1.210	5298
2		b	317.08	228.50	128.39	0.171	1.172	4390
3		c	317.00	227.31	129.46	0.171	1.191	4875
4	P2	a	315.29	161.81	156.99	0.113	1.216	7548
5		b	313.13	160.75	154.80	0.119	1.370	9093
6	M1	a	323.14	322.52	185.91	0.235	1.197	2579
7		b	323.16	322.27	185.07	0.234	1.174	2691
8		c	283.69	282.01	162.37	0.202	1.026	6951

续表

序号	路径编号	试件编号	$(\Delta\sigma_{eq}/2)$ / MPa	$(\Delta\sigma/2)$ / MPa	$(\Delta\tau/2)$ / MPa	$(\Delta\delta/2)$ / mm	$(\Delta\phi/2)$ / %	N_f/ 周次
9	M2	a	322.78	322.62	185.13	0.238	1.229	3213
10		b	322.34	321.31	184.58	0.232	1.219	3487
11		c	283.46	283.22	163.52	0.195	1.019	7438
12	M3	a	319.61	227.54	129.69	0.160	0.992	3902
13		b	321.04	228.13	130.18	0.159	0.997	4033
14	M4	a	319.90	227.47	130.06	0.166	1.033	4402
15		b	324.21	230.25	131.79	0.156	0.847	3201
16		c	317.87	228.51	128.29	0.165	0.986	5090
17	M5	a	327.89	231.40	131.35	0.172	1.056	3173
18		b	327.87	232.06	131.28	0.171	1.035	2631
19	M6	a	324.41	232.69	132.68	0.162	0.896	2834
20		b	326.33	233.15	134.98	0.169	1.014	3296
21		c	285.36	205.54	116.49	0.137	0.696	4477
22		d	284.39	204.63	116.80	0.142	0.772	7886
23		e	282.73	204.18	116.14	0.142	0.797	8273
24	M7	a	330.42	190.99	190.60	0.123	1.672	4012
25		b	330.34	190.60	190.57	0.122	1.697	4451
26		c	330.04	190.53	190.43	0.123	1.683	3897
27		d	290.11	167.38	167.50	0.111	1.313	10939
28		e	290.12	167.73	167.31	0.108	1.282	9796
29	M8	a	330.03	252.01	145.65	0.189	1.379	2201
30		b	333.19	252.30	145.69	0.185	1.334	2807
31		c	290.49	222.06	128.11	0.159	1.087	4870
32		d	289.99	221.85	128.14	0.159	1.038	7683
33		e	289.53	221.89	128.25	0.158	1.072	4327
34	M9	a	324.05	322.86	186.40	0.234	1.185	1993
35		b	324.25	323.58	186.68	0.227	1.157	2459
36		c	285.74	285.88	163.43	0.203	1.048	6243
37		d	286.39	285.63	163.41	0.201	1.025	5440
38	M10	a	333.07	330.01	190.72	0.244	1.327	1316
39		b	333.23	329.58	190.41	0.238	1.253	1499
40		c	331.78	329.93	190.35	0.238	1.367	1589
41		d	291.66	290.19	167.32	0.204	1.104	3597
42		e	291.61	289.77	167.29	0.206	1.112	3496

图 7-20 列举了名义应力幅和等效应力幅与疲劳寿命对应关系。

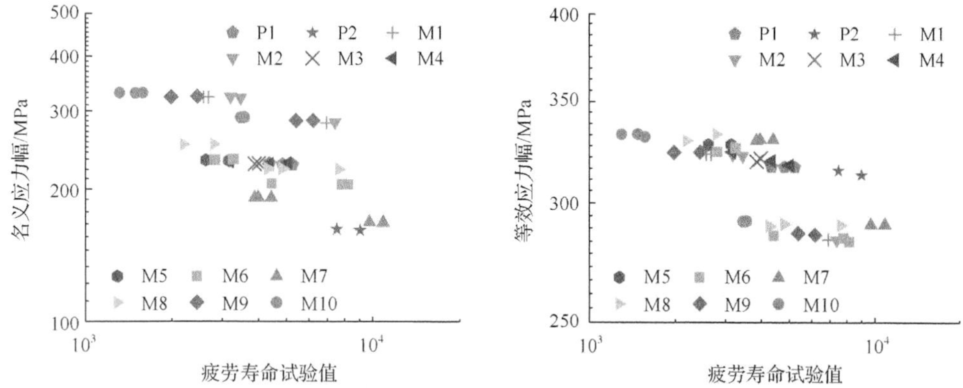

（a）名义正应力幅–疲劳寿命　　（b）等效应力幅–疲劳寿命

图 7-20　应力幅与疲劳寿命试验值对应关系

7.4　Q235B 焊接节点多轴疲劳寿命预测方法

7.4.1　焊接节点多轴疲劳寿命预测方法

1. 结构应变法

针对焊接节点建立多轴疲劳寿命评估方法应考虑两个方面问题，一是对于焊缝焊趾和焊根处的应力集中效应，需要通过有效的方法确定缺口区域应力分布状态；二是对于复杂循环荷载引起的疲劳损伤，特别是多轴非比例加载下节点的疲劳破坏，需要通过合理寿命预测模型计算相应路径下的损伤参量。

目前焊接节点寿命评估采用名义应力法、热点应力法、缺口应力法等常规方法，并以不同形式的应力作为疲劳分析评价指标。

结构应力法是继名义应力法、热点应力法、等效缺口应力法后一种评估焊接节点疲劳强度的新方法。该方法基于结构力学中基本的平衡原理，将节点焊趾处沿截面高度上非线性的应力状态转化为线性分布应力和缺口应力。其中，结构应力中呈线性分布的应力分量满足截面内力与节点外荷载的静力等效平衡条件，而缺口应力分量满足自平衡条件。结构应力法克服了有限元法在分析缺口应力时计算精度对网格尺寸敏感的问题，因此能够合理评估焊缝处应力缺口效应对节点疲劳性能的影响。

以一维受力状态对结构应力的概念进行说明。假设一焊接节点所受的外部荷载会导致焊趾处截面上产生非线性法向应力分布 $\sigma_x(y)$，由截面上力的平衡条件可得法向应力 $\sigma_x(y)$ 与结构薄膜应力 σ_m 和弯曲应力 σ_b 的关系式为

$$\sigma_\mathrm{m} t = \int_{-t/2}^{t/2} \sigma_x(y) \cdot \mathrm{d}y \tag{7-34}$$

式中，t 为焊趾处构件的截面厚度。

在焊趾处截面上，将沿厚度方向的非线性内力对中性轴取一阶矩，得到力矩平衡条件如式（7-35）所示。

$$\sigma_{\mathrm{b}}\frac{t^2}{6}=\int_{-t/2}^{t/2}\sigma_x\left(y\right)y\cdot\mathrm{d}y \tag{7-35}$$

由上述力和力矩平衡条件可得薄膜应力σ_{m}和弯曲应力σ_{b}的计算公式为

$$\sigma_{\mathrm{m}}=\frac{1}{t}\int_{-t/2}^{t/2}\sigma_x\left(y\right)\cdot\mathrm{d}y=\frac{f_y}{t} \tag{7-36}$$

$$\sigma_{\mathrm{b}}=\frac{6}{t^2}\int_{-t/2}^{t/2}\sigma_x\left(y\right)y\cdot\mathrm{d}y=\frac{6m_x}{t^2} \tag{7-37}$$

式中，f_y 定义为沿单位长度焊缝上所受的力，称为线力（量纲：$\mathrm{MT^{-2}}$）；m_x 为沿单位长度焊缝上所受的弯矩，称为线力矩（量纲：$\mathrm{MLT^{-2}}$）。

则焊趾处截面的结构应力σ_{s}可表示为薄膜应力σ_{m}和弯曲应力σ_{b}之和，即

$$\sigma_{\mathrm{s}}=\sigma_{\mathrm{m}}+\sigma_{\mathrm{b}}=\frac{f_y}{t}+\frac{6m_x}{t^2} \tag{7-38}$$

由式（7-38）可知，求解线力f_y和线力矩m_x是确定结构应力σ_{s}分布的关键。为此，基于有限单元法，首先求解整体坐标系下满足一定边界条件的线性平衡方程组得出全局节点位移解；然后基于全局节点位移和单元节点位移的等量关系确定各单元的节点位移向量，并通过几何方程将节点位移转化为单元应变；随后通过材料的本构方程输出各单元的节点力和节点弯矩；最后根据等效平衡原理将节点力/弯矩转化为线力/线力矩，其转换方法如下。

假设图 7-21 为某一单元上的节点力 F_y和节点弯矩 M_x分布，其中 F_y为 y 轴方向的集中力，M_x为绕 x 轴的弯矩，由 y 方向力的平衡条件可得

$$\left(f_{y1}+f_{y2}\right)l/2=F_{y1}+F_{y2} \tag{7-39}$$

式中，l 为单元长度；F_{y1}和 F_{y2}分别为节点 N_1和节点 N_2沿 y 方向的节点力。

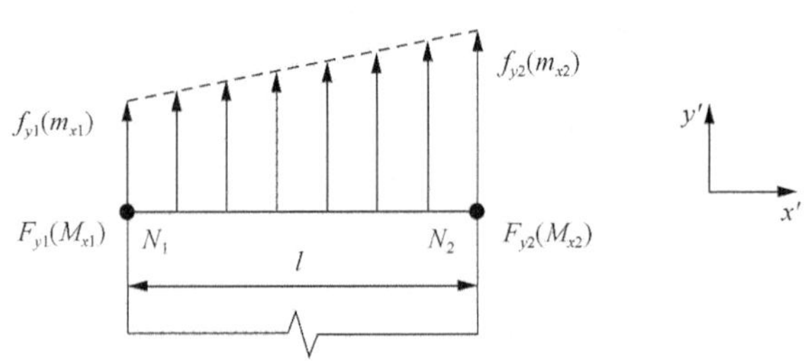

图 7-21　单元上节点力/力矩与线力/力矩分布

将所有外力对节点 N_1 取矩，可得

$$f_{y1}l\left(l/2\right)+\left(f_{y2}-f_{y1}\right)l\left(l/2\right)\left(2l/3\right)=F_{y2}l \tag{7-40}$$

由式（7-39）和式（7-40）可得节点力与线力的关系式为

$$\begin{Bmatrix} F_{y1} \\ F_{y2} \end{Bmatrix} = \begin{bmatrix} l/3 & l/6 \\ l/6 & l/3 \end{bmatrix} \begin{Bmatrix} f_{y1} \\ f_{y2} \end{Bmatrix} \tag{7-41}$$

同理，单元上节点弯矩和线力矩的关系式可表示为

$$\begin{Bmatrix} M_{y1} \\ M_{y2} \end{Bmatrix} = \begin{bmatrix} l/3 & l/6 \\ l/6 & l/3 \end{bmatrix} \begin{Bmatrix} m_{y1} \\ m_{y2} \end{Bmatrix} \tag{7-42}$$

式中，M_{y1} 和 M_{y2} 分别为节点 N_1 和节点 N_2 绕 x 轴的力矩。

对式（7-41）和式（7-42）进行恒等变换，可得线力 f_y 和节点力 F_y 以及线力矩 m_x 和节点弯矩 M_x 的关系为

$$\begin{Bmatrix} f_{y1} \\ f_{y2} \end{Bmatrix} = \begin{bmatrix} 4/l & -2/l \\ -2/l & 4/l \end{bmatrix} \begin{Bmatrix} F_{y1} \\ F_{y2} \end{Bmatrix} \tag{7-43}$$

$$\begin{Bmatrix} m_{x1} \\ m_{x2} \end{Bmatrix} = \begin{bmatrix} 4/l & -2/l \\ -2/l & 4/l \end{bmatrix} \begin{Bmatrix} M_{x1} \\ M_{x2} \end{Bmatrix} \tag{7-44}$$

通过式（7-43）和式（7-44）可将各单元的节点力/力矩向单元中间转化为分布形式的单位长度线荷载。由此可以利用式（7-38）计算出焊趾处构件截面上沿厚度分布的结构应力。

基于上述计算原理，对于焊接节点焊趾处截面上的 n 个单元，可类似地由平衡条件求得所有单元的节点力 F_y 和线力 f_y 关系为

$$\begin{Bmatrix} F_{y1} & F_{y2} & F_{y3} & \cdots & F_{yn} \end{Bmatrix}^{\mathrm{T}} = L\begin{Bmatrix} f_{y1} & f_{y2} & f_{y3} & \cdots & f_{yn} \end{Bmatrix}^{\mathrm{T}} \tag{7-45}$$

则节点力 F_y 向线力 f_y 的转换公式为

$$\begin{Bmatrix} f_{y1} & f_{y2} & f_{y3} & \cdots & f_{yn} \end{Bmatrix}^{\mathrm{T}} = L^{-1}\begin{Bmatrix} F_{y1} & F_{y2} & F_{y3} & \cdots & F_{yn} \end{Bmatrix}^{\mathrm{T}} \tag{7-46}$$

式中，L 为转换矩阵，其逆矩阵 L^{-1} 的表达形式为

$$L^{-1} = \begin{bmatrix} \dfrac{3}{l_1}+\dfrac{1}{l_1+l_2} & \dfrac{-2}{l_1+l_2} & \dfrac{1}{l_1+l_2} & 0 & \cdots & 0 \\ \dfrac{-2}{l_1+l_2} & \dfrac{4}{l_1+l_2} & \dfrac{-2}{l_1+l_2} & 0 & \cdots & 0 \\ 0 & \dfrac{-2}{l_2+l_3} & \dfrac{4}{l_2+l_3} & \dfrac{-2}{l_2+l_3} & 0 & 0 \\ 0 & 0 & \ddots & \ddots & \ddots & 0 \\ \vdots & \cdots & 0 & \dfrac{-2}{l_{n-2}+l_{n-1}} & \dfrac{4}{l_{n-2}+l_{n-1}} & \dfrac{-2}{l_{n-2}+l_{n-1}} \\ 0 & \cdots & 0 & \dfrac{1}{l_{n-2}+l_{n-1}} & \dfrac{-2}{l_{n-2}+l_{n-1}} & \dfrac{1}{l_{n-2}+l_{n-1}}+\dfrac{3}{l_{n-1}} \end{bmatrix} \tag{7-47}$$

式中，l_1、l_2、l_3、…、l_{n-1} 分别为 n 个单元的长度。

同理，节点弯矩 M_x 向线力矩 m_x 的转化式为

$$\{m_{x1} \quad m_{x2} \quad m_{x3} \quad \cdots \quad m_{xn}\}^{\mathrm{T}} = L^{-1}\{M_{x1} \quad M_{x2} \quad M_{x3} \quad \cdots \quad M_{xn}\}^{\mathrm{T}} \tag{7-48}$$

综合式（7-46）和式（7-48）可得沿焊缝长度结构应力σ_{s}的计算公式为

$$\sigma_{\mathrm{s}} = \frac{1}{t}L^{-1}\left(f_{yn} + \frac{6}{t}m_{xn}\right) \tag{7-49}$$

此外，当焊接节点同时承受弯矩/拉伸和扭矩等多向荷载时，除上述法向结构应力分量σ_{s}，还可由平衡条件求得节点焊趾处截面上沿切向 τ_{s} 及横向 τ_z 的结构应力分布，如式（7-50）和式（7-51）所示。

$$\tau_{\mathrm{s}} = \tau_{\mathrm{m}} + \tau_{\mathrm{b}} = \frac{f_x}{t} + \frac{6m_y}{t^2} \tag{7-50}$$

$$\tau_z = \frac{f_z}{t} \tag{7-51}$$

焊接节点焊趾处截面上沿厚度的法向、切向及横向结构应力分量如图 7-22 所示。一般情况下，沿 z 轴方向的横向剪切结构应力 τ_z 相较于其他两个分量的占比较小，对节点疲劳性能的影响可忽略不计。

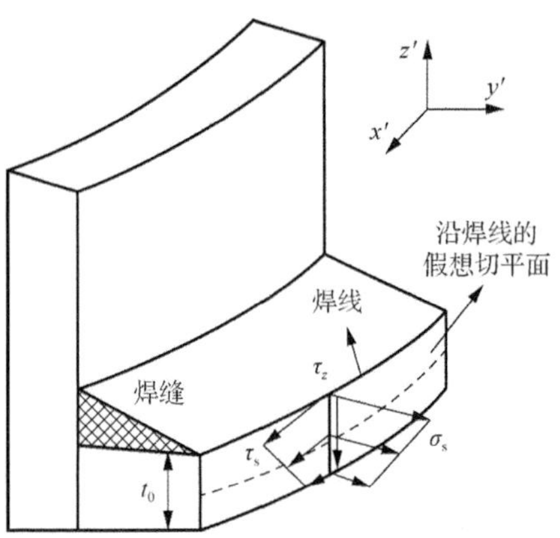

图 7-22　节点焊趾处沿法向、切向和横向结构应力分布

目前结构应力法已应用于高周疲劳领域焊接节点的单轴与多轴寿命评估问题。由于材料的高周疲劳以弹性变形为主，因此以结构应力项为计算参量尚可以反映节点在疲劳敏感区的疲劳损伤。然而对于高应力状态下的循环加载，节点在焊趾处的应力往往已超过材料的屈服强度，导致焊缝局部区域出现塑性变形。此时以应力项作为计算参量不足以反映节点的疲劳损伤程度，需要结合应变项考虑塑性变形对疲劳破坏的影响。

结构应变法是在结构应力法的基础上，针对低周应变疲劳问题所提出的寿命评估方法。该方法考虑了材料线弹性、理想弹塑性及应变强化等本构模型，并通过建立平衡条件和求解屈服函数确定结构应变的分布状态。依据材料本构方程的表达式，可选择解析或数值迭代方法求解结构应变。

仍以一维的结构应变状态进行说明。假设焊接节点承受弯矩作用，可由式（7-49）确定焊趾处截面上的结构薄膜应力σ_m和弯曲应力分量σ_b。在满足平衡方程和屈服函数的条件下，可计算对应的线性分布结构应变分量，即薄膜应变 ε_m 和弯曲应变 ε_b，如图 7-23 所示。

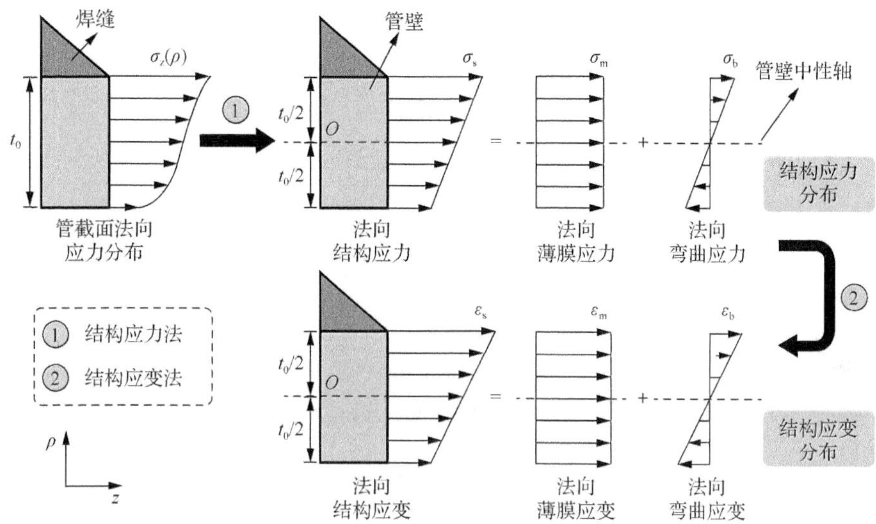

图 7-23　焊趾处沿管截面的结构应力及结构应变分布

图 7-23 所示的沿截面壁厚分布的应变状态称为结构应变 ε_s，表达式为

$$\varepsilon_s=\varepsilon_m+\varepsilon_b \tag{7-52}$$

剪切结构应变与法向结构应变的分布相似，但该应变沿截面切向分布。

当焊接节点处于多轴受力状态时，焊趾处截面上会同时存在法向σ_s和切向 τ_s 结构应力，如图 7-22 所示。然而现阶段的结构应变法仅考虑单轴疲劳寿命预测问题，尚缺乏对多轴疲劳的理论研究。因此，需要进一步确定与结构应力相对应的法向及切向结构应变分量，为后续建立适用于高/低周的多轴疲劳寿命评估方法提供理论基础。本书关于结构应变的计算流程如下：

1）计算焊趾处沿管截面厚度方向上有限单元的节点力/弯矩，根据静力等效平衡原理确定法向及切向结构应力分量。

2）推导管截面上力和力矩的平衡方程，引入材料的强化本构方程并建立基于 Mises 屈服准则的多轴应力屈服函数。

3）采用数值迭代法求解屈服函数的等效塑性应变增量，并依据塑性流动法则计算截面上法向及切向结构应变分量。

2. 多轴结构应变计算

假设一圆管-端板形式的焊接节点在钢管自由端同时承受弯矩和扭矩作用，如图 7-24 所示，则在节点焊趾处的管截面上存在双轴应力状态（忽略沿截面厚度方向的剪应力）。在柱坐标（ρ, θ, z）系下该应力分量可分别表示为轴向正应力$\sigma_z(\rho)$及切应力$\tau_{z\theta}(\rho)$，其中ρ、θ、z代表钢管的径向、环向及法向。

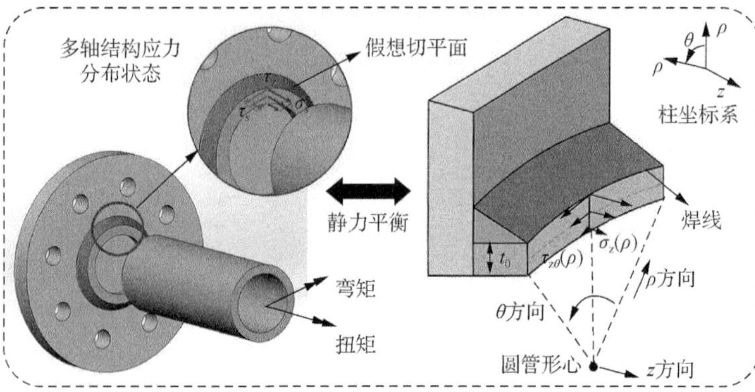

图 7-24　焊接节点焊趾处截面上的平衡状态

根据管截面上内力与结构应力和面积乘积的平衡条件，由图 7-24 可得焊趾处截面沿厚度方向上正应力、切应力与结构应力的等效关系式为

$$\int_{-t_0/2}^{t_0/2}\sigma_z(\rho)\cdot \mathrm{d}\rho=\sigma_{\mathrm{m}}t_0 \tag{7-53}$$

$$\int_{-t_0/2}^{t_0/2}\sigma_z(\rho)\cdot\rho\cdot \mathrm{d}\rho=\int_{-t_0/2}^{t_0/2}(2\sigma_{\mathrm{b}}/t_0\cdot\rho)\cdot\rho\cdot \mathrm{d}\rho=\sigma_{\mathrm{b}}t_0^{\,2}/6 \tag{7-54}$$

$$\int_{-t_0/2}^{t_0/2}\tau_{z\theta}(\rho)\cdot \mathrm{d}\rho=\tau_{\mathrm{m}}t_0 \tag{7-55}$$

$$\int_{-t_0/2}^{t_0/2}\tau_{z\theta}(\rho)\cdot\rho\cdot \mathrm{d}\rho=\int_{-t_0/2}^{t_0/2}(2\tau_{\mathrm{b}}/t_0\cdot\rho)\cdot\rho\cdot \mathrm{d}\rho=\tau_{\mathrm{b}}t_0^{\,2}/6 \tag{7-56}$$

式中，t_0管截面的厚度；ρ为径向的积分变量。

为便于推导和计算，将积分变量ρ除以壁厚t_0使积分上下限单位化，则积分变量ρ变为ρ'，积分上下限由$[-t_0/2, t_0/2]$变为$[-1/2, 1/2]$，因此式（7-53）～式（7-56）可转化为式（7-57）～式（7-60）。

$$\int_{-1/2}^{1/2}\sigma_z(\rho')\cdot \mathrm{d}\rho'=\sigma_{\mathrm{m}} \tag{7-57}$$

$$\int_{-1/2}^{1/2}\sigma_z(\rho')\rho'\cdot \mathrm{d}\rho'=\sigma_{\mathrm{b}}/6 \tag{7-58}$$

$$\int_{-1/2}^{1/2}\tau_{z\theta}(\rho')\cdot \mathrm{d}\rho'=\tau_{\mathrm{m}} \tag{7-59}$$

$$\int_{-1/2}^{1/2}\tau_{z\theta}(\rho')\rho'\cdot \mathrm{d}\rho'=\tau_{\mathrm{b}}/6 \tag{7-60}$$

根据胡克定律，正应力、剪应力与其对应的弹性应变关系式为

$$\sigma=E\varepsilon^{\mathrm{e}} \tag{7-61}$$

$$\tau=G\gamma^{\mathrm{e}} \tag{7-62}$$

由于总应变可表示为弹性应变和塑性应变之和，根据式（7-61）和式（7-62），则正（剪）应力和塑性正（剪）应变的关系式可表达为

$$\sigma = E\left(\varepsilon - \varepsilon^{\mathrm{p}}\right) \tag{7-63}$$

$$\tau = G\left(\gamma - \gamma^{\mathrm{p}}\right) \tag{7-64}$$

假设在小变形状态下，圆管截面上法向和切向结构应变沿径向 ρ 呈线性分布，则结构正应变和切应变分布的表达式为

$$\varepsilon = \varepsilon^{\mathrm{e}} + \varepsilon^{\mathrm{p}} = k_{\varepsilon}\rho' t_0 + b_{\varepsilon} \tag{7-65}$$

$$\gamma = \gamma^{\mathrm{e}} + \gamma^{\mathrm{p}} = k_{\gamma}\rho' t_0 + b_{\gamma} \tag{7-66}$$

式（7-65）和式（7-66）中：k_{ε} 和 b_{ε} 分别为法向结构应变分布公式的斜率和截距；k_{γ} 和 b_{γ} 为切向结构应变分布公式的斜率和截距。

在[−1/2, 1/2]范围内对式（7-63）两边进行积分，并将式（7-57）代入该积分表达式，则法向结构应变的分布参数 b_{ε} 可表示为

$$Eb_{\varepsilon} = \sigma_{\mathrm{m}} + E\int_{-1/2}^{1/2} \varepsilon^{\mathrm{p}}\left(\rho'\right)\mathrm{d}\rho' \tag{7-67}$$

同时，对式（7-63）两边同时乘以变量 ρ' 后在[−1/2, 1/2]范围内积分，并将式（7-58）代入该积分结果，则法向结构应变的分布参数 k_{ε} 可表示为

$$Ek_{\varepsilon}t_0 = 2\sigma_{\mathrm{b}} + 12E\int_{-1/2}^{1/2} \varepsilon^{\mathrm{p}}\left(\rho'\right)\rho'\mathrm{d}\rho' \tag{7-68}$$

采用上述类似方法，则切向结构应变的线性分布参数 k_{γ} 和 b_{γ} 可由式（7-69）和式（7-70）确定：

$$Gb_{\gamma} = \tau_{\mathrm{m}} + G\int_{-1/2}^{1/2} \gamma^{\mathrm{p}}\left(\rho'\right)\mathrm{d}\rho' \tag{7-69}$$

$$Gk_{\gamma}t_0 = 2\tau_{\mathrm{b}} + 12G\int_{-1/2}^{1/2} \gamma^{\mathrm{p}}\left(\rho'\right)\rho'\mathrm{d}\rho' \tag{7-70}$$

由式（7-67）～式（7-70）可知，只需求得塑性应变分量 ε^{p} 和 γ^{p}，则结构正应变及剪应变的分布状态可由式（7-65）和式（7-66）确定。

为确定塑性应变分量 ε^{p} 和 γ^{p}，本书在弹塑性计算时采用 Ramberg-Osgood 应变强化本构模型，其应力-应变关系式为

$$\varepsilon = \frac{\sigma}{E} + \alpha\frac{\sigma_0}{E}\left(\frac{\sigma}{\sigma_0}\right)^m \tag{7-71}$$

式中：ε 和 σ 分别为总应变和总应力；E 为弹性模量；α、σ_0 和 m 为材料参数，通过拟合单轴加载试验数据确定。

由于 Ramberg-Osgood 本构方程未能将总应变中弹性和塑性部分完全分离，但事实

上材料的加载和卸载过程遵循不同的应力-应变关系。这就导致传统的本构模型不能直接应用于同时存在加载及卸载循环荷载作用的情况。为此，Pei 等[10]通过平移曲线的方法，提出了改进的 Ramberg-Osgood 本构模型，如式（7-72）和式（7-73）所示。

当$\sigma \leqslant \sigma_{\mathrm{prop}}$时：

$$\varepsilon = \varepsilon^{\mathrm{e}} = \frac{\sigma}{E} \tag{7-72}$$

当$\sigma > \sigma_{\mathrm{prop}}$时：

$$\varepsilon = \varepsilon^{\mathrm{e}} + \varepsilon^{\mathrm{p}} = \frac{\sigma}{E} + \alpha \frac{\sigma_0}{E}\left[\left(\frac{\sigma}{\sigma_0}\right)^m - r^m\right] \tag{7-73}$$

式中，r为比例极限应力σ_{prop}与参考应力σ_0之比，如式（7-74）所示。

$$r = \frac{\sigma_{\mathrm{prop}}}{\sigma_0} \tag{7-74}$$

由式（7-73）可知，塑性应变ε^{p}与总应力σ的函数关系可表示为

$$\varepsilon^{\mathrm{p}} = \alpha \frac{\sigma_0}{E}\left[\left(\frac{\sigma}{\sigma_0}\right)^m - r^m\right] \tag{7-75}$$

对上式进行移项变换，可得由塑性应变ε^{p}表示的总应力σ关系式为

$$\sigma = \sigma_0 \left(\frac{E\varepsilon^{\mathrm{p}}}{\alpha\sigma_0} + r^m\right)^{\frac{1}{m}} \tag{7-76}$$

则用于判定塑性流动条件的屈服函数f可表示为

$$f\left(\sigma_{\mathrm{e}}, \bar{\varepsilon}^{\mathrm{p}}\right) = \sigma_{\mathrm{e}} - \sigma_0 \left(\frac{E\bar{\varepsilon}^{\mathrm{p}}}{\alpha\sigma_0} + r^m\right)^{\frac{1}{m}} \tag{7-77}$$

式中，σ_{e}为等效应力。本书采用 Mises 屈服准则，则该等效应力由式（7-78）确定。$\bar{\varepsilon}^{\mathrm{p}}$为内变量，即等效塑性应变，由式（7-79）确定。

$$\sigma_{\mathrm{e}} = \sqrt{\left(\sigma_z\right)^2 + 3\left(\tau_{z\theta}\right)^2} \tag{7-78}$$

$$\bar{\varepsilon}^{\mathrm{p}} = \sqrt{\frac{2}{3}\varepsilon_{ij}^{\mathrm{p}}\varepsilon_{ij}^{\mathrm{p}}} = \sqrt{\frac{2}{3}\left(\varepsilon_z^{\mathrm{p}}\right)^2 + \frac{1}{3}\left(\gamma_{z\theta}^{\mathrm{p}}\right)^2} \tag{7-79}$$

式中，$\varepsilon_{ij}^{\mathrm{p}}$为塑性应变张量。

当出现弹塑性变形时，采用以应变驱动的回退映射（return-mapping）算法求解式（7-77）中的塑性应变。回退映射算法的计算原理如图 7-25 所示。

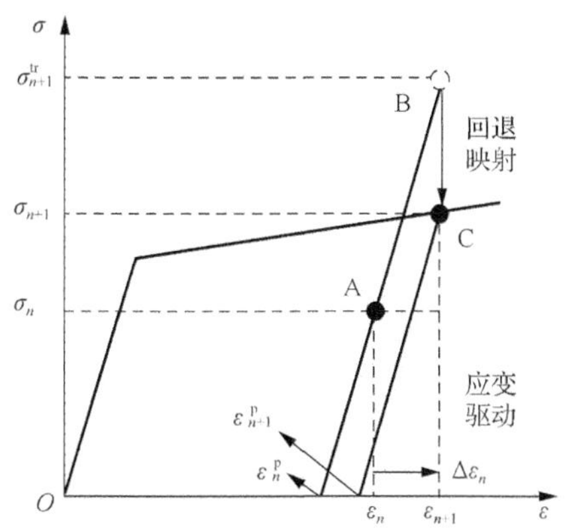

图 7-25　回退映射算法原理图

以材料处于一维应力-应变状态为例对回退映射算法进行说明。假设在初始时刻材料处于线弹性变形状态，其应力和应变分别为σ_n和 ε_n，记为 A 点。当经过微小应变 $\Delta\varepsilon$ 加载后，认为材料进入弹塑性变形状态，此时实际的应力和应变分别为σ_{n+1}和 ε_{n+1}，记为 C 点。现需要确定 C 点的应力σ_{n+1}，但直接求解从 A 点到 C 点的应力变化量 $\Delta\sigma$较为困难。如果以冻结塑性变形的方式对 A 点重新加载，则在 $\Delta\varepsilon$ 加载下 A 点将首先到达 B 点，该点应力称为试应力，记作 σ_{n+1}^{tr}。通过将试应力重新投影至屈服面上，则可求得 C 点的真实应力σ_{n+1}。上述从 A 点经 $\Delta\varepsilon$ 加载到 B 点的过程为完全线弹性变形，无论应力状态是否超出材料的弹性极限。从 B 点到 C 点的过程称为回退映射，表示材料的塑性流动必须发生在屈服面上，即需要满足屈服函数及库恩-塔克（Kuhn-Tucker）[11] 条件。

由图 7-25 中的几何关系，C 点应力σ_{n+1}可由式（7-80）得出

$$\sigma_{n+1} = \sigma_{n+1}^{tr} - E\left(\varepsilon_{n+1}^{p} - \varepsilon_{n}^{p}\right) = \sigma_{n+1}^{tr} - E\Delta\varepsilon^{p} \tag{7-80}$$

式（7-80）中的塑性应变增量 $\Delta\varepsilon^{p}$ 可由新的屈服条件求解，如式（7-81）：

$$f\left(\sigma + \Delta\sigma, \varepsilon^{p} + \Delta\varepsilon^{p}\right) = 0 \tag{7-81}$$

利用 Newton-Raphson 迭代法可求解得到方程式（7-81）的根 $\Delta\varepsilon^{p}$，回代至式（7-80）即可确定 C 点的真实应力状态。对于存在多个加载步的情况，通过数值方法求解塑性应变增量时会引入外力和内力残差，尚需要在每个加载步求解完毕后重新将应力代入平衡条件，以确保残差控制在一定误差范围。

对于二维或三维受力状态，则需要用等效应力σ_e和等效应变$\bar{\varepsilon}$代替一维应力σ和应变 ε 进行弹塑性计算。

基于回退映射算法，可求得二维应力-应变状态下的等效应变塑性增量 $d\bar{\varepsilon}^{p}$。在此基础上通过正交流动法则，可确定各塑性应变增量分量间的比例关系。

根据流动法则公式，塑性应变增量张量与屈服函数对应力张量偏导数的比例关系可表示为

$$\mathrm{d}\varepsilon_{ij}^{\mathrm{p}}=\mathrm{d}\lambda\frac{\partial f}{\partial\sigma_{ij}} \tag{7-82}$$

式中，$\mathrm{d}\lambda$ 为非负的比例系数；f 为屈服函数。

对满足 Mises 屈服准则的应变强化材料，式（7-82）中屈服函数对应力张量的偏导数可表示为

$$\frac{\partial f}{\partial\sigma_{ij}}=\frac{3s_{ij}}{2\sigma_{\mathrm{e}}} \tag{7-83}$$

式中，s_{ij} 为偏应力张量。

此外，等效应力 σ_{e} 可由偏应力张量 s_{ij} 及其第二不变量 J_2' 表示，即

$$\sigma_{\mathrm{e}}=\sqrt{3J_2'}=\sqrt{\frac{3}{2}s_{ij}\cdot s_{ij}} \tag{7-84}$$

将式（7-82）～式（7-84）代入式（7-79），可得到等效塑性应变增量 $\mathrm{d}\bar{\varepsilon}^{\mathrm{p}}$ 与正交法则中比例系数 $\mathrm{d}\lambda$ 的关系式为

$$\mathrm{d}\bar{\varepsilon}^{\mathrm{p}}=\sqrt{\frac{2}{3}\mathrm{d}\varepsilon_{ij}^{\mathrm{p}}\mathrm{d}\varepsilon_{ij}^{\mathrm{p}}}=\sqrt{\frac{2}{3}\left(\mathrm{d}\lambda\frac{3s_{ij}}{2\sigma_{\mathrm{e}}}\right)\left(\mathrm{d}\lambda\frac{3s_{ij}}{2\sigma_{\mathrm{e}}}\right)}=\mathrm{d}\lambda \tag{7-85}$$

因此，基于式（7-82）和式（7-85），可求得法向和切向的塑性应变增量分量，如式（7-86）和式（7-87）所示：

$$\mathrm{d}\varepsilon_{z}^{\mathrm{p}}=\mathrm{d}\bar{\varepsilon}^{\mathrm{p}}\frac{\partial f}{\partial\sigma_{z}}=\mathrm{d}\bar{\varepsilon}^{\mathrm{p}}\cdot\frac{\sigma_{z}}{\sigma_{\mathrm{e}}} \tag{7-86}$$

$$\mathrm{d}\gamma_{z\theta}^{\mathrm{p}}=\mathrm{d}\bar{\varepsilon}^{\mathrm{p}}\frac{\partial f}{\partial\tau_{z\theta}}=\mathrm{d}\bar{\varepsilon}^{\mathrm{p}}\cdot\frac{3\tau_{z\theta}}{\sigma_{\mathrm{e}}} \tag{7-87}$$

3. 多轴结构应变数值求解方法

根据多轴结构应变计算公式的推导可知，由于引入了应变强化的本构方程，导致屈服函数中等效塑性应变增量无法用解析方法求得。因此，本节对塑性应变增量的数值求解步骤进行叙述，并采用 MATLAB 软件进行编程运算。数值计算的流程包含 5 步，具体步骤如下：

1）预定义已知量，并为变量赋初始值。

① 定义已知量：

$$\sigma_{\mathrm{m}},\ \sigma_{\mathrm{b}},\ \tau_{\mathrm{m}},\ \tau_{\mathrm{b}},\ G,\ E,\ t_0$$

② 赋予变量的初值：

$$\varepsilon_{(0)}^{\mathrm{p}}(\rho')=0,\quad \gamma_{(0)}^{\mathrm{p}}(\rho')=0,\quad \bar{\varepsilon}_{(0)}^{\mathrm{p}}(\rho')=0$$

2）计算冻结塑性变形的试应力状态。

① 将第 i 步的迭代结果作为初始迭代值：

$$\varepsilon_{(i)}^{\mathrm{p,tr}}(\rho')=\varepsilon_{(i)}^{\mathrm{p}}(\rho'),\quad \gamma_{(i)}^{\mathrm{p,tr}}(\rho')=\gamma_{(i)}^{\mathrm{p}}(\rho'),\quad \bar{\varepsilon}_{(i)}^{\mathrm{p,tr}}(\rho')=\bar{\varepsilon}_{(i)}^{\mathrm{p}}(\rho')$$

② 计算试应力，其中积分项采用复合辛普森（Simpson）公式计算：

$$Eb_{\varepsilon(i+1)}=\sigma_{\mathrm{m}}+E\int_{-1/2}^{1/2}\varepsilon^{\mathrm{p,tr}}(\rho')\mathrm{d}\rho'$$

$$Ek_{\varepsilon(i+1)}t_0=2\sigma_{\mathrm{b}}+12E\int_{-1/2}^{1/2}\varepsilon^{\mathrm{p,tr}}(\rho')\rho'\mathrm{d}\rho'$$

$$Gb_{\gamma(i+1)}=\tau_{\mathrm{m}}+G\int_{-1/2}^{1/2}\gamma^{\mathrm{p,tr}}(\rho')\mathrm{d}\rho'$$

$$Gk_{\gamma(i+1)}t_0=2\tau_{\mathrm{b}}+12G\int_{-1/2}^{1/2}\gamma^{\mathrm{p,tr}}(\rho')\rho'\mathrm{d}\rho'$$

3）判断应力结果是否满足屈服函数及 Kuhn-Tucker 条件。

$$\sigma_z^{\mathrm{tr}}(\rho')=Ek_{\varepsilon}t_0\rho'+Eb_{\varepsilon}-E\varepsilon^{\mathrm{p,tr}}(\rho')$$

$$\tau_{z\theta}^{\mathrm{tr}}(\rho')=Gk_{\gamma}t_0\rho'+Gb_{\gamma}-G\gamma^{\mathrm{p,tr}}(\rho')$$

$$\sigma_{\mathrm{e}}^{\mathrm{tr}}(\rho')=\sqrt{\left(\sigma_{\mathrm{z}}^{\mathrm{tr}}\right)^2+3\left(\tau_{z\theta}^{\mathrm{tr}}\right)^2}$$

$$f^{\mathrm{tr}}\left(\sigma_{\mathrm{e}}^{\mathrm{tr}},\bar{\varepsilon}^{\mathrm{p}}\right)=\sigma_{\mathrm{e}}^{\mathrm{tr}}-\sigma_0\left(\frac{E\bar{\varepsilon}^{\mathrm{p,tr}}}{\alpha\sigma_0}+r^m\right)^{\frac{1}{m}}$$

① 如果 $f^{\mathrm{tr}}<0$, 则判定当前加载步处于线弹性变形状态：

提取试应力计算结果：

$$\sigma_z=\sigma_z^{\mathrm{tr}},\quad \tau_{z\theta}=\tau_{z\theta}^{\mathrm{tr}}$$

返回步骤 2）进行下一个加载步的计算；

② 如果 $f^{\mathrm{tr}}\geqslant 0$，则判定当前加载步已进入弹塑性变形状态：

跳转步骤 4）继续计算。

4）求解塑性应变增量、更新应力和应变分量。

① 利用 Newton-Raphson 法求解屈服函数中的等效塑性应变增量 $\Delta\bar{\varepsilon}^{\mathrm{p}}$：

$$f\left(\sigma_{\mathrm{e}},\bar{\varepsilon}^{\mathrm{p}}\right)=\sigma_{\mathrm{e}}^{\mathrm{tr}}-\frac{3E\cdot\Delta\bar{\varepsilon}^{\mathrm{p}}}{2(1+\nu)}-\sigma_0\left[\frac{E\left(\bar{\varepsilon}^{\mathrm{p,tr}}+\Delta\bar{\varepsilon}^{\mathrm{p}}\right)}{\alpha\sigma_0}+r^m\right]^{\frac{1}{m}}=0$$

② 更新当前加载步的应力和应变分量：

$$\Delta\varepsilon_z^{\mathrm{p}}=\frac{\Delta\bar{\varepsilon}^{\mathrm{p}}}{\sigma_{\mathrm{e}}^{\mathrm{tr}}}\sigma_z^{\mathrm{tr}}$$

$$\Delta\gamma_{z\theta}^{\mathrm{p}} = \frac{3\Delta\bar{\varepsilon}^{\mathrm{p}}}{\sigma_{\mathrm{e}}^{\mathrm{tr}}}\tau_{z\theta}^{\mathrm{tr}}$$

$$\varepsilon_{z(i+1)}^{\mathrm{p}} = \varepsilon_{z(i)}^{\mathrm{p}} + \Delta\varepsilon_{z}^{\mathrm{p}}$$

$$\gamma_{z\theta(i+1)}^{\mathrm{p}} = \gamma_{z\theta(i)}^{\mathrm{p}} + \Delta\gamma_{z\theta}^{\mathrm{p}}$$

$$\bar{\varepsilon}_{(i+1)}^{\mathrm{p}} = \bar{\varepsilon}_{(i)}^{\mathrm{p}} + \Delta\bar{\varepsilon}^{\mathrm{p}}$$

$$\sigma_{z(i+1)} = Ek_{\varepsilon(i+1)}t_0\rho' + Eb_{\varepsilon(i+1)} - E\varepsilon_{z(i+1)}^{\mathrm{p}}$$

$$\tau_{z\theta(i+1)} = Gk_{\gamma(i+1)}t_0\rho' + Gb_{\gamma(i+1)} - G\gamma_{z\theta(i+1)}^{\mathrm{p}}$$

5）残差修正。

① 将当前步更新的应力和应变结果回代至步骤 2）～4）：迭代至同时满足平衡和屈服条件，并保证相邻迭代步中结构应变分布系数的误差控制在一定误差范围。本程序在迭代中的误差限值设定为 1×10^{-15}。

② 继续进行下一个加载步的计算。

所有加载步完成后终止程序运行，输出结构应变分布系数结果。

多轴结构应变法的数值求解流程如图 7-26 所示。

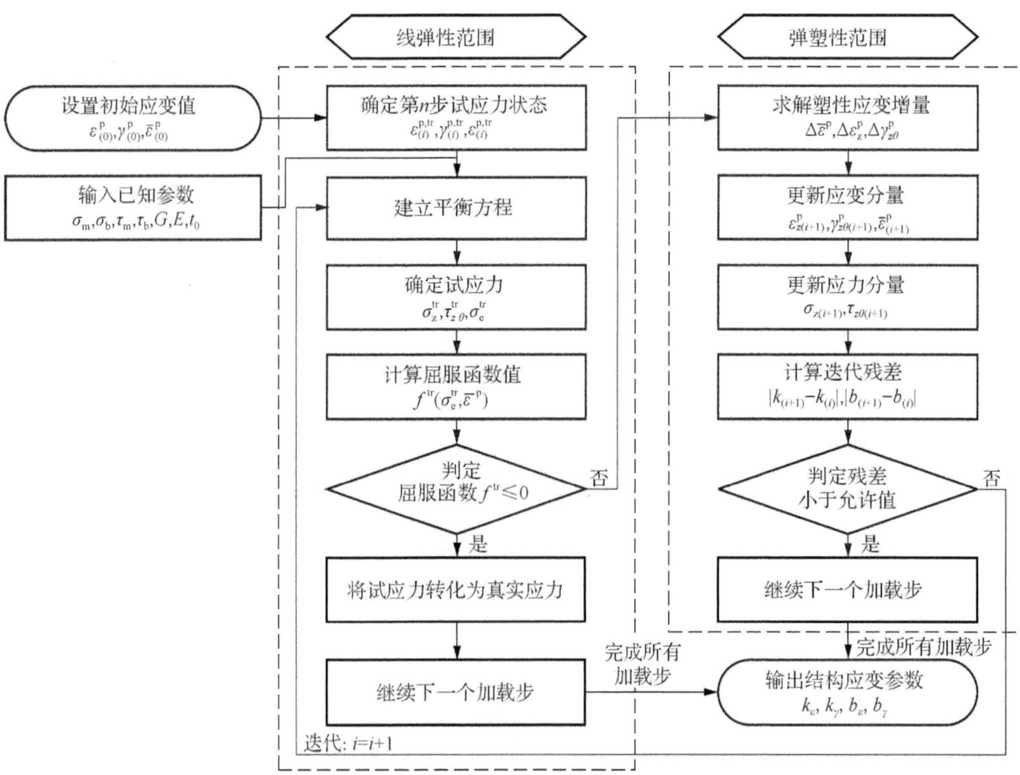

图 7-26　多轴加载路径下结构应变法的数值求解流程图

4. 寿命预测计算方法

目前，临界面模型是进行多轴疲劳寿命有效评估的公认方法之一。在第 7.3 节中，基于 Q235B 焊接接头标准试件的多轴疲劳试验研究，已提出了一种基于加权平均的临界面模型用以预测多轴疲劳寿命，该方法以平均化临界面及其垂直面上的应变能密度作为损伤参量，表达式如式（7-11）。

为将适用于材料的寿命预测方法推广到焊接节点，有必要根据节点的受力特点对损伤参量进行修正。首先，式（7-11）中所有临界面及其垂直面上的应力项均由名义应力计算，然而由于焊接节点在焊趾处存在显著的缺口效应，名义应力不再能反映缺口处的应力集中程度。因此，损伤参量中所有的应力项拟由结构应力法确定。实际计算节点应力时，可通过对焊接节点施加真实外荷载，得到焊趾处截面的结构应力分量；也可以对焊接节点施加虚设或单位外荷载，并计算结构应力与名义应力的比值即结构应力集中系数，得到节点的结构应力分量。其次，结构应力法基于线弹性的材料本构关系进行计算，对于多轴非比例加载的焊接节点，结构应力尚不能反映非比例强化的影响。因此，需要引入衡量非比例程度的路径因子，以考虑应力放大对节点疲劳强度的影响。路径因子计算公式见式（7-12）。此外，式（7-11）中以名义应变确定的损伤参量需要同时修正为对应的结构应变。

综上所述，适用于焊接节点的多轴疲劳损伤参量如式（7-88）所示：

$$FP_{\mathrm{w}}=\left(1+f_{\mathrm{np}}\right)\left(\frac{\Delta\gamma'_{\max}}{2}\tau'_{\max}+\frac{\Delta\varepsilon'_{\mathrm{n}}}{2}\sigma'_{\mathrm{n,max}}+\frac{\Delta\varepsilon'_{\mathrm{no}}}{2}\sigma'_{\mathrm{no,max}}\right) \tag{7-88}$$

上式中各应力、应变项含义同式（7-11），但上述物理量均基于结构应力或结构应变法计算得到；f_{np} 为路径因子，计算方法见式（7-11）和式（7-12）。

基于多轴非比例路径因子、多轴结构应变法和基于应变能的疲劳损伤参量，可建立管-板焊接节点的多轴疲劳寿命预测方法，计算流程如下：

1）采用线弹性本构关系建立焊接节点有限元模型，确定节点在同时承受拉力/弯矩和扭矩作用下焊线处截面所有单元的节点力和节点力矩。通过式（7-46）和式（7-48）将节点力/弯矩转化为线力/线矩，基于式（7-49）和式（7-50）得到节点焊趾处沿厚度方向法向和切向结构应力分布。

2）基于材料在单轴加载下的循环应力-应变曲线，由改进的 Ramberg-Osgood 本构方程拟合得到材料参数，如式（7-76）。将已知的法向和切向结构应力分量以及材料参数代入平衡和屈服条件，基于回退映射算法求解结构应变分布系数，并进一步确定沿厚度方向的结构应变分布。

3）根据法向和切向结构应力/应变分量，求解特定临界面及其垂直面上法向和切向应力/应变值，以替换式（7-11）中对应的名义应力、应变项。将结构应力空间下路径因子代入式（7-88）计算焊接节点的多轴疲劳损伤。

7.4.2 Q235B 焊接节点多轴疲劳寿命预测

1. Q235B 焊接节点多轴疲劳寿命预测

根据 Q235B 焊接节点多轴疲劳试验，对其进行多轴疲劳寿命预测。焊接节点多轴疲劳损伤参量需要结合结构应力、结构应变和非比例路径因子 3 个变量，并以此计算临界面和垂直面上的应变能密度。因此，为评估管板焊接节点的多轴疲劳性能，本节首先计算焊接试件在焊缝处的结构应力，接着将结构应力代入循环强化本构的屈服函数求解对应结构应变，并在结构应力空间内确定路径因子参数。

焊接节点焊趾截面上法向及切向结构应力需要由截面上的单元节点力/力矩计算求得。采用 ABAQUS 对管板焊接试件进行建模，数值模型中环形焊缝及周边区域的网格尺寸约 0.25mm，其余部位尺寸为 2～3mm。由于疲劳试验的加载幅值已达到焊接试件出现塑性应变的水平，因此有限元模型采用弹塑性本构进行计算，见式（7-89）。在试件靠近焊缝侧端部分别施加 48kN 的虚设轴力和 200N·m 的虚设弯矩，并在另一端设置固定约束。有限元模型及焊缝区域的细化网格如图 7-27 所示。

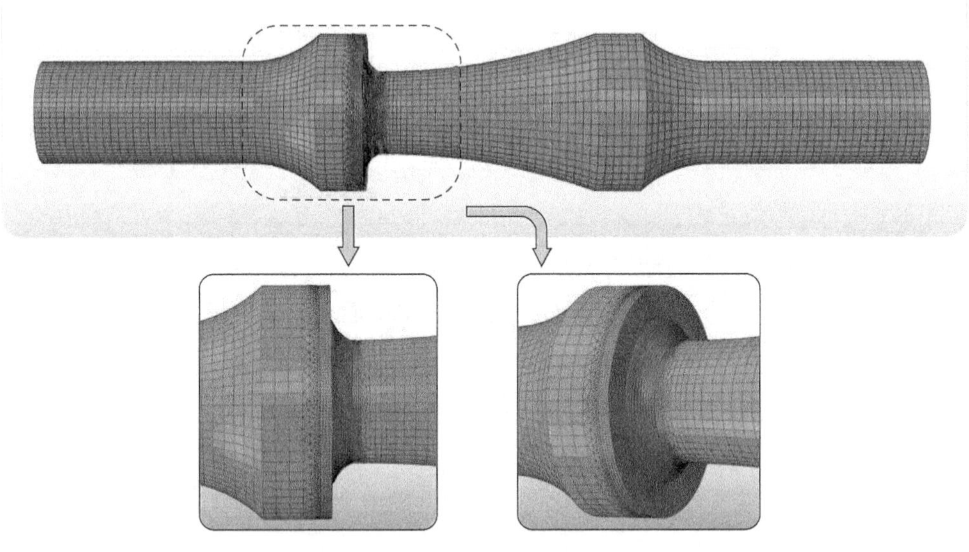

图 7-27 管板焊接节点有限元模型及网格划分细节

基于结构应力的计算原理，可由焊趾处沿焊线单元的节点力和力矩得到截面法向及切向的薄膜应力和弯曲应力，将上述结构应力分量分别与对应方向的名义应力相除即可确定结构应力集中系数（structural stress concentration factor，SSCF），计算结果见表 7-12。

表 7-12　管板焊接节点的结构应力集中系数

σ_m/σ_{nom}	σ_b/σ_{nom}	σ_s/σ_{nom}	τ_m/τ_{nom}	τ_b/τ_{nom}	τ_s/τ_{nom}
0.88	1.21	2.09	0.77	0.35	1.12

为计算多轴结构应变，需要确定焊接金属材料的循环本构方程。为此，根据结构应变求解流程，采用 Ramberg-Osgood 方程对 Q235B 焊接金属试件在对称拉压和对称扭转下的试验结果进行拟合，得到循环应力幅 $\Delta\sigma/2$ 与塑性应变幅 $\Delta\varepsilon_p/2$ 的关系曲线，如式（7-89）所示。

$$\frac{\Delta\varepsilon^p}{2}=\left(\frac{1}{844.2}\cdot\frac{\Delta\sigma}{2}\right)^{1/0.196} \tag{7-89}$$

利用式（7-76）对式（7-89）所示的 Q235B 焊接金属本构曲线进行参数拟合，得到其的改进的 Ramberg-Osgood 本构方程参数，见表 7-13。

表 7-13　基于改进 Ramberg-Osgood 本构方程的 Q235B 焊接金属材料参数

材料类别	E /GPa	v	σ_0 /MPa	α	r	m
Q235B 焊接金属	198		338.5	5.527	0.251	5.100

将初始 Ramberg-Osgood 曲线和改进方程的结果列于图 7-28，结果显示两者的应力-塑性应变关系较为相近，因此可利用改进的 Ramberg-Osgood 方程求解结构应变。基于应变强化的循环本构，通过回退映射算法可计算得到多轴结构应变幅值。

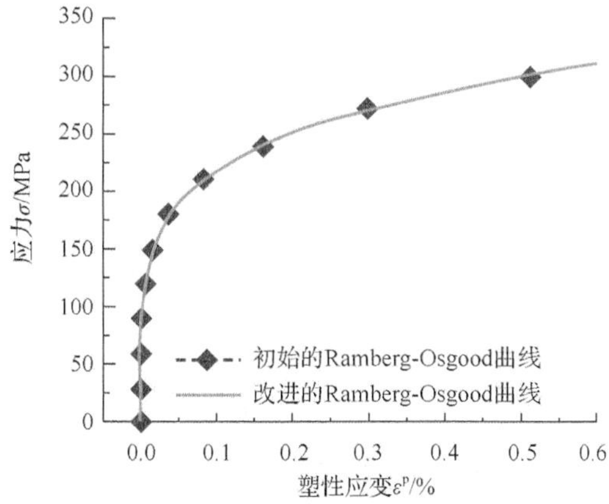

图 7-28　Q235 焊接试件的原始应力-塑性应变曲线与改进曲线对比

对于多轴损伤参量中的路径因子可采用式（7-12）确定，计算结果见表 7-14，其中 $f_{np,nom}$ 和 $f_{np,str}$ 分别代表名义应力空间和结构应力空间下的路径因子。此外，由于多轴比例路径 P1 和 P2 不存在非比例强化效应，因此该路径因子均取为 0。

表 7-14　名义应力及结构应力空间下路径因子计算结果

路径编号	$f_{np,nom}$	$f_{np,str}$	路径编号	$f_{np,nom}$	$f_{np,str}$
P1	0.00	0.00	M5	0.90	0.78
P2	0.00	0.00	M6	0.90	0.78
M1	0.67	0.48	M7	0.58	0.98
M2	0.56	0.40	M8	0.47	0.41
M3	0.77	0.67	M9	0.79	0.56
M4	0.63	0.55	M10	1.00	0.71

利用结构应力集中系数（SSCF）对稳定循环加载周期内的名义应力时程进行调幅，可得到结构应力时程曲线。类似地，利用结构应变幅对相应的位移或扭转角时程进行调幅，可得到对应的结构应变时程曲线。结合表 7-14 的路径因子，采用临界面模型可得到式（7-88）中基于法向及切向应变能密度的损伤参量值。因此，焊接节点多轴疲劳损伤参量与疲劳试验寿命的关系曲线以及在双对数坐标系下寿命预测对比情况如图 7-29 所示。损伤参量 FP_w 与疲劳寿命 N_f 关系图显示，所有数据的预测值均位于±2SD 分散带内，FP_w-N_f 线性拟合的相关系数 R^2 为 0.59。采用 P_s=50%的拟合线计算疲劳寿命理论值，寿命预测结果显示 64.3%、88.1%和 100%的数据分别位于 1.5 倍、2.0 倍和 2.5 倍误差带内。

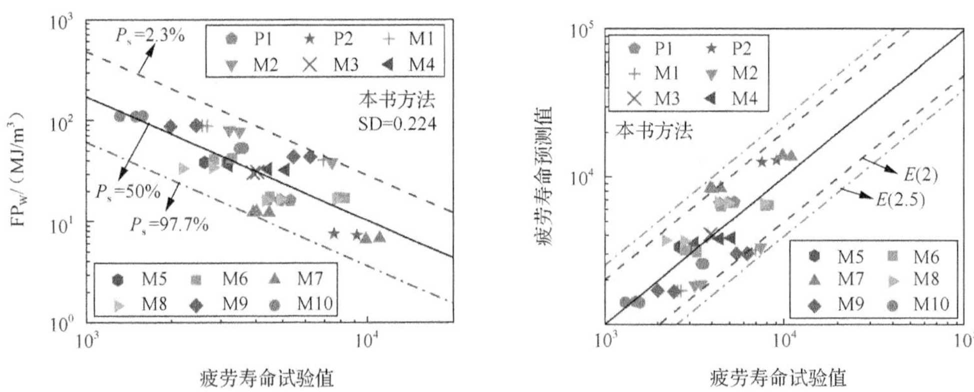

（a）损伤参量与疲劳寿命关系曲线　　（b）预测寿命与试验寿命对比

图 7-29　焊接节点多轴疲劳寿命预测结果

2. 多轴疲劳寿命预测方法对比

为对比不同临界面模型的预测结果，选取了 SWT 模型、KBM 模型、楚-康利-邦嫩（Chu-Conle-Bonnen，CCB）模型和 GWZ 模型进行管板焊接试件的疲劳寿命计算。

SWT 模型疲劳寿命计算公式为

$$\sigma_{\mathrm{n,max}}\frac{\Delta\varepsilon_1}{2}=\frac{\sigma_{\mathrm{f}}'^2}{E}\left(2N_{\mathrm{f}}\right)^{2b}+\sigma_{\mathrm{f}}'\varepsilon_{\mathrm{f}}'\left(2N_{\mathrm{f}}\right)^{b+c} \tag{7-90}$$

KBM 模型疲劳寿命计算公式为

$$\frac{\Delta\gamma_{\max}}{2}+S^*\Delta\varepsilon_{\mathrm{n}}=\left[1+\nu_{\mathrm{e}}+\left(1-\nu_{\mathrm{e}}\right)S^*\right]\frac{\sigma_{\mathrm{f}}'}{E}\left(2N_{\mathrm{f}}\right)^b+\left[1+\nu_{\mathrm{p}}+\left(1-\nu_{\mathrm{p}}\right)S^*\right]\varepsilon_{\mathrm{f}}'\left(2N_{\mathrm{f}}\right)^c \tag{7-91}$$

CCB 模型的损伤参量 ΔW_{CCB} 为

$$\Delta W_{\mathrm{CCB}}=\left(\sigma_{\max}^c\varepsilon_{\mathrm{a}}^c+\tau_{\max}^c\gamma_{\mathrm{a}}^c\right)_{\max} \tag{7-92}$$

CCB 模型的表达式（7-92）中，临界面定义为具有最大损伤值 ΔW_{CCB} 的平面；$\sigma_{\max}^c$ 和 $\tau_{\max}^c$ 分别为临界面上法向和切向的最大应力；$\varepsilon_{\mathrm{a}}^c$ 和 γ_{a}^c 分别为临界面上法向和切向应变幅值。

GWZ 模型的损伤参量 ΔW_{eff} 表达式为

$$\Delta W_{\mathrm{eff}}=\kappa^*\Delta W_{\mathrm{p,IP}}^c \tag{7-93}$$

式中，路径因子 κ^* 的计算公式为

$$\kappa^*=\sqrt{1+\frac{L_{\mathrm{b}}}{L_{\mathrm{a}}}\left(1+\alpha_{\mathrm{NP}}\right)} \tag{7-94}$$

式中，L_{a} 和 L_{b} 分别为包络椭圆的中长半轴与短半轴长度；α_{NP} 为材料的非比例附加强化系数。

此外，式（7-93）中的 $\Delta W_{\mathrm{p,IP}}^c$ 为比例加载中临界面上循环塑性应变能，该损伤参量的表达式为

$$\Delta W_{\mathrm{p,IP}}^c=4\sigma_{\mathrm{a}}^c\varepsilon_{\mathrm{p,a}}^c\left(\frac{1-n'}{1+n'}\right)+4\beta_0\tau_{\mathrm{a}}^c\gamma_{\mathrm{p,a}}^c\left(\frac{1-n_0'}{1+n_0'}\right) \tag{7-95}$$

式中，σ_{a}^c 和 τ_{a}^c 为临界面上法向和切向应力幅值；$\varepsilon_{\mathrm{p,a}}^c$ 和 $\gamma_{\mathrm{p,a}}^c$ 为临界面上法向和切线的塑性应变幅值。n' 为循环强化指数，n_0' 为剪切循环强化指数。β_0 为权重系数，其计算式为

$$\beta_0=\frac{\varepsilon_{\mathrm{f}}'}{\gamma_{\mathrm{f}}'} \tag{7-96}$$

基于上述 4 种临界面模型所计算的焊接节点多轴损伤参量 FP 与疲劳寿命 N_{f} 分布关系如图 7-30 所示。

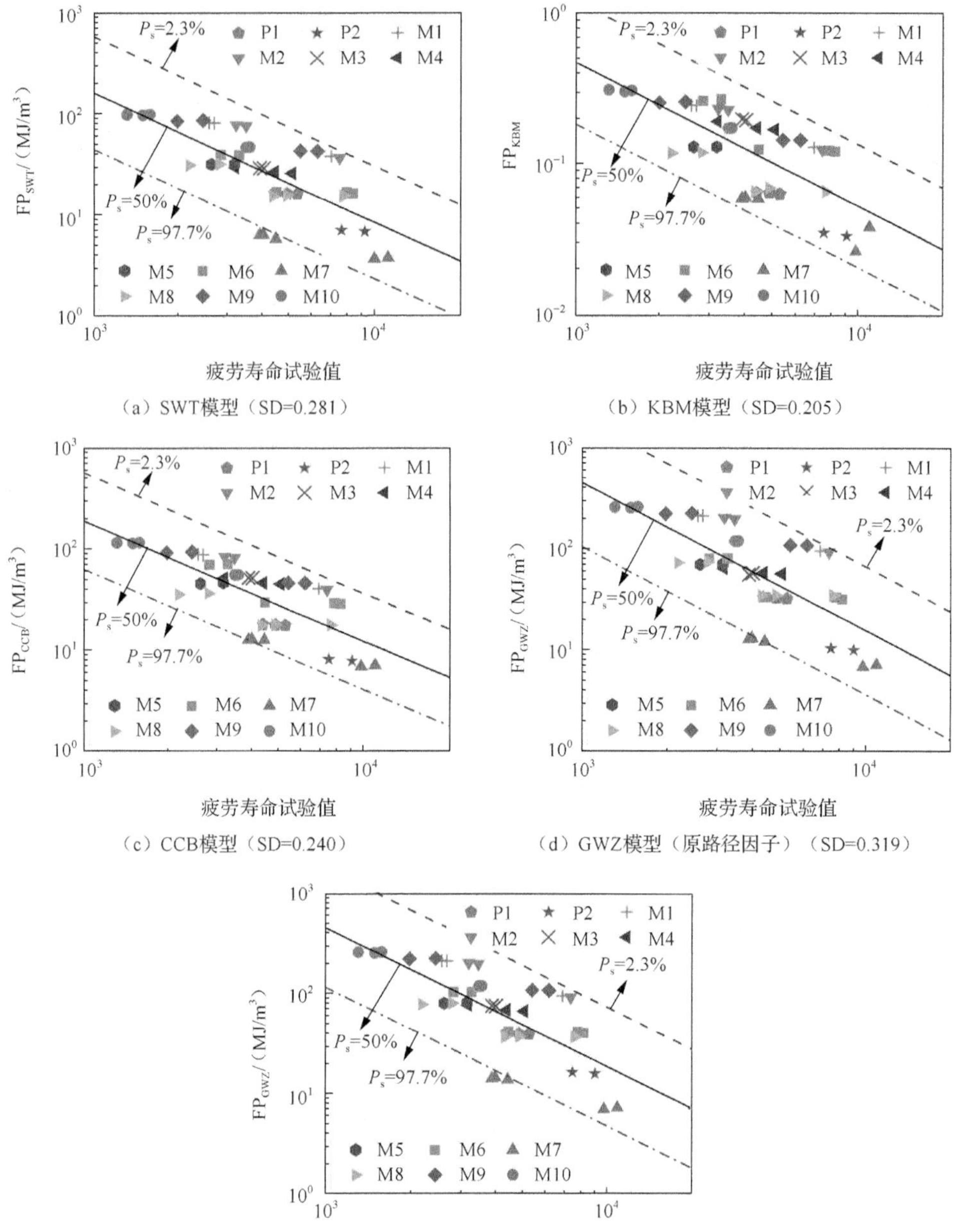

（a）SWT模型（SD=0.281）

（b）KBM模型（SD=0.205）

（c）CCB模型（SD=0.240）

（d）GWZ模型（原路径因子）（SD=0.319）

（e）GWZ模型（本书路径因子）（SD=0.297）

图 7-30 管板焊接节点损伤参量与疲劳寿命试验值对应关系

图 7-30 中，SWT、KBM 和 CCB 模型采用表 7-14 所计算的路径因子 f_{np} 以考虑非比例强化对疲劳寿命的影响，而 GWZ 模型的路径因子分别采用式（7-94）和本书提出的式（7-12）进行计算。由式（7-94）的包络法计算得到 M1～M6、M9 和 M10 路径的 κ^*

均为 0.54，M7 的 κ^*为 0.93，M8 的 κ^*为 0.41。预测结果显示，采用 SWT 模型、KBM 模型和 CCB 模型计算的损伤参量 FP_w 与疲劳寿命 N_f 相关系数 R^2 分别 0.51、0.51、0.55，采用原路径因子和本书方法结合 GWZ 模型计算的损伤参量 FP_w 与疲劳寿命 N_f 相关系数 R^2 分别为 0.48 和 0.51，以上结果均低于本书模型的 R^2=0.59。此外由图 7-30 可知，SWT 模型、CCB 模型和 GWZ 模型计算的损伤参量 FP_w 与疲劳寿命 N_f 数据的 SD 均大于本书基于加权临界面模型的计算结果，KBM 模型与本书方法接近。

将各临界面模型的损伤参量值 FP 代入图 7-30 中 P_s=50%的损伤参量 FP_w 与疲劳寿命 N_f 关系曲线，可计算得到焊接节点疲劳寿命预测值，则疲劳寿命预测值和试验值对比如图 7-31 所示，其中虚线和点划线分别代表 2 倍和 2.5 倍疲劳离散带。可以看到，KBM 模型和 CCB 模型的预测结果均在 2.5 倍误差带内，而 SWT 模型和 GWZ 模型的预测结果较为分散，部分寿命预测值在 2.5 倍误差带之外。

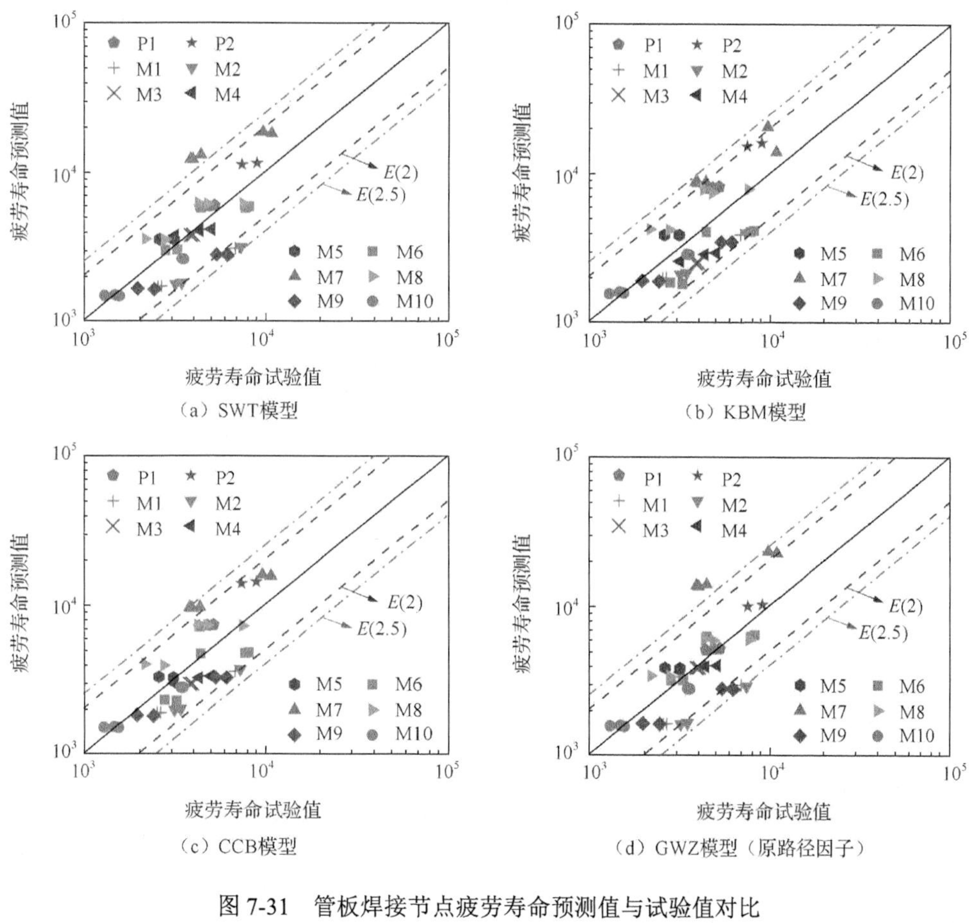

图 7-31　管板焊接节点疲劳寿命预测值与试验值对比

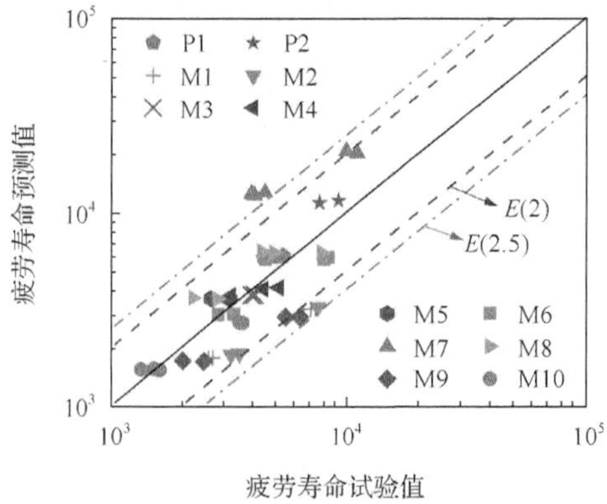

（e）GWZ模型（本书路径因子）

图 7-31（续）

管板焊接节点寿命预测的误差统计结果见表 7-15，其中误差因子 $E(s)$的计算方法见式（7-33）。由表 7-15 可知，基于损伤参量 FP_w 所计算的预测结果在 $E(1.5)$、$E(2.0)$和 $E(2.5)$误差带内分布比例均高于其余临界面法的预测结果，表明本书所提出的疲劳寿命预测方法可有效评估管板焊接节点在多轴加载路径下的疲劳性能。

表 7-15　焊接点多轴疲劳寿命预测精度对比

模型类型	误差/%		
	$E(1.5)$	$E(2.0)$	$E(2.5)$
SWT 模型	64.3	85.7	92.9
KBM 模型	35.7	90.5	100.0
CCB 模型	57.1	90.4	100.0
GWZ 模型*	64.3	78.6	90.5
GWZ 模型	69.0	83.3	92.9
本书方法	64.3	88.1	100.0

* 代表使用式（7-94）计算路径因子的预测结果。

参 考 文 献

[1] American Society of Testing Materials. Standard practice for strain-controlled axial-torsional fatigue testing with thin-walled tubular specimens: ASTM E2207-15[S]. West Conshohocken: ASTM International, 2015.

[2] Chen X, Jin D, Kim K S. A weight function-critical plane approach for low-cycle fatigue under variable amplitude multiaxial loading[J]. Fatigue and Fracture of Engineering Materials and Structures, 2006, 29(4): 331-339.

[3] Lu C, Melendez J, Martínez-Esnaola J M. Modelling multiaxial fatigue with a new combination of critical plane definition and energy-based criterion[J]. International Journal of Fatigue, 2018, 108(3): 109-115.

[4] Lu C, Melendez J, Martínez-Esnaola J M. A universally applicable multiaxial fatigue criterion in 2D cyclic loading[J]. International Journal of Fatigue, 2018, 110(5): 95-104.

[5] Itoh T, Sakane M, Ohnami M, et al. Nonproportional low cycle fatigue criterion for type 304 stainless steel[J]. Journal of Engineering Materials and Technology, 1995, 117(3): 285-292.
[6] Smith R N, Watson P P, Topper T H. A stress-strain function for the fatigue of metals[J]. Journal of Materials, 1970, 5(4): 767-778.
[7] Kandil F A, Brown M W, Miller K J. Biaxial low cycle fatigue fracture of 316 stainless steel at elevated temperatures[C]// London: International conference on mechanical behaviour and nuclear applications of stainless steel at elevated temperatures, London, 1982, 280: 203-210.
[8] Fatemi A, Socie D F. A critical plane approach to multiaxial fatigue damage including out-of-phase loading[J]. Fatigue & Fracture of Engineering Materials & Structures, 1988, 11(3): 149-165.
[9] Pei X J, Dong P S. An analytically formulated structural strain method for fatigue evaluation of welded components incorporating nonlinear hardening effects[J]. Fatigue & Fracture of Engineering Materials & Structures: 2018, 41(9): 1-17.
[10] 康国政. 非弹性本构理论及其有限元实现[M]. 成都: 西南交通大学出版社, 2010.